飞行器多学科设计优化理论与应用研究
（第2版）

Multidisciplinary Design Optimization of Flight Vehicles
Theory and Applications
(Second Edition)

陈小前　姚　雯　赵　勇　等著

国防工业出版社
·北京·

内容简介

本书系统阐述了飞行器多学科设计优化理论和应用问题。其中，理论方面包括多学科设计优化理论的发展历史、基本概念、理论基础、建模及多种近似方法、灵敏度分析、优化搜索策略、多学科优化过程、不确定性多学科优化方法；应用方面介绍了6个实例，即飞行器结构拓扑优化、卫星舱内组件布局优化、卫星总体设计优化、卫星在轨加注任务综合优化、导弹总体/发动机一体化优化和飞机总体及机翼多学科设计优化。

本书内容丰富翔实，深入浅出，具有较强的前沿性和实用性，可供从事飞行器或其他工业设计的研究人员和工程设计人员参考，也可作为高等院校飞行器设计及相关专业研究生和本科高年级学生的教材。

图书在版编目（CIP）数据

飞行器多学科设计优化理论与应用研究／陈小前等著．
—2 版．—北京：国防工业出版社，2023.5
ISBN 978-7-118-12958-8

Ⅰ．①飞⋯ Ⅱ．①陈⋯ Ⅲ．①飞行器-最优设计
Ⅳ．①V47

中国国家版本馆 CIP 数据核字（2023）第 062744 号

※

国防工业出版社出版发行
（北京市海淀区紫竹院南路 23 号　邮政编码 100048）
北京龙世杰印刷有限公司印刷
新华书店经售

＊

开本 710×1000　1/16　插页 3　印张 31½　字数 538 千字
2023 年 5 月第 2 版第 1 次印刷　印数 1—2000 册　定价 190.00 元

（本书如有印装错误，我社负责调换）

| 国防书店：(010) 88540777 | 书店传真：(010) 88540776 |
| 发行业务：(010) 88540717 | 发行传真：(010) 88540762 |

序

我国的航天事业历经 50 余年的发展，取得了"两弹一星""载人航天""探月""北斗"等一系列举世瞩目的成就。这些大型复杂工程成功的核心密码，是由钱学森等老一辈科学家创立并推广的系统工程理论，即着眼复杂系统整体功能和效用，充分考虑系统内部各要素的作用及其相互之间影响，通过统筹协调实现系统整体效益的最大化。简言之，系统工程的关键在于各分系统的有效集成与系统的综合优化。

当前，我国已迈入由航天大国向航天强国的宏伟征程，以高超声速飞行器、新一代运载火箭等为代表的先进飞行器将成为航天强国的重要标志。与传统飞行器相比，这些先进飞行器的设计面临许多新的挑战：一是学科建模更复杂。以高超声速飞行器为例，虽然也可以按照传统方法将其划分为结构、气动、推进、控制等分系统，但由于其总体/结构/推进/控制等分系统高度一体化，且环境约束更苛刻，其学科间耦合效应更加突出，很难按照已有方法构建飞行器多学科模型。二是综合优化更困难。先进飞行器的综合优化，需要面对巨大问题规模和众多复杂约束，并包括大量数值分析与优化计算等，其计算成本一般要比各个单学科优化的成本总和还要高很多，属于难于求解的高维复杂非线性问题。三是流程提效更迫切。设计过程中，既需要各学科专家独立开展学科专门设计，也需要考虑耦合影响进行学科间的信息衔接和反复迭代，采用传统的会议协调方式或文本交互方式，往往需要很长迭代周期，才能逐步实现各学科的兼容并达到系统整体目标，亟待发展科学高效的组织流程。

多学科设计优化（MDO）方法是解决以上挑战的有效方法，其主要思想是在复杂系统设计过程中集成各个学科的知识，充分考虑各学科之间的互相影响，应用有效的设计/优化策略和分布式网络系统，组织和管理整个系统的设计过程，通过充分利用各学科之间的相互作用所产生的协同效应，以获得系统的整体最优解。MDO 方法的优点在于可以通过考虑学科间的耦合效应挖掘设计潜力，通过系统的综合分析进行方案全面评估，通过各学科的并行设计和高效协同缩短设计周期,通过设计工具的高度集成实现设计流程自动化,通过充分考虑全周期不确定性因素提高方案可靠性。MDO方法特别强调在飞行器研制早期,尤其是概念设计和初步设计阶段,在设计方案状态仍然足够开放灵活的情况下,通过多学科充分协调优化,合理设置各分系统设计参数,获取系统最佳方案,从而把飞行器性能、成本、研发周期和风险等各方面的综合效益最大化。正因为MDO方法的这些独特优势,甫一提出便受到高度关注,并于20世纪90年代开始在飞行器设计中得到初步应用。

本书作者陈小前同志是我招收的第一位博士生。1998年,他在攻读博士学位期间,迎难而上,将博士论文选题确定为当时国际上刚刚兴起、国内还少人问津的MDO方法。并与我一道,在国防科学技术大学航天学院成立了由结构、推进、气动等多个学科专业的研究生组成的"飞行器多学科设计优化研究"团队,成为国内最早系统开展飞行器MDO研究的团队之一。整整25年,团队矢志不渝地坚持这一研究方向,从最初不到10人的研究小组,拓展到现在横跨军事科学院和国防科技大学、拥有百余名专职研究人员的大团队,并取得了理论研究与工程应用的双丰收,构建了涵盖高精度学科建模、近似建模与高效计算、复杂系统分解-协调优化、不确定性分析与可靠性优化的MDO理论体系,开发了相应设计软件工具并成功应用于团队自身的高超声速飞行器、微小卫星等工程研制任务,还推广应用于国防工业部门的多种火箭、导弹、飞机型号。团队先后发表了大量高水平论文,获得多个国家、省部级奖项,也形成了较大的国际影响,2015年受到MDO创始人J. Sobieszczanski-Sobieski邀请,合作出版了英文专著《Multidisciplinary Design Optimization Supported by Knowledge Based Engineering》。

早在2006年,我们便在国防科技图书出版基金资助下,共同出版了专著《飞行器多学科设计优化理论与应用研究》。作为我国的第一部MDO专著,对于这一先进方法在国内得到认可并推广应用发挥了很好的奠基作用,也在国内航空航天领域产生了较大影响。但该书出版至今已有十余年,在此期间,MDO方法发展非常迅速,团队也取得了大量新的研究成果。因此,由国防工业出版社首倡,我郑重建议,由陈小前同志领衔,对专著进行全面修订和升级,并形成了当前的第2版。本书是对团队25年研究工作的系统总结,基础理论与工程应用并重,结合MDO方法的最新进展和团队的最新成果，对原有内容进行了大量深化与扩充。书中阐述的研究方向、理论方法和技术途径，目前仍是国内外飞行器设计和系统优化研究的前沿热点，对于相关科研和工程技术人员、高等院校研究生均具有重要参考价值，对于我国先进飞行器技术发展具有重要的指导意义。

本书的出版恰逢我国全面推动航天强国与数字中国建设的关键时期。MDO 方法正是在数字化技术快速发展的背景下提出的一类先进飞行器设计方法，是对系统工程理论的继承与发展，对提升飞行器设计能力、推动数字化应用水平均具有重要意义。特别是，当前我国的大数据、人工智能等先进技术迅猛发展，国产工业软件快速崛起，将更好地解决飞行器设计中长期面临的自主软件工具、数据、模型等问题，为该方法在我国飞行器设计中的推广应用提供更好的发展机遇。在这样一个充满机遇和挑战的新起点上，我由衷地祝愿，作者能不忘初心、守正创新，进一步深化 MDO 理论研究，进一步拓展 MDO 工程应用，助力我国飞行器技术高质量发展，为我国的航天事业做出更大贡献！

中国工程院院士
2023 年元月　湖南长沙

前 言

本书系 2006 年出版的专著《飞行器多学科设计优化理论与应用研究》的第 2 版,为适应航空航天技术快速发展的需要,在听取多方面意见及总结最新研究进展的基础上,对全书进行了重新修订与升级。

1903 年 12 月 17 日,由美国莱特兄弟制造的人类第一架有动力可操纵的飞机进行了载人飞行并获得成功,被公认为是现代飞行器的起点。从那时起到现在的 100 多年间,飞行器技术不断进步,系统复杂度和应用要求不断提高,研发难度不断增大。飞行器设计是飞行器研发全流程中的核心环节,是任务需求向实现方案转化的关键,对方案创新、性能优化、研制进度和成本控制、系统效能综合提升起着决定性作用。因此,工业界和学术界格外重视对设计方法和工具的研究,以不断提高飞行器设计质量,实现研发的"快、好、省"。

在飞行器系统工程中,系统综合优化是系统设计的核心理念,多学科设计优化(Multidisciplinary Design Optimization,MDO)是实现该理念的重要方法。其主要思想是在飞行器复杂系统设计过程中,集成光、机、电、热等多个学科的知识,充分考虑各学科之间的交互影响和耦合作用,应用有效的多学科协调和优化策略,组织和管理整个系统的设计过程,通过充分利用各个学科之间的相互作用及协同效应,获得系统整体的优化解,实现飞行器的综合性能和效益提升。MDO 方法自 20 世纪 80 年代由美国航空航天学会(AIAA)提出以来,一直是飞行器系统设计领域的研究热点,被认为是有效解决传统飞行器设计周期长、效率低、学科协同难等瓶颈问题的重要途径。

MDO 通过集成飞行器各子系统的数字化建模分析工具,能够实现流程高效流转和系统一体化设计,从而显著缩短设计周期;通过充分考虑学科之间的相互耦合作用,从而实现耦合效应协同挖潜,有效释放系统综合效益。由于 MDO 方法既符合系统工程的综合优化思维,又能适应工业现实的专业分工与组织特点,一提出就引起了高度重视,被广泛应用于高超声速飞行器、可重复使用运载器、翼身融合飞行器（BWB）、下一代太空望远镜（NGST）、X-33、X-43A、F/A-18E/F、F-22、GARTEUR 区域运输机等多类飞行器。美国的 MDO 研究领导机构——美国航空航天局朗利研究中心多学科设计优化分部（MDOB）更是宣称将把 MDO 方法应用到未来的所有飞行器总体设计过程中。欧盟、俄罗斯等也非常重视 MDO 的发展，发起了多个 MDO 研究组织和项目。以欧盟正在推进的第三代 MDO 大型协同设计平台项目 AGILE 为代表，包括德国、加拿大、俄罗斯等 19 家单位共同参与，通过跨组织协同加速复杂产品设计，飞行器设计时间缩短 20%。MDO 在航空航天领域的成功也引起了其他工程设计领域的重视，以 MDO 的发祥地美国为例，成立了 20 多个以 MDO 为主要研究内容的研究中心，"工程系统的多学科设计优化"已被列为美国工科研究生的必修课。目前，MDO 的应用范围已经拓展到了武器、汽车、计算机、通信、机械、医疗以及建筑等各个领域，部分基于 MDO 思想的软件已经实现了商业化，如 iSIGHT、ModelCenter、AML 等，以 OpenMDAO 为代表的开源软件框架也得到快速发展，为进一步促进 MDO 的学术研究和工程应用提供了工具基础。

1997 年，作者第一次接触到 MDO 概念，深感其重要性，遂于 1998 年在国防科学技术大学成立了由多个学科的博士生、硕士生参加的"飞行器多学科设计优化研究"团队，在国内较早开始了 MDO 研究工作。从那之后的 20 余年间，团队始终坚持 MDO 这一研究方向，努力做到基础研究与工程应用并重，先后提出和发展了一系列理论方法，开发了多个 MDO 设计软件工具，开源共享了系列基础算法库，并结合团队开展的"天拓"系列微纳卫星和"天源"系列卫星在轨加注系统等工程研制任务进行了充分试用，取得了很好的应用效果。同时，团队还与工业部门积极合作，在多种航天器、航空器、导弹武器的总体设计中开展 MDO 应用研究，探索适合我国工程实际的 MDO 实现模式，并得到用户单位的高度认可。在上述研究基础上，团队围绕 MDO 先后完成了 40 余篇学位论文、100 余篇学术论文、30 余项发明专利，形成了较为系统的理论研究成果，并先后获得国家技术发明二等奖 1 项、国家科技进步二等奖 1 项、省部级一等奖 5 项等。

在上述研究过程中，2006 年，团队在国防科技图书出版基金资助下，出版了专著《飞行器多学科设计优化理论与应用研究》，对近 10 年的研究工作进行了初步总结。作为我国的第一部 MDO 专著，该书对于阐明概念内涵、搭建基本框架、确立关键技术、探索初步应用等起到了很好的奠基与推广作用，被不少高等院校与工业部门选为教学和科研参考书，受到很多读者的喜爱并被亲切地称为"MDO 蓝皮书"，在国内航空航天领域产生了较大影响。

但自该书出版 10 余年来，无论是航空航天领域，还是 MDO 技术自身均发展十分迅猛，特别是近年来智能科学技术的快速崛起，又为飞行器 MDO 注入了全新活力。在此期间，团队在 MDO 理论和应用两方面均取得了大量新的研究成果。在这一背景下，由国防工业出版社首倡，团队基于对最新研究成果的系统总结，对 2006 年版的 MDO 专著进行了全面修订和升级，形成了当前的第 2 版。

本书保留了第 1 版"理论+应用"的主体框架，但对原有内容进行了大量深化与扩充。全书共分为 17 章，第 1 章介绍了 MDO 的产生背景和发展历程；第 2 章介绍了 MDO 的基本概念和研究模式；第 3 章至第 6 章为 MDO 理论的建模分析研究部分，包括面向 MDO 的建模、传统近似方法、基于深度学习的近似方法、序贯近似方法；第 7 章至第 10 章为 MDO 理论的优化求解研究部分，包括灵敏度分析、优化搜索策略、多学科优化过程、不确定性多学科优化方法；第 11 章至第 16 章为 MDO 的应用研究部分，介绍了涵盖飞行器分系统和系统级设计优化的 6 个典型实例，具体包括飞行器结构拓扑优化、卫星舱内组件布局优化、卫星总体设计优化、卫星在轨加注任务综合优化、导弹总体/发动机一体化优化和飞机总体及机翼多学科设计优化；第 17 章为总结和展望。

本书第 1 章由陈小前、张若凡、郑小虎、张泽雨、周炜恩编写，第 2 章由陈小前、赵啸宇、郑小虎、周炜恩编写，第 3 章由陈小前、赵勇、李星辰、彭兴文、郑小虎、王宁编写，第 4 章由赵勇、孙家亮、郑小虎、张熠、叶思雨编写，第 5 章由姚雯、刘旭、夏宇峰、郑小虎、姜廷松编写，第 6 章由姚雯、苗青、陈献琪、郑小虎编写，第 7 章由陈小前、姚雯、张泽雨、郑小虎、张小亚编写，第 8 章由赵勇、刘书磊、罗文彩、孙家亮、郑小虎、彭伟编写，第 9 章由姚雯、蔡伟、郑小虎、张云阳编写，第 10 章由姚雯、郑小虎、许迎春编写，第 11 章由姚雯、张泽雨、罗加享、郑小虎、李昱编写，第 12 章由陈小前、姚雯、孙家亮、陈献琪、龚智强、郑小虎编写，第 13 章由姚雯、郑小虎、曹泽宇编写，第 14 章由陈小前、郑小虎、李桥编写，第 15 章由赵勇、罗文彩、郑小虎、夏宇峰、李桥编写，

第 16 章由赵勇、欧阳琦、郑小虎、罗加享编写，第 17 章由陈小前、姚雯、郑小虎编写，全书由陈小前统稿和审校。

本书的研究工作得到了国家杰出青年科学基金项目（资助号：11725211）、国家自然科学基金重点项目（资助号：91216201）、国家自然科学基金面上项目（资助号：50975280、51675525）、国家自然科学基金青年项目（资助号：10302031、51205403、52005505）等多个项目资助。特别感谢大连理工大学程耿东院士和郭旭教授、西北工业大学张卫红院士和朱继宏教授、北京理工大学龙腾和熊芬芬教授、西安电子科技大学王晗丁教授、华中科技大学周奇教授、浙江大学陈伟芳教授、湖南大学姜潮教授等，多年来大家共同围绕飞行器结构与多学科优化耕耘不辍，并为我们的 MDO 理论研究和学生培养提供了大量帮助；感谢中国空气动力研究与发展中心付志和钱炜祺研究员、中国航天科技集团刘霞、崔玉福、张海瑞、赵长见研究员等，为推动 MDO 工程应用提供了重要的需求牵引和宝贵的实践机会；感谢国防工业出版社尤力编辑在书稿编写和出版过程中给予的大力支持和帮助；并特别感谢我们的老师王振国院士为本书作序推荐，20 多年来他一直是我们从事 MDO 研究坚定的推动者和支持者，本书的第 1 版也是在他的带领下完成的。

本书可供从事飞行器或其他工业设计的研究人员和工程设计人员参考，也可作为高等院校飞行器设计及相关专业研究生和本科高年级学生的教材。希望本书的出版对推动 MDO 理论在我国飞行器及其他工程设计领域的研究与应用能起到良好的作用。由于 MDO 是一个理论探索性和工程实践性很强的研究领域，仍处于不断的发展变化中，本书必然还存在许多疏漏之处，恳请读者批评指正。

2023 年 3 月 20 日

目 录

第1章 绪论 1
1.1 飞行器设计发展阶段及 MDO 的提出 1
1.2 国内外 MDO 研究进展 5
    1.2.1 美国 5
    1.2.2 欧盟 11
    1.2.3 俄罗斯 14
    1.2.4 中国 16
1.3 MDO 研究框架及对飞行器设计的重要意义 17
    1.3.1 MDO 研究框架及特点 17
    1.3.2 MDO 对飞行器设计的重要意义 22
1.4 本书主要内容 23
参考文献 25

第2章 MDO 基础理论 30
2.1 MDO 的定义与基本概念 30
    2.1.1 MDO 定义 30
    2.1.2 MDO 基本概念 32
2.2 系统的概念与分类 35
    2.2.1 系统的概念 35
    2.2.2 系统的分类 37
2.3 系统优化与子系统优化的关系 38
    2.3.1 "局部最优"与子规划问题 39
    2.3.2 "全局最优"与总规划问题 39
    2.3.3 "局部最优"组合为"全局最优"的条件 40
    2.3.4 "局部最优"组合非"全局最优"的原因 41

2.4 复杂系统的分解-协调法 ········· 43
    2.4.1 分解-协调法的一般描述 ········· 43
    2.4.2 基于分解-协调法的系统优化求解方法 ········· 45
2.5 小结 ········· 53
参考文献 ········· 53

第3章 面向MDO的建模与验证 ········· 55

3.1 概述 ········· 55
    3.1.1 MDO问题建模的特点 ········· 56
    3.1.2 MDO问题建模的一般原则与步骤 ········· 57
    3.1.3 MDO问题建模的常用方法 ········· 59
3.2 参数化建模 ········· 59
    3.2.1 参数化建模分类 ········· 60
    3.2.2 CAD方法 ········· 61
    3.2.3 网格参数化方法 ········· 65
    3.2.4 解析函数法 ········· 68
3.3 可变复杂度建模 ········· 71
    3.3.1 试验设计方法 ········· 73
    3.3.2 仿真分析/物理试验 ········· 75
    3.3.3 变复杂度模型 ········· 79
    3.3.4 近似模型预测性能评价指标 ········· 82
3.4 模型验证与确认 ········· 83
    3.4.1 基本概念 ········· 83
    3.4.2 模型确认的一般流程 ········· 84
    3.4.3 模型确认度量 ········· 86
    3.4.4 模型标定 ········· 88
3.5 小结 ········· 91
参考文献 ········· 92

第4章 传统近似方法 ········· 94

4.1 近似方法分类 ········· 95
    4.1.1 模型近似 ········· 95

  4.1.2 函数近似 ··· 96
  4.1.3 组合近似 ··· 97
 4.2 模型近似方法 ·· 97
  4.2.1 约束函数缩并法 ·· 97
  4.2.2 包络函数 ··· 98
  4.2.3 基于约束缩并的组合近似法 ·· 100
 4.3 函数局部近似方法 ·· 101
  4.3.1 基于泰勒级数展开的近似 ··· 102
  4.3.2 基于微分方程的近似 ··· 106
  4.3.3 函数局部近似方法的改进 ··· 106
 4.4 函数全局近似方法 ·· 108
  4.4.1 响应面构造过程 ··· 108
  4.4.2 多项式回归 ··· 110
  4.4.3 支持向量机 ··· 115
  4.4.4 Kriging 近似模型 ··· 118
  4.4.5 高斯过程回归 ·· 122
  4.4.6 径向基函数插值模型 ··· 125
 4.5 小结 ··· 128
 参考文献 ·· 128

第5章 基于深度学习的近似方法 ································· 131

 5.1 深度学习方法概述 ·· 131
  5.1.1 全连接神经网络 ··· 131
  5.1.2 卷积神经网络 ·· 132
  5.1.3 神经网络的训练 ··· 134
 5.2 基于数据驱动的深度学习近似方法 ·· 135
  5.2.1 基于数据驱动的图像回归近似方法 ······························· 136
  5.2.2 深度回归神经网络架构设计 ·· 137
  5.2.3 算例分析 ·· 140
 5.3 基于内嵌物理知识的深度学习近似方法 ································· 142
  5.3.1 基于内嵌物理知识全连接神经网络的近似方法 ··············· 142
  5.3.2 基于内嵌物理知识卷积网络的近似方法 ························ 144

5.3.3　算例分析 ·················· 146
　5.4　基于深度学习的近似模型不确定性量化方法 ············ 148
　　　5.4.1　基于 MC-Dropout 的不确定性量化方法 ········· 148
　　　5.4.2　基于 Deep Ensemble 的不确定性量化方法 ········ 150
　　　5.4.3　算例分析 ·················· 151
　5.5　小结 ······················· 153
　参考文献 ························ 153

第 6 章　序贯近似方法 ···················· 155
　6.1　序贯近似建模框架 ·················· 155
　6.2　试验设计方法 ···················· 157
　　　6.2.1　全因子设计方法 ··············· 157
　　　6.2.2　部分因子设计方法 ·············· 158
　　　6.2.3　中心组合设计方法 ·············· 158
　　　6.2.4　蒙特卡洛抽样法 ··············· 159
　　　6.2.5　正交试验设计法 ··············· 159
　　　6.2.6　拉丁超立方设计法 ·············· 160
　6.3　序贯加点准则 ···················· 161
　　　6.3.1　面向全局近似的序贯加点准则 ·········· 162
　　　6.3.2　面向全局优化的序贯加点准则 ·········· 169
　　　6.3.3　面向隐式函数近似的序贯加点准则 ········· 173
　6.4　算例分析 ······················ 176
　　　6.4.1　算例分析 1 ················· 176
　　　6.4.2　算例分析 2 ················· 178
　6.5　小结 ······················· 180
　参考文献 ························ 180

第 7 章　灵敏度分析方法 ···················· 182
　7.1　单学科灵敏度分析方法 ················ 182
　　　7.1.1　数值类方法 ················· 183
　　　7.1.2　解析法 ··················· 186
　　　7.1.3　符号微分方法 ················ 190

	7.1.4	自动微分法	191
	7.1.5	不同灵敏度求解方式的对比	195
7.2	系统灵敏度分析方法		197
	7.2.1	最优灵敏度分析	197
	7.2.2	全局灵敏度方程	200
7.3	小结		202
参考文献			203

第8章 设计空间的搜索策略 204

8.1	经典优化算法		204
	8.1.1	间接最优化方法	205
	8.1.2	直接最优化方法	206
8.2	现代优化算法		207
	8.2.1	基于个体的优化方法	208
	8.2.2	基于群体的优化方法	211
8.3	混合优化策略		214
	8.3.1	模因算法	214
	8.3.2	多任务优化	216
8.4	代理模型辅助的优化方法		217
	8.4.1	代理模型辅助的优化方法分类	218
	8.4.2	代理模型管理与优化策略	219
8.5	多模态优化算法		220
	8.5.1	交叉熵算法	221
	8.5.2	多模态交叉熵算法	222
	8.5.3	实例	226
8.6	多方法协作优化方法		230
	8.6.1	多方法协作优化基本概念	231
	8.6.2	实例	237
	8.6.3	多方法协作优化方法与混合优化策略	239
8.7	小结		240
参考文献			240

第9章 多学科设计优化过程 … 243

9.1 单级优化过程 … 244
9.1.1 多学科可行优化过程 … 245
9.1.2 单学科可行优化过程 … 246
9.1.3 同时优化过程 … 246

9.2 并行子空间优化过程 … 247
9.2.1 基于灵敏度分析的CSSO过程 … 249
9.2.2 基于响应面的CSSO过程 … 257

9.3 协同优化过程 … 259
9.4 二级系统一体化合成优化过程 … 261
9.5 目标级联分析优化过程 … 263
9.6 小结 … 267
参考文献 … 267

第10章 不确定性多学科设计优化 … 269

10.1 不确定性多学科优化基本概念 … 269
10.2 不确定性建模方法 … 271
10.2.1 不确定性来源与分类 … 271
10.2.2 概率建模方法 … 273
10.2.3 非概率建模方法 … 280

10.3 不确定性量化分析方法 … 285
10.3.1 蒙特卡洛法 … 286
10.3.2 泰勒展开法 … 287
10.3.3 深度随机混沌多项式展开方法 … 288
10.3.4 可靠性分析法 … 296
10.3.5 基于分解协调的多学科不确定性分析法 … 301

10.4 多学科可靠性优化方法 … 307
10.4.1 传统双层嵌套方法 … 307
10.4.2 单层序贯优化法 … 309
10.4.3 单层融合优化法 … 312

10.5 小结 … 313
参考文献 … 313

第 11 章　飞行器结构拓扑优化 ······ 318

11.1　拓扑优化问题的基本模型 ······ 320
- 11.1.1　拓扑优化的数学表达 ······ 320
- 11.1.2　拓扑优化的材料插值模型 ······ 321
- 11.1.3　拓扑优化问题的灵敏度分析和求解 ······ 322

11.2　基于深度神经网络的结构拓扑优化代理模型构建与设计 ······ 323
- 11.2.1　样本生成方式与处理 ······ 323
- 11.2.2　损失函数与评价指标 ······ 325
- 11.2.3　数值算例结果 ······ 327

11.3　数据与物理双驱动的结构拓扑优化代理模型构建与设计 ······ 329
- 11.3.1　物理驱动的引入 ······ 329
- 11.3.2　数值算例结果 ······ 330

11.4　数据驱动的多组件系统传热结构拓扑优化设计 ······ 332
- 11.4.1　问题建模 ······ 333
- 11.4.2　代理模型构建 ······ 334
- 11.4.3　数值算例结果 ······ 337

11.5　小结 ······ 341
参考文献 ······ 341

第 12 章　卫星舱内热布局优化 ······ 343

12.1　卫星舱内热布局优化设计概述 ······ 344
12.2　基于图像回归近似模型的热布局优化设计方法 ······ 346
- 12.2.1　热布局优化问题建模 ······ 346
- 12.2.2　基于特征金字塔网络代理模型的热布局优化方法 ······ 348
- 12.2.3　算例分析 ······ 354

12.3　基于图像-位置回归映射的热布局逆向设计方法 ······ 360
- 12.3.1　热布局逆向设计问题建模 ······ 361
- 12.3.2　基于SAR模型的热布局逆向设计方法 ······ 361
- 12.3.3　算例分析 ······ 365

12.4 小结 ·· 367
参考文献 ··· 368

第13章 卫星总体设计优化 ··· 370

13.1 卫星总体设计过程分析 ·· 370
13.2 基于MDO的小卫星总体设计优化实例 ······················· 375
 13.2.1 小卫星总体设计学科模型 ······································· 375
 13.2.2 小卫星总体设计优化模型与多学科层次分解 ······ 378
 13.2.3 优化实现与结果分析 ··· 381
13.3 小卫星总体不确定性优化设计 ····································· 382
 13.3.1 不确定性建模 ··· 382
 13.3.2 不确定性优化实现与结果分析 ······························ 383
13.4 小结 ·· 385
参考文献 ··· 386

第14章 卫星在轨加注任务综合优化 ·· 388

14.1 卫星在轨加注体系组成与任务场景 ····························· 389
14.2 卫星在轨加注任务成本建模 ··· 390
 14.2.1 目标卫星成本 ··· 390
 14.2.2 服务卫星成本 ··· 391
 14.2.3 在轨加注任务成本 ··· 392
14.3 卫星在轨加注任务综合优化问题建模 ························· 395
 14.3.1 在轨加注任务问题分解 ··· 397
 14.3.2 最优选址问题 ··· 399
 14.3.3 最优路径规划 ··· 402
14.4 基于ATC的优化求解与结果讨论 ································ 404
 14.4.1 ATC层次划分与求解流程 ······································ 404
 14.4.2 "一对一"在轨加注任务规划 ······························ 408
 14.4.3 "一对多"在轨加注任务规划 ······························ 409
14.5 小结 ·· 412
参考文献 ··· 412

第15章 导弹总体/发动机一体化优化 414

15.1 壅塞式导弹/发动机一体化优化 414
15.1.1 多学科分析模型 415
15.1.2 一体化优化设计模型 423
15.1.3 优化实例分析 426
15.2 非壅塞式导弹/发动机一体化优化 433
15.2.1 多学科分析模型 434
15.2.2 一体化优化设计模型 438
15.2.3 优化实例分析 439
15.3 小结 446
参考文献 446

第16章 飞机总体及机翼多学科设计优化 448

16.1 飞机总体不确定性多目标多学科设计优化 448
16.1.1 飞机总体设计模型 449
16.1.2 不确定性多目标设计优化问题描述 452
16.1.3 不确定性因素建模 454
16.1.4 基于Pareto的不确定性多目标MDO优化过程 457
16.2 复合材料机翼多学科设计优化 460
16.2.1 复合材料机翼气动弹性分析模型 461
16.2.2 复合材料机翼设计优化 467
16.3 小结 472
参考文献 472

第17章 总结与展望 474

17.1 MDO总结 475
17.1.1 MDO建模分析 475
17.1.2 MDO优化求解 476
17.1.3 MDO应用研究 477
17.2 MDO亟待解决的难题 478
17.3 MDO展望 479

第 1 章

绪 论

1.1 飞行器设计发展阶段及 MDO 的提出

飞行器的出现深刻地改变着人类的交通运输、生产生活以及战争样式,推动着人类文明进程向前发展。飞行器的发展进程贯穿了第二次工业革命的尾声和整个信息革命,并与材料、电子、控制、通信、机械等学科的发展紧密耦合在一起。从飞行器诞生到现在的 100 余年时间里,飞行器的发展历史主要可以简要概括为以下 4 个时期。

第一个时期从 1903 年到 20 世纪 30 年代,这一阶段属于飞行器设计的早期。在这一阶段,以飞机为典型代表的飞行器设计技术非常简单,对飞机的设计要求只是升力等于重力,并只有最低限度的安全要求,只需很少一组人就能完成飞机设计工作。一名飞行器设计人员可能身兼数职:既是系统设计者,同时也是气动、结构、材料、推进与制造的决策人员,甚至还可能是飞行员和管理者等。在这一时期,设计飞行器(主要是飞机)所需的知识大多来源于实践。

第二个时期从 20 世纪 30 年代到 50 年代。这一阶段是飞行器设计各个学科发展的黄金时期,各学科理论和研究手段,如空气动力学风洞试验、结构中的薄壳理论、推进系统的热力学分析方法、加工生产中的处理成形技术等,使学科的专业化水平大为提高。飞行器设计人员不再可能通晓所有学科知识,同时随着飞行器系统性能要求提升和复杂性增大,很难协调不同学科的耦合设计需求，系统工程成为飞行器设计的重要方法论。

第三个时期从20世纪60年代初期到80年代初期，在这一个阶段，面向性能的设计（Design for Performance），即对飞行器最佳性能的追求，成为飞行器设计的主导思想。为了追求更高的性能，各学科知识的深度与广度得到进一步发展，而针对单学科的优化设计方法也开始出现，比如结构的轻量化设计等。

第四个时期从20世纪80年代末期到现在。随着航空航天业的蓬勃发展，飞行器设计不再单纯追求性能指标，而是转变为在性能、费用、可靠性、可维护性、易损性、舒适性等多种要求之间取得平衡。这种新的设计思想在国外被称为"面向价值的设计"（Design for Value）思想。采用这种新的设计思想之后，由于不同方面的设计要求通常相互影响、相互耦合，使得飞行器设计涉及的学科越来越多，专业分工越来越细，研制过程日趋复杂，设计周期越来越长，开发成本越来越高。为了提高飞行器设计质量，加快设计进度，降低开发成本，人们对飞行器的研制过程，特别是飞行器设计过程不断改进，以形成能与新设计思想相适应的新设计方法。同时，随着计算机技术快速发展，逐步形成了系列计算机辅助建模和分析工具，特别是随着参数化建模和多学科软件集成技术的成熟，使得参数优化、多学科集成和自动迭代寻优成为可能，为系统优化实现提供了工具支撑。特别是进入21世纪后，随着互联网、数字化和智能化技术的快速发展，大数据和人工智能等技术为飞行器设计方法革新带来了新的机遇，如何利用大数据和人工智能赋能，进一步促进飞行器设计水平提升，也成为当前的研究热点。

可以看出，对应于不同历史阶段，飞行器的设计理念反映了当前的实际需求，同时也深受当前技术水平的限制。随着科技革命的不断深入，人们对飞行器的认识不断提升，飞行器复杂程度逐步增大，飞行器的设计理念也在不断进行自我革新，推动飞行器设计理论不断发展。飞行器设计过程从最早期简单的"家庭作坊"模式，逐步演化成了涵盖概念设计、初步设计和详细设计3个典型阶段的系统设计标准模式，完成设计后进入生产阶段，最后投入使用运行，构成飞行器的全寿命周期。其中，在概念设计阶段，主要进行飞行器的论证及发展战略制定，确定飞行器外形、载荷、尺寸、重量及总体性能等。在初步设计阶段，飞行器的外形已经基本固定，主要进一步完善飞行器外形的几何设计参数，形成初步的三维模型和总体布局方案，并确定飞行器的重量、重心、气动、控制等参数以及分系统设计。在详细设计阶段，各分系统、部组件单机等完成具体细节设计，形成明确的、可供实际制造使用的图纸，并且完成仿真校核等，为下一步生产提供方案输入。

波音公司对传统弹道导弹系统研制全寿命周期费用分析如图 1.1 所示[1]。图中横坐标是飞行器全寿命周期中的 5 个主要阶段，"决定的费用"曲线是指在相应研制阶段结束时已经决定的飞行器全寿命周期费用百分比，"消耗的费用"曲线是指到相应的研制阶段时所消耗的全寿命周期费用的百分比。由图中可以看出，概念设计所花费的费用只占整个系统全寿命费用的约 1%，但它却决定了整个系统全寿命周期费用的 70%。正是基于概念设计阶段在全寿命周期费用中的重要作用，国内外的飞行器设计人员均意识到应该大力提高概念研究阶段的质量，其中，一个很重要的手段是利用各种优化技术实现系统综合效益提升。

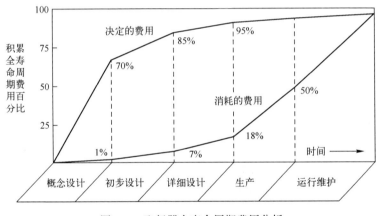

图 1.1 飞行器全寿命周期费用分析

图 1.2 显示了传统飞行器设计方法。图中的方框显示出了各个设计阶段在飞行器设计周期中所占的比例，各个阶段范围内的柱状图则表示各门学科在相应阶段所占比例。图中的"飞行器已知信息"曲线表示随着飞行器设计进程的推进，由于各种决策不断形成，于是飞行器的各种信息不断被确定，相应地，"设计自由度"则不断减少。因此，从图中可以看出，在进入详细设计阶段之后，设计自由度已经接近于 0，也就是说，对于飞行器的设计已经基本上不存在改进的可能性了。

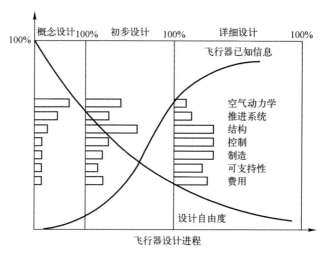

图 1.2 传统的飞行器设计方法

传统飞行器设计模式采取的是一种串行设计模式，在不同的设计阶段，设计人员选择不同的重点学科对飞行器进行设计和优化，这种设计实质上是将同时影响飞行器性能的气动、推进、结构和控制等学科人为地割裂开来，并没有充分利用各个学科（子系统）之间相互耦合可能产生的协同效应，其带来的后果是极有可能失去系统的整体最优解，从而降低飞行器的总体性能。因此，传统飞行器设计方法的缺陷可以总结为[2]：①概念设计阶段优化不充分，缺乏深入挖掘该阶段的自由度以改进设计质量；②各阶段设计学科分配不合理，不能集成多个学科以实现综合最优化；③难以适应新加需求，实现平衡设计。

针对传统设计方法的缺点，美籍波兰学者 J. Sobieszczanski-Sobieski 于 20 世纪 80 年代发展了一种新的飞行器设计方法：多学科设计优化（Multidisciplinary Design Optimization，MDO）方法。其主要思想包括增加概念设计在整个设计过程中的比例，在飞行器设计的各个阶段力求各学科的平衡，充分考虑各学科之间的互相影响和耦合作用，应用有效的设计优化策略和分布式计算机网络系统，来组织和管理整个系统的设计过程，通过充分利用各个学科之间相互作用所产生的协同效应，以获得系统的整体最优解。

MDO 的优点在于可以通过实现各学科模块化并行设计来缩短设计周期，通过考虑学科之间的相互耦合来挖掘设计潜力，通过系统的综合分析来进行方案的选择和评估，通过系统的高度集成来实现飞行器的自动化设计，通过各学科不确定性的综合考虑来提高可靠性，通过门类齐全的多学科综合设计来降低研制费用。

这种设计方法所带来的效果如图 1.3 所示，其中的虚线表示引入 MDO 设计方法之后所期望达到的目标。与图 1.2 相比，其变化在于概念设计阶段的设计时间增长了一倍，以便获得更多信息和使用更大的设计自由度。通过使用更加向前的设计，在概念和初步设计阶段，学科分配更加均衡，详细设计阶段的时间缩短了 1/3。"飞行器已知信息"曲线表明：在总体方案和初步设计阶段需要引入更多的知识以提出更加合理的设计。"设计自由度"曲线则表明：设计后期需要更多的自由度以使得对于飞行器设计方案的修改成为可能。两种曲线形状的变化将缓和图 1.2 中的矛盾，这种变化可以使多学科之间的设计、分析和优化更加一体化。

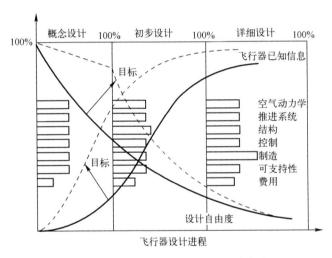

图 1.3 采用 MDO 后的飞行器设计方法

1.2 国内外 MDO 研究进展

1.2.1 美国

Sobieski 于 1982 年首次提出 MDO 设想[2]，并在随后发表的一系列文章中对 MDO 问题进行了进一步阐述[3-4]，立刻引起了学术界的极大关注，在 1986 年，由美国 AIAA/NASA/USAF/OAI 等四家机构联合召开了第一届"多学科分析与优化"专题讨论会，1991 年美国航空航天学会（American Institute of Aeronautics and Astronautics，AIAA）成立了专门的 MDO 技术委员会，并发表了关于多学科设计优化发展现状的白皮书[1]，阐述了 MDO 研究的必要性和迫切性、MDO 的定义、MDO 的研究内容以及发展方向，该文的发表标志着 MDO 作为一个新的研究领域正式诞生。美国各大院校、科研机构等相继成立 MDO 研究机构，在美国国内形成了 MDO 研究热潮。

1996 年，Sobieski 和 Haftka 两位 MDO 研究权威学者撰写了《航空航天领域中的多学科设计优化研究综述》[5]，回顾了 MDO 的发展现状，特别是对于 MDO 的六个主要组成部分进行了探讨，为 MDO 的研究指明了方向。同年，AIAA 邀请 MDO 研究人员就 MDO 各个方面的发展现状进行了总结，编写了《MDO 的发展现状》（*Multidisciplinary Design Optimization*，*State of the Art*）一书，以论文集的形式阐述了 MDO 的概念、基本方法、学科发展、近似概念和 MDO 环境等内容。至此 MDO 的主要研究框架基本确定下来。

MDO 有着极强的工程背景，除了美国航空航天局（National Aeronautics and Space Administration，NASA）等政府部门和大学研究课题组进行 MDO 研究外，波音等大型航空航天工业研究人员也热衷于 MDO 研究，希望 MDO 研究能促进企业界从传统设计模式向并行化先进设计模式的转化。1998 年，AIAA 的 MDO 技术委员会围绕 MDO 在工业中的应用情况及发展需求进行了调研，包括波音公司的翼身融合飞机、旋翼飞行器、F/A-18E/F 飞机的设计优化，洛克希德·马丁公司的 F-22 "猛禽"飞机结构/气动一体化设计和 F-16 高敏捷"战隼"飞机多学科设计与优化，汤普森·拉莫·伍尔德里奇公司（Thompson Ramo Wooldridge Inc.，TRW）的下一代太空望远镜多学科设计优化，欧洲的 GARTEUR 区域运输机结构优化等。在此基础上，MDO 技术委员会发表了《MDO 的工业应用与需求》白皮书[6]，对 MDO 的组成部分（即文中所称的概念单元）按照工业应用需求进行了划分，将其分为设计表述与求解、分析能力与近似、信息管理与处理、管理与文化实施 4 个内容，得到了广泛认可。

美国对于 MDO 技术的关注很快在世界范围内得到了广泛响应,在 1991 年 AIAA 关于 MDO 的第一份白皮书问世后不久,针对大型复杂系统设计的国际优化设计协会(International Society for Structural Optimization,ISSO)在德国成立。1993 年,该组织正式更名为国际结构及多学科优化协会(International Society of Structural and Multidisciplinary Optimization,ISSMO),其宗旨是鼓励和促进结构优化及相关课题的研究、鼓励优化方法在工程中的应用及相关应用软件的开发、促进不同学科优化技术的交流、促进 MDO 应用等多个方面。该协会于 1994 年联合 AIAA 和 NASA 等在美国佛罗里达举行了首次学术交流会议,此后每两年举行一次世界范围内的结构与多学科优化大会,目前该会议已经成为国际上影响最大的以 MDO 为主题的学术会议,并创办了专门的学术会刊 SMO(Structural Multidisciplinary Optimization),目前已经成为非常具有影响力的国际学术期刊。

美国在 MDO 领域的研究起步较早,成果也较显著。在 MDO 概念提出之后,美国迅速成立了由政府主导的总体研究机构,并迅速在美国各大院校内开展 MDO 相关研究和教育,形成了政府组织、科研院所共同发展的局面,并成功开展了大量项目实践,为美国培养了大量 MDO 高级人才,产生了一大批理论成果和应用研究成果,有力地带动了美国 MDO 研究的整体水平。下面对美国具有代表性的 MDO 研究机构及工程实践项目进行简要介绍。

(1) 美国航空航天局的 MDO 分部。

1994 年 8 月,NASA 在朗利研究中心正式成立了 MDO 分部。该部门是美国 MDO 研究最重要的官方领导机构,研究对象包括航空器、卫星、可重复使用运载器以及旋翼飞行器等多种类型,主要任务包括确认、发展和展示 MDO 方法,将有潜力的 MDO 方法向工业界推广,促进美国航空航天局、工业界和高校对 MDO 的基础研究。

MDO 分部成立后,第一个直接面向工程的 MDO 研究项目是第二代可重复使用运载器演示验证机 X-33 的塞式喷管发动机设计(1995-1998 年),由 NASA 和洛克达因(Rockdyne)公司合作进行。塞式喷管结构复杂,涉及流体力学、传热学、结构等多种学科,是典型的复杂耦合系统。为了比较 MDO 方法与传统设计方法的区别,塞式喷管首先采用传统的串行设计方法:先以最大比冲为目标函数进行气动外形的优化,再以最小起始推重比为目标函数进行结构优化；然后再采用 MDO 方法：以最小起始推重比为目标函数进行了气动与结构同时优化，设计过程耦合分析了计算流体力学模型、结构有限元模型、计算热力学模型以及弹道模型等多种学科模型。两种方法的结果对比，后者的最小起始推重比降低了 4%，充分说明了 MDO 方法的优越性。在 X-33 项目中止前，该发动机已经热试车达到 263s，基本上接近实用水平。

MDO 分部还开展了高速民机（High-Speed Civil Transport，HSCT）的多学科优化研究（1995—2002 年），该项目是国际上飞行器设计 MDO 方法研究最深入、最持久、影响也最大的项目之一。以 NASA MDO 分部为总牵头单位，最初有斯坦福大学、佐治亚理工学院、圣母大学、弗吉尼亚理工学院暨州立大学和鲁特杰斯大学 5 所大学参与，后扩展到 20 余所院校。

HSCT 研究计划先后经历了 HSCT2.1（1994）、HSCT3.5（1997）、HSCT4.0（2001）3 个版本，其模型最初只考虑 5 个设计变量、6 个约束，采用简化模型，每轮循环约 10min。发展到 HSCT4.0 时已考虑了 271 个设计变量、31868 个约束，采用精确分析模型，每轮循环约 3 天时间。HSCT4.0 考虑了气动、结构、动力、控制等传统的飞行器设计学科，也考虑了操作、成本、可支持性等新的学科，并使用了大量的 MDO 方法。围绕这一项目形成了系统的飞行器总体 MDO 体系，并形成了 FIDO、CJOpt 等 MDO 软件框架。鉴于 HSCT 项目取得的丰硕成果，MDO 分部宣言将把 MDO 方法应用到未来的所有飞行器总体设计过程中去。

NASA 为了进一步提高和整合其工程设计与分析能力，主导了先进工程环境（Advanced Engineering Environment，AEE）项目[7]，构建了分析与设计分布式工程环境，集成重量、气动、轨道、推进、结构和 CAD 几何模型等多学科知识，为 NASA 第二代可重复使用运载火箭（Reusable Launch Vehicle，RLV）项目[8]和下一代发射技术（Next Generation Launch Technology，NGLT）计划[9-10]提供多学科设计优化工具支撑。

为了进一步促进 MDO 工具发展，NASA 于 2008 年启动了多学科设计、分析和优化开源软件框架 OpenMDAO[11]的研发，此后到 2019 年间相继发布了 V1、V2、V3 等版本，目前仍在继续丰富和完善，并得到了大量成功的典型应用，如表 1.1 所示。

表 1.1　OpenMDAO 典型应用问题[11]

问　题	设计变量	目　标	约　束
立方体卫星 MDO	后掠太阳能板角度、天线安装角度、是否安装散热片、电源分配控制率、飞行姿态角控制率、太阳能电流控制率	年均数据下载量	电池充放电速率、电池最大最小电量限制
低保真机翼结构优化	翼梁厚度分布、机翼扭转角度	燃料消耗、航程范围、起飞质量	表面力的配平约束、应力约束
基于 RANS 的机翼优化	机翼形状	阻力系数	升力系数
飞机航线分配及翼型设计优化	机翼形状、高度剖面、巡航马赫数、飞机在各个航线上的分配方案	航线利润	机翼设计的几何约束、最小推力和最大推力、分配方案受到航线需求和机队总量限制
气动推进耦合设计优化	进气道形状	（最小）燃料消耗	表面力的配平约束

续表

问　题	设计变量	目　标	约　束
结构拓扑优化 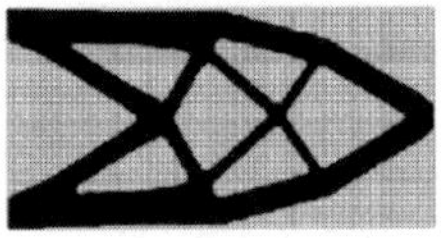	单元密度	柔度	质量分数
CTOL 电动飞行器 MDO 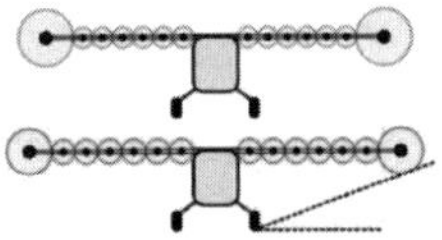	姿态剖面、速度剖面、螺旋桨转速剖面、螺旋桨弦长、螺旋桨扭转角、螺旋桨直径、机翼扭转角、机翼梁厚度	航程	平均速度、运动学方程约束、最大功率、最小扭矩、地面清晰（最小）遮蔽角约束、叶尖速度、机翼强度（应力约束）

（2）美国空军研究实验室的多学科科学技术中心和多学科科学协同中心。

美国空军研究实验室十分重视多学科设计优化技术的研究，成立了多学科科学技术中心和多学科科学协同中心，并与波音公司、洛克希德·马丁公司等军工巨头和高校科研机构开展了广泛深入的合作，包括设计优化系统 MDOPT[12]、高效超声速飞行器探索项目[13]、快速概念设计方法[14]等，挖掘多学科设计优化的潜力。其中，与洛克希德·马丁公司合作开展的基于有效性设计技术的扩展多学科设计（The Expanded Multidisciplinary Design for Effectiveness Based Design Technologies，EXPEDITE）项目[15-21]，旨在增强多学科分析与设计能力，以获得未来飞行器型号的先进设计优化方法如图 1.4 所示。EXPEDITE 项目于 2017 年正式开始，由多学科科学技术中心主导，洛克希德·马丁公司下属的预先研究发展项目部（Advanced Development Projects，ADP），即臭鼬工厂（Skunk Works）作为主要系统集成商具体开展工作。与此同时，EXPEDITE 项目还与普惠公司（Pratt & Whitney Group）开展一级推进的合作，与 P.C. 克拉斯联合公司（P.C. Krause and Associates，PCKA）开展二级动力、热管理系统的合作，与菲尼克斯集成公司（Phoenix Integration）开展 MADO 工具合作开发，包括参数化几何建模、敏捷产品开发、分布式建模集成等多个模块，在 2021 年完成了方差分析、优化求解器和不确定性量化模块开发与集成等。EXPE-

DITE 项目在经历了 MDAO 扩展和验证 2 个阶段后，在基线 MADO 模型架构和几何设计、推进、能源与热管理系统、高性能计算等领域取得了巨大进展。

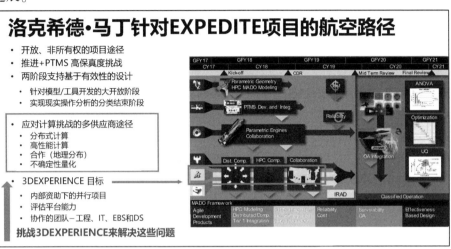

图 1.4　洛克希德·马丁公司 EXPEDITE 项目思路[20]

（3）商用 MDO 工具的发展。

商用 MDO 工具的开发可以追溯到 20 世纪 90 年代的 iSight，在其后的几十年间，许多其他的 MDO 框架相继面市，如菲尼克斯集成公司的 ModelCenter/CenterLink、Esteco 公司的 modeFRONTIER、TechnoSof 的 AML 套件、Vanderplaats 的 VisualDOC，以及 Noesis Solutions 的 Optimus 和 SORCER 等。上述框架为 MDO 的工业应用提供了极为便利的实现途径，通过多个学科模型或者分析软件的灵活集成，数据流的自动传递，各类优化求解器、近似建模、灵敏度分析和不确定性分析等工具的便捷使用，能够快速构建 MDO 案例。但是由于具体设计优化问题往往存在其特殊性，通用工具在针对性解决具体问题方面一般很难直接取得好的效果，面临优化效果不佳、收敛效率低下等难题，因此还需 MDO 工具研发团队与工程应用团队紧密结合，针对具体问题特点适应性改进算法，提升 MDO 应用效果。

1.2.2　欧盟

欧洲的 MDO 研究从一开始就注重在欧盟范围内的合作，自 20 世纪 90

年代以来，在航空航天领域已经发起了多个 MDO 研究项目，典型代表如表 1.2 所示。

表 1.2 欧盟支持的典型 MDO 项目

项目名称	实施时间
MDO 工程	1996—1998
翼身融合体模型的多学科设计优化（MOB）	2000—2003
飞行器概念设计稳定性和控制特性模拟分析（SimSAC）	2006—2010
通过虚拟航空协作企业提升价值（VIVACE）	2004—2007
使用仿真功能进行协作的工程，赋能下一代设计优化（CRESCENDO）	2009—2012
飞行器集成热性能优化（TOICA）	2013—2016
第三代 MDO 设计平台（AGILE）	2015—2018
AGILE 4.0	2019—未来

（1）MDO 工程。

欧盟于 1996 年启动了一项名为"MDO 工程"（MDO Project）的研究项目。该项目由空中客车公司牵头，其中包括法国国家航空航天研究院（ONERA）、法国国家航空宇航公司（Aerospatiale）、达索公司（Dassault）、萨博公司（SAAB）、西班牙航空制造有限公司（CASA）、阿莱尼亚宇航公司（Alenia）、荷兰国家航空航天实验室（NLR）、代尔夫特理工大学（TUDelft）和克兰菲尔德大学（Cranfield University）等公司、研究机构和院校。其研究范围主要分为两个主题：①航空科学领域，主要包括气动、结构、控制等学科的变复杂度建模、灵敏度计算和优化研究等；②计算科学领域，主要包括数据交换、可视化、人机交互等技术。该项目于 1998 年初结束，由英国皇家学院出版的《多学科设计优化》（Multidisciplinary Design and Optimisation）对这一项目进行了总结，带动了整个欧洲的 MDO 研究。

（2）MOB 项目。

MOB 项目是欧盟进行的一项大型分布式 MDO 项目，其全称为翼身融合体构型的多学科设计优化（MultiDisciplinary Design and Optimization for Blended Wing Body Configuration），涉及欧洲的多家航空公司、研究机构大学，如英国宇航系统公司（BAE）、萨博公司、德国戴姆勒·奔驰宇航公司（DASA）、欧洲宇航防务集团（EADS）、德国宇航中心（DLR）、瑞典皇家理工学院（KTH）、英国克兰菲尔德大学、荷兰代尔夫特理工大学、德国布伦瑞克工业大学（TUBS）、德国慕尼黑工业大学（TUM）等。MOB项目的整体战略目标就是发展新的设计方法和工具，以支持分布式设计团队产生创新的飞机设计方案，保持其航空业的竞争力。

MOB项目的目标可以归纳为：①形成一个支持大规模复杂航空工业产品分布式设计的计算设计引擎（Computational Design Engine，CDE）；②在设计过程中集成不同地方、属于不同机构、使用不同设计工具的设计团队；③基于CDE工具实现一种新概念翼身融合飞机的设计和演示验证。基于此发展的CDE工具必须为用户提供以下功能：可使用其已有的、惯用的设计软件或软件包；可以将自己的计算流体力学、有限元模型等代入设计过程中；可以使用该网络中任何一台机器中的任何设计软件；用户可不必是MDO专家，同样可以进入与使用该系统。对于CDE的要求包括：单学科可以在自己的领域内进行研究，但系统必须考虑学科间的强耦合；系统应当能够支持各用户以及时间进度对于设计进程的控制；应当支持多级复杂度的模型，以使不同逼真度的模型都可以发挥作用；修改或是获取新设计方案的过程应可以按照复杂程度和设计进度改变；系统必须能够随时确认最初的设计需求。

（3）SimSAC项目。

SimSAC项目全称为面向飞行器概念设计的稳定性和控制特性模拟分析（Simulating Aircraft Stability and Control Characteristics for Use in Conceptual Design）[22]，是由瑞典皇家理工大学牵头、全欧9个国家共17家单位共同参与的大型MDO项目。该项目聚焦飞行器的概念设计阶段，发展了一套飞行器MDO设计平台CEASIOM（Computerised Environment for Aircraft Synthesis and Integrated Optimization Methods）[23-25]，集成了空气动力学分析、结构力学分析、飞行力学[26-29]等主要分析学科，实现了在概念阶段对飞行器的飞行特性进行高保真预测，根据飞行器稳定与控制特性指导飞行器设计。

（4）VIVACE和CRESCENDO项目。

欧盟于2004—2007年开展了通过虚拟航空协作企业提升价值（Value Improvement through a Virtual Aeronautical Collaborative Enterprise，VIVACE）项目，随后于2009—2012年开展了VIVACE的继任项目，使用仿真功能进行协作和鲁棒设计工程，赋能下一代设计优化（Collaborative and Robust

Engineering using Simulation Capability Enabling Next Design Optimization, CRESCENDO)，这两个项目均有超过 50 个单位共同参与，极大推动了 MDO 的工业应用和相关行业标准制定。

（5）TOICA 项目。

TOICA 项目全称为飞行器集成热性能优化（Thermal Overall Integrated Conception of Aircraft）[30]，由空客公司主导，全欧 34 家单位参与。该项目以飞行器的热性能优化为主，但同时支持多层次、多学科的设计集成，建立了灵活的、面向飞行器热综合性能的多学科设计优化架构。

（6）AGILE 项目。

AGILE 项目是欧盟正在推进的一项多国协作的大型 MDO 项目，欧盟将其称为第三代 MDO 设计平台（Aircraft 3rd Generation MDO for Innovative Collaboration of Heterogeneous Teams of Experts）[31]。AGILE 项目由德国航空航天中心牵头，包括加拿大、俄罗斯在内的 19 家单位共同参与。该项目提出了"AGILE 范式"（AGILE Paradigm），基于 MDO 实现跨组织协同，进而加速复杂产品的设计。AGILE 项目显著降低了产品的开发成本和上市时间，将飞行器设计时间缩短了 20%，将多团队协作设计优化的筹备和求解时间缩短了 40%。在 AGILE 项目的实际应用阶段，在相同的 15 个月内，基于 AGILE 可实现 7 种非常规构型飞行器的设计与优化工作，而传统方法仅能实现 1 种飞行器的优化设计工作。AGILE 项目发展出两个开源平台供研究者和设计人员使用，"AGILE 新型飞行器构型数据库"（The AGILE Novel Aircraft Configurations Database）和"AGILE 开源多学科优化平台"（The AGILE Open MDO Suite）[32-37]。为推动 MDO 实践和应用提供了便捷的算法工具。

1.2.3 俄罗斯

作为航空航天大国的俄罗斯，高度重视飞行器设计技术特别是总体设计技术的研究。早在 20 世纪 70 年代得到广泛应用的"多准则设计"（Mutlicriteria Design）方法，就有许多与 MDO 研究相似的内容。俄罗斯航空航天领域同样认识到了 MDO 的重要性，把 MDO 作为多级、多准则与并行优化技术紧密结合进行设计的手段，如图 1.5 所示。其典型 MDO 研究成果包括俄罗斯空间科学研究院建立的"多学科设计优化环境"自组织优化（Indirect Optimization on the Basis of Self-Organization，IOSO），可用于求解各类 MDO 问题[38-39]。

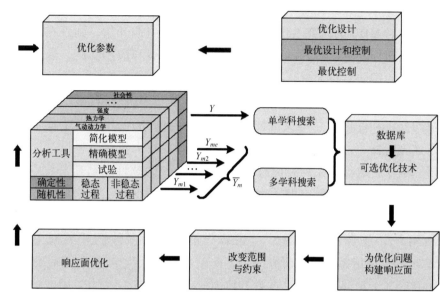

图 1.5 俄罗斯航空航天领域给出的 MDO 概念描述

IOSO 环境核心技术如图 1.6 所示，将基于梯度的非线性规划方法与进化式响应面方法巧妙耦合，既克服了前者不能有效解决非凸性、多极值问题的缺陷，也克服了后者精度差的缺点，从而大大提高算法的适应性，使之可用于求解非光滑、随机、多极值、多目标、混合变量等各类优化问题。IOSO 优化环境首先在俄罗斯的航空航天领域得到了广泛应用，后来逐步推广到了汽车业、加工业、生物技术等各个领域，目前该优化工具已经开始商业化，并在国际上推广。

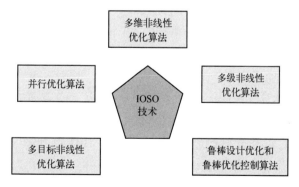

图 1.6 俄罗斯空间科学研究院的 MDO 环境与 IOSO 技术

1.2.4 中国

国内对 MDO 的研究工作从 20 世纪 90 年代中期开始,到现在已有将近 30 年的时间,从跟踪国外研究情况到创新发展和应用实践,取得了丰硕的成果。国防科技大学从 1998 年开始致力于 MDO 研究[40],在理论上形成了涵盖近似建模[41]、灵敏度分析、优化求解和 MDO 过程组织[42-43]、不确定性分析和优化[44-47]等关键技术的 MDO 系列方法,并围绕导弹[48]、高超声速飞行器[49]、卫星[50]、飞机等对象,开展了大量多学科设计优化应用研究工作,取得了系列有价值的成果,并在相关软件工具开发与应用方面形成了特色。北京航空航天大学在 MDO 理论和框架工具层面开展了大量研究工作,围绕航空发动机涡轮转子与叶片[51-52]、双后掠翼飞行器气动与结构[53]、复合材料机翼[54]、运载火箭[55-58]、多种任务类型卫星系统[59-61]等形成了系列应用研究成果。南京航空航天大学围绕 MDO 理论与应用开展了大量研究工作,在直升机[62]、无人飞行器[63-64]、固定翼飞行器[65-66]、翼身融合飞机[67]、扑翼飞行器[68]、倾转旋翼飞行器[69]等多种类型飞行器多学科设计优化上取得较大进展。西北工业大学将 MDO 理论融入飞行器、水下航行器等问题的总体设计中,围绕火箭冲压发动机反舰导弹[70]、高超声速飞行器[71]、大型无人机机翼气动与结构[72]、鱼雷[73]、海洋探测器[74]等形成了优势学科方向。华中科技大学在 MDO 理论方面开展了大量研究工作,围绕 Kriging 协同优化理论[75-76]、响应面技术[77]、不确定性设计优化方法[78]等开展研究,并成功应用于电动汽车液冷电池热管理系统多学科设计优化。总体上,国内围绕 MDO 理论开展了较为系统深入的研究,并逐步在工业部门推广应用。

综上所述,从 MDO 诞生到现在的 40 年左右时间里,MDO 方法在美国、欧盟国家、俄罗斯等国家的极大关注下迅速发展起来,研究范围也已从航空航天扩展到了汽车、通信、运输、机械、医疗、建筑等领域。国内对 MDO 的研究也十分积极,并取得了不少进展。随着研究的深入和相关技术的发展,逐步建立了 MDO 理论体系,并在工业实践中得到了运用,每年都有大量的研究成果产生。这一切正如 MDO 奠基者 Sobieski 所预料的[79]:"MDO 作为一种正在崛起的新工程学科,必将成为优化设计的大趋势。"

1.3 MDO 研究框架及对飞行器设计的重要意义

1.3.1 MDO 研究框架及特点

由于飞行器各个学科本身的分析复杂性，以及学科间复杂的耦合关系，导致多个学科耦合的复杂系统 MDO 面临多重挑战。典型的 MDO 问题优化求解框架如图 1.7 所示，对于给定设计优化问题进行求解，在优化搜索过程中需要对每一个方案进行性能分析和评估，根据分析结果判断方案的优劣，反馈给优化算法进一步迭代寻优直至收敛。可以看出，优化求解和方案分析是实现 MDO 的核心关键。

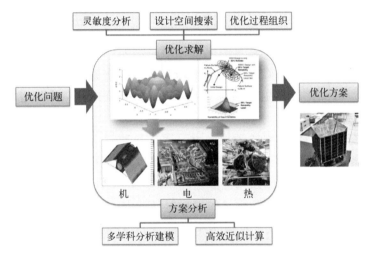

图 1.7　MDO 问题优化求解框架（见彩图）

优化求解涉及的关键技术主要包括灵敏度分析、设计空间搜索和优化过程组织等。灵敏度分析在 MDO 中主要发挥三方面作用：首先，可以用于识别主要设计变量或者影响因素，辅助设计人员从大量变量中筛选主要因素进行重点考虑，从而通过抓住主要矛盾化简问题复杂性，提高解决复杂问题的能力；其次，灵敏度分析是优化求解中梯度计算的重要途径，基于梯度进行寻优能够极大提高优化求解的效率；最后，基于变量间的灵敏度关系，可以构建不同学科变量间的关联影响模型，从而在各学科设计中实现对其他学科影响的评估，将学科间耦合影响融入设计。设计空间搜索技术主要研究解决复杂工程设计的多目标、非线性和非凸优化问题，以及包含离散和连续设计变量、具有多个局部极值点、大量设计变量和约束的设计优化问题等。未来发展方向是更加强大、鲁棒且有效的优化搜索技术。其中，强大是指要能够处理大规模的问题（成千上万规模的变量与约束）；鲁棒是指在大范围条件下仍然能够保证收敛；有效是指优化所需要的计算时间能保持在合理的水平，同时具有避免局部极小及较强全局寻优能力。优化过程组织是MDO最具特色的研究内容，主要考虑各个学科设计优化如何协同，实现系统整体的综合优化。直观上理解系统优化就是要把所有学科的设计因素都通盘考虑一起优化，但是由于系统的复杂性，会导致设计变量规模巨大（成千上万甚至更多），设计约束极其复杂，而且每一个方案都需要所有学科进行分析，计算成本极其高昂，优化迭代难以实现。因此，采用复杂问题化解为多个子问题进行处理的思想，如何把系统优化问题合理分解为多个学科设计问题，如何通过学科间的设计协同实现向系统最优解的逼近，就是优化过程组织需要解决的难题。特别是进一步考虑工程实际中的不确定性交叉传递影响，如何提高优化结果的可靠性和鲁棒性，对优化过程组织提出了更大挑战，不确定性MDO过程也是当前重要的研究热点。

方案分析涉及的主要关键技术就是多学科建模与分析计算。首先，需要构建多学科分析模型，工业设计中主要包括三种级别的保真度模型：

级别1：经验公式（如飞行器设计中的气动工程估算方法）；

级别2：中等保真度模型（如飞行器设计中的气动面元法）；

级别3：反映当前技术发展水平的高保真度模型（如飞行器设计中的CFD方法）。

一般来说，模型保真度越高，分析结果越精确，则基于该模型进行设计的结果越可行。但是，高保真度的分析常常不能自动执行（例如需要人工参与网格剖分），缺乏足够的鲁棒性（仿真计算的收敛性和可重复性问题），并且需要高昂的计算代价（数小时甚至数天），难以直接嵌套调用高保真模型进行迭代优化。针对该问题，构建高保真模型的低成本近似模型是有效解决途径。近似建模方法包括常用的局部近似方法（如泰勒级数法等）和全局近似方法（如响应面和神经网络法等）。基于万能逼近定理，近些年深度神经网络方法的快速发展也为高维非线性近似提供了强大工具。构造近似模型时，必须考虑所需高保真度分析的数据量与所获近似精度之间的平衡，基于序贯建模思想，由少到多有针对性地逐步增加样本数据，逐渐提高近似精度，是有效解决途径，序贯加点策略（也称为主动学习策略）是当前近似建模的重要研究内容。值得一提的是，通过构建不同学科变量间的影响关系近似模型，也可以实现在各学科设计中对其他相关学科影响的评估，从而为解决 MDO 面临多学科耦合挑战提供一种解决手段。

在工业应用中实施 MDO，不仅需要解决上述关键技术，还需要相应的信息技术与管理机制突破。在信息管理与处理方面，首先需要构建多学科集成、运行和通信软硬件体系，解决数据流及标准问题；其次需要满足 MDO 的计算需求，包括大规模并行计算、分布式计算、云计算等，为复杂工程系统 MDO 的分析和设计需求提供可靠的计算资源保障；最后还需要考虑通过信息化手段，为设计人员提供更友好的辅助设计环境，例如设计优化空间的可视化问题。设计人员往往会关心"设计空间中靠近最优点的区域是宽还是窄？如果最优点并不是最理想的点，选用最优点附近的点开展设计将会带来多大的性能损失？设计空间对于噪声或误差非常敏感吗？优化迭代逼近最优点的过程是什么？"等等问题，因此一个能够显示设计空间并帮助用户理解优化结果的可视化过程是非常重要的。在管理与组织方面，当前工业部门通常按学科组织设计，各技术组负责其相应学科技术的先进性，确保本学科设计和产生数据的正确性。为了有利于 MDO 的实施，需要构建明确的部门对 MDO 负责。学科小组将仍然发展与维持本学科技术的先进性，并以学科自治的方式确保本学科设计的精度与完整性。所有学科间的交互与协调任务则由一个专门的 MDO 小组完成，所有的学科小组在 MDO 小组协调管理下工作，实现系统的综合优化。

由上述 MDO 研究框架可以看出，MDO 的特点主要包括以下几个方面：

(1) 以处理学科耦合为主要手段。

多学科设计优化研究的重点不在于单学科的分析与优化，而在于学科之间的耦合处理。从 MDO 诞生至今，其研究核心关注于实现多学科复杂系统的解耦与协调。如何利用零散的各学科模型建立复杂系统模型、如何进行多学科优化的问题表述、如何构造快速有效的优化过程、如何利用可视化的手段显示耦合效应等，MDO 研究的各个方面无不围绕着耦合处理而展开，在耦合处理方式上的突破，将为促进 MDO 研究发展提供重要支撑。

(2) 具有高度复杂性。

学科耦合带来的第一个问题是模型复杂性问题。由于各学科之间的耦合，即使各学科均采用简单线性模型，最终得到的系统组合模型仍有可能是非线性的。以飞机机翼设计为例，在气动学科中，预测机翼上的压力分布可能采用简单的线性理论模型；在结构学科中，预测机翼的形变可能采用线性结构分析模型。但是，对气动和结构进行综合优化时，压力分布与形变之间的关系不再是线性的。再比如，对于单个学科，也许可以采用单目标函数进行优化，但对于多个学科组成的系统，需要面对多个相互冲突的目标函数，由单目标优化的问题转化成为多目标优化问题。

其次是信息交换的复杂性。在 MDO 中，一个子系统的输入往往是另一个子系统的输出，这种输入输出往往表现为多个回路，使得 MDO 中的信息交换成为一个十分复杂的问题。这一点在利用计算机来解决 MDO 问题时表现尤为明显，各学科计算机程序之间的信息交换往往表现为数据的传递，而大量的信息交换则会带来数据灾难，因此在 MDO 中往往需要各种数据管理技术。

由于集成了多个学科，在 MDO 过程中设计变量必然增加，问题的规模也随之加大。例如，在飞行器机身的设计问题中，仅结构学科就有上万个分析变量和上千个设计变量，如果再考虑其他学科以及各学科之间的耦合，其计算量是可想而知的。同时，大多数分析和优化算法的计算量随着问题规模增加呈超线性增长，因此在考虑了各学科之间的耦合之后，MDO 计算成本一般要比各个单学科优化的成本总和高出许多，即学科耦合带来的计算复杂性问题。

学科耦合还带来了组织复杂性，包含几重含义：一是指物理建模上的困难，例如如何将系统整体的多学科分析和各子系统的单学科分析结合起来等；二是指数学建模上的困难，即如何选择设计变量、建立数学方程及选择优化算法等；三是指在计算机实现上的困难，即如何进行各学科的模块化及各模块之间的通信、如何建立人机交互环境等方面的问题。此外组织复杂性还包括研究人员、部门的安排等非技术问题。

(3) 具有强拓展能力。

MDO 源自结构优化，如今在学科深度和广度上都有了很大的拓展，从作为学科分析与优化的工具演化为以学科间耦合影响为主要研究内容的一门学科。不仅如此,系统与学科概念上的宽泛性,使得 MDO 仍然能够继续拓展。借助于计算机技术,将产品的制造阶段模型纳入到学科之中,从而在设计阶段就充分考虑制造可行性,这是 MDO 在学科上的拓展。同样,将飞行器本身的设计与发射平台等的设计综合起来,进行飞行器大系统的 MDO,这是 MDO 在系统上的拓展。此外,社会、生物、化学等各研究领域中,均可看到 MDO 活跃的身影。

(4) 面向工业应用。

由于飞行器设计越来越依赖于复杂模拟,MDO 自其一诞生就引起了工业部门的浓厚兴趣,同样,电子、汽车制造、航海和机械设计方面也迫切需要这样基于数值计算的设计方法。因此 MDO 研究不仅包括优化过程、灵敏度分析,还涉及产品的可制造性、可维护性、全生命周期费用,甚至包括 MDO 在企业的实施与组织等。飞行器多学科优化的工业应用已经有了众多案例,如波音旋翼飞行器的 MDO、F-22 的结构与气动弹性设计、F-16 的 MDO、F/A-18E/F 的 MDO、X-43A 高超声速飞行器的设计等。

总结近 40 年来飞行器 MDO 研究的发展脉络,我们认为大致可以分为 3 个阶段,其特点归纳如表 1.3 所示。这三代飞行器 MDO 方法是逐步深化和细化的过程,其中第二代和第三代 MDO 方法是现代飞行器 MDO 的常见方式。

表 1.3 三代飞行器 MDO 方法

内 容	第 一 代	第 二 代	第 三 代
硬件环境	单机	分布式系统	分布式系统
组织架构	系统不分层	系统级与学科级	系统级与学科级
表述方式	利用优化算法完成系统的集成与优化	系统级进行优化,各学科只分析不设计	各学科独立完成本学科的分析与设计,在系统级进行协调与优化
学科模型	近似模型	变复杂度模型	变复杂度模型
典型优化组织过程	同时优化、嵌套分析优化	同时分析与优化	协同优化、并行子空间优化、二级系统一体化合成优化

续表

内容	第 一 代	第 二 代	第 三 代
特点	学科模型采用低精度或者近似模型,难以处理大型复杂系统的优化问题。其结果常用作设计优化的初始值	因各学科只分析不设计,总的设计过程主要依赖于系统级优化工具,难以处理大规模的复杂系统优化问题	将大规模复杂系统优化问题分解为若干子系统优化问题,由系统级协调子系统间耦合作用进行协同设计,能有效处理大规模复杂系统优化问题
典型系统	FLOPS、MIDAS、ACSYNT	FIDO	CJOpt、IMD、IHAT、MOB

1.3.2 MDO 对飞行器设计的重要意义

飞行器设计是典型的多学科优化问题,在飞行器设计中使用 MDO 顺应了其固有的物理本质。借助于 MDO,设计人员能够掌握学科间的耦合及其协同效应,改善设计的效率与效果,最终获得更好的设计质量。

(1) MDO 符合系统工程思想,能有效提高飞行器的设计质量。

系统工程很重视从整体出发对各局部的协调。MDO 要求把飞行器看作一个系统,每个子系统专家在考虑其他学科的要求和影响基础上,在自己的专业领域内进行优化设计。MDO 很好地体现了整体与局部、局部与局部的关系,与现代系统论的整体优化思想是一致的,从而有可能充分发现和利用飞行器各子系统的协同效应,设计出综合性能更好的飞行器。因此,MDO 是系统工程思想在工程设计中应用的一种有效实施方法。

(2) MDO 为飞行器设计提供了一种并行设计模式。

MDO 与传统串行设计模式的最大区别在于:每个专业的设计人员可同时进行优化设计,为飞行器设计提供了一种并行设计模式,因而能有效地缩短研制飞行器的周期。

(3) MDO 的设计模式与飞行器设计组织体制一致。

MDO 按学科(或子系统)把飞行器复杂系统优化设计问题分解为若干单一学科(子空间)设计优化问题,通过学科间的协同实现系统优化。该分解模式与飞行器设计的气动、结构、控制、推进等专业分组相一致,因此应用 MDO 不必对现有的飞行器设计组织体系做大的变动。

(4) MDO 的模块化结构使飞行器设计过程具有很强的灵活性。

由于 MDO 中各学科的相对独立性,各学科分析方法(软件)和设计优化方法的变更不会引起整个设计过程的变化。每个学科的设计人员可选用适当的分析方法(软件)、优化方法和专家知识,并随着各学科的发展不断更新。这种模块化结构使得飞行器设计进程具有很强的灵活性。例如，在气动设计学科组，可用先进的基于 NS 方程的计算流体力学方法代替基于线化理论的面元法，而不会影响飞行器设计的整个工作进程。

1.4 本书主要内容

本书内容包括 MDO 理论和应用两大部分，共分为 17 章，具体安排如下：

第 1 章为绪论，主要介绍飞行器设计发展历程、MDO 产生的背景、发展现状和研究框架。

第 2 章~第 10 章为 MDO 理论部分，主要围绕 MDO 研究框架中的核心内容进行设置。第 2 章介绍了 MDO 基础理论，包括定义与基本概念、复杂系统的分类、系统优化与子系统优化的关系、复杂系统的分解与协调等基础知识。

第 3 章~第 6 章主要介绍 MDO 建模分析版块，其中第 3 章主要讲述面向 MDO 的建模与验证，包括过程可变复杂度建模、模型验证与确认、参数化建模等；第 4 章介绍传统近似方法，包括模型近似、函数局部近似、全局近似等；第 5 章介绍基于深度学习的近似方法，主要包括深度学习方法概述、基于数据驱动和内嵌物理知识的深度学习近似建模方法，以及深度学习近似模型的不确定性量化方法等；第 6 章介绍序贯近似方法，主要包括序贯近似建模框架、试验设计方法以及序贯加点准则等。

第 7 章~第 10 章主要介绍 MDO 优化求解版块，其中第 7 章介绍灵敏度分析方法，包括单学科灵敏度分析和系统灵敏度分析方法；第 8 章介绍设计空间的搜索策略，包括经典优化方法、现代优化方法、混合优化策略、代理模型辅助的优化方法、多模态优化算法、多方法协作优化方法等；第 9 章介绍多学科设计优化过程，包括单级优化过程、并行子空间优化过程、协同优化过程、二级系统一体化合成优化过程、目标级联分析优化过程等；第 10 章介绍不确定性多学科设计优化，主要内容包括不确定性多学科优化基本概念、不确定性建模方法、不确定性量化分析方法以及多学科可靠性优化方法等。

第 11 章~第 16 章为 MDO 的应用研究部分，其中第 11 章介绍了飞行器结构拓扑优化，包括拓扑优化问题的基本模型、基于深度神经网络的结构拓扑优化代理模型构建与设计、数据驱动的多组件系统传热结构拓扑优化设计等；第12章介绍了卫星舱内热布局优化，主要包括基于图像回归近似模型的热布局优化设计方法、基于图像-位置回归映射的热布局逆向设计方法等；第13章介绍了卫星总体设计优化，包括卫星系统设计过程及MDO的主要特点、基于MDO的小卫星总体设计优化实例、小卫星总体不确定性优化设计等；第14章介绍了卫星在轨加注任务综合优化，包括在轨加注体系组成与任务场景、在轨加注任务成本建模、在轨加注任务综合优化问题建模，以及基于目标级联法的优化组织求解等；第15章介绍了导弹总体/发动机一体化优化，包括壅塞式、非壅塞式固体冲压发动机导弹多学科设计优化；第16章介绍了飞机总体及机翼多学科设计优化，分别介绍了飞机总体不确定性多目标多学科设计优化和面向气动弹性裁剪的复合材料机翼设计优化；第17章为总结与展望。全书章节结构如图1.8所示。

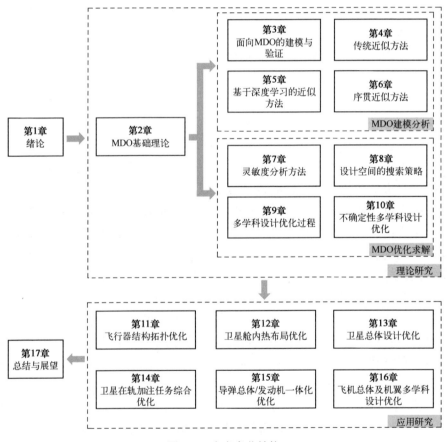

图1.8 全书章节结构

第1章 绪论

参考文献

[1] AIAA Multidisciplinary Design Optimization Technical Committee. Current State of the Art on Multidisciplinary Design Optimization(MDO)[R]. USA：AIAA,1991.

[2] Sobieszczanski-Sobieski J. A linear decomposition method for large optimization problems. Blueprint for development[R]. USA：NASA,1982.

[3] Sobieszczanski-Sobieski J. Optimization by decomposition：a step from hierarchic to non-hierarchic systems[R]. USA：NASA,1989.

[4] Sobieszczanski-Sobieski J. On the sensitivity of complex, internally coupled systems[J]. AIAA Journal, 1990, 28(1)：153-160.

[5] Sobieszczanski-Sobieski J, Haftka R T. Multidisciplinary aerospace design optimization：Survey of recent developments[C]//34th Aerospace Science Meeting and Exhibit. Reno, Nevada：American Institute of Aeronantics and Astronantics,1995.

[6] Giesing J, Barthelemy J-F. A summary of industry MDO applications and needs[C]//7th AIAA/USAF/NASA/ISSMO Symposium on Multidisciplinary Analysis and Optimization. St. Louis, MO, U.S.A.：American Institute of Aeronautics and Astronautics,1998.

[7] Monell D, Reuther J, Garn M, et al. The Advanced Engineering Environment(AEE) Project for NASA's Next Generation Launch Technologies(NGLT) Program[C]//42nd AIAA Aerospace Sciences Meeting and Exhibit. Reno, Nevada：American Institute of Aeronautics and Astronautics,2004.

[8] Rowell L F, Aerospace S, Korte J J. Launch Vehicle Design and Optimization Methods and Priority for the Advanced Engineering Environment[R]. USA：NASA,2003.

[9] Cook S, Tyson R. Next Generation Launch Technology Program Lessons Learned[C]//1st Space Exploration Conference：Continuing the Voyage of Discovery. Orlando, Florida：American Institute of Aeronautics and Astronautics,2005.

[10] NASA Marshall Space Flight Center. NASA's space launch initiative The next generation launch technology program[R]. USA：NASA,2003.

[11] Gray J S, Hwang J T, Martins J R R A, et al. OpenMDAO：an open-source framework for multidisciplinary design, analysis, and optimization[J]. Structural and Multidisciplinary Optimization, 2019, 59(4)：1075-1104.

[12] LeDoux S, Herling W, Fatta G, et al. MDOPT-A Multidisciplinary Design Optimization System Using Higher Order Analysis Codes[C]//10th AIAA/ISSMO Multidisciplinary Analysis and Optimization Conference. Albany, New York：American Institute of Aeronautics and Astronautics,2004.

[13] Davies C, Stelmack M, Zink P S, et al. High Fidelity MDO Process Development and Application to Fighter Strike Conceptual Design[C]//12th AIAA Aviation Technology, Integration, and Operations (ATIO) Conference and 14th AIAA/ISSMO Multidisciplinary Analysis Conference. Indianapolis, Indiana：American Institute of Aeronautics and Astronautics,2012.

[14] Carty A. An Approach to Multidisciplinary Design, Analysis & Optimization for Rapid Conceptual Design[C]//9th AIAA/ISSMO Symposium on Multidisciplinary Analysis and Optimization. Atlanta, Georgia：American Institute of Aeronautics and Astronautics,2002.

[15] Davies C C, Montoro J. 2020 Update on AFRL EXPEDITE Program Progress by Lockheed Martin [C] //AIAA Scitech 2020 Forum. Orlando, FL: American Institute of Aeronautics and Astronautics, 2020.

[16] Haisma M, Ko A, Levy M. Application of ModelCenter to Real World Distributed and Parallel Execution Challenges [C] //AIAA Scitech 2020 Forum. Orlando, FL: American Institute of Aeronautics and Astronautics, 2020.

[17] Harper D J. Operations Analysis Integration for Effectiveness-Based Design in the AFRL EXPEDITE Program [C] //AIAA Scitech 2020 Forum. Orlando, FL: American Institute of Aeronautics and Astronautics, 2020.

[18] Levy M, Choi K. Multidisciplinary Design Optimization for Effectiveness-Based Design in the AFRL EXPEDITE Program [C] //AIAA Scitech 2020 Forum. Orlando, FL: American Institute of Aeronautics and Astronautics, 2020.

[19] Mull K M. Expanded MDO for effectiveness based design technologies: the EXPEDITE program and successes with ESTECO technologies [C] //AIAA Scitech 2020 Forum. Orlando, FL: American Institute of Aeronautics and Astronautics, 2020.

[20] Suydam A, Pyles J. Lockheed martin conceptual design modeling in the dassault systemes 3DEXPERIENCE® platform [C] //AIAA Scitech 2020 Forum. Orlando, FL: American Institute of Aeronautics and Astronautics, 2020.

[21] Torres F, McCarthy K. Lockheed martin overview of the AFRL EXPEDITE program: power and thermal management system [C] //AIAA Scitech 2020 Forum. Orlando, FL: American Institute of Aeronautics and Astronautics, 2020.

[22] Rizzi A. Modeling & simulating aircraft stability & control-SimSAC project [C] //AIAA Atmospheric Flight Mechanics Conference. Toronto, Ontario, Canada: American Institute of Aeronautics and Astronautics, 2010.

[23] Richardson T S, McFarlane C, Isikveren A, et al. Analysis of conventional and asymmetric aircraft configurations using CEASIOM [J]. Progress in Aerospace Sciences, 2011, 47 (8): 647-659.

[24] Richardson T S, Beaverstock C, Isikveren A, et al. Analysis of the Boeing 747-100 using CEASIOM [J]. Progress in Aerospace Sciences, 2011, 47 (8): 660-673.

[25] Rizzi A, Eliasson P, Goetzendorf-Grabowski T, et al. Design of a canard configured TransCruiser using CEASIOM [J]. Progress in Aerospace Sciences, 2011, 47 (8): 695-705.

[26] Cavagna L, Ricci S, Travaglini L. NeoCASS: an integrated tool for structural sizing, aeroelastic analysis and MDO at conceptual design level [J]. Progress in Aerospace Sciences, 2011, 47 (8): 621-635.

[27] Da Ronch A, Ghoreyshi M, Badcock K J. On the generation of flight dynamics aerodynamic tables by computational fluid dynamics [J]. Progress in Aerospace Sciences, 2011, 47 (8): 597-620.

[28] Goetzendorf-Grabowski T, Mieszalski D, Marcinkiewicz E. Stability analysis using SDSA tool [J]. Progress in Aerospace Sciences, 2011, 47 (8): 636-646.

[29] Tomac M, Eller D. From geometry to CFD grids—an automated approach for conceptual design [J]. Progress in Aerospace Sciences, 2011, 47 (8): 589-596.

[30] Guenov M, Molina-Cristobal A, Voloshin V, et al. Aircraft systems architecting-a functional-logical domain perspective [C]//16th AIAA Aviation Technology, Integration, and Operations Conference. Washington, D. C.: American Institute of Aeronautics and Astronautics, 2016.

[31] Ciampa P D, Nagel B. AGILE Paradigm: The next generation collaborative MDO for the development of aeronautical systems [J]. Progress in Aerospace Sciences, 2020, 119: 100643.

[32] Zhang M, Bartoli N, Jungo A, et al. Enhancing the handling qualities analysis by collaborative aerodynamics surrogate modelling and aero-data fusion [J]. Progress in Aerospace Sciences, 2020, 119: 100647.

[33] Van Gent I, Aigner B, Beijer B, et al. Knowledge architecture supporting the next generation of MDO in the AGILE paradigm [J]. Progress in Aerospace Sciences, 2020, 119: 100647.

[34] Lefebvre T, Bartoli N, Dubreuil S, et al. Enhancing optimization capabilities using the AGILE collaborative MDO framework with application to wing and nacelle design [J]. Progress in Aerospace Sciences, 2020, 119: 100649.

[35] Fioriti M, Boggero L, Prakasha P S, et al. Multidisciplinary aircraft integration within a collaborative and distributed design framework using the AGILE paradigm [J]. Progress in Aerospace Sciences, 2020, 119: 100648.

[36] Moerland E, Ciampa P D, Zur S, et al. Collaborative architecture supporting the next generation of MDAO within the AGILE paradigm [J]. Progress in Aerospace Sciences, 2020, 119: 100637.

[37] Ciampa P D, Moerland E, Seider D, et al. A Collaborative Architecture supporting AGILE design of complex aeronautics products [C]//18th AIAA/ISSMO Multidisciplinary Analysis and Optimization Conference. Denver, Colorado: American Institute of Aeronautics and Astronautics, 2017.

[38] Egorov I, Kretinin G, Leshchenko I, et al. IOSO optimization toolkit-novel software to create better design [C]//9th AIAA/ISSMO Symposium on Multidisciplinary Analysis and Optimization. Atlanta, Georgia: American Institute of Aeronautics and Astronautics, 2002.

[39] Egorov I, Kretinin G, Leshchenko I, et al. The main features of IOSO technology usage for multi-objective design optimization [C]//10th AIAA/ISSMO Multidisciplinary Analysis and Optimization Conference. Albany, New York: American Institute of Aeronautics and Astronautics, 2004.

[40] 陈小前. 飞行器总体优化设计理论与应用研究 [D]. 长沙: 国防科学技术大学, 2001.

[41] 张熠. 基于Kriging的飞行器多学科近似建模方法研究 [D]. 长沙: 国防科技大学, 2019.

[42] 都柄晓. 基于移动可变形空腔的结构拓扑优化方法研究 [D]. 长沙: 国防科技大学, 2019.

[43] 陈献琪. 微纳卫星布局优化设计方法研究 [D]. 长沙: 国防科技大学, 2018.

[44] 姚雯. 飞行器总体不确定性多学科设计优化研究 [D]. 长沙: 国防科学技术大学, 2011.

[45] 胡星志. 活跃子空间降维不确定性设计优化方法及应用研究 [D]. 长沙: 国防科学技术大学, 2016.

[46] 欧阳琦. 飞行器不确定性多学科设计优化关键技术研究与应用 [D]. 长沙: 国防科学技术大学, 2013.

[47] 郑小虎. 面向卫星不确定性总体设计优化的贝叶斯网络研究 [D]. 长沙: 国防科技大学, 2018.

[48] 陈琪锋. 飞行器分布式协同进化多学科设计优化方法研究 [D]. 长沙: 国防科学技术大学, 2003.

[49] 罗世彬. 高超声速飞行器机体/发动机一体化及总体多学科设计优化方法研究 [D]. 长沙: 国防科学技术大学, 2004.

[50] 赵勇. 卫星总体多学科设计优化理论与应用研究 [D]. 长沙: 国防科学技术大学, 2006.

[51] 申秀丽, 龙丹, 董晓琳. 航空发动机初步设计阶段涡轮流道多学科优化设计分析方法 [J]. 航空动力学报, 2014, 29 (06): 1369-1375.

[52] 王荣桥, 贾志刚, 胡殿印, 等. 涡轮叶片多重精度 MDO 方法 [J]. 航空动力学报, 2013, 28 (05): 961-970.

[53] Pan Y, Huang J, Li F, et al. Application of Multidisciplinary design optimization on advanced configuration aircraft [J]. Journal of Aerospace Technology and Management, 2017, 9 (1): 63-70.

[54] Liang H, Zhu M, Liang H Q, et al. Multidisciplinary design optimization of composite wing by parametric modeling [C] //Proceedings 2013 International Conference on Mechatronic Sciences, Electric Engineering and Computer (MEC). Shengyang: IEEE, 2013: 2904-2908.

[55] 马树微, 李静琳, 陈曦, 等. 多级固体运载火箭分级多学科设计优化 [J]. 北京航空航天大学学报, 2016, 42 (03): 542-550.

[56] Rafique A F, He L, Kamran A, et al. Hyper heuristic approach for design and optimization of satellite launch vehicle [J]. Chinese Journal of Aeronautics, 2011, 24 (2): 150-163.

[57] Villanueva F M, Linshu H, Dajun X. Kick solid rocket motor multidisciplinary design optimization using genetic algorithm [J]. Journal of Aerospace Technology and Management, 2013, 5 (3): 293-304.

[58] Liu Y, Chen W C. Multidisciplinary design optimization of launch vehicle using objective coordination methodology [C] //2016 IEEE Advanced Information Management, Communicates, Electronic and Automation Control Conference (IMCEC). Xi'an: IEEE, 2016: 925-930.

[59] Wu W R, Huang H, Wu B B. Application of multidisciplinary design optimization to a resource satellite [J]. Applied Mechanics and Materials, 2012, 195-196: 1066-1077.

[60] Wang X H, Li R J, Xia R W. Comparison of MDO methods for an earth observation satellite [J]. Procedia Engineering, 2013, 67: 166-177.

[61] Wu W, Huang H, Chen S, et al. Satellite multidisciplinary design optimization with a high-fidelity model [J]. Journal of Spacecraft and Rockets, 2013, 50 (2): 463-466.

[62] 孙伟. 直升机总体优化设计技术研究 [D]. 南京: 南京航空航天大学, 2012.

[63] 余雄庆. 多学科设计优化算法及其在飞机设计中的应用研究 [D]. 南京: 南京航空航天大学, 1999.

[64] 赵洪. 基于飞行品质的无人旋翼飞行器总体多学科设计优化研究 [D]. 南京: 南京航空航天大学, 2018.

[65] 王琦. MDO 优化算法研究 [D]. 南京: 南京航空航天大学, 2008.

[66] 李正洲. 考虑操稳特性的有翼再入飞行器总体多学科设计优化 [D]. 南京: 南京航空航天大学, 2018.

[67] 邓海强. 翼身融合布局无人机总体多学科设计优化研究 [D]. 南京: 南京航空航天大学, 2017.

[68] 周新春. 扑翼微型飞行器多学科设计优化研究 [D]. 南京: 南京航空航天大学, 2009.

[69] 薛立鹏. 倾转旋翼机气动/动力学多学科设计优化研究 [D]. 南京: 南京航空航天大学, 2011.

[70] 谷良贤. 整体式冲压发动机导弹总体一体化设计 [D]. 西安: 西北工业大学, 2002.

[71] 粟华. 飞行器高拟真度多学科设计优化技术研究 [D]. 西安：西北工业大学，2014.

[72] 杨体浩. 基于梯度的气动/结构多学科优化方法及应用研究 [D]. 西安：西北工业大学，2018.

[73] 卜广志. 鱼雷总体综合设计理论与方法研究 [D]. 西安：西北工业大学，2003.

[74] 张代雨. 多学科优化算法及其在水下航行器中的应用 [D]. 西安：西北工业大学，2017.

[75] 苏子健. 多学科设计优化的分解、协同及不确定性研究 [D]. 武汉：华中科技大学，2008.

[76] 肖蜜. 多学科设计优化中近似模型与求解策略研究 [D]. 武汉：华中科技大学，2012.

[77] 尹骞. 基于流程分析的多学科设计优化建模与求解方法研究 [D]. 武汉：华中科技大学，2018.

[78] 李伟. 考虑参数和模型不确定性的多学科稳健设计优化方法研究 [D]. 武汉：华中科技大学，2020.

[79] Kodiyalam S, Business S, Sobieszczanski-Sobieski J. Multidisciplinary design optimization: some formal methods, framework requirements, and application to vehicle design In Int [J]. International Journal of Vehicle Design, 2001, 25: 3-22.

第 2 章

MDO 基础理论

MDO 提出的背景和发展历程表明，MDO 不断集成和扩展传统优化理论中的优化技术，并特别关注处理其中多学科耦合的概念。本节首先针对多学科设计优化的特点，对 MDO 的定义、基本概念和常用术语进行介绍。复杂系统是 MDO 在工程应用中的主要研究对象，本节从大系统优化理论出发，对多学科设计优化中涉及的系统、系统优化与学科优化、系统分解与协调等理论基础进行阐述。

2.1 MDO 的定义与基本概念

2.1.1 MDO 定义

MDO 作为一种全新的优化设计方法，尚未有统一的定义。AIAA 的 MDO 技术委员会给出了 MDO 三种定义[1]：

定义 2.1 MDO 是一种通过充分地探索和利用系统中相互作用的协同机制来设计复杂系统和子系统的方法论。

定义 2.2 MDO 是指在复杂工程系统的设计过程中，必须对学科（或子系统）之间的相互作用进行分析，并充分利用这些相互作用进行系统优化合成的优化设计方法。

定义 2.3 MDO 是一种当设计中每个因素都影响另外的设计因素时，

确定改变哪个因素以及改变到什么程度的设计方法。

在以上的三种定义中,第一种定义相对严谨,是目前引用最多的一种定义。不论采用哪种定义,MDO 定义的核心包括:①强调综合考虑设计中多个学科之间的耦合效应;②强调系统总体性能最优化。

因此,一些文献使用以下形式定义 MDO:

定义 2.4

$$\Delta_{\text{Design}} = \left(\sum_i \Delta_{\text{Discipline}_i} \right) + \Delta_{\text{MDO}} \tag{2.1}$$

式中:Δ_{Design} 为设计的总效益;$\left(\sum_i \Delta_{\text{Discipline}_i} \right)$ 为采用单学科设计的效益之和;Δ_{MDO} 为采用 MDO 方法并考虑了各学科之间相互影响之后效益的增量。式(2.1)表明采用 MDO 方法进行优化设计能够进一步挖掘设计潜力,最优化系统目标。

结合本书研究工作,作者提出了 MDO 的一种新的形象的定义:

定义 2.5 多学科设计优化就是在进行复杂系统设计的过程中,结合系统的多学科本质,充分利用各种多学科设计与多学科分析工具,最终达到基于多学科的优化的方法论。

这一定义可以用一个式子表述为:

多学科设计优化=多学科设计(Multidisciplinary Design,MD)**+多学科分析**(Multidisciplinary Analysis,MA)**+多学科优化**(Multidisciplinary Optimization,MO)

给出这个定义的主要原因包括以下几个方面:

(1) MDO 不能简单地理解为一种优化方法。在许多情况下,尤其是在工程系统中,设计追求的并不一定是一个最优解,而可能是一种较优解甚至仅仅是可行解[2]。因此,在 MDO 中,严格意义上非优化方法的试验设计、响应面等方法同样得到了广泛应用;

(2) 在 MDO 中,非常强调将诸如计算流体力学(Computational Fluid Dynamics,CFD)[3]、有限元方法(Finite Element Method,FEM)等分析工具引入到设计过程中,因此应该强调多学科分析;

(3) 在工程上具有意义的优化问题往往是在多学科、多目标的基础上完成的,因此应该强调多学科优化。

2.1.2 MDO 基本概念

如图 2.1 所示,以一个三学科非层次系统为例,介绍在 MDO 中常见的专用术语:

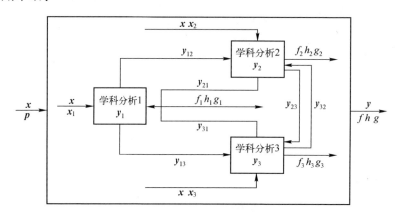

图 2.1 三学科非层次系统

定义 2.6 学科(Discipline):系统中本身相对独立、相互之间又有数据交换关系的基本模块。

MDO 中的学科又称子系统(Subsystem)或子空间(Subspace),是一个抽象的概念。以飞行器为例,学科既可以指气动、结构、控制等通常所说的学科,又可以指系统的实际物理部件或分系统,如航天器的载荷、姿态确定与控制、电源、热控等分系统。

定义 2.7 设计变量(Design Variable):用于描述工程系统的特征、在设计过程中可被设计者控制的一组相互独立的变量。

设计变量可以分为系统设计变量(System Design Variable)和局部设计变量(Local Design Variable)。系统设计变量在整个系统范围内起作用,如图 2.1 中的 x;而局部设计变量则只在某一学科范围内起作用,如图 2.1 中的 x_1、x_2 和 x_3,局部设计变量有时也称为学科变量(Discipline Variable)或子空间设计变量(Subspace Design Variable)。

定义 2.8 状态变量(State Variable):用于描述工程系统的性能或特征的一组参数。

状态变量一般需要通过各种分析或计算模型得到。这些参数是设计过程中进行决策的重要信息。状态变量可以分为系统状态变量（System State Variable）、学科状态变量（Discipline State Variable）和耦合状态变量（Coupled State Variable）。其中系统状态变量是表征整个系统性能或特征的参数，如图中的 y；学科状态变量指的是属于某一学科的状态变量，如图 2.1 中的 y_1、y_2 和 y_3，学科状态变量也称为子空间状态变量（Subspace State Variable）；耦合状态变量是指对某一学科进行分析时，涉及的其他学科的状态变量，并且是当前所分析学科的输入量。耦合状态变量可用 y_{ij} 来表示，其中 i 是指状态变量所属的学科，j 是指以该状态变量作为输入的学科。耦合状态变量如图 2.1 中的 y_{12}、y_{21} 等。耦合状态变量也称为非局部状态变量（Non-local State Variable）。

定义 2.9 约束条件（Constraint Conditions）：系统在设计过程中必须满足的条件。

约束条件分为等式约束和不等式约束，在图 2.1 中分别用 h 和 g 表示。约束条件也可以分为系统约束（System Constraint）和学科约束（Discipline Constraint）。系统约束是指在整个系统范围所需要受到的约束，如图 2.1 中的 h 和 g；学科约束是指在各个学科范围所要受到的约束，如图 2.1 中的 h_1 和 g_1 等。

定义 2.10 系统参数：用于描述工程系统的特征、在设计过程中保持不变的一组参数，如图 2.1 中的 p。

定义 2.11 学科分析（Contributing Analysis，CA）：也称为子系统分析（Subsystem Analysis）或称子空间分析（Subspace Analysis）。以该学科设计变量、其他学科对该学科的耦合状态变量及系统参数为输入，根据某一个学科满足的物理规律确定其物理特性的过程[4]。

学科分析可用求解状态方程的方式来表示，设学科 i 的状态方程可用式（2.2）表示：

$$S_i(\boldsymbol{y}_i;\boldsymbol{x},\boldsymbol{x}_i,\boldsymbol{y}_{ji})=0 \tag{2.2}$$

式中：$\boldsymbol{y}_{ji}$ 表示其他学科到学科 i 的耦合状态变量，且 $j \neq i$；"；"表示只有 $\boldsymbol{y}_i$ 是未知量。

按照本节对于学科分析的定义，学科分析就是求解学科状态方程的过程，即

$$\boldsymbol{y}_i = \mathrm{CA}_i(\boldsymbol{x},\boldsymbol{x}_i,\boldsymbol{y}_{ji}) = S_i^{-1}(0;\boldsymbol{x},\boldsymbol{x}_i,\boldsymbol{y}_{ji}) \tag{2.3}$$

如果给定 x、x_i、y_i 和 y_{ji} 的值，直接计算 S_i 是否等于 0，则称为**学科计算**。

定义 2.12 系统分析（System Analysis，SA）：对于整个系统，给定一组设计变量 x，通过求解系统的状态方程得到系统状态变量的过程。

对一个由 n 个学科组成的系统，其系统分析过程可以通过式（2.4）来表示：

$$y = \text{SA}(x, x_1, x_2, \cdots, x_n) \tag{2.4}$$

对于复杂的工程系统，系统分析涉及多门学科分析。对于如图 2.1 所示的非层次系统，由于耦合效应，分析过程需要多次迭代才能完成。

此外，由于各个学科之间可能存在冲突，系统分析的过程并不一定总是有解，因此，存在以下定义：

定义 2.13 一致性设计（Consistent Design）：在系统分析过程中，由设计变量及其相应的满足系统状态方程的系统状态变量组成的一个设计方案。

定义 2.14 可行设计（Feasible Design）：满足所有设计要求或设计约束的一致性设计。

定义 2.15 最优设计（Optimal Design）：使目标函数最小（或最大）的可行设计。

根据以上定义，可将 MDO 问题用数学形式表达如下：

$$\begin{cases} \min \ f = f(f_1(x, x_1, y_1), f_2(x, x_2, y_2), \cdots, f_n(x, x_n, y_n)) \\ \text{s.t.} \ h_i(x, x_i, y_i) = 0 \qquad\qquad\qquad\qquad\qquad (i, j = 1, 2, \cdots, n, i \neq j) \\ \qquad g_i(x, x_i, y_i) \leq 0 \qquad\qquad\qquad\qquad\qquad (i, j = 1, 2, \cdots, n, i \neq j) \\ \qquad S_i(x, x_i, y_i, y_{1i}(x, x_1, y_1), \cdots, y_{ji}(x, x_j, y_j), \cdots, y_{ni}(x, x_n, y_n)) = 0 \ (i, j = 1, 2, \cdots, n, i \neq j) \end{cases}$$

$$\tag{2.5}$$

依照本节 MDO 定义，可以确定 MDO 内涵为：以复杂（工程）系统设计为对象，并在这一过程中将设计与分析紧密结合；以复杂（工程）系统的整体最优为目标，并从这一目标出发设计各子系统及其协同机制；以复杂（工程）系统的多学科本质为准则，并避免人为分割系统中互相耦合的子系统；以复杂（工程）系统的耦合效应为重点，并定量评估任一个参数变化引起的系统总体、部分及全体子系统的变化[5]。

2.2 系统的概念与分类

2.2.1 系统的概念

系统论认为:"系统"是世界上一切事物存在的方式。所谓系统,是指由若干个既相对独立又相互联系的单元组成的、具有特定功能的整体[6]。系统动力学创始人福雷斯特在《系统学原理》一书中开宗明义地指出:"系统是为着一个公共的目的而一起工作的部件系统"。把飞行器视为系统,用系统论和系统工程的观点、方法来认识和对待飞行器的设计,是工程设计学的一项重要进步,也是 MDO 方法的基本出发点。

1. 系统的整体性

从系统论的观点看,系统是由相关的要素(分系统、子系统或组成部分)有机组成的整体。系统具有组成它的相关要素所不具备的整体性质和功能。系统的性质和功能来源于其组成要素之间的相互作用、相互联系而造成的彼此活动的限制和支持、彼此属性的筛选和彼此功能的协同,是不同于各组成要素的新的质态。

系统的性质和功能,不是其组成要素的性质和功能的线性相加,而是系统整体层次上的新的性质和功能。系统的这种非加和特性是系统论的一项基本规律。系统论的创始人贝塔朗菲用"整体大于它的各部分的总和"这句话生动地表达了这一规律。

因此,系统具有整体性,作为系统的飞行器也必然具有整体性。按此性质,飞行器设计应从飞行器的整体性质和功能出发,从飞行器整体与其组成要素(各分系统和直属部件)以及各组成要素之间的相互作用和相互联系中综合地把握设计对象。在飞行器设计中,一定要避免脱离整体功能和整体优化的原则,避免把局部当作整体、突出局部和以局部优化来取代整体优化的违反飞行器系统整体性质的倾向和行为。在实际工作中,如果出现这类倾向和行为,必然会造成损失,轻则形成一定的浪费,重则导致飞行器任务的失败。因此,对飞行器设计师而言,是否具有系统的整体观、能否按系统论从整体上把握飞行器的各组成部分、能否掌握飞行器整体优化原则,是至关重要的。

MDO方法的根本出发点正是对于系统的整体性的重视。在设计过程中，自始至终将系统的整体性质、功能和系统整体的优化列为设计工作的首要目标，以此目标来筛选、综合、权衡各组成要素之间的相互作用和相互联系。

2. 系统的层次性

任何一个工程项目都是处在一定系统层次上的系统，都是比它高一层次的工程项目的一个有机组成要素。而这个工程项目本身又是由比它低一层次的各组成要素有机组成的。系统论认为，同层次系统与系统之间、系统各层次之间是通过中介即物质、能量和信息相互联系的。

如图2.2所示，以一个通信卫星为例[7]，通信卫星是卫星通信工程系统的一个分系统。卫星通信工程系统由通信卫星、运载器、应用系统相关的地球站、发射场、运载器测控网和卫星测控网等六个系统有机组成的。这六个系统中的每一个，又都是由比它们低一层次的、相互作用和相互联系的分系统有机组成的。例如，通信卫星是由卫星有效载荷分系统、卫星结构平台、卫星服务和支持分系统有机组成的。卫星的这三个分系统又是由比它们层次更低一级的分系统或子系统有机组成的。例如，卫星服务和支持系统是由能源分系统、供配电分系统、姿态控制分系统、轨道控制分系统、遥测和遥控分系统、热控制分系统、数据管理分系统和卫星直属部件等有机组成的。再往下推，上述各分系统又是由比它们低一层次的子系统或部件有机组成的。从这一层次还可往下类推。反过来向上推，假定这个卫星通信工程系统是一个国内的卫星通信系统，则它就是国内无线通信系统的一个分系统。与它同一层次组成国内无线通信系统的还有微波通信系统、短波通信系统、中波通信系统和超长波通信系统等。而国内无线通信系统又是国内通信系统的一个分系统，国内通信系统又是国内信息系统的一个分系统。

针对设计任务，设计师首先应该认清承担的项目位于哪一个系统层次，并且要做一系列的工作使这个项目确实"到位"。系统层次到位有两层含义：一是要把所设计的项目（系统、分系统或设备）放在它应该位于的层次上；二是要把所设计的项目置于它所在层次的恰当位置上。要做到层次到位，设计师应从他们所承担项目隶属的系统整体目标和整体优化原则出发，在实际的限制和支持条件下，协调和明确该项目与其周围环境的

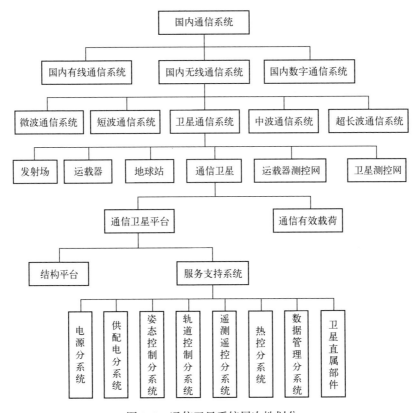

图 2.2　通信卫星系统层次性划分

联系和关系。层次到位是开展设计工作的前提。

MDO 方法本身也是系统层次性的一个集中体现。"多学科设计优化"这个名称中,"学科"的实际含义之一就是子系统。因此,MDO 方法首先是把工程对象作为各个子系统的有机结合。另外,MDO 的成功与否,与它对系统和各子系统之间的各类耦合关系或相互作用处理是否得当有直接关系。

2.2.2　系统的分类

由系统的整体性和层次性等特点出发,在分析复杂系统时,一种有效的方法是按某种方式将复杂系统分解为若干个小的子系统。根据子系统之间的关系,可以将复杂系统划分为两类:一类是层次系统(Hierarchic System);另一类是非层次系统(Non-hierarchic System)。层次系统特点是子系统之间信息流程具有顺序性,每个子系统只与上一级和下一级层次的子系统有直接联系，子系统之间没有耦合关系，它是一种"树"状结构。非层次系统的特点是子系统之间没有等级关系，子系统 A 的输出往往是子系统 B 的输入，而子系统 B 的输出往往又是子系统 A 的输入，即子系统之间信息流程是"耦合"在一起。从结构上看，它是一种"网"状结构。非层次系统有时也称为耦合系统（Coupled System）。层次系统和非层次系统如图 2.3 所示。

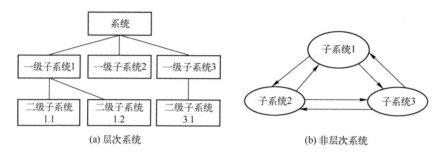

图 2.3　层次系统和非层次系统

在层次系统和非层次系统的定义中，必须注意以下几点：

（1）本节所说的非层次系统，并不是对于系统层次性的违反，而只是着重强调各子系统之间有较强的耦合关系，因此在考察各子系统时，必须同时考察其相互之间的耦合关系。

（2）实际的复杂工程系统往往是一种层次系统和非层次系统的混合系统。有些子系统之间的信息流程具有顺序性，有些子系统之间的信息流程具有耦合关系。

（3）如果忽略非层次系统中的耦合关系，则非层次系统往往可以转换为层次系统。因此，可以说层次系统是非层次系统的特殊情况。MDO 研究的主要对象是非层次系统，其中层次系统的设计优化已有比较成熟的研究方法，是构成非层次系统设计优化的重要基础。

2.3　系统优化与子系统优化的关系

无论对于层次系统还是非层次系统，研究者都希望对系统进行分解后，系统不会"失真"，即分解后的系统能够保持原系统的性质。对于 MDO 所关心的优化问题，希望分解后在各子系统优化的基础上能够得到原系统的优化结果。

假设系统 S 由 I 个既相对独立又相互联系的子系统 $S_i(i=1,2,\cdots,I)$ 组成,下面针对系统 S 讨论系统优化与子系统优化之间的关系。

2.3.1 "局部最优"与子规划问题

不失一般性,假定对第 i 子系统单独进行优化设计的数学模型为数学规划问题(简称子规划问题)SP_i:

$$\mathrm{SP}_i: \quad \text{find} \quad \boldsymbol{X}_i = [x_{i1}, x_{i2}, \cdots, x_{iN_i}]^\mathrm{T} \in \mathbf{R}^{N_i}$$
$$\min \quad f_i(\boldsymbol{X}_i) \tag{2.6}$$
$$\mathrm{s.t.} \quad g_{ij}(\boldsymbol{X}_i) \leq 0, \quad (j=1,2,\cdots,J_i)$$

此模型可包括任何设计变量、任何线性的、非线性的目标函数和约束函数。由于等式约束可化为一对不等式约束,变量范围约束可表示为不等式约束,所以,此模型对于任何子系统的优化设计都具有广泛的适用性。

设拉格朗日函数

$$L_i(\boldsymbol{X}_i) = f_i(\boldsymbol{X}_i) + \sum_{j=1}^{J_i} \lambda_{ij} g_{ij}(\boldsymbol{X}_i) \tag{2.7}$$

子规划在 $\boldsymbol{X}_i^*$ 点取极值的库恩-塔克(Kuhn-Tucker)必要条件为:在 $\boldsymbol{X}_i^*$ 点应有

$$\begin{cases} \nabla L_i(\boldsymbol{X}_i) = \nabla f_i(\boldsymbol{X}_i) + \sum_{j=1}^{J_i} \lambda_{ij} \nabla g_{ij}(\boldsymbol{X}_i) = 0 & \\ \lambda_{ij} \geq 0 & (j=1,2,\cdots,J_i) \\ \lambda_{ij} g_{ij}(\boldsymbol{X}_i) = 0 & (j=1,2,\cdots,J_i) \\ g_{ij}(\boldsymbol{X}_i) \leq 0 & (j=1,2,\cdots,J_i) \end{cases} \tag{2.8}$$

如果子规划 SP_i 是凸规划,则 $\boldsymbol{X}_i^*$ 就是其最优解,作者称其为系统优化中第 i 子系统的"局部最优解"。

采用各种优化方法分别求解 I 个子系统的子规划 $\mathrm{SP}_i(i=1,2,\cdots,I)$,即可得到所有子系统的"局部最优解" $\boldsymbol{X}_i^*(i=1,2,\cdots,I)$。

2.3.2 "全局最优"与总规划问题

为了描述整个系统的全局最优化设计,设定如下数学模型(简称为总规划问题)TP:

$$\text{TP}: \quad \text{find} \quad \pmb{X} = [x_1, x_2, \cdots, x_N]^T \in \pmb{R}^N$$
$$\min \quad f(\pmb{X}) \tag{2.9}$$
$$\text{s.t.} \quad g_j(\pmb{X}) \leq 0 \quad (j=1,2,\cdots,J)$$

与 SP_i 一样，它具有广泛的一般性。

设定 TP 的拉格朗日函数

$$L(\pmb{X}) = f(\pmb{X}) + \sum_{j=1}^{J} \lambda_j g_j(\pmb{X}) \tag{2.10}$$

TP 在 $\pmb{X}^*$ 点取极值的库恩-塔克必要条件为：在 $\pmb{X}^*$ 点应有

$$\begin{cases} \nabla L(\pmb{X}) = \nabla f(\pmb{X}) + \sum_{j=1}^{J} \lambda_j \nabla g_j(\pmb{X}) = 0 & \\ \lambda_j \geq 0 & (j=1,2,\cdots,J) \\ \lambda_j g_j(\pmb{X}) = 0 & (j=1,2,\cdots,J) \\ g_j(\pmb{X}) \leq 0 & (j=1,2,\cdots,J) \end{cases} \tag{2.11}$$

如 TP 为凸规划，则 $\pmb{X}^*$ 就是 TP 的最优解，作者称其为系统优化的"全局最优解"。但是，上述总规划 TP 与各子规划 $\text{SP}_i(i=1,2,\cdots,I)$ 间在表达上尚无任何联系，因此，"局部最优解" $\pmb{X}_i^*(i=1,2,\cdots,I)$ 与"全局最优解" $\pmb{X}^*$ 也无任何关系。

2.3.3 "局部最优"组合为"全局最优"的条件

要想使各子系统单独优化所得的结果组合为总系统全局最优化的结果，各子规划 $\text{SP}_i(i=1,2,\cdots,I)$ 与总规划 TP 之间需要满足以下充分条件：

(1) 总规划 TP 的设计变量 $\pmb{X}$ 由诸子规划 SP_i 的设计变量 $\pmb{X}_i(i=1,2,\cdots,I)$ 的全体组成，即

$$\pmb{X} = [\pmb{X}_1, \pmb{X}_2, \cdots, \pmb{X}_I]^T = [x_1, x_2, \cdots, x_N]^T \in \pmb{R}^N \tag{2.12}$$

$$N = \sum_{i=1}^{I} N_i \tag{2.13}$$

式中：N_i 为子规划 SP_i 设计变量 $\pmb{X}_i$ 的维数。

(2) 任一子规划 SP_i 的目标 f_i 的改善必须实现总规划目标的改善，表示总目标 f 是各子目标的增函数，即总目标 f 对各子目标 f_i 的导数不小于零，表示为

$$f(\pmb{X}) = f[f_1(\pmb{X}_1), f_2(\pmb{X}_2), \cdots, f_I(\pmb{X}_I)] \tag{2.14}$$

并且
$$\frac{\partial f(\boldsymbol{X})}{\partial f_i} \geqslant 0 \quad (i=1,2,\cdots,I) \tag{2.15}$$

(3) 总规划约束是诸子规划约束的全体，即可将总规划约束
$$g_j(\boldsymbol{X}) \leqslant 0 \quad (j=1,2,\cdots,J) \tag{2.16}$$
表示为
$$g_{ij}(\boldsymbol{X}_i) \leqslant 0 \quad (j=1,2,\cdots,J;i=1,2,\cdots,I) \tag{2.17}$$

综合以上条件，若要使"局部最优"组合为"全局最优"，总规划 TP 应能表达为如下 TP^0 形式：

TP^0: find $\boldsymbol{X} = [\boldsymbol{X}_1, \boldsymbol{X}_2, \cdots, \boldsymbol{X}_I]^T = [x_1, x_2, \cdots, x_N]^T \in \mathbf{R}^N$

$\quad\quad$ min $f(\boldsymbol{X}) = f[f_1(\boldsymbol{X}_1), f_2(\boldsymbol{X}_2), \cdots, f_I(\boldsymbol{X}_I)]$ $\quad\quad$ (2.18)

$\quad\quad$ s.t. $g_{ij}(\boldsymbol{X}_i) \leqslant 0 \quad (j=1,2,\cdots,J;i=1,2,\cdots,I)$

式中：
$$\frac{\partial f(\boldsymbol{X})}{\partial f_i} \geqslant 0 \quad (i=1,2,\cdots,I) \tag{2.19}$$

如果式（2.9）所示的总规划 TP 满足式（2.12）~式（2.17）提出的三个条件，而 $\boldsymbol{X}_i^*(i=1,2,\cdots,I)$ 分别为式（2.6）所示各子规划 SP_i 的最优解，则 $\boldsymbol{X}^* = [\boldsymbol{X}_1^*, \boldsymbol{X}_2^*, \cdots, \boldsymbol{X}_I^*]^T$ 必为该总规划 TP 的最优解。

对于该结论，在此不再进行证明，有兴趣的读者可参阅相关文献。

2.3.4 "局部最优"组合非"全局最优"的原因

从前面叙述可以看出，系统优化符合"局部最优"组合为"全局最优"的三个条件要求，各子系统优化是完全独立的，即子规划之间没有任何耦合关系，总规划只是在数学形式上把它们联系在一起。总目标只要是各子目标的增函数，则子目标间也无实质上的耦合。但实际上，一般系统优化问题都比较复杂，各子规划往往存在各种不同形式的耦合，这是由系统本身是由有机联系的子系统组成这一本质属性所决定的。子系统优化无耦合具有特殊性，子系统优化有耦合具有一般性。因而一般系统优化往往不能同时满足局部最优组合为全局最优的三个条件，使得分别求解各子规划所得"局部最优解"的组合并非"全局最优解"。具体表现在以下几方面。

1. 变量的耦合

由于总系统的优化设计结果可以确定各子系统的设计方案，所以，总

规划 TP 设计变量 X 一般为各子系统设计变量 X_i 的组合。但各子规划变量不是独立的。对于一般系统优化,各子系统的设计变量间常常存在可用等式方程描述的耦合关系:

$$H(X) = 0 \qquad (2.20)$$

无论是线性的还是非线性的,均可看作以控制变量为设计变量的等式方程决定的耦合关系,即可表示为式(2.20)所示的一般形式。由于等式约束可化为一对不等式约束,可包含在式(2.9)所示总规划 TP 的一般约束内。

2. 目标的耦合

系统优化总目标不一定是各子目标的简单增函数,而是整个总系统设计变量的一般函数:

$$f = f(X) \qquad (2.21)$$

如某飞行器的可靠性优化模型可归结为

SP_i: find ϕ_i

min $W_i(\phi_i) = C_i(\phi_i) + L_i(\phi_i)$

TP: find $\phi = [\phi_1, \phi_2, \cdots, \phi_I]^T$

$$\min \quad W(\phi) = \sum_{i=1}^{I} C_i(\phi_i) + \sum_{i=1}^{I} L_i(\phi_i) \prod_{j \neq i} \phi_j \neq \sum_{i=1}^{I} W_i(\phi_i)$$

$$(2.22)$$

显然该模型不满足总目标为各子目标的简单增函数这一条件。实际工程系统设计目标可能存在更复杂的耦合关系,为不失一般性,总目标应取为式(2.21)(即式(2.9))所示总规划 TP 目标的一般表达。

3. 约束的耦合

总系统的约束函数并不都仅与某一个子系统的设计变量有关,而是整个总系统设计变量的一般函数,即

$$g(X) \leq 0 \qquad (2.23)$$

简单情况下,总约束函数为各子系统约束函数之和,即

$$g(X) = \sum_{i=1}^{I} g_i(X_i) \leq 0 \qquad (2.24)$$

实际工程系统优化设计总约束可能是各子约束的其他一般函数,其中存在复杂的耦合关系,如结构系统优化设计的精度、刚度、强度的总

约束与子约束间存在复杂的耦合关系，而不是简单地相加。为不失一般性，总约束应取为式（2.23）（即式（2.9））所示总规划 TP 约束的一般表达。

当系统优化出现以上各种不能全部满足"局部最优"组合为"全局最优"的三个条件的情况时，由于不能通过求解各子规划求得"全局最优解"，就必须求解能全面反映子系统优化各种耦合关系的总规划 TP 才能得到"全局最优解"。而总规划与子规划相比规模大、复杂度高，难以用一般传统的求解理论与方法进行集中的分析与综合优化计算，这就是 MDO 理论与方法研究的背景。

2.4　复杂系统的分解-协调法

2.4.1　分解-协调法的一般描述

当系统优化符合"局部最优"组合为"全局最优"三个条件时，只求解各子规划 SP_i 即可获得全局最优解；不符合三个条件时，子系统存在耦合联系，必须求解总规划 TP 获得全局最优解。

但对于复杂系统，直接求解总规划 TP 存在规模大、耦合复杂、"独立"与"联系"需同时考虑等问题。分解-协调法的基本思路是构造一种新的规划形式，把总规划 TP 中"相对独立"与"耦合联系"两种因素分开，以"分解"和"协调"两种手段来分别处理"独立"与"联系"两方面的问题，从而使一个大规模、复杂的总规划 TP 化解为若干相对简单的规划[8]，这也是现在大多数 MDO 问题求解的出发点。

把系统全局最优化的总规划 TP 分解成若干相对独立的子规划 SP_i 和一个进行全局协调优化的协调器或称主规划 MP，组成如图 2.4 所示的结构。

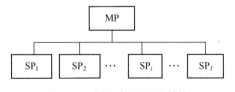

图 2.4　分解-协调法的结构

分解-协调法中的子规划 SP_i 虽然与前面的子规划 SP_i 字符相同,但其内涵不同。

(1) 主规划 MP 不直接对各子系统进行设计,即不直接求解各子系统的细节设计变量,其任务是:为使总系统全局得到优化,而解决各子系统设计间耦合的协调问题。这些耦合主要包括目标的耦合和约束的耦合以及全局性的变量耦合,称为强耦合。主规划 MP 反映了系统"相互耦合联系"的一面,解决其"协调"问题,故可称为"协调器"。

(2) 各子规划 SP_i 只分别解决各子系统的优化设计,只从子系统的目标与约束考虑寻求子系统细节设计变量的优化解,而不涉及整个系统全局性的协调问题。必要时,也可处理与相邻子系统较弱的耦合关系。例如,如本子系统变量仅与个别相邻子系统的个别变量有关,则这种耦合与全局性的目标、约束耦合相比,是局部性较弱的耦合,称为弱耦合。弱耦合也可放在子规划中处理。各子规划 SP_i 反映了各子系统"相对独立"的一面,可解决系统设计的"分解"问题。

(3) 各子规划 SP_i 对本子系统独立进行优化后,将优化结果以解耦参数 D_i 的形式输送给主规划 MP。主规划 MP 从整个系统的目标与约束考虑进行全局协调优化,将优化结果以协调参数 C_i 的形式下达给各子规划 SP_i,以协调各子规划的优化活动。从而实现系统优化中"分解"与"协调"两方面的统一。

(4) 整个优化过程是上述"分解-协调-再分解-再协调……"直至收敛的反复迭代的过程,此过程也符合"分解-综合-再分解-再综合……"的工程系统设计过程。

分解-协调法的一般数学形式如图 2.5 所示。

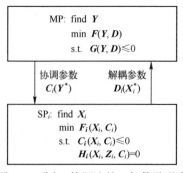

图 2.5 分解-协调法的一般数学形式

图2.5中：$Y \in \mathbf{R}^N$ 和 $X_i \in \mathbf{R}^{N_i}$ 分别为总系统的协调变量和子系统的细节设计变量，Y 一般不是 X_i 的组合，可根据系统优化实际任意设定；F 和 F_i 分别为总系统和子系统的目标函数，可以为多个目标决定的向量函数；总目标 F、总约束 G 与子目标 F_i、子约束 G_i 有一定的关系，它们反映子系统的优化目标、约束甚至变量的全局性耦合关系；各子规划中的等式约束函数 H_i 表示第 i 子系统设计变量 X_i 与部分其他子系统中的部分设计变量的局部性弱耦合关系，其中，Z_i 表示与 X_i 有这种耦合关系的其他系统的设计变量。Z_i 不是所有其他子系统的所有设计变量，否则可作为全局性强耦合在主规划中处理；D_i 为由子系统优化结果 X_i^* 决定的解耦参数，各个 D_i 组成 D 输给主规划的目标与约束进行全局性协调；C_i 为由主规划协调结果 Y^* 下达给 SP_i 的协调参数，输出给子系统优化的目标与约束以协调各子规划的优化设计。

2.4.2 基于分解-协调法的系统优化求解方法

普遍型分解-协调法的求解是反复分解-协调的优化迭代过程：首先给定 MP 的初始设计方案 $Y^{(0)}$ 和各 SP_i 的初始设计方案 $X_i^{(0)}$ 以及 $Z_i^{(0)}$ 求得各协调参数 $C_i^{(0)}$，输出给各个子规划 SP_i。然后，对各子规划 SP_i 求解，求得各子系统的优化设计方案 $X_i^{(0)}$ 以及相应的解耦参数 D_i，将其输出给主规划 MP。最后，再对主规划 MP 进行求解，获得最优设计 Y^* 和协调参数 C_i，输出给各子规划 SP_i 完成一次迭代。反复解 SP_i 和 MP 至总目标或各设计方案不再变化迭代收敛为止。

上述过程可以用算法形式来描述如下：

（1）设 $k=0$。

（2）预定 $Y^{(0)}$，求得 $C_i^{(0)}$。

（3）预定各子系统的 $X_i^{(0)}$ 和 $Z_i^{(0)}$。

（4）令 $C_i = C_i^{(k)}$，$Z_i = Z_i^{(k)}$，并求解各 SP_i，得 $X_i^{(k+1)}$、$Z_i^{(k+1)}$ 和解耦参数 $D_i^{(k+1)}$。

（5）令 $D_i = D_i^{(k+1)}$，求解 MP，得 $Y^{(k+1)}$，并求得协调参数 $C_i^{(k+1)}$。

（6）判断 $\sum_i |C_i^{(k+1)} - C_i^{(k)}| \leq \varepsilon$？否，则令 $k=k+1$，转（4）；是则转（7）。

（7）优化结束，输出有用数据。

在分解-协调法数学模型中，当协调参数 C_i、解耦参数 D_i 以及弱耦合变量 Z_i 给定后，主规划 MP 和子规划 SP_i 为分别以 Y 和 X_i 为设计变量的数学规划一般表达形式。根据具体表达形式，可以采用数学规划中的各类方法求解。通过充分利用一般数学规划这一较为成熟的学科中的各种理论方法，为不同形式工程系统设计中的全局协调优化提供广泛的解法基础。

分解-协调法将一个高维复杂耦合的系统优化设计问题化解为若干低维相对独立的子系统优化和一个低维协调器的优化。对于具有多层次分系统的复杂系统，通过逐层分解-协调，为复杂系统优化问题的解决提供了一条根本出路。直接使用分解-协调法的困难在于选取协调参数、解耦参数和协调器。针对不同类型的系统优化问题，需要研究具体的分解-协调规划形式。

以一类特殊系统为例，假定其总目标是各分系统目标的线性相加，系统分解成 N 个子系统，表示如图 2.6 所示，图中 E_i、U_i、V_i、X_i 和 W_i 为具有多个元素的向量，意义分别如下。

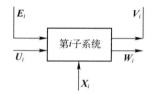

图 2.6 典型子系统表示方法

(1) E_i：系统外界对第 i 子系统的输入向量；
(2) U_i：来自其他子系统的输向第 i 子系统的关联输入向量；
(3) X_i：第 i 子系统的决策向量（设计变量）；
(4) W_i：第 i 子系统输向其他子系统的关联输出向量；
(5) V_i：第 i 子系统对系统外界的输出向量。

如果外界对系统的输入向量 E 已经确定，给出输出量和输入量之间的函数关系可以描述第 i 子系统的状态。

$$W_i = T_i(X_i, U_i) \quad (i=1,2,\cdots,N) \tag{2.25}$$

$$V_i = S_i(X_i, U_i) \quad (i=1,2,\cdots,N) \tag{2.26}$$

子系统之间输入量和输出量的相互关联可表示为

$$U_i = \sum_{j=1}^{N} A_{ij} W_j \quad (i=1,2,\cdots,N) \tag{2.27}$$

式中：$\boldsymbol{A}_{ij}$ 是 $m_{u_i} \times m_{w_i}$ 的布尔矩阵，反映从第 j 个子系统的输出到第 i 个子系统的输入之间的关联。式（2.25）~式（2.27）完全描述了整个系统。以图 2.7 所示的复杂系统为例，子系统 2 可写出

$$\boldsymbol{U}_2 = \sum_{j=1}^{3} \boldsymbol{A}_{2j}\boldsymbol{W}_j = \boldsymbol{A}_{21}\boldsymbol{W}_1 + \boldsymbol{A}_{22}\boldsymbol{W}_2 + \boldsymbol{A}_{23}\boldsymbol{W}_3 \qquad (2.28)$$

假定系统的目标函数是各子系统目标函数的简单叠加，即

$$F = \sum_{i=1}^{N} f_i(\boldsymbol{X}_i, \boldsymbol{U}_i) \qquad (2.29)$$

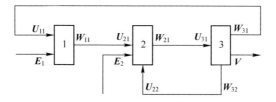

图 2.7 复杂系统示意图

此外，假定每个子系统具有如下一般形式的不等式约束

$$H_i(\boldsymbol{X}_i, \boldsymbol{U}_i) \geq 0 \quad (i=1,2,\cdots,N) \qquad (2.30)$$

系统最优化问题可表述为：在满足式（2.25）、式（2.27）和式（2.30）的约束下，求使式（2.29）为极小的决策向量，表示为

$$\begin{aligned} \min \quad & F = \sum_{i=1}^{N} f_i(\boldsymbol{X}_i, \boldsymbol{U}_i) \\ \text{s.t.} \quad & \boldsymbol{W}_i = \boldsymbol{T}_i(\boldsymbol{X}_i, \boldsymbol{U}_i) \\ & \boldsymbol{U}_i = \sum_{j=1}^{N} \boldsymbol{A}_{ij}\boldsymbol{W}_j \\ & H_i(\boldsymbol{X}_i, \boldsymbol{U}_i) \geq 0 \end{aligned} \qquad (2.31)$$

当子系统的数目 N 以及每个向量维数都比较大时，分解-协调法降低计算过程复杂度。根据拉格朗日对偶原理，求解式（2.31）的最优化问题等价于求解对应的具有二阶结构的拉格朗日函数的最优化问题。

$$L = \sum_{i=1}^{N} f_i(\boldsymbol{X}_i, \boldsymbol{U}_i) + \sum_{i=1}^{N} \boldsymbol{\mu}_i^{\mathrm{T}}(\boldsymbol{T}_i - \boldsymbol{W}_i) + \sum_{i=1}^{N} \boldsymbol{\lambda}_i^{\mathrm{T}}\left(\boldsymbol{U}_i - \sum_{j=1}^{N} \boldsymbol{A}_{ij}\boldsymbol{W}_j\right) - \sum_{i=1}^{N} \boldsymbol{\gamma}_i^{\mathrm{T}} H_i(\boldsymbol{X}_i, \boldsymbol{U}_i)$$

$$(2.32)$$

在一定条件下这两个问题的最优值相等。分解-协调算法就是求解拉格朗日函数 L 的最优化问题的计算方法。分解-协调算法是把总体问题 P

的求解用一系列子问题 $P_i(\alpha)$ 的求解来代替，子问题 $P_i(\alpha)$ 的解是协调变量 α 的函数，随着 α 协调到 α^*，子问题的最优解也就等于总体问题的最优解。

协调变量的选取不是任意的，它的选取应使总体问题能够分解成一系列子问题。随着系统分解方法的不同，协调变量有不同的选取方法。本节介绍两种较为有效的分解-协调方法：关联平衡法和关联预估法。

1. 关联平衡法

关联平衡（Interaction Balance）法的基本思想是割断各子系统之间的耦合，把关联输入变量当作独立的寻优变量处理。对于式（2.32），如果取拉格朗日乘子向量 $\boldsymbol{\lambda}_i$ 作为协调变量，就是关联平衡法。当给定 $\boldsymbol{\lambda}_i$ 后，式（2.32）中 $\boldsymbol{\lambda}_i^T \boldsymbol{U}_i$ 项可以归入子系统的拉格朗日函数 L_i 中，并且在所有子系统间对 $\boldsymbol{\lambda}_i^T \sum_{j=1}^{N} \boldsymbol{A}_{ij} \boldsymbol{W}_j$ 项进行重新分配。因为

$$\sum_{i=1}^{N} \boldsymbol{\lambda}_i^T \sum_{j=1}^{N} \boldsymbol{A}_{ij} \boldsymbol{W}_j = \sum_{i=1}^{N} \sum_{j=1}^{N} \boldsymbol{\lambda}_j^T \boldsymbol{A}_{ji} \boldsymbol{W}_i \tag{2.33}$$

将关联项通过上述处理后，式（2.32）可以写为

$$L = \sum_{i=1}^{N} \left\{ f_i(\boldsymbol{X}_i, \boldsymbol{U}_i) + \boldsymbol{\mu}_i^T [\boldsymbol{T}_i - \boldsymbol{W}_i] + \boldsymbol{\lambda}_i^T \boldsymbol{U}_i - \sum_{j=1}^{N} \boldsymbol{\lambda}_j^T \boldsymbol{A}_{ji} \boldsymbol{W}_i - \boldsymbol{\gamma}_i^T H_i(\boldsymbol{X}_i, \boldsymbol{U}_i) \right\}$$

$$\tag{2.34}$$

于是拉格朗日函数 L 可用 N 个子系统的拉格朗日函数 L_i 之和来表示。这时子系统的拉格朗日函数

$$L_i = f_i(\boldsymbol{X}_i, \boldsymbol{U}_i) + \boldsymbol{\mu}_i^T [\boldsymbol{T}_i - \boldsymbol{W}_i] + \boldsymbol{\lambda}_i^T \boldsymbol{U}_i - \sum_{j=1}^{N} \boldsymbol{\lambda}_j^T \boldsymbol{A}_{ji} \boldsymbol{W}_i - \boldsymbol{\gamma}_i^T H_i(\boldsymbol{X}_i, \boldsymbol{U}_i)$$

$$\tag{2.35}$$

对应的每个子系统的最优化问题可表达为

$$\begin{cases} \min & f_i(\boldsymbol{X}_i, \boldsymbol{U}_i) + \boldsymbol{\lambda}_i^T \boldsymbol{U}_i - \sum_{j=1}^{N} \boldsymbol{\lambda}_j^T \boldsymbol{A}_{ji} \boldsymbol{W}_i \\ \text{s. t.} & \boldsymbol{W}_i = T_i(\boldsymbol{X}_i, \boldsymbol{U}_i) \\ & H_i(\boldsymbol{X}_i, \boldsymbol{U}_i) \geq 0 \end{cases} \tag{2.36}$$

式中：$\boldsymbol{\lambda}_i$ 给定。由式（2.36）看出，对每个子系统来说，其目标函数作了很大的修改，所以这一方法又称目标协调法。式（2.36）最优解可用一般

静态最优化方法求得，求得的最优解 $U_i(\boldsymbol{\lambda})$、$X_i(\boldsymbol{\lambda})$、$W_i(\boldsymbol{\lambda})$ 以及 $\boldsymbol{\mu}_i(\boldsymbol{\lambda})$、$\boldsymbol{\gamma}_i(\boldsymbol{\lambda})$ 都是 $\boldsymbol{\lambda}$ 的函数。

第二级协调器的任务是求 $\boldsymbol{\lambda} = [\boldsymbol{\lambda}_1, \boldsymbol{\lambda}_2, \cdots, \boldsymbol{\lambda}_N]^T$，使得

$$U_i(\boldsymbol{\lambda}) - \sum_{j=1}^{N} A_{ij} W_j(\boldsymbol{\lambda}) = 0 \quad (i = 1, 2, \cdots, N) \tag{2.37}$$

各个子系统的局部最优解是否是整个系统的最优解取决于是否满足式（2.37）这一关联条件。可以求得各子系统的局部最优解

$$U_i(\boldsymbol{\lambda}) - \sum_{j=1}^{N} A_{ij} W_i(\boldsymbol{\lambda}) = \boldsymbol{\varepsilon}_i \quad (i = 1, 2, \cdots, N) \tag{2.38}$$

如果对于所有的 i 有 $\boldsymbol{\varepsilon}_i \to 0$，则子系统的局部最优解是整个系统的最优解。否则就要调整 $\boldsymbol{\lambda}$，使之逐渐逼近整个系统的最优解，一般由假定的 $\boldsymbol{\lambda}$ 值求得的局部最优解都不会满足关联式（2.38），因此这种分解法称非现实法（或不可行法）。这种方法协调的任务是寻找 $\boldsymbol{\lambda}$，使式（2.38）得到满足，所以又称关联平衡法。

由于式（2.38）中 $\boldsymbol{\lambda}$ 一般是隐含的，因此必须引入一个迭代的协调算法。由拉格朗日对偶原理可知，对于目标函数为极小的最优化问题，拉格朗日函数 L 对于 X_i、U_i 和 W_i 的最优解为极小，而对于拉格朗日乘子 $\boldsymbol{\mu}_i$ 和 $\boldsymbol{\lambda}_i$ 的最优解为极大。因此在调整 $\boldsymbol{\lambda}$ 时，应按使 $dL>0$ 来调整 $\boldsymbol{\lambda}$。在各个子系统已经实现局部最优解的情况下，有

$$dL = \sum_{i=1}^{N} \left(\frac{\partial L}{\partial \boldsymbol{\lambda}_i} \right)^T d\boldsymbol{\lambda}_i \tag{2.39}$$

由于要求 $dL>0$，所以如果采用一阶梯度搜索法时，应使

$$d\boldsymbol{\lambda}_i = \boldsymbol{\alpha} \frac{\partial L}{\partial \boldsymbol{\lambda}_i} \quad (\boldsymbol{\alpha} > 0) \tag{2.40}$$

而由 L 的表达式（2.32），可得

$$\frac{\partial L}{\partial \boldsymbol{\lambda}_i} = U_i - \sum_{j=1}^{N} A_{ij} W_j \tag{2.41}$$

于是有

$$d\boldsymbol{\lambda}_i = \boldsymbol{\alpha} \left(U_i - \sum_{j=1}^{N} A_{ij} W_j \right) \quad (\boldsymbol{\alpha} > 0) \tag{2.42}$$

于是得 $\boldsymbol{\lambda}_i$ 的协调算法

$$\boldsymbol{\lambda}_i^{k+1} = \boldsymbol{\lambda}_i^k + d\boldsymbol{\lambda}_i = \boldsymbol{\lambda}_i^k + \boldsymbol{\alpha} \frac{\partial L(\boldsymbol{\lambda})}{\partial \boldsymbol{\lambda}_i} \bigg|_{\boldsymbol{\lambda} = \boldsymbol{\lambda}_k} = \boldsymbol{\lambda}_i^k + \boldsymbol{\alpha} \left[U_i(\boldsymbol{\lambda}^k) - \sum_{j=1}^{N} A_{ij} W(\boldsymbol{\lambda}^k) \right] (\boldsymbol{\alpha} > 0) \tag{2.43}$$

关联平衡法的计算过程用算法的形式表达如下：

（1）协调器先任意给定协调变量，即设定一个初值 $\boldsymbol{\lambda}^0$，并置 $k=0$。

（2）协调器将 $\boldsymbol{\lambda}^k$ 送给下级各子系统，然后各子系统进行第一级最优化，求出局部最优解 $\boldsymbol{U}_i(\boldsymbol{\lambda}^k)$、$\boldsymbol{X}_i(\boldsymbol{\lambda}^k)$ 和 $\boldsymbol{W}_i(\boldsymbol{\lambda}^k)$ 送给协调器。

（3）协调器计算拉格朗日函数 L 梯度向量 $\dfrac{\partial L(\boldsymbol{\lambda})}{\partial \boldsymbol{\lambda}_i}$ 的每一个分量

$$\boldsymbol{U}_i(\boldsymbol{\lambda}^k) - \sum_{j=1}^{N} \boldsymbol{A}_{ij}\boldsymbol{W}_i(\boldsymbol{\lambda}^k) \quad (i=1,2,\cdots,N) \tag{2.44}$$

（4）判断梯度向量的每一个分量的绝对值是否小于给定的一个很小的正数，如果是则转到（6），否则继续（5）。

（5）按式（2.43）计算出新的协调变量 $\boldsymbol{\lambda}^{k+1}$，并置 $k=k+1$，转到（2）。

（6）停止迭代，这时关联约束得到满足，所得子系统的最优解就是整个系统的最优解。这种由系统的最优化问题的数学模型求出的最优解是开环的最优解。这种二级算法的结构和信息交换如图2.8所示。

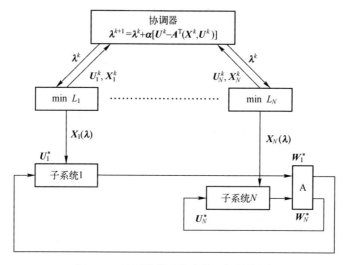

图2.8　开环关联平衡法的二级结构图

2. 关联预估法

关联预估（Interaction Prediction）法又称模型协调法或直接协调法，基本思想是用指定子系统模型中的关联输出向量 $\boldsymbol{W}_i$ 对各子系统解耦，其中被指定的模型输出向量 $\boldsymbol{W}_i$ 是协调变量。当 $\boldsymbol{W}_i$ 由第二级协调器给定后，按照子系统连接关系，各子系统 i 的关联输入向量 U_i 也成为已知量。当 W_i 给定时，整个系统的拉格朗日函数 L 可以分解成 N 个子系统的拉格朗日函数 L_i 之和：

$$L = \sum_{i=1}^{N} \{f_i(X_i, U_i) + \mu_i^T [T_i - W_i] + \lambda_i^T [U_i - \sum_{j=1}^{N} A_{ji} W_j] - \gamma_i^T H_i(X_i, U_i)\} = \sum_{i=1}^{N} L_i \quad (2.45)$$

而 L_i 相对应的每个子系统的最优化问题为

$$\begin{cases} \min & f_i(X_i, U_i) \\ \text{s.t.} & W_i = T_i(X_i, U_i) \\ & U_i = \sum_{j=1}^{N} A_{ij} W_j \\ & H_i(X_i, U_i) \geq 0 \end{cases} \quad (2.46)$$

由式（2.46）看出，对于给定 W_i 子系统，目标函数没有变化，但模型中的 W_i 及 U_i 值是预先给定的，并在计算过程中不断地进行修改，所以这种方法又叫模型协调法。

式（2.46）的最优解可以采用一般静态最优化方法求得，求得的局部最优解 $X_i(W)$、$U_i(W)$ 以及 $\gamma_i(W)$、$\lambda_i(W)$ 都是 W_i 的函数。但是，对于任意给定的一组关联输出 W_i，各子系统分别求得的局部最优解不能保证整个系统的目标函数最优。这是因为给定的 W_i，并不能保证式（2.47）成立。

$$\frac{\partial L}{\partial W_i} = -\mu_i(W) - \sum_{j=1}^{N} A_{ji}^T \lambda_j(W) = 0 \quad (2.47)$$

对各子系统的局部最优解进行计算求得

$$-\mu_i(W) - \sum_{j=1}^{N} A_{ji}^T \lambda_j(W) = \varepsilon_i \quad (2.48)$$

如果对于所有的 i 有 $\varepsilon_i \to 0$，则子系统的局部最优解为整个系统的最优解。否则需要调整 W_i，使之逐渐逼近整个系统的最优解。所以第二级协调器的任务是，求

$$W = [W_1, W_2, \cdots, W_N]^T \quad (2.49)$$

使得

$$-\mu_i(W) - \sum_{j=1}^{N} A_{ji}^T \lambda_j(W) = 0 \quad (i = 1, 2, \cdots, N) \quad (2.50)$$

由拉格朗日对偶原理可知，对于目标函数为极小的最优化问题，拉格朗日函数 L 对 X_i、U_i 和 W_i 的最优解为极小，因此对于 W 的调整应使得 $dL<0$，当各个子系统已经实现局部最优时，有

$$dL = \sum_{i=1}^{N} \left(\frac{\partial L}{\partial W_i} \right)^{\mathrm{T}} dW_i \qquad (2.51)$$

由于要求 $dL<0$，所以如果采用一阶梯度搜索法，则应使得

$$dW_i = -\alpha \frac{\partial L}{\partial W_i} \quad (\alpha > 0) \qquad (2.52)$$

考虑式 (2.47)，得

$$dW_i = -\alpha \left(-\mu_i - \sum_{j=1}^{N} A_{ji}^{\mathrm{T}} \lambda_j \right) \quad (\alpha > 0) \qquad (2.53)$$

于是得 W_i 值的协调算法为

$$\begin{aligned}
W_i^{k+1} &= W_i^k + \alpha W_i = W_i^k - \alpha \left. \frac{\partial L(W)}{\partial W_i} \right|_{W=W^k} \\
&= W_i^k - \alpha \left[-\mu_i(W^k) - \sum_{j=1}^{N} A_{ji}^{\mathrm{T}} \lambda_j(W^k) \right] \quad (\alpha > 0)
\end{aligned} \qquad (2.54)$$

关联预估法的计算过程和关联平衡法类似，这种二级算法的结构和信息交换如图 2.9 所示。

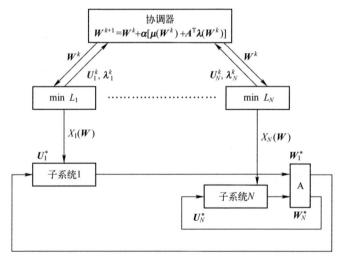

图 2.9　开环模型协调法的二级结构和信息交换图

从计算的角度看，关联平衡法比较常用，但是该方法的子系统计算较复杂。关联预估法使问题简化并易于实现，但必须在满足某些条件时才能使用。采用 m_{X_i}、m_{W_i}、m_{U_i} 和 m_{H_i} 表示 X_i、W_i、U_i 和 H_i 中元素个数，对于关联预估法：

（1）如果 $m_{X_i}<m_{W_i}$，这时式（2.46）的第一个约束方程是具有 m_{X_i} 个未知数的 m_{W_i} 个等式的方程组。由于方程组的数目大于未知数的数目，方程组无解，因此这一算法失效，必须用其他分解-协调法，如关联平衡法。

（2）如果 $m_{X_i}=m_{W_i}$，此时方程组可能无解、有一个解或者很多个解。为使问题有解，对于给定的 W_i 和 U_i，要求这些方程式对于 X_i 必须至少有一个解，这是关联预估法使用的条件。假定这种条件成立，这时对第一级的子系统来说并不存在最优化问题，而对第 i 个子系统所进行的计算只是求解一部分总体问题方程式。

（3）如果 $m_{X_i}>m_{W_i}$，由式（2.46）知，第 i 个子系统有 $(m_{U_i}+m_{W_i})$ 个等式约束以及 $(m_{X_i}+m_{U_i})$ 个独立变量。由于 $m_{X_i}>m_{W_i}$，所以对第 i 个子系统存在最优化问题。

与关联平衡法相比，关联预估法在子系统中所需求解的方程维数为 $(m_{W_i}+m_{X_i}+m_{H_i})$。当 $m_{U_i}>m_{W_i}$ 时，选用关联预估法是有利的，但是要求 $m_{X_i}\geqslant m_{U_i}$。

2.5 小　　结

本章首先介绍了 MDO 的定义和基本概念。然后，介绍了系统的概念与分类。最后，介绍了复杂系统的分类、系统优化与子系统优化的关系、复杂系统的分解-协调法，并着重介绍了关联平衡法和关联预估法两种具体求解方法。针对不同的复杂系统分解形式，包括层次型分解、非层次型分解以及混合型分解，将在第 9 章 MDO 优化过程中进一步详细介绍典型的分解-协调策略、优化过程和多学科分析优化组织框架。

------------------------------ **参考文献** ------------------------------

[1] Giesing J, Barthelemy J F. A summary of industry MDO applications and needs［C］//7th AIAA/USAF/NASA/ISSMO Symposium on Multidisciplinary Analysis and Optimization. st. Louis：American Institute of Aeronautics and Astronautics，1998.

[2] Agte J, De Weck O, Sobieszczanski-Sobieski J, et al. MDO: assessment and direction for advancement—an opinion of one international group [J]. Structural and Multidisciplinary Optimization, 2010, 40 (1): 17-33.

[3] 余金伟, 冯晓锋. 计算流体力学发展综述 [J]. 现代制造技术与装备, 2013 (6): 25-26.

[4] Pan B B, Cui W C. Multidisciplinary design optimization and its application in deep manned submersible design [M]. Singapore: Springer Singapore, 2020.

[5] Martins J R R A, Lambe A B. Multidisciplinary design optimization: a survey of architectures [J]. AIAA Journal, 2013, 51 (9): 2049-2075.

[6] 雷树梁. 动态大系统方法 [M]. 西安: 西北工业大学出版社, 1994.

[7] 王希季, 李大耀, 张永维. 卫星设计学 [M]. 北京: 中国宇航出版社, 2014.

[8] Yao Y, Chen J. Global optimization of a central air-conditioning system using decomposition-coordination method [J]. Energy and Buildings, 2010, 42 (5): 570-583.

第 3 章

面向 MDO 的建模与验证

基于第 2 章介绍的 MDO 的定义和基本概念,本章继续研究面向 MDO 的建模与验证。首先,概述 MDO 问题建模的特点、一般原则与步骤和常用方法。其次,依次介绍参数化建模、可变复杂度建模和模型验证与确认。其中,参数化建模主要包括 CAD 方法、网格离散法和解析函数法,可变复杂度建模的主要步骤包括试验设计方法、多物理场仿真分析和变复杂度模型构建,模型验证与确认主要介绍其基本概念、一般流程等。

3.1 概 述

多学科系统的建模是进行多学科设计、分析和优化的必要步骤。根据 MDO 问题特点,研究 MDO 问题的建模方法,有助于明确设计问题,获得满足需求的设计。模型是为了研究和解决实际系统而对其进行的理想化抽象或简化表示,模型可以用文字、图表、符号、关系式以及实体模型等描述所研究的系统对象。模型反映了系统的主要组成和各部分的相互作用。模型可按多种方式进行分类,较为典型的分类方式如下:

(1) 知识模型。这种模型利用人工智能和知识工程的方法与技术来建立模型。它可以利用人们关于事物的定性知识和经验知识,并可进行定性分析和逻辑推理,表述和求解有关问题。例如,专家系统就可以称为知识模型。

(2) 数学模型。数学模型一般运用控制理论、系统辨识、运筹学及其他数学方法和技术来建立。它可以定量描述事物的有关静态特性或动态过程，便于对问题进行定量分析和数值计算。这种模型在优化设计中运用得最多，例如，微分方程模型等。

（3）关系模型。关系模型一般运用图论和逻辑学及其他方法来建立，主要用于定性或定量地描述研究对象内部及其与外部之间的关系，例如，组织结构模型、工艺流程模型等。用于系统的结构分析与结构综合，也可称为"结构模型"。

近年，在上述三种模型的基础上，提出了"集成模型"，也即"广义模型"[1]。广义模型是一种由知识模型、数学模型、关系模型等结合的集成模型，该模型可以全面地（定性、定量、静态、动态）描述系统结构、参数、功能和特性。在广义模型的基础上，发展了一种广义优化设计方法，以期获得全系统、全性能、全过程最优的设计。广义优化模型已在复杂机械设计中得到成功运用[2]。

在 MDO 问题中，由于研究对象广泛，设计者可根据对象的研究特点选择合适类型的模型，或采用多种模型从不同角度揭示研究对象的特征。目前，对 MDO 建模问题的研究较少，一般只侧重于具体类型模型的表述，如机械系统中采用层次树结构建立的多学科产品模型[3]。

这里首先分析 MDO 问题建模特点与一般步骤，然后着重介绍在 MDO 研究中常用的几种方法。

3.1.1　MDO 问题建模的特点

一般直接对复杂的工程系统进行分析和设计相当困难，较为有效的方法是将系统按部件或按学科（或者其他原则）分解成若干子系统。按子系统间的关系可将复杂系统分为两类：层次型系统和非层次型系统。层次型系统中的子系统间没有耦合关系，各子系统只与其上一级或下一级子系统有直接联系，如图 2.3（a）所示。非层次型系统中的子系统间信息流程则存在着耦合关系，非层次型系统也称为耦合系统，如图 2.3（b）所示。实际系统也可能是同时包含层次型系统和非层次型系统的混合系统。

在复杂系统的多学科设计优化中，建立系统及子系统的设计、分析和优化模型需要考虑的因素很多，学科间的耦合使得 MDO 问题的建模十分困难。这些困难表现在以下几方面：

（1）物理建模的困难。物理建模也就是将实际问题抽象出来以便进行分析研究的过程。物理建模一般要采用简化、假设等方法来抽象实际问题，集中考虑所关注的因素。物理建模必须是合理的、准确的，不同层次的物理模型适用于不同的分析设计方法。对于 MDO 问题，明确设计目标、确定各部分的耦合关系都是较困难的事情。

（2）数学建模的困难。数学建模也就是如何选择设计变量、建立数学方程等。它将物理模型数学化，以便采用合适的分析、优化方法进行处理，建立的数学模型也应该考虑到在计算机上实现的问题。

（3）模型求解的困难。在 MDO 问题中，某些学科可采用简单的模型，而另一些学科则可能采用较为复杂的模型。由于各学科之间的耦合，使得系统模型可能是复杂的非线性模型。同时，在模型的分析、求解中，不仅需要处理学科间大量的信息交互，还要对多个学科设计目标进行协调，这就使得 MDO 问题的求解变得相当困难。

因此，由于实际问题的复杂性和多样性，要寻找一种适合于 MDO 问题建模的通用方法是不可行的，但可对 MDO 问题建模提出一些基本的建模原则和步骤。

3.1.2　MDO 问题建模的一般原则与步骤

将实际问题抽象为优化模型，必须对研究对象有深刻的理解，适当地选择表达方法进行描述，这是比较复杂而困难的事情。建立模型可借鉴一些基本的原则：

（1）模型的准确性。所建立的模型应能足够地反映设计对象的真实性，要能在一定精度上反映设计的本质，模型所预测的结果应该是正确的。

（2）模型的实用性。所建立的模型应尽可能简单，使之易于求解，也就是建立模型应该考虑到计算成本因素。

（3）模型的适应性。所建立的模型应尽可能多地反映事实，而不希望模型的适应面太窄，模型的适应还表现在模型的可继承性、通用性等。

这些原则虽不是具体的建模方法，但对建模具有普遍的指导意义。对 MDO 建模而言，还需强调：

（1）系统分解的合理性。系统按学科或部件分解成子系统是因为子系统的求解易于进行。因此，系统分解应有利于增强子系统的自治性，即系统分解应使子系统间的耦合最小。

（2）学科间耦合关系的准确性。学科间耦合关系的确定以及耦合强弱程度的度量，将影响学科和系统的设计优化。

（3）系统设计目标与学科设计目标的协调性。如何权衡学科设计目标和系统设计目标，将影响系统总体设计结果的最优性。

总的说来，建模的过程是从宏观建模到微观建模逐步细化的过程。从宏观建模来讲，就是将系统从环境中分离开来，明确研究内容，考虑相关的影响因素，通过适当的假设，对实际系统进行抽象，从而获得系统的整体概念。微观建模则是把已经确定了的对象具体化，获得能进行设计、分析和优化的数学模型。实际上，宏观建模与微观建模并没有明确的界线，例如系统的分解过程既是宏观层次上的建模，也涉及了微观层次的建模。图 3.1 反映了 MDO 问题建模的一般步骤。

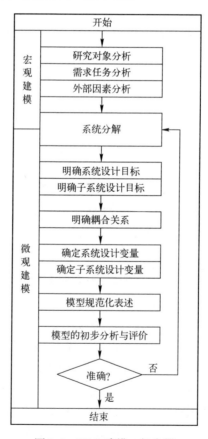

图 3.1　MDO 建模一般步骤

3.1.3 MDO 问题建模的常用方法

与单学科优化过程的建模相比，MDO 建模需考虑更多的因素，特别是要处理各学科优化与系统优化的协调，以及学科间的耦合影响。在 MDO 建模的不同阶段需要采用适当的方法或手段来保证建模过程的顺利进行，并提高所建模型的适用性。

MDO 问题建模包括两个主要方面：一个是系统层的建模，另一个是子系统层的建模。系统层的建模又可分为用于系统确认与分析的模型和用于系统设计、优化和协调的模型。子系统层的建模属于各学科的具体任务，各学科可根据学科特点和系统给定的设计要求建立合适的模型，这里不展开叙述。对于系统层的建模，主要包括指导人们对复杂系统进行有效的确认，逐步明确研究任务并将其分解到各子系统中，如过程建模方法等；或根据研究对象的特殊性，选择专门的建模方法，如不确定性建模方法、参数化建模方法等；或根据任务对精度的要求，选择合适的近似方法以控制模型的复杂程度，如可变复杂度建模方法等。

3.2 参数化建模

在进行航空航天飞行器 MDO 的过程中，计算机建模-设计-仿真发挥着重要的作用，其中利用前处理技术完成飞行器的几何建模是 MDO 中建立仿真分析的基础，为适应日益庞大的设计范围、复杂的设计系统和繁多的设计流程，对参数化几何建模能力提出了更高的要求。

参数化几何建模在飞行器的 MDO 中主要承担着建立几何与更新优化几何的功能，提供主要的几何约束和形状参数，同时为气动、结构、动力、控制等学科提供基础几何和网格划分的范本[4-6]。由于各学科的分析对象不同，对建模方式和模型精度的要求不同，且在建模过程中会忽略不重要的变量信息，使用不同的近似简化处理方法，造成不同学科之间使用的几何尺寸和建立的物理模型存在差异。这种差异对单一学科的分析结果影响不大，但在进行整个飞行器的 MDO 过程中，各学科之间由于存在相互耦合效应，使得这些差异造成的影响被放大，导致整体 MDO 的结果发生明显偏差。同时，学科模型之间的差异还会带来彼此之间的数据信息无法直接交互，进一步提升了整体 MDO 的挑战。如何跨学科、跨模型建立高效的几何模型成为亟待解决的难题。

为了更精确地计算飞行器的整体性能,降低运行风险,准确高效地探索物理场之间的耦合关系,具有高保真能力的参数化建模被越来越多地引入 MDO 过程中,利用维度较低且意义明确的设计空间来刻画飞行器的几何结构,提供高效且满足精度要求的几何造型和模型更新功能,是飞行器 MDO 首要解决的挑战之一。因此,基于多学科模型之间的数据耦合与计算过程高效稳定的考虑,要求参数化建模具有如下特征:

(1) 足够的设计参量以描述复杂外形;
(2) 多样的建模方式以适应多维度需求;
(3) 较高的鲁棒性以满足模型自动更新;
(4) 较高的兼容性以支撑多学科差异化建模。

3.2.1 参数化建模分类

根据不同的建模原理,参数化几何建模方法主要分为 CAD 方法、网格离散法和解析函数法三类[7-8]。

1. CAD 方法

以 Pro/E、SolidWorks、CATIA 等为代表的商业 CAD 软件目前在全球拥有庞大的用户群体,也是当前飞行器设计和优化几何建模的主流方式。虽然 CAD 参数化建模方法具有直观、简便、适应能力强的优点,但 MDO 参数化建模领域仍普遍存在建模平台庞大、运行速度缓慢以及无法描述的大变形等问题,具体表现为:①采用 CAD 方法的建模工作量及难度会随着 MDO 系统复杂度的增加而呈指数级增长;②常规 CAD 模型在转换生成数值仿真模型时,往往还需对几何模型的细节(如螺纹和连接方式)进行分析简化,对微米级干涉和轮廓线进行手动修复等,无法直接自动生成网格并随着计算结果自适应更新造型。

2. 网格离散法

网格离散方法主要是基于网格单元节点的一种参数化建模方式,常见的方法包括自由变形(Free Form Deformation, FFD)法、区域单元法(Domain Element Method, DEM)和基向量法(Basis Vector Approach, BVA)等。FFD 法和 DEM 属于采用基函数插值的网格参数化技术,通过网格节点的平移、旋转以及组合操作来实现整体网格的形状控制。BVA 是一种基于基向量加权的参数化方法,首先,通过对初始几何造型施加扰动产生拓扑结构相同的造型组类;其次通过不同组件之间的加权函数产生新的造型。

上述方法都是基于基函数插值的方式,其优点在于:能够保证在飞行器几何拓扑不发生改变的前提下,同时实现整体变形和局部调整,且能够兼容跨学科的仿真计算。但弊端也较为明显:网格节点的参数化设置将会为建模工作引入海量的自由度导致维度灾难;由于离散后的网格参数会与实际几何造型的参数脱钩,需要进行参数变量的转换。

3. 解析函数法

解析函数法是直接利用解析几何的函数关系式来描述飞行器造型的建模方法。常用的解析方法包括 Ferguson's Curves、B 样条、参数化截面法、类别-形状函数变换(Class/Shape Function Transformation, CST)等方法。Ferguson's Curves 方法基于 Hermite 多项式的参数化曲线描述方法;B 样条方法通过 Bezier、B-Splines 或 NURBS 曲线建立几何造型,虽然可具有较强的参数化几何能力,但是当控制点较多时会导致稳定性变差,同时加剧设计维度升高;参数化截面法通过一系列特征参数确定的解析函数来获得造型坐标信息;CST 方法由波音公司的 Kulfan 提出,CST 参数化方法是一种基于类别/形状函数的解析几何外形建模方法,相较于其他几种参数化方法,CST 方法具有设计参数少、适用性强、建模精度高等优点。

虽然解析方法在维度量级、平台规模和稳定性上具有显著优势,能够满足高精度的 MDO 几何建模需求,但由于解析函数自身的局限性,一般只适用于翼型等简单几何对象的建模,当应用于飞行器整机级别的参数化建模时,会导致函数阶次迅速增加,设计参数相应增加,进一步导致龙格现象发生,使得建模精度显著恶化。

3.2.2 CAD 方法

参数化建模相对于早期的曲面造型技术(代表软件为 CATIA)和实体造型技术(代表软件为 IDEAS),具有基于特征、全尺寸约束、全数据相关、尺寸驱动设计四大特征。最早虽然是由 Computer Vision 公司于 20 世纪 80 年代中期提出参数化实体造型方法,但真正形成是在 PTC(Parametric Technology Corporation)公司,即至今仍活跃在 CAD 界的 Pro/

E参数化软件，并逐步实现了尺寸驱动零件设计的建模思路。参数化建模设计的优势也逐渐在通用件、零部件的设计上显现。

参数化建模技术在市场上的成功运用，使该方法在20世纪90年代前后几乎成为CAD界的标准。但参数化建模的"全尺寸约束"这一前提条件时刻干扰和制约着设计者的创造力和想象力。"全尺寸约束"指的是：所建立的模型必须是完整的尺寸参数，不能欠约束，也不能过约束。于是造就了一种以参数化建模技术为基础，但是更具灵活性的实体造型技术即任意约束参数化建模技术（又称为"变量化技术"）应运而生。

任意约束参数化建模技术的特点是既保留了全约束参数化建模技术的优点，又在约束定义方面做了改变：将形状约束与尺寸约束分开处理。任意约束参数化建模技术的设计思路是：使用者可采用先形状后尺寸的设计方式，尺寸是否标注完全，不影响后续操作，只需给出必要的设计条件，保障了设计的准确性和高效性。表3.1列举了全约束参数化设计和任意约束参数化设计的对比和区别。

表3.1 全约束参数化设计和任意约束参数化设计对比

技术	全约束参数化设计	任意约束参数化设计
特点	基于特征、全数据相关、全尺寸约束、尺寸驱动设计修改的参数化技术	基于特征、全数据相关、约束驱动设计修改的参数化技术
特征方面	将具有代表性的几何形状定义为特征，并将其所有尺寸存为可调参数，以此为基础来进行更复杂的几何形体的构造；将形状和尺寸联合考虑，通过尺寸约束来实现对几何形状的控制	在特征的定义方面，与参数化造型一样，但尺寸"参数"进一步区分为形状约束和尺寸约束
应用领域	适用于形状基本固定，只需采用类比设计，改变一些关键尺寸就可以得到新的系列化设计的零件的成熟行业	除了一般的系列化零件设计，变量化系统比较适用于新产品开发、老产品改形设计这类创新式设计
支持的修改设计	特定情况（全约束）下的几何图形问题，表现形式是尺寸驱动几何形状修改	任意约束情况下的产品设计问题，可以通过尺寸驱动或者约束驱动，实现产品模型的修改设计

1. 全约束参数化设计

全约束参数化设计是由开发人员预先在系统中建立大量的基本几何形状且制定约束，然后供使用者在进行几何建模时使用，并利用几何模型之间的关联尺寸参数来生成其他约束。

全约束参数化设计系统所有约束方程的建立和求解依赖于创建约束的顺序，不同几何元素之间存在相对位置定义。设计人员要预先设置部分几何约束，系统获取到这些约束后，再确定其他几何元素参数的相对位置。参数求解采用的是顺序求解的方法，后面的几何元素求解过程需依赖于建立它的几何元素，求解过程不能逆向进行，这样虽然方便检索，但当因设计要求需要修改或去掉前一个特征时，其子特征将被孤立，与之有关的配合将报错，导致其他特征不能建立。参数化方法取代了烦琐的制图工作，降低了手动的重复性工作，但对设计模型的整体修改比较困难，难以调整约束依赖关系和求解顺序，无法处理循环约束，因此最适用于已完全特性化的成熟零件的设计问题。

全约束参数化技术在设计全过程中，将形状和尺寸联合起来一并考虑，通过尺寸约束来实现对几何形状的控制；在非全约束时，造型系统不许可执行后续操作。另外，参数化技术的工程关系不直接参与约束管理，而是另由单独的处理器外置处理；由于参数化技术苛求全约束，每一个方程式必须是显函数，即所使用的变量必须在前面的方程内已经定义过并赋值于某尺寸参数，其几何方程的求解只能是顺序求解；参数化技术解决的是特定情况下的几何图形问题，表现形式是尺寸驱动几何形状修改。由于参数化系统的内在限定是求解特殊情况，因此系统内部必须将所有可能发生的特殊情况以程序全盘描述，设计者就被系统寻求特殊情况解的技术限制了设计方法。参数化系统的指导思想是：用户只要按照系统规定的方式去操作，系统就可保证所生成的设计的正确性及效率性，否则拒绝操作。

2. 任意约束参数化技术

任意约束参数化技术的特点是保留了全约束参数化技术基本特征、全数据相关、尺寸驱动设计修改的优点，同时在约束定义方面做了优化，将全约束参数化技术中需定义的尺寸"参数"进一步区分为形状约束和尺寸约束，设计人员既可以通过形状约束驱动求解方程，也可以通过尺寸约束驱动方程[9]。除考虑几何约束之外，变量化设计还可以将工程关系作为约束条件直接与几何方程联立求解，无须另建模型处理。

由于任意约束参数化技术可适应各种约束状况，设计人员可以先决定所感兴趣的形状，后给定必要尺寸，尺寸是否完全定义并不影响后续操作。采用的是联立求解的数学手段，适应于各种约束条件，因此方程求解与顺序无关。任意约束参数化技术解决的是任意约束情况下的产品设计问题，不仅可以做到尺寸驱动（Dimension-Driven），也可以实现约束驱动（Constraint-Driven），这对产品结构优化十分有意义。

任意约束参数化技术突破全约束参数化设计在特征管理上的限制，它采用历史树表达方式，各特征除了与前面特征保持关联外，同时与系统全局坐标系建立联系。前一特征更改时，后面特征会自动更改，保持全过程相关性。一旦发生前一特征被删除，后面特征失去定位基准时，两特征之间的约束随之自动解除，系统会通过联立求解方程式自动在全局坐标系下给它确定位置，后面特征不会受任何影响。这是针对参数化技术的缺陷进行深入研究后提出的更好的解决方案。

SDRC 公司的 VGX 技术是变量化技术的代表，VGX 就是 Variational Geometry Extended（超变量化几何）的缩写，它是由 SDRC 公司独家推出的一种 CAD 软件的核心技术，是变量化技术发展的里程碑。它的思想最早体现在 I-DEAS Master Series 第一版的变量化构图中，历经变量化整形、变量化方程、变量化扫掠几个发展阶段后，引申应用到具有复杂表面的三维变量化特征之中。VGX 技术扩展了变量化产品结构，允许用户对一个完整的三维数字产品从几何造型、设计过程、特征，到设计约束，都可以进行实时直接操作。

VGX 正是充分利用了形状约束和尺寸约束分开处理、无须全约束的灵活性，让设计者可以针对零件上的任意特征直接以拖动方式非常直观式、实时地进行图示化编辑修改，在操作上特别简单方便，最直接地体现出设计者的创作意图，给设计者带来了空前的易用性，克服了全约束参数化技术中几个重要缺陷。VGX 极大地改进了交互操作的直观性及可靠性，从而更易于使用，使设计更富有效率。

任意约束参数化设计造型方法将形状特征建立的过程视为约束满足的过程，通过提取特征有效的约束，建立其约束模型并进行约束求解。任意约束参数化设计造型方法的主要特点是基于特征、全数据相关、约束驱动设计修改的参数化技术。设计者可以采用先草图后尺寸的设计方法，允许采用欠约束设置，采用并行求解的方法，通过求解一组约束方程即可确定产品的几何形貌。

通过对比全约束参数化技术和任意约束参数化技术的特点不难看出：全约束参数化技术是解决全约束下的产品设计问题，设计对象与参数之间存在明确的对应关系，所求解的方程必须是显函数，且只能按顺序求解；而任意约束参数化技术解决的是任意约束情况下的产品设计问题，通过求解联立方程组来确定产品几何形貌，不要求必须全约束，释放了设计人员的想象力和创造力。

无论是全约束参数化设计还是任意约束参数化技术，当飞行器的几何模型越来越复杂，且 MDO 涉及的学科越来越多时，基于 CAD 几何参数化建模的局限性便尤为突出。主要表现在以下方面：

（1）参数化效率低：若执行基于结果的迭代计算，则需要不断更新几何模型，此时将耗费大量的时间，还可能面临几何模型更新失败的风险。

（2）网格离散失真：当将几何模型导入计算软件中时，通常需要进行几何简化，涉及大量的手动操作，此后才进行网格划分。如果几何模型尺寸改变量极小，那么网格划分带来的离散误差会掩盖掉几何改变量，最终造成计算失真，结果不准确。

（3）可靠性分析准确性存疑：在可靠性分析中，一般涉及大量的几何尺寸优化，当采用不同的优化方法时，模型尺寸存在很大随机性，那么极可能在几何建模与网格划分时失败，致使设计点数据缺失，优化结果不准确，说服力较低。这对自动化网格划分的稳定性提出了很高要求。

3.2.3　网格参数化方法

为了改善上述 CAD 参数化建模方法的诸多缺点，研究人员提出了网格参数化方法。它依据参数化的网格变形实现了与几何参数化相一致的模型变化，从而替代了可靠性分析中重新生成几何模型后划分网格的烦琐流程，能最大化控制网格质量。网格参数化方法不仅可以提升网格划分执行效率，还能够避免几何生成或网格划分失败的风险。

目前的网格参数化方法主要有如下 3 种。

（1）自动网格生成方法：能够高效地将边界网格的变形逐步推进到内部网格区域。但缺点是无法避免生成低质量单元，尤其对于大变形区域，容易出现较多非法单元。

（2）网格变形方法：将网格节点映射到参数空间（非均匀有理 B 样条、Bezier 曲面、体等）中，通过参数空间的参数变换实现网格的整体和局部的调整。

（3）边界网格变形方法：首先移动网格的边界节点，其次通过施加约束条件来调整内部网格节点坐标，最终实现整体的几何变形效果。

在当前飞行器 MDO 过程中，设计人员希望尽可能减少概念设计阶段的约束限制，同时快速研究多种外形设计方案。上述 3 种网格参数化方法中，自由变形方法（Free Form Deformation，FFD）恰好契合了这个要求，它可以得到任意形状的几何外形，有效扩展了飞行器外形设计的设计空间，可以解决任意复杂外形的参数化建模问题[10-11]。

FFD 源于计算机图形学，由 Sederberg 和 Parry 最早提出，目前已在计算机几何建模与动画设计中得到了非常广泛的应用，如 3d max 软件。其核心思路是通过围绕物体的六面体控制域的移动来表达物体的变形，可以用于任意复杂外形参数化。

FFD 参数化方法的主要步骤：首先，创建一个平行六面体的变形空间框架，将待变形几何模型嵌入这个框架中，同时建立局部坐标系，计算几何模型的顶点在局部坐标系下的坐标；其次，移动变形框架控制点，利用几何模型顶点的局部坐标、控制点世界坐标和 Bernstein 多项式重新计算几何模型每个顶点的世界坐标。

常规 FFD 方法基于 Bezier 基函数，扰动局部性较差，控制节点的扰动将会引起整个外形的变形，且局部扰动不足，不适用于精细化设计。研究人员发展出基于 NURBS（非均匀有理 B 样条）基函数的 FFD 参数化方法，该方法克服了原始 FFD 方法的设计变量相关性强的缺点，适宜于精细化外形参数化。变形公式为

$$D(U) = \frac{\sum_{i=0}^{p}\sum_{j=0}^{q}\sum_{k=0}^{r} P'_{i,j,k} W_{i,j,k} B_{i,l}(s) B_{j,m}(t) B_{k,n}(u)}{\sum_{i=0}^{p}\sum_{j=0}^{q}\sum_{k=0}^{r} W_{i,j,k} B_{i,l}(s) B_{j,m}(t) B_{k,n}(u)} \quad (3.1)$$

式中：$W_{i,j,k}$ 为与控制顶点 $P'_{i,j,k}$ 所对应的权重因子；$B_{i,l}(s)$、$B_{j,m}(t)$、$B_{k,n}(u)$ 分别为 l、m、n 次非均匀有理 B 样条基函数；p、q、r 为节点向量个数。$B_{i,l}(u)$ 是由节点向量 U 按德布尔-考克斯递推公式决定的 l 次规范 B 样条基函数。

该方法可以显著改善常规 FFD 局部扰动性差无法刻画精细结构的弊端，具体表现为：①局部变形无须考虑连续性条件；②非均匀分布的网格控制顶点可以在复杂区域进行自适应扩展。

对于 MDO 涉及的多学科耦合仿真分析，如何处理不同学科求解域及界面处的节点数据交互至关重要。在实际工程中，各学科分析所采用的网

格尺寸及剖分方式不同,如 CFD 计算往往需要规则网格,而传热/结构计算可以使用较为自由的剖分方式,所以使得网格单元节点信息不匹配,如图 3.2 和图 3.3 所示。因此为了保证物理量在节点耦合过程中不失真,不同学科之间的插值需要满足动力学连续性条件、能量守恒条件和热力学守恒条件等约束。

图 3.2 原始网格

 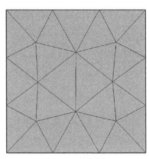

(a) 匹配网格　　　　　　　　(b) 不匹配网格

图 3.3 界面映射网格

当前常用的插值方法有最近点插值方法、常体积转换法、径向基函数插值方法和反距离加权平均插值方法等,其中最近点插值方法因其简便易行的优点在标量场计算中应用较多,该方法基本思路是以耦合界面处未知变量的节点为主循环,以已知变量的节点为内循环,检索每一个未知节点与可能最近已知节点的距离,通过已知点推断未知点,其数学表达式为

$$p_s = \min_d \{p_{f_1}, p_{f_2}, \cdots, p_{f_n}\} \tag{3.2}$$

式中:p_s 为未知物理量;d 为未知变量节点到已知变量节点的距离;p_{fi} 为已知物理量($i=1,2,\cdots,n$),n 为所有已知物理量节点的个数。

此处，不得不提一下多学科耦合标准级工具 MpCCI（Mesh-based parallel Code Coupling Interface），MpCCI 源于欧盟的基础科学研究项目，被誉为多物理场耦合的工业标准，它实现不同仿真程序之间耦合区域的网格数据交换，而且 MpCCI 通过节点插值的方法成功解决了不同程序之间网格不匹配的问题，同时 MpCCI 针对主流的仿真软件（如 Fluent、Abaqus 和 Marc 等）均有直接接口。

3.2.4 解析函数法

解析函数法本质是通过数学解析式描述飞行器外形，具有快速稳定易于调节更新的特点，非常适于概念设计阶段 MDO 分析和优化，近年来得到了大量研究和应用。其基本思路为：定义参数化几何模型的设计空间为 M，参数确定的全体几何模型集合为 P。但实际中一般不直接对几何模型进行研究，而是将该几何模型映射到参数所在空间 S^n，即 $M \in P \subseteq S^n$，n 为设计变量的维数。若要加强参数空间 S^n 对几何模型的描述和适应能力，需要从定性和定量的角度对参数化方法进行综合评价，最终形成参数化建模的参数选择原则。

参数空间 S^n 中参数的选择决定了设计空间特性，为使设计空间有更好的描述能力和适应能力，参数选择应满足如下基本原则：

（1）目标敏感，选择对目标函数具有敏感性的参数，忽略不敏感的因素，即选择与设计目标存在关联性的参数；

（2）相互独立，即保证不同设计参数的独立性，该原则可以降低设计变量的维数，进一步有效减少计算量；

（3）意义明确，应尽量选择有实际物理意义的参数作为设计变量，并作无量纲处理。

目前适用于飞行器 MDO 的解析参数化建模方法多种多样，适用场景各不相同，本书根据作者经验，介绍三种较为常用的解析方法。

1. Hicks-Henne 解析参数化方法

Hicks-Henne 参数化方法是 20 世纪 70 年代提出的一种解析参数化方法，主要用于翼型优化，通过对翼型弯度和厚度的变化量进行参数化，并将变化量与基准翼型的厚度和弯度进行叠加的方式控制翼型外形[12]。

Hicks-Henne 解析参数化方法的典型特点是在初始翼型表面函数上叠

加一个扰动函数（称为形函数），最终翼型表面是表面函数和形函数的线性组合。形函数的叠加效果从峰值区向两侧衰减，以实现全局校正，同时也可在局部加速衰减以实现局部校正。该类解析参数化方法可表示为

$$y(x) = y_{\text{base}}(x) + \sum_{i=1}^{n} f_i(x) d_i \qquad (3.3)$$

式中：x 为翼型弦向位置；$y(x)$ 为 x 所对应的扰动后的 y 向坐标；$y_{\text{base}}(x)$ 为基准翼型的 y 向坐标；d_i 为第 i 个设计变量；$f_i(x)$ 为第 i 个设计变量所对应的形函数，共有 n 个设计变量。$f_i(x)$ 的表达式为

$$f_i(x) = \begin{cases} x^{0.5}(1-x)e^{-15x} & (i=1) \\ \sin^p(\pi x^{e(q)}) & (1<i<n) \\ x^{0.5}(1-x)e^{-10x} & (i=n) \end{cases} \qquad (3.4)$$

式中：p 控制着扰动函数的扰动范围；q 为长度为 $n-2$ 的一维数组，控制着第 2 个到 $n-1$ 个扰动函数峰值所对应位置的坐标；$e(q) = \log 0.5 / \log q$。

2. NURBS 参数化方法

NURBS 是 Non-Uniform Rational B-Splines 的简称，即非均匀有理 B 样条，由 Versprille 在其博士学位论文中提出。后被国际标准化组织（ISO）作为定义工业产品几何形状的数学方法，并纳入设备的交互图形编程接口[13]。NURBS 可在广义上分为 Bezier、有理 Bezier、均匀 B 样条和非均匀 B 样条 4 种不同类型。

NURBS 解析参数化方法的典型特点是能够在几何建模中使用统一的参数模型，以此表示二次曲线与自由型曲线/曲面，并可以通过修改控制点、节点向量或权因子多种方法对曲线或曲面进行修改。因此在飞机外形设计和工业产品设计等领域，显示了其强大的生命力。该类解析参数化方法中需要先对 NURBS 基函数进行定义：

设 $U = \{u_0, u_1, \cdots, u_m\}$ 为非递减的实数序列，其中 u 为节点，U 为节点向量，则第 i 个 p 次 B 样条基函数 $N_{i,p}$ 定义如下：

$$\begin{cases} N_{i,0}(u) = \begin{cases} 1 & (u_i \leq u_{i+1}) \\ 0 & (\text{其他}) \end{cases} \\ N_{i,p}(u) = \dfrac{u-u_i}{u_{i+p}-u_i} N_{i,p-1}(u) + \dfrac{u_{i+p+1}-u}{u_{i+p+1}-u_{i+1}} N_{i+1,p-1}(u) \end{cases} \qquad (3.5)$$

在此基础上，飞行器外形为 p 次 NURBS 曲线的定义为

$$C(u) = \frac{\sum_{i=0}^{n} N_{i,p}(u)\omega_i P_i}{\sum_{i=0}^{n} N_{i,p}(u)\omega_i} \quad (0 \leq u \leq 1) \tag{3.6}$$

式中：P 为控制点列；ω_i 为对应的权值序列；$N_{i,p}$ 为定义在非均匀节点向量 $\{\underbrace{0,\cdots,0}_{p+1}, u_{p+1}, \cdots, u_n, \underbrace{1,\cdots,1}_{p+1}\}$ 上的 p 次 B 样条基函数。

进一步，飞行器外形为 u 向 p 次和 v 向 q 次的 NURBS 曲面定义为

$$S(u,v) = \frac{\sum_{i=0}^{n}\sum_{j=0}^{m}(u)\omega_i P_i N_{i,p}(u) N_{j,q}(v)}{\sum_{i=0}^{n}\sum_{j=0}^{m}(u)\omega_i N_{i,p}(u) N_{j,q}(v)} \tag{3.7}$$

式中：P 为双向控制网格；ω_i 是对应的权值；$N_{i,p}$ 和 $N_{j,q}$ 是定义在节点向量 $\{\underbrace{0,\cdots,0}_{p+1}, u_{p+1}, \cdots, u_n, \underbrace{1,\cdots,1}_{p+1}\}$ 和 $\{\underbrace{0,\cdots,0}_{q+1}, u_{q+1}, \cdots, u_n, \underbrace{1,\cdots,1}_{q+1}\}$ 上的 B 样条基函数。

3. CST 解析参数化方法

CST 是 class function shape function transformation 的简称，该方法是波音公司 Kulfan 在 2006 年提出的一种飞行器参数化建模方法，后应用到一般截面形状、曲线及三维曲面的描述[14-15]。

CST 解析参数化方法的典型特点是能覆盖整个光滑外形空间，并且使用少量的参数就可以较精确地表示一个翼型。其精度可以通过形函数中多项式阶数来进行调节，且形函数的具体形式可以多种多样，使得其具有较高的灵活度。CST 方法的各项参数具有较直观的几何意义，并且易于理解和实现，但其缺点是只能表示光滑表面。相对于 Bernstein 和 Bezier，多项式的形函数局部表面拟合能力不足，本书基于 B 样条形函数介绍 CST 解析参数化方法：

按 CST 解析参数化方法，飞行器几何外形可以表示为

$$\varepsilon(\psi) = C_{N_2}^{N_1}(\psi) N(\psi) + \psi \Delta \zeta \tag{3.8}$$

式中：ε 为飞行器的无量纲 y 坐标，$\varepsilon = y/L$，L 为弦长；ψ 为飞行器的无量纲 x 坐标，$\psi = x/L$；$\Delta \zeta$ 为尾缘厚度；$C(\psi)$ 为类别函数；N_1 和 N_2 为类别函数的参数；$N(\psi)$ 为形函数，传统 CST 方法中，形函数以如下的 Bezier 多项式的形式出现：

$$N(\psi) = \sum_{i=0}^{n} a_i B_i(\psi) = \sum_{i=0}^{n} a_i \frac{n!}{i!(n-i)!} \psi^i (1-\psi)^{n-i} \tag{3.9}$$

式中：B_i 为 n 阶 Bezier 多项式的基函数；a_i 为待定系数，对于已知翼型，可以用最小二乘法求出，优化设计时这些参数为设计变量。

4. 参数化几何建模方法的评价

由于解析函数法不同于 CAD 直接建模的方法，为了考察数学函数与实际飞行器的外形偏差，需要对解析方法进行评价。当不考虑变拓扑构型的几何对象时，其设计外形可以由一组特征曲线 $y(x)$ 确定，最终设计性能 $J[y(x)]$ 就是该组特征曲线的单映射，这是关于 $y(x)$ 的泛函，相应的优化设计的数学模型为

$$\min J[y(x)] \tag{3.10}$$

式中：$y(x) = [y_1(x), y_2(x), \cdots, y_m(x)]^T$。

以飞行器气动学科设计为例：J 为飞行器几何外形参数到气动性能的泛函，求解最佳气动性能需要将泛函其转化为参数优化问题，这通常用函数逼近的方法来实现：

$$y_i(x) = f_i(x; \alpha_i) = \sum_{j=1}^{n_i} f_i(x) \alpha_{ij} \tag{3.11}$$

原泛函问题转为参数优化问题：

$$\begin{cases} \text{find} & \alpha, \\ \min & J[y(x;\alpha)] \end{cases} \tag{3.12}$$

为了评价不同参数化方法的描述和适应能力，需要对优化后的设计性能指标 J^* 进行比较。以某组参数构成的设计性能指标 J_0 为参考，假设参数 β 的优化性能指标为 J_i^*，定义相对优度为

$$\beta(J_0, J_i^*) = \frac{J_0}{J_i^*} \begin{cases} > 1 & （性能改善） \\ = 1 & （性能保持） \\ < 1 & （性能降低） \end{cases} \tag{3.13}$$

这里定义的 β 为特定性能指标下的评价方法，当设计性能指标不同时，β 也不同。考虑到现有的解析参数化方法多种多样，适用范围各不相同，因此需要对各类参数化解析方法的相对优度进行分析，以增强其描述能力和适应能力。

3.3　可变复杂度建模

在 MDO 运用中，学科间固有的耦合使问题的复杂度急剧增加，每增

加一个学科，设计变量和约束的数量也迅速增大。优化计算的成本则随着设计变量和优化约束的数量增加呈超线性增长，MDO 过程的计算成本比 MDO 中单学科优化成本的总和还要多[16-17]。

在进行学科优化时，随着计算能力的提高和对问题研究的深入，所采用的模型精度也越来越高。例如，飞行器的气动优化常常采用高精度的三维非定常流模型；同样，结构优化也常采用大有限元模型。例如，G. T. Tzong 等在考虑气体弹性影响时对 HSCT 进行结构优化，就采用了大有限元模型，其中含有 13700 个自由度和 122 个变量[18]。

若 MDO 中学科模型都采用精确模型，学科间耦合将使 MDO 的计算效率很低，计算成本大大增加。例如，Borland 等[19]对 HSCT 进行气动-结构的组合优化时，采用了大有限元模型和薄层 Navier Stokes 气动模型。但由于计算成本的影响，他们只使用 3 个气动变量和 20 个结构变量。

为了平衡 MDO 的计算成本和计算精度。一方面要尽可能降低模型复杂度、减少计算成本以便于实现 MDO，另一方面要具有足够的计算精度以确保分析结果的有效性。为此发展了可变复杂度建模（Variable-Complexity Modeling，VCM）方法。

VCM 方法基于多种变精度模型，其主要思想是：在优化中使用计算成本高的精确分析方法同时也使用计算成本低的近似分析方法（或称为简单分析方法）；在迭代过程中主要采用近似分析方法，然后用精确分析方法获得的修正因子来修正近似分析方法。VCM 方法使用大量低精度分析模型降低了计算成本，而使用少量高精度分析模型，提高了整个优化的精度。

变复杂度优化把高复杂度模型和低复杂度模型统一在一个优化框架内，通过标度函数把低复杂度模型的结果映射为高复杂度模型的结果，并通过采用一定的模型调度策略，在尽可能少地调用高复杂度模型的前提下，达到较好的优化效果。变复杂度近似模型的建立过程主要包含 4 个步骤，如图 3.4 所示。

（1）试验设计（Design of Experiment，DOE）：研究多个设计变量与响应变量关系的一种方法。它通过合理的抽样方法挑选试验条件，有计划地设定参数值来进行一系列试验，在控制条件下有效地操纵或改变设计变量，最终得到变量与响应以及变量之间的函数关系。

（2）仿真分析或物理试验：通过多物理场仿真软件（如 COMSOL、Ansys），或以试验手段获得不同样本点处不同精度水平的输出变量响应。

（3）变复杂度建模：将不同精度水平的样本点数据进行融合分析，构

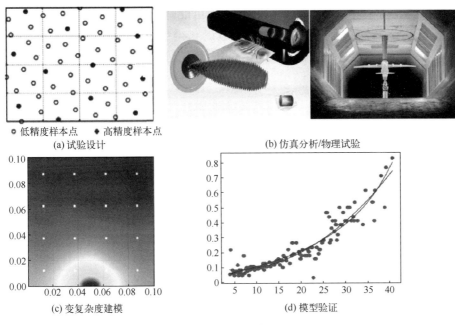

图 3.4 变复杂度建模步骤

建不同复杂度的近似模型,并通过标度函数将低复杂度模型的结果映射为高复杂度模型结果,通过合理的模型调度策略保持整体 MDO 效率。

(4) 模型验证:确定变复杂度近似模型的预测精度能够满足 MDO 设计者的使用要求,考虑到飞行器 MDO 具有系统工程的特征,故模型验证应当使用模型验证和确认的思想进行分层确认。

3.3.1 试验设计方法

试验设计方法是以概率论和数理统计为基础的设计变量空间采样方法,共有三个步骤:试验计划、执行试验和结果分析。其最早可追溯至 20 世纪 20 年代英国生物统计学家 Fisher 提出的方差分析,以及 20 世纪 50 年代日本统计学家 Taugchi 将正交设计表格化,并成功应用于新型产品的研发过程。

选择试验设计方法应主要考虑以下几个方面:①试验尽可能简单,试验次数尽可能少。②试验范围及每一个参数的取值,要求设计者对设计问题有初步的认识,能够提炼出试验设计的因子,以及试验中各个因子应取的水平值。③对结果的合理解释,需要借助一定的后处理工具,帮助进行试验设计的后处理工作,以得出试验设计要得到的结论。

试验设计中需要考虑的关键是，在尽可能降低计算或试验费用的条件下，如何在设计空间内获取样本点响应以获得尽可能多的产品特征信息。简单地说，样本点必须在设计变量空间中均匀分布，以获得产品在设计空间的整体特征。表 3.2 总结了近似模型构建过程中常用的试验设计方法。

表 3.2　常用试验设计方法[20-22]

名　称	说　明	图形展示
参数研究（Parameter Study, PS）	独立参数的敏度分析（一次改变一个参数来分析参数的影响）	
全因子设计（Full Factorial Design, FFD）	为每个因子指定任意水平数并研究所有因子的所有组合	
部分因子设计（Fractional Factorial）	取全因子设计中的部分样本进行试验（通常为 1/2、1/4 等），包括了 2 水平、3 水平和混合水平组合	
正交数组（Orthogonal Arrays, OA）	部分因子试验的一种，通过仔细构造试验方案，保证因子的正交性（整齐可比和均匀分散）	
中心组合设计（Central Composite Design, CCD）	通过对每个因子取一个中心点和两个位于因子轴线上的额外角点而强化的水平全因子方法	
Box-Behnken 设计	3 个水平：在每条边的中点及整个中心布置样本点，保证了样本点具有旋转对称性，用于建立二次拟合响应面	
拉丁超立方设计（Latin Hypercube Design, LHD）	每个因子的水平数等于点数，并进行随机组合	
优化拉丁超立方设计（Optimal Latin Hypercube Design, Opt LHD）	使传统拉丁超立方方法生成的抽样点更加均匀	

3.3.2 仿真分析/物理试验

由于飞行器本身是一个复杂系统，故在考虑实施物理试验时必须体现系统工程的特征，作者参考美国国防部《VV&A Recommended Practices Guide》及《Guide for the verification and validation of computational fluid dynamics simulations》等关于仿真建模验证及确认指南，提出应当在 MDO 变复杂度近似建模的物理试验环节应用分层思想，即由于飞行器等复杂系统中包含跨学科跨领域的大量不确定性因素，因此物理试验需要通过将复杂系统层层分解来降低其复杂度。为了针对性地进行理论分析，建立数值模型，以及严谨的试验设计，飞行器复杂系统通常可以分为全系统、子系统、组件（也称为基元或基准）和单元 4 个层次甚至更多，如图 3.5 所示，层次越低，影响因素越少，耦合程度越低。

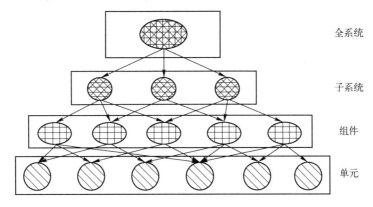

图 3.5　模型确认分层示意图

一般的分层实施思路为：将全系统按照功能划分为不同的子系统，如动力系统、武器系统、结构系统和电子控制系统等；子系统按照不同的学科知识划分为组件，如气动组件、结构组件和推进组件等；每个组件包含了多学科的耦合，如气动组件包含流固耦合、结构组件包含热固耦合、推进组件包含流热固化耦合等；最终按照学科专业的解耦划分到单元层级，如飞行器某个具体部件的 CFD 问题、强度问题和耐热性能等。

本书主要关注的 MDO 仿真分析属于多物理场耦合问题，其建模与分析一般分为两个步骤：

第一步，根据多物理场耦合问题的物理特征，构建描述多物理场耦合行为的数学物理模型,包含对应的偏微分方程组以及定解条件。

第二步,利用数值方法(当前多为有限元方法)求解该偏微分方程组以获得物理场变量在求解域内的分布情况。

对于大多数多物理场耦合问题,其数值求解模式分为整体耦合法和分区耦合法,如图3.6所示。

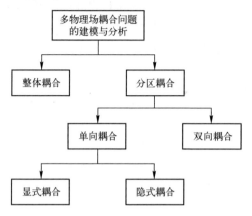

图3.6 多物理场耦合建模与分析方法的分类

1. 整体耦合法

整体耦合法也称全耦合法,其基本原理如图3.7所示,是将多物理场耦合问题不仅在数理方程层面处理为统一形式的偏微分方程组,而且在数值求解层面采用统一的数值计算格式和时间步长进行解算。从理论角度,该方法最真实地反映客观物理过程,因而精度最高。但实际上,对于具体的MDO问题(如流固化或者声固热等),采用整体耦合法会遇到很大的困难。首先,对于飞行器特定MDO仿真分析统一形式的偏微分方程组,需要专门研发特定的数值算法和求解器;其次,由于各物理场的空间和时间

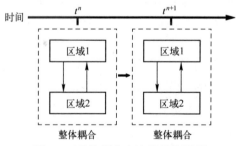

图3.7 整体耦合方法的基本原理

尺度可能相差多个数量级（如电磁波时间尺度为纳秒），而传热和 CFD 时间尺度一般为秒，两者相差 9 个数量级，这种巨大的差距势必导致数值求解异常困难，且解算效率较为低下。

作者曾使用商业软件 COMSOL 完成了航天飞行器的热布局研究，此处将 COMSOL 多学科求解核心作为整体耦合法的案例进行展示。COMSOL 是目前国际上具有较高知名度的多物理场耦合软件，其耦合策略如图 3.8 所示。

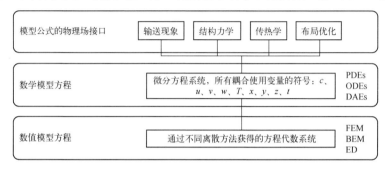

图 3.8　COMSOL 耦合策略

2. 分区耦合法

如图 3.9 所示，分区耦合法亦称分离法，是将整个多场耦合问题的物理域分解为若干子区，构建各自的偏微分方程组，并独立求解；在求解过程中，各个子区的求解器沿着迭代步交替推进，并通过在每一个耦合求解步长内交互节点数据实现耦合。本质上是在数值算法上的一种解耦操作。

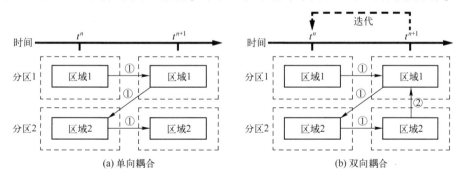

图 3.9　分区耦合基本思想

分区耦合法又可分为单向耦合（图 3.9（a））和双向耦合（图 3.9（b））。其中，单向耦合是指物理子区之间的变量影响是单向传递的，适用于物理场之间的耦合关系较弱或是不在同一个时间量级上发生（如微波加热），即可认为在时间尺度上忽略微波的动态传播过程，认为温度不会影响微波传输；双向耦合是指物理场之间变量相互影响作用，适用强耦合作用（如流固耦合或温度反应耦合等）。

  双向耦合根据求解方式的不同，可进一步分为显式和隐式两大类。显式耦合是指在一个求解步进内，各个物理子区只进行一次迭代步推进和数据交互，故又称为松耦合，计算成本低但同时精度也较低；相对应地，隐式耦合是指在一个求解步进内，各个子区之间进行多次数据交互，而每次节点数据交互，各个子区便重新迭代一次，直至满足收敛要求，然后再进入下一个迭代步，故又称为紧耦合，虽然计算成本较高，但计算精度也相对较高且不存在时滞效应。

  上述的耦合方式是当前大多数商业软件所采用的方式（如 MpCCI），作为多物理场耦合标准级的工具，依靠其在不同软件之间、不同代码之间和不同网格之间先进的耦合、插值算法，实现多学科仿真的变量数据交换，如图 3.10 所示。

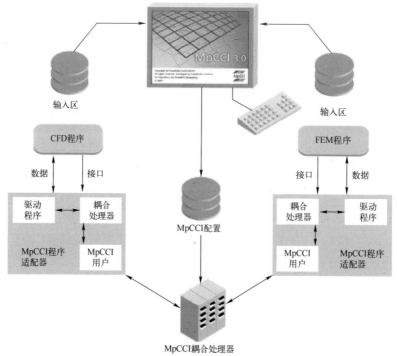

图 3.10 MpCCI 多学科耦合仿真示意

3.3.3 变复杂度模型

飞行器 MDO 过程中，设计变量与产品性能的关系通常不能显式表达。在设计优化过程中，通常需要多次迭代才能获得最优设计方案。显然，迭代过程中依赖耗时费力的机理型仿真分析是不可取的。在此背景下，近似建模技术应运而生。

表 3.3 总结了 MDO 中常用的近似模型，关于近似模型的具体介绍参见第 4 章~第 6 章，包括传统近似建模方法、基于深度学习的近似建模方法、序贯近似建模方法等。应当指出的是，不同的 MDO 问题适用不同的近似模型，不存在一种近似模型在所有情况下都适用或者绝对优越于另一种近似模型。

表 3.3 常用近似模型类型

近似模型类型	
多项式响应面	人工神经网络
径向基函数	克里金（Kriging）插值
多元自适应回归样条曲线	支持向量回归
移动最小二乘法模型	决策树
高斯模型	NURBS 曲线

变复杂度建模能够通过集成高/低精度分析模型的样本点数据，平衡近似建模成本和模型预测能力[23-25]。变复杂度建模方法主要分为三类：基于标度函数的建模方法、基于空间映射的建模方法（SM-MFM）和 Co-Kriging 类变复杂度建模方法。

1. 基于标度函数的建模方法

基于标度函数的变复杂度建模方法可以分为局部方法和全局方法。标度函数是建立在近似模型零阶和一阶信息的基础上。根据利用高精度分析模型信息对低精度分析模型进行修正的方式不同，基于标度函数的变复杂度建模方法又可以细分为三类：基于乘法标度函数、基于加法标度函数和基于混合标度函数的变复杂度建模方法。每种标度函数都有自身的适用范围，与具体问题形式相关。

假设可用的高/低精度分析模型的样本点数据如下：

$$X^l = \{x_1^l, x_2^l, \cdots, x_N^l\}, f^l = \{f_1^l, f_2^l, \cdots, f_N^l\};$$

$$X^h = \{x_1^h, x_2^h, \cdots, x_N^h\}, \quad f^h = \{f_1^h, f_2^h, \cdots, f_N^h\};$$

式中：$X^l = \{x_1^l, x_2^l, \cdots, x_N^l\}$ 表示低精度分析模型的样本点集合；$f^l = \{f_1^l, f_2^l, \cdots, f_N^l\}$ 表示低精度分析模型的输出响应；$X^h = \{x_1^h, x_2^h, \cdots, x_N^h\}$ 表示高精度分析模型的样本点集合；$f^h = \{f_1^h, f_2^h, \cdots, f_N^h\}$ 表示高精度分析模型的输出响应。

1）基于乘法标度函数的变复杂度建模方法（MS-MFM）

在 Haftka[26] 提出的 MS-MFM 中，标度因子 l_i 定义为高精度分析模型的样本点处 x_i^k 的高/低精度分析模型的输出响应之间的比率：

$$l_i(x_i^k) = \frac{f^h(x_i^k)}{\hat{f}^l(x_i^k)} \tag{3.14}$$

式中：$l_i(x_i^k)$ 为高精度分析模型在样本点处 x_i^k 的标度因子；$f^h(x_i^k)$ 为高精度分析模型在样本点 x_i^k 处的输出响应；$\hat{f}^l(x_i^k)$ 为低精度分析模型在样本点 x_i^k 处的输出响应。

为了在整个设计空间中获得高/低精度分析模型响应之间的比例，分别取高精度分析模型的样本点集合 $X^h = \{x_1^h, x_2^h, \cdots, x_N^h\}$ 和标度因子集合 $l = \{l_1, l_2, \cdots, l_N\}$ 作为输入和输出，构建乘法标度近似函数 $\hat{l}(x)$。基于乘法标度函数的变复杂度近似模型可数学描述为

$$\hat{f}_{vf}(x) = \hat{f}^l(x)\hat{l}(x) \tag{3.15}$$

需要强调的是，当存在样本点 x_i^k 处低精度分析模型的输出响应等于零时，MS-MFM 存在一定概率失效，该隐患在一定程度上限制了 MS-MFM 在 MDO 领域中的推广应用。

2）基于加法标度函数的变复杂度建模方法（AS-MFM）

在 Alexandrov[27-28] 等提出的 AS-MFM 中，标度因子 l_i 定义为样本点 x_i^k 处高/低精度分析模型输出响应之间的差值：

$$l_i(x_i^k) = f^h(x_i^k) - \hat{f}^l(x_i^k) \tag{3.16}$$

式中：$l_i(x_i^k)$ 为样本点 x_i^k 处的标度因子。

为了在整个设计空间中获得高/低精度分析模型响应之间的差异，分别取高精度分析模型的样本点集合 $X^h = \{x_1^h, x_2^h, \cdots, x_N^h\}$ 和标度因子集合 $l = \{l_1, l_2, \cdots, l_N\}$ 作为输入和输出，构建加法标度近似函数 $\hat{l}(x)$。基于加法标度函数的变复杂度近似模型可数学描述为

$$\hat{f}_{vf}(x) = \hat{f}^l(x) + \hat{l}(x) \tag{3.17}$$

由于 AS-MFM 的概念直观且建模简洁，其成为基于标度函数的变复杂度建模中最常用的方法，已广泛被应用于飞行器的 MDO 领域。

3）基于混合标度函数的变复杂度建模方法（HS-MFM）

由于 MDO 过程中近似模型的性质无法提前预知，因此无法预先确定使用 MS-MFM 和 AS-MFM 中的哪一种方法。Gano[29]发展了 HS-MFM 方法，其原理是将 MS-MFM 和 AS-MFM 的输出响应加在一起，并引入权重系数以反映它们之间的相对贡献率。该方法的数学描述为

$$\hat{f}_{rf}(x) = \omega(\hat{l}(x)\hat{f}^l(x)) + (1-\omega)(\hat{f}^l(x) + \hat{l}(x)) \qquad (3.18)$$

式中：ω 为权重系数。权重系数通常根据已获得的产品知识或设计人员经验确定。

2. 基于空间映射的建模方法

该方法由 Bandler[30]等提出，其基本原理为：寻找合适的转换关系 **F**，将高精度分析模型的输入集 $X^h = \{x_1^h, x_2^h, \cdots, x_N^h\}$ 与低精度分析模型的输入集 $X^l = \{x_1^l, x_2^l, \cdots, x_N^l\}$ 进行匹配。寻找合适的转换关系 **F** 通常是一个迭代的过程。且在转换关系 **F** 下，高/低精度分析模型的输出响应必须满足：

$$\|\hat{f}^l(x^h) - \hat{f}^l(x^l)\| \leq \varepsilon \qquad (3.19)$$

式中：ε 表示容差因子；$\|*\|$ 为设计者选定的范数形式。

该方法的优点：允许高/低精度近似模型的设计空间维度不一致。不足之处：在 SM-MFM 中，对不同精度近似模型之间的多维度匹配较为困难，这在很大程度上制约了其在 MDO 领域的应用。

3. Co-Kriging 类建模方法

Kennedy[31]等于 2000 年提出 Co-Kriging 变复杂度建模方法，它是一种基于贝叶斯理论，采用 GP 模型用于定义变复杂度近似模型的输出响应 $\hat{f}_{rf}(x)$，其由校准后的低精度输出响应和修正函数两部分组成：

$$\hat{f}_{rf}(x) = \rho f^l(x, \boldsymbol{\theta}) + \delta(x) \qquad (3.20)$$

式中：$f^l(x, \boldsymbol{\theta})$ 与 $\delta(x)$ 为两个相互独立的高斯过程：

$$f^l(x, \theta) \sim \mathrm{GP}\left(\boldsymbol{h}_l^{\mathrm{T}}(x)\boldsymbol{\beta}^l, \sigma_l^2 r(x, x')\right) \qquad (3.21)$$

$$\delta(x) \sim \mathrm{GP}\left(\boldsymbol{h}_\delta^{\mathrm{T}}(x)\boldsymbol{\beta}_\delta, \sigma_\delta^2 r^\delta(x, x')\right) \qquad (3.22)$$

式中：$\boldsymbol{h}_l^T(x)$ 和 $\boldsymbol{h}_\delta^T(x)$ 分别表示低精度分析模型和修正函数的回归函数向量；$r^l(x,x^r)$ 和 $r^\delta(x,x^r)$ 分别表示低精度分析模型和修正函数的相关函数；$\boldsymbol{\beta}^l$ 和 $\boldsymbol{\beta}_\delta$ 分别表示低精度分析模型和修正函数的回归系数向量；σ_l^2 和 σ_δ^2 分别表示低精度分析模型和修正函数的方差。

由于该方法是以贝叶斯统计理论为依据，因此其优点在于可以在有限样本点条件下获得近似模型的估计误差，其缺陷在于所需计算的参数数量过多，导致建模过程复杂且效率较低。从整体上看，该方法不失为不确定性设计优化领域中最具前景的建模方法之一。

3.3.4 近似模型预测性能评价指标

近似模型可以被用于飞行器 MDO 的前提是：近似模型的预测性能能够达到设计问题所需最低要求。近似模型的预测性能指标可以分为全局指标和局部指标。

全局预测精度指标主要有三种：相关系数、均方误差和均方根误差。

相关系数 R^2 定义为

$$R^2 = 1 - \frac{\sum_{i=1}^{n}(y_i - \hat{y}_i)^2}{\sum_{i=1}^{n}(y_i - \overline{y})^2} \qquad (3.23)$$

式中：n 为样本数；y_i 为验证点处的真实输出值；$\hat{y}_i$ 为验证点处近似模型的预测值；$\overline{y}$ 为所有验证点处真实输出响应的均值。相关系数的 R^2 值越接近 1，近似模型的全局预测精度越高。

均方误差（MSE）：

$$\text{MSE} = \frac{1}{n}\sum_{i=1}^{n}(y_i - \hat{y}_i)^2 \qquad (3.24)$$

MSE 越小，近似模型的全局预测精度越高。

均方根误差（RMSE）：

$$\text{RMSE} = \sqrt{\frac{1}{n}\sum_{i=1}^{n}(y_i - \hat{y}_i)^2} \qquad (3.25)$$

因为 RMSE 能保证精度指标与输出性能的单位一致，相比 MSE，在近似模型的全局精度检验中 RMSE 更常用。其中，RMSE 越小，近似模型的全局预测精度越高。

局部预测精度指标主要有两种：最大绝对误差和相对最大绝对误差。
最大绝对误差（MAE）：
$$\text{MAE} = \max |y_i - \hat{y}_i| \tag{3.26}$$
相对最大绝对误差（RMAE）：
$$\text{RMAE} = \frac{\max |y_i - \hat{y}_i|}{\text{STD}} \tag{3.27}$$

STD 表示验证点集内所有验证点处真实输出响应的标准偏差。
$$\text{STD} = \sqrt{\frac{1}{n-1} \sum_{i=1}^{n} (y_i - \bar{y})^2} \tag{3.28}$$

最大绝对误差和相对最大绝对误差都用来描述近似模型在设计空间局部区域的最大误差。其中，MAE 和 RMAE 越小，近似模型的局部预测精度越高。

3.4 模型验证与确认

3.4.1 基本概念

在飞行器多学科设计优化中，诸如有限元分析和计算流体仿真等高保真仿真分析占据越来越重要的地位。在飞行器设计初期，由于飞行器实物还未制造完成，不能开展真实的物理试验，只能依靠高保真模型来预测设计方案的各项性能指标；在飞行器设计迭代过程中，不可能每更改一次设计方案就进行一次实物制造和真实试验，需要依靠高保真模型来替代成本高昂的制造和试验过程，以快速评估飞行器设计方案的性能，从而降低研发成本、缩短研发周期。一方面，高保真模型可以灵活方便地评估飞行器设计方案的性能，验证设计的优劣；另一方面，高保真模型又可以嵌入到优化流程中，为飞行器优化设计奠定基础。

然而，所有的模型都是真实物理过程的近似。在飞行器高保真建模过程中，由于其对应的真实物理过程复杂、多学科之间的耦合严重，不得不引入大量的模型假设和简化；再加上模型参数不确定性、计算数值误差等因素的存在，使得模型预测结果与真实试验结果存在一定的偏差。因此，在使用高保真模型进行方案性能评估、多学科优化设计时，必须首先对模型的精度和置信水平进行评估。不仅要保证模型的计算结果与实际测量的响应之间偏差尽量小，而且还要保证这种小偏差同时满足一定的概率可信度。只有飞行器高保真模型的预测结果准确、可靠，才能充分发挥高保真计算仿真的优势，得到令人信服的多学科设计优化结果。

因此，模型验证和确认（Verification and Validation，V&V）的概念应运而生。模型 V&V 是指一系列用于评估和提升模型精度和置信水平的活动，从而保证设计人员和决策者可以放心地使用所建立的模型。采用美国计算机仿真协会的定义，模型验证（Model Verification）是证明计算模型在一定误差范围内代表概念模型的过程；模型确认（Model Validation）是证明计算模型在其应用范围内代表真实物理情况的过程。图 3.11 展示了高保真模型建模的一般流程及模型 V&V 在其中的角色。在进行高保真模型建模时，首先需要对真实物理过程进行分析，得到概念模型，并采用一定的数学形式（如微分方程）进行描述；其次利用计算机编程对数学方程进行求解，得到计算仿真模型。通过执行计算仿真模型，可以直接得到某输入条件下的系统响应值。模型验证对比概念模型与计算仿真模型之间的差异，评估编程过程中的误差影响，而模型确认则对比计算仿真模型与真实物理过程之间的差异，评估整个分析、编程、仿真过程中所有误差的综合影响，给出计算仿真模型是否与真实物理过程相符合的结论。模型验证是为了保证"正确地求解模型"，而模型确认是为了保证"求解正确的模型"。在评价高保真度模型时，首先需要进行模型验证，保证编程误差在可接受的范围内，才能进一步进行模型确认，保证整个建模过程中所有误差在可接受范围内。接下来，重点对模型确认过程进行详细介绍。

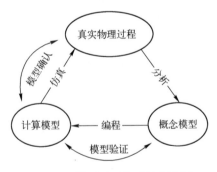

图 3.11　模型验证与确认概念图

3.4.2　模型确认的一般流程

如图 3.12 所示模型确认的一般流程，可总结为四个主要步骤。

步骤1：在一定输入条件下，对模型输入和参数进行不确定性建模，并通过调用计算仿真分析，将不确定性传播至模型输出，得到模型预测的系统响应的不确定性分布。

步骤2：开展真实物理试验，得到与计算仿真相同输入条件下的试验结果。

步骤3：基于模型确认度量，得到计算仿真结果与试验结果之间的差异大小。

步骤4：如果度量结果表明计算仿真结果与试验结果之间的差异在要求的范围内，则完成模型确认过程，得到经过确认的模型；否则返回计算仿真模型，进行模型标定。

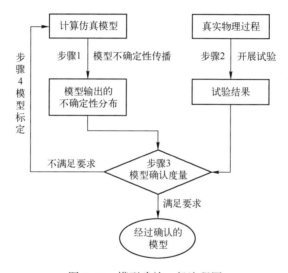

图3.12 模型确认一般流程图

模型确认流程中的关键技术包括不确定性量化、模型确认度量、模型标定和近似（代理）模型。下面分别简要介绍这些关键技术。

（1）不确定性量化（Uncertainty Quantification）。不确定性量化是一种定量表示系统中不确定性大小的技术，可以分为正向不确定性传播（Uncertainty Propagation）和逆向不确定性量化（Inverse Uncertainty Quantification）两大类。正向不确定性传播是指已知模型输入或参数的不确定性分布，求模型输出的不确定性分布；而逆向不确定性量化是指已知一定数量的系统响应的试验数据，求模型输入或参数的不确定性分布。计算仿真模型和试验均包含多种来源的不确定性，这些不确定性可能来源于加工制造过程、材料参数的自然衰变、系统初始条件或边界条件的变化和试验测量过程等。因此，在进行模型确认时，需要同时考虑计算仿真和试验中的所有不确定性来源。具体到图3.13中的一般流程，步骤1用到了正向不确定性传播，而步骤4用到了逆向不确定性量化技术。不确定性量化技术将在第10章详细介绍。

（2）模型确认度量（Validation Metric）。模型确认度量是一种定量衡量计算仿真结果与真实试验结果之间差异的数学工具。由于计算仿真结果与真实试验结果均以不确定性分布的形式表达，因此模型确认度量需要衡量两个不确定性分布之间的差异大小。基于模型确认度量的结果，可以判断模型是否满足预先定义的精度要求。此外，模型确认度量还可以作为模型标定的优化目标，指导模型标定迭代过程，即不断调整模型的形式和参数，使得模型确认度量最小。模型确认度量将在3.4.3节详细介绍。

（3）模型标定（Model Calibration）。模型标定是指通过调整模型的结构形式或参数值，使得计算仿真结果与已有的部分试验结果保持一致，从而提高模型在整个输入空间的预测能力。当确认度量结果显示计算仿真结果与试验结果之间的差异较大时，需要基于试验数据对计算仿真模型进行标定。导致计算仿真结果与试验结果差异较大的原因有很多，如模型假设不合理、模型过度简化、模型参数存在偏差、试验测量的随机误差和人为误差等。正确识别这些误差和不确定性来源，是模型标定的关键。此外，模型标定与模型修正、逆向不确定性量化等概念相似，本书统称"模型标定"。模型标定将在3.4.4节详细介绍。

（4）近似（代理）模型。在进行不确定性传播和模型标定时，需要大量调用计算仿真模型。如果计算仿真分析本身就比较复杂、需要消耗大量的计算资源，则多次调用计算仿真模型将会带来巨大甚至难以承受的计算成本。因此，构建计算仿真模型的近似模型（也称为代理模型），在保持模型精度的同时降低其调用计算量，对于模型确认的顺利实施至关重要。近似模型技术将在第4章~第6章详细介绍。

3.4.3 模型确认度量

模型确认度量是定量表征计算仿真得到的系统响应和试验测量得到的系统响应之间差异的数学度量。传统的模型确认度量将计算仿真得到的和试验测量得到的系统响应均视为确定值，未考虑模型和试验中的不确定性,例如,对于单输入点情况的相对误差和对于多输入点情况的均方根误差。但是由于计算仿真和试验中均存在不确定性,真实的计算仿真系统响应和试验测量系统响应均为不确定量。图 3.13 展示了考虑不确定性的模型确认度量示意图。在所有的输入条件下,计算仿真和试验测量得到的系统响应均为随机变量,用概率密度函数(Probability Density Function, PDF)来描述其不确定性分布情况。模型确认度量不仅要在特定输入点(图中 x_0)处定量地衡量计算仿真得到的和试验测量得到的系统响应的 PDF 之间的差异,还需要将多个输入点的度量结果进行"集成",给出模型在整个确认输入域的综合评价。

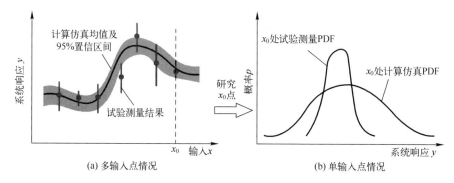

图 3.13 考虑不确定性的模型确认度量示意图

按照结果的表达方式来分,不确定性模型确认度量可分为判断度量和定量度量两大类。判断度量利用经典假设检验或贝叶斯假设检验理论,基于计算仿真和试验测量得到的系统响应的样本,判断计算仿真结果是否与试验测量结果相一致。判断度量具有成熟的理论基础,可以根据不同的样本特性选择合适的假设检验工具。但是判断度量只能判断计算仿真与试验测量是否一致,而不能定量地衡量计算仿真值偏离试验测量值的方向和大小,因此不能定量衡量模型的误差,这与模型确认的概念要求还存在一定差距。

另一类重要的不确定性模型确认度量为定量度量,典型的代表包括可靠性度量(Reliability Metric)和面积度量(Area Metric)。可靠性度量定义为

$$r = P(-\varepsilon \leqslant D \leqslant \varepsilon) \tag{3.29}$$

式中:D 表示计算仿真得到的和试验测量得到的系统响应的偏差;ε 表示精度要求;P 表示概率。可靠性度量可以同时考虑模型和试验中的随机和

认知两类不确定性，并可以通过加权平均的方式将多个单输入点的可靠性度量结果进行"集成"，从而推断模型在预测输入域的精度和置信水平。相比于经典假设检验中的 p 值和贝叶斯假设检验中的贝叶斯因子，可靠性度量方法更加简单直观地表述了模型代表真实物理过程的能力。

面积度量则应用试验测量得到的系统响应的经验分布函数（Empirical Distribution Function，EDF）和计算仿真得到的系统响应的累积分布函数（Cumulative Distribution Function，CDF）之间的面积差值来定量衡量模型预测与试验测量之间的差异。面积度量定义为

$$d(F^s, S^e) = \int_{-\infty}^{+\infty} |F^s(y), S^e(y)| dy \tag{3.30}$$

式中：y 表示系统响应；$F^s(y)$ 为计算仿真得到的系统响应的 CDF；$S^e(y)$ 为试验测量得到的系统响应的 EDF。面积度量保留了系统响应的物理单位，因此得出的面积差值可直接视为模型偏差，具有一定的物理意义。

虽然目前有很多成熟的不确定性建模方法（如 PDF 和概率盒等）、数学工具（如假设检验和 PDF 距离等），可以将它们进行组合产生新的模型确认度量，但是仅在方法和数学工具层面研究模型确认度量还远远不够，需要结合具体的工程应用特点，选择适合的模型确认度量。

3.4.4 模型标定

模型标定是指通过调整模型的结构形式或参数取值，使得计算仿真结果与试验结果相一致，从而提高模型的精度和置信水平的过程。根据标定过程是否考虑模型和试验中的不确定性，可将模型标定方法分为确定性标定和不确定性标定；进一步地，不确定性标定方法又可以根据参数不确定性建模方法不同大致分为最大似然标定、贝叶斯标定和模糊集/区间标定。此外，还可以根据标定过程框架的不同，将模型标定方法分为基于优化的标定和贝叶斯标定。基于优化的标定方法将模型标定问题转化为优化问题，其设计变量为模型待标定参数、目标为最小化计算仿真与试验结果之间的差异（模型确认度量），利用梯度或智能优化算法求解上述优化问题，从而得到最优的模型参数；而贝叶斯标定方法将模型标定问题置于贝叶斯推断框架中，基于获得的试验数据更新待标定模型参数的后验分布。如图 3.14 所示，展示了不同种类的模型标定方法的包含关系。

在进行模型标定时，一个最基本的问题是如何定义模型预测值和试验测

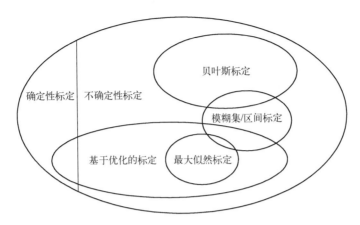

图 3.14　不同种类的模型标定方法的包含关系

量值之间的关系（以下称为模型标定关系式）。假设所研究的问题的系统响应为标量。用符号 $y^s(\boldsymbol{x},\boldsymbol{\theta})$ 表示计算仿真模型，其中向量 $\boldsymbol{x}=[x_1,x_2,\cdots,x_M]$ 表示模型的输入条件，向量 $\boldsymbol{\theta}=[\theta_1,\theta_2,\cdots,\theta_D]$ 表示待标定的模型参数，已知 $\boldsymbol{x}$ 和 $\boldsymbol{\theta}$ 的值就可以通过调用计算仿真模型得出系统响应；用向量 $\boldsymbol{y}^e=[y_1^e,y_2^e,\cdots,y_N^e]$ 表示试验测量的系统响应，其中第 $k(k=1,2,\cdots,N)$ 个测量值 y_k^e 表示输入条件为 $\boldsymbol{x}_k^e$ 时的系统响应。则模型标定关系式可表示为

$$y_k^e = y^s(\boldsymbol{x}_k^e,\boldsymbol{\theta}) + \delta(\boldsymbol{x}_k^e) + \varepsilon_k \quad (k=1,2,\cdots,N) \tag{3.31}$$

式中：$\delta(\cdot)$ 为模型形式偏差函数，ε_k 为试验测量误差。图 3.15 展示了上述公式描述的模型预测值和试验测量值之间的关系。

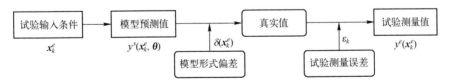

图 3.15　模型预测值和试验测量值之间的关系

不同的模型标定方法对待模型参数 $\boldsymbol{\theta}$ 的最优取值和模型形式偏差 $\delta(\cdot)$ 的观点不同，可总结为两大类观点：①数据驱动的观点；②数据与物理共同驱动的观点。数据驱动的观点将模型参数 $\boldsymbol{\theta}$ 和模型形式偏差 $\delta(\cdot)$ 分别视为可调整的数学参数和函数，仅基于优化算法搜索最优的参数和函数的取值，使得仿真与试验结果之间的偏差最小，而不额外地对 $\boldsymbol{\theta}$ 和 $\delta(\cdot)$ 引入其他约束；数据与物理共同驱动的观点将模型参数 $\boldsymbol{\theta}$ 视为具有实际含义的物

理参数，其最优值必须满足一定的约束，如结构尺寸参数不能为负、材料性能参数在合理的区间范围内等，并且对模型形式偏差函数 $\delta(\cdot)$ 也施加一定的约束，如函数连续性约束或函数的输出只能在某区间变化等。在大部分的应用中，模型标定的目的不仅是在已有试验数据的输入域内使得计算仿真结果与试验结果相匹配，更重要的是通过对模型参数和模型形式偏差的标定，使得模型在新的输入条件下具有较高的预测精度。这就要求模型参数具有一定的稳定性和迁移性、模型形式偏差函数具有一定的外推能力。如果采用数据驱动的观点，虽然可以通过优化模型参数值和模型形式偏差函数，使得计算仿真结果与已有的试验结果相一致，但并不能保证模型在新的输入条件下依然具有较好的预测精度。因此，采用第二种观点更符合模型标定的内涵。

模型标定关系式显式地考虑了模型形式偏差对模型标定的影响。由于所有的模型均是真实物理过程的近似，因此，在建模过程中不可避免地引入假设、简化，导致模型存在形式上的偏差。例如，建模过程中忽略次要影响因素或者采用了近似方法求解方程等均为模型形式偏差的来源。模型形式偏差是真实存在且不可避免的。如果在模型标定过程中不考虑模型形式偏差的影响，那么，为了使得模型输出结果与试验测量结果相一致，标定算法将得出偏离真实物理取值的模型参数，以"补偿"模型形式偏差的影响，从而导致模型在新的输入条件下的预测性能变差、模型的泛化能力降低。因此，在模型标定过程中必须考虑模型形式偏差。但是，考虑模型形式偏差同时也为模型标定带来了过拟合（Overfitting）和欠识别（Lack of Identifiability）问题。模型标定的数学本质是求解逆问题。考虑了模型形式偏差相当于增加了逆问题的维度，此时可能出现多种模型参数值和模型形式偏差值的组合均能达到模型预测与试验结果相一致的效果，因此很难得到真实的模型参数和模型形式偏差。尤其是当试验数据具有小样本特性时，逆问题的过拟合和欠识别问题更加凸显。因此，仅引入模型形式偏差函数还远远不够，需要基于更多信息对模型形式偏差函数做进一步约束。为模型形式偏差选择合适的先验，是模型标定结果能否与实际相符的关键。

在模型标定关系式中，试验测量误差 ε_k 通常假设为 0 均值的正态分布，其方差 σ_ε^2 通常与模型参数 $\boldsymbol{\theta}$ 和模型形式偏差函数的参数（用向量 $\boldsymbol{\beta}$ 表示）一同标定。用符号 $\boldsymbol{\Psi}=\{\boldsymbol{\theta},\boldsymbol{\beta},\sigma_\varepsilon^2\}$ 表示所有的未知参数，则基于优

化的模型标定方法可总结为

$$\Psi^* = \arg\min_{\theta,\beta,\sigma_\varepsilon} Me(y^s(x^e,\theta) + \delta(x^e,\beta), y^e) \quad (3.32)$$

式中：Ψ^* 为未知参数的最优取值；$Me\{\cdot,\cdot\}$ 表示误差度量，可采用 3.4.3 节中介绍的模型确认度量。此外，基于神经网络的模型标定方法，也可归为基于优化的模型标定方法，其误差度量可以采用神经网络的损失函数。对于上述优化问题，可采用梯度优化算法或智能优化算法进行求解，从而得到最优的参数值。贝叶斯模型标定方法可总结为

$$p(\Psi|y^e) \propto L(\Psi,y^e) \cdot p(\Psi) \quad (3.33)$$

式中：$p(\Psi)$ 为未知参数的先验分布；$L(\Psi,y^e)$ 为似然函数；$p(\Psi|y^e)$ 为未知参数的后验分布。一般情况下，很难得到似然函数的解析表达式，因此解析求解贝叶斯公式非常困难，可采用马尔可夫链蒙特卡洛（Markov Chain Monte Carlo，MCMC）采样方法得到 $p(\Psi|y^e)$ 的样本，以近似后验分布。

由于在基于优化的模型标定方法中，可供选择的误差度量和优化算法多种多样，因此，优化法具有灵活方便的优点。但是，在试验数据较少的情况下，优化算法容易陷入多个局部最优解，这为模型标定带来一定困难。而贝叶斯推断天然地适合解决逆问题，具有坚实的理论基础，并且在试验数据较少的情况下，贝叶斯方法可以融合专家意见、历史数据等先验信息，缓解逆问题的参数欠辨识困难。

3.5 小　　结

本章首先介绍了面向 MDO 建模的特征、原则、步骤和常用方法，并结合实际应用，依次介绍了参数化建模、可变复杂度建模两种主要建模方法和模型验证与确认方法。针对 MDO 的几何参数化建模所面临的跨学科、跨模型耦合引起的数据交互及偏差放大等问题，介绍了当前三类参数化方法：CAD 方法、网格离散法和解析函数法。其中变量化设计法、改进的自由网格变形法和基于 B 样条形函数改进 CST 方法较为契合当前 MDO 几何建模的需求，应当在未来发展中给予关注。考虑到 MDO 过程中学科耦合导致复杂度剧增的挑战，阐述了可变复杂度模型的建模步骤，就试验设计方法、多物理场仿真分析和可变复杂度建模等重点部分进行了介绍，并进一步阐述了基于标度函数、基于空间映射和基于 Co-Kriging 的三大类变复

杂度模型构建方法。最后，在 3.4 节介绍了模型的验证与确认方法，如模型确认度量、模型标定等，用于评估和提升模型精度与置信水平，保证设计人员和决策者可以放心地使用所建立的模型。

参考文献

[1] 刘飞,张晓冬,杨丹.制造系统工程[M].北京:国防工业出版社,2002.

[2] 梁松.动力刀塔关键部件的计算智能优化设计及可靠性分析[D].沈阳:东北大学,2017.

[3] 陈柏鸿.机械产品多学科综合设计优化中的建模、规划及求解策略[D].武汉:华中科技大学,2001.

[4] Burgee S L, Watson L T, Giunta A A, et al. Parallel multipoint variable-complexity approximations for multidisciplinary optimization [C] //Proceedings of IEEE Scalable High Performance Computing Conference. IEEE, 1994.

[5] 邓海强,余雄庆,尹海莲,等.翼身融合无人机参数化建模与气动特性分析[J].航空计算技术,2016,46(6):51-55.

[6] 刘朋飞.大型天线设计的 CAD/CAE/MDO 集成技术的研究[D].西安:长安大学,2016.

[7] 朱铭君,刘树华,曹广群.火炮反后坐装置结构参数化设计研究[J].河北农机,2016(3):58-60.

[8] 霍文浩,孙皓,马亚如,等.高效二元叶轮模型级参数化优化研究[J].风机技术,2020,62(4):22-28.

[9] 刘晓光.基于参数化技术的 CAD 系统二次开发的研究与实现[J].信息通信,2015(12):98-99.

[10] 王荣,白鹏.基于 FFD 与网格重构的飞翼无人机外形优化设计[J].航空科学技术,2018,29(10):43-47.

[11] 徐兆可,夏健,高宜胜.三维机翼气动结构多学科优化方法[J].航空动力学报,2018,33(5):1065-1075.

[12] 刘丽娜,吴国新.基于 Hicks-Henne 型函数的翼型参数化设计以及收敛特性研究[J].科学技术与工程,2014,14(30):151-155.

[13] 周广利,陈帅,王超,等.基于 NURBS 技术的船体几何重构研究与实现[J].应用科技,2021,48(1):6-11,17.

[14] 尹国庆,王军,王威,等.基于 CST 参数化方法的轴流风机多目标优化设计[J].风机技术,2020,62(6):45-51.

[15] 王迅,蔡晋生,屈崑,等.基于改进 CST 参数化方法和转捩模型的翼型优化设计[J].航空学报,2015,36(002):449-461.

[16] 李蘷.面向多学科系统的不确定性建模与设计优化方法研究[D].成都:电子科技大学,2021.

[17] Dudley J, Huang X, Macmillin P E, et al. Multidisciplinary optimization of the high-speed civil transport [C] //33rd Aerospace Sciences Meeting and Exhibit, 1995.

[18] Tzong G T, Baker M, Yalamanchili K, et al. Aeroelastic loads and structural optimization of a high speed civil transport model [J]. AIAA Paper, 1994:94-4378.

[19] Borland C J, Benton J R, Frank P D, et al. Multidisciplinary design optimization of a commercial aircraft wing-an exploratory study [C] //5th Symposium on Multidisciplinary Analysis and Optimization. Panama City Beach, 1994.

[20] 辛淑亮. 试验设计与统计方法 [M]. 北京: 电子工业出版社, 2015.

[21] 迟全勃. 试验设计与统计分析 [M]. 重庆: 重庆大学出版社, 2015.

[22] 郑开铭. 基于参数化模型的小型电动车全铝框架车身结构轻量化设计 [D]. 长春: 吉林大学, 2019.

[23] 龚春林, 袁建平, 谷良贤, 等. 基于响应面的变复杂度气动分析模型 [J]. 西北工业大学学报, 2006, 24 (4): 532-535.

[24] 阮雄风, 周奇, 蒋平, 等. 一种适用于非嵌套样本数据的 Co-Kriging 变复杂度近似建模方法 [C] //2018 年全国固体力学学术会议摘要集（上）. 哈尔滨, 2018.

[25] 谢晖, 陈龙, 李凡. RBF 近似模型在汽车碰撞变复杂度建模中的应用 [J]. 机械科学与技术, 2016, 35 (10): 1624-1628.

[26] Haftka R T. Combining global and local approximations [J]. AIAAJournal, 1991, 29 (9): 1523-1525.

[27] Alexandrov N M, Lewis R M. An overview of first-order model management for engineering optimization [J]. Optimization and Engineering, 2001, 2 (4): 413-430.

[28] Alexandrov N, Lewis R, Gumbert C, et al. Optimization with variable-fidelity models applied to wing design [C] //38th Aerospace Sciences Meeting and Exhibit, 2000.

[29] Gano S E. Simulation-based design using variable fidelity optimization [M]. Indiana: University of Notre Dame, 2005.

[30] Bandler J W, Biernacki R M. Space mapping technique for electromagnetic optimization [J]. IEEE Transactions on Microwave Theory & Techniques, 1994, 42 (12): 2536-2544.

[31] Kennedy M C, O'Hagan A. Predicting the output from a complex computer code when fast approximations are available [J]. Biometrika, 2000, 87 (1): 1-13.

第4章

传统近似方法

由于在面向 MDO 的建模过程中要考虑各学科之间的耦合,复杂系统的 MDO 问题比单学科优化复杂得多,主要表现为计算复杂性、组织复杂性、模型复杂性和信息交换的复杂性,直接将单学科设计优化中常用的设计空间搜索(Design Space Search,DSS)优化算法应用于多学科分析中是不切实际的。其主要原因在于[1-2]:

(1) 任何一个中等复杂程度以上的 MDO 问题,对适度多维度的设计变量,应用 DSS 优化方法需要对目标函数和约束条件进行大量的计算,如果采用精确的多学科分析工具将导致庞大的计算量,无法保证优化进程的顺利进行。

(2) 由于 MDO 问题的特殊性,通常不同学科的分析计算过程在不同的计算机、不同的地点完成,并通过一个中央处理器传递信息并管理控制优化进程。如果每一学科的分析计算都与位于中央处理器的 DSS 优化算法进行数据通信,优化进程将非常低效。

(3) 许多学科分析过程中,往往会出现数值噪声及"锯齿"响应,如果对这些响应不采用平滑近似处理,将导致常用于 DSS 中高效的梯度寻优方法无法使用,而不得不采用效率较低的非梯度方法;同时,优化进程将无法完成或可能收敛到错误局部极值点。

为克服以上困难,近似方法得到了广泛的应用和发展。其本质上是通过构造真实隐式分析模型的显式近似函数(或称为代理模型),将复杂的学科分析从优化进程中分离出来,而将便于计算的近似函数耦合到优化算法中进行序列优化,多次迭代循环后得到实际问题的近似最优解。通过构造近似函数,可以大大减少 MDO 问题求解的计算量。同时,也可运用近似方法处理学科之间的耦合关系,得到学科间耦合关系的近似函数关系,并将其耦合到优化进程中。

本章主要介绍几类常用的传统近似方法。首先,在 4.1 节对近似方法进行分类。其次,在 4.2 节介绍模型近似方法。由于近年来函数近似方法得到了更多关注,本章重点对其进行介绍,其中 4.3 节主要介绍函数局部近似方法、4.4 节则重点介绍函数全局近似方法。

4.1 近似方法分类

近似概念的基本假设是序列近似子问题的最优解收敛于原优化问题的最优解。能否收敛以及收敛的快慢主要取决于如何构造近似子问题,或者说近似子问题的精度如何。MDO 问题通常是复杂非线性的,不同的约束乃至同一约束在不同的设计点处其非线性的程度也是不同的。所以,如何构造高质量的近似子问题的显式模型,是改善优化过程的收敛性与提高计算效率的关键。

近似概念主要包括模型近似、函数近似和组合近似三个方面。模型近似指用近似和易于求解的问题描述形式代替原来的问题描述形式;函数近似主要指构造显式近似表达式代替原问题中的函数(目标函数和约束函数);组合近似是指模型近似与函数近似方法的组合使用,以形成更有效的近似方法。

4.1.1 模型近似

模型近似主要是从减少设计变量和约束函数数目的观点出发,缩小优化问题的规模、降低计算和存储要求,提高优化算法的效率。

1982 年,Hajela 和 Sobieszczanski-Sobieski[3]提出了控制增长法,该方法引进复合有效系数(Combined Measure of Effectiveness,CEM)。在每次迭代中,根据 CEM 将设计变量排序,CEM 值最低的设计变量保持不变,其余的设计变量都随 CEM 值最高的一个设计变量变化。这种方法事实上就是用一个单变量子问题序列替代原来的多变量问题,同时减少了灵敏度分析的计算量。此外,减缩基方法[4]也是减少变量的常规方法。

减少约束函数数目常用的方法是约束删除和约束区域化方法[5]。这种方法大多是经验性的,少选可能漏掉真正的临界约束,多选可能增大函数计算和灵敏度分析的工作量,影响收敛速度。利用包络函数是减少优化问题中约束函数数目的另一种有效方法。包络函数通过对众多约束函数的缩并,大幅度减少优化器处理约束函数的数目,同时也减少了计算量,尤其是减少了灵敏度分析的计算量。包络函数可以与约束删除和约束区域化方法联合使用。

4.1.2 函数近似

一般地,优化设计问题可简单表述为如下形式的数学问题:

$$\begin{cases} \min \quad f(\boldsymbol{x}) & (\boldsymbol{x} \in \mathbf{R}^n) \\ G_j(\boldsymbol{x}) \leq 0 & (j=1,2,\cdots,J) \\ H_k(\boldsymbol{x}) = 0 & (k=1,2,\cdots,K) \\ x_i^l \leq x_i \leq x_i^u & (i=1,2,\cdots,n) \end{cases} \quad (4.1)$$

式中:$f(\boldsymbol{x})$ 为目标函数;$\boldsymbol{x} \in \mathbf{R}^n$ 定义了设计空间 $\boldsymbol{\Omega}$ 的一个设计点;x_i 为第 i 个维度设计变量值;$G_j(\boldsymbol{x})$ 和 $H_k(\boldsymbol{x})$ 分别为不等式约束和等式约束;x_i^l 和 x_i^u 分别为第 i 维设计变量的下限和上限,也称为边界条件,定义了可行设计区域。

函数近似即用一系列近似问题替代式(4.1)所描述的优化问题,每一近似问题的解称为一个循环,在每次循环中,式(4.1)描述的初始优化问题可表述为如下数学形式:

$$\begin{cases} \min \quad \hat{f}^p(\boldsymbol{x}) & (\boldsymbol{x} \in \mathbf{R}^n) \\ \text{s.t.} \quad \hat{G}_j^p(\boldsymbol{x}) \leq 0 & (j=1,2,\cdots,J) \\ \hat{H}_k^p(\boldsymbol{x}) = 0 & (k=1,2,\cdots,K) \\ x_i^{l,p} \leq x_i \leq x_i^{u,p} & (i=1,2,\cdots,n) \end{cases} \quad (4.2)$$

式中:p 为循环次数;$\hat{f}^p(\boldsymbol{x})$、$\hat{G}_j^p(\boldsymbol{x})$ 和 $\hat{H}_k^p(\boldsymbol{x})$ 分别称为目标函数、不等式约束和等式约束的近似函数形式。边界条件满足如下公式:

$$\begin{cases} x_i^{l,p} \geq x_i^l \\ x_i^{u,p} \leq x_i^u \end{cases} \quad (4.3)$$

设计变量的边界条件随着循环的进行而变化,这样可以控制近似方法在搜索最优解时处于有效设计空间的范围。

Haftka[6]依据近似函数所能模拟的设计空间的大小,将近似方法区分为局部近似方法和全局近似方法。选择适当、准确的近似函数形式替代表述优化问题的真实隐式响应函数,是正确、有效解决优化问题的关键。关于局部近似方法和全局近似方法将分别在 4.3 节和 4.4 节详细介绍。

4.1.3 组合近似

组合近似方法通过组合不同的近似方法提升近似效果,比如模型近似方法和函数近似方法的组合、局部近似方法和全局近似方法的组合。通常,针对不同的优化问题应该发展不同的组合近似方法,如文献 [7-8]。

二级近似是组合近似中的一种方法,其概念的出发点是建立高质量的近似问题和同时提高求解近似问题的计算效率。1990 年,周明和夏人伟[9]针对梁、钣复杂结构问题首次提出了二级近似概念,在第一级近似中约束函数(位移和应力约束)以倒截面特性为中间变量进行线性展开近似,其对原设计变量(截面尺寸变量)仍然是复杂的非线性函数,不易直接求解;在第二级近似中,用二次规划问题序列逼近第一级近似问题,并以截面尺寸为变量,用对偶法[10]求解,有效地减少结构分析次数,并保持通用性。文献 [11] 给出的算例表明了二级近似概念的有效性。

无论第一级近似问题多么复杂,它都能通过第二级近似问题用对偶法高效求解。在建立第一级近似问题时可以采用高精度、适用范围广的复杂近似函数,进而采用完全解法,减少结构分析的次数,提高计算效率。二级近似概念特别适合求解有大量设计变量的大型工程优化问题。4.2.3 节将详细介绍二级近似方法。

4.2 模型近似方法

4.2.1 约束函数缩并法

约束函数缩并法采用包络函数处理优化模型中的约束函数[12],通过对约束函数的缩并,使得优化模型经过一系列变化之后只包含一个不等式约束。

如式 (4.1) 所示的优化数学模型是一个多等式约束和多不等式约束优化问题。这些等式约束、不等式约束和边界条件构成了优化问题可行域的边界，其中由不等式约束集合构成的边界可以用这些不等式约束函数的"极大值"函数等价表示。该"极大值"函数 $G_{\max}(\boldsymbol{x})$ 可写为

$$G_{\max}(\boldsymbol{x}) = \max\{G_j(\boldsymbol{x}), \quad j=1,2,\cdots,J\} \tag{4.4}$$

这样，式（4.1）中优化问题可写为如下等价形式：

$$\begin{cases} \min & f(\boldsymbol{x}) & (\boldsymbol{x} \in \mathbf{R}^n) \\ \text{s.t.} & G_{\max}(\boldsymbol{x}) \leq 0 \\ & H_k(\boldsymbol{x}) = 0 & (k=1,2,\cdots,K) \\ & x_i^l \leq x_i \leq x_i^u & (i=1,2,\cdots,n) \end{cases} \tag{4.5}$$

式（4.5）和式（4.4）中优化问题有相同的可行域。但是"极大值"函数 $G_{\max}(\boldsymbol{x})$ 通常是非光滑、不可微函数。而绝大多数优化算法都是基于梯度信息，要求优化模型中的函数连续可微。实际应用中，可以采用连续可微的包络函数 $E(\boldsymbol{x})$ 替代不可微的"极大值"函数 $G_{\max}(\boldsymbol{x})$，以避免数值求解的困难。这样式（4.5）中的优化问题可转化为

$$\begin{cases} \min & f(\boldsymbol{x}) & (\boldsymbol{x} \in \mathbf{R}^n) \\ \text{s.t.} & E(\boldsymbol{x}) \leq 0 \\ & H_k(\boldsymbol{x}) = 0 & (k=1,2,\cdots,K) \\ & x_i^l \leq x_i \leq x_i^u & (i=1,2,\cdots,n) \end{cases} \tag{4.6}$$

包络函数的选择要求是使式（4.6）与式（4.5）中的优化问题等价，这样式（4.6）中优化问题的解总是式（4.1）所描述的原优化问题的可行解。

至此，多不等式约束的优化问题被转换为单不等式约束的优化问题，且转换后的这个不等式约束是连续可微的。至于设计变量的边界条件，一般在优化过程中可单独处理，可以很容易地转化为不等式约束。在实际工程优化问题中，等式约束条件的数目一般较少，并且若等式约束不是很复杂的隐函数时，可通过消元法消掉等式约束，故本节主要讨论不等式约束函数的缩并法。

4.2.2 包络函数

包络函数（亦称凝聚函数、累积函数、评价函数）是"极大值"函数的一种光滑近似。采用包络函数可以缩并优化模型中的约束函数。下面主要介绍两种包络函数。

1. KS 函数

设 $G_j(\boldsymbol{x})(j=1,2,\cdots,J)$ 为一组连续可微函数，Kreisselmeier-Steinhauser（KS）函数[13]定义为：

$$\mathrm{KS}(\boldsymbol{x}) = \frac{1}{p}\ln\sum_{j=1}^{J}\exp[pG_j(\boldsymbol{x})] \quad (p \geq 1) \tag{4.7}$$

式中：p 为控制参数。可以证明 KS 函数的梯度方程是一个同伦方程[14]，控制参数 p 为同伦方程的参数，对于有限的 p，KS 函数是连续可微的。设 $G_{\max}(\boldsymbol{x})$ 为 $G_j(\boldsymbol{x})(j=1,2,\cdots,J)$ 的"极大值"函数，则由式（4.7）有

$$\mathrm{KS}(\boldsymbol{x}) = G_{\max}(\boldsymbol{x}) + \frac{1}{p}\ln\sum_{j=1}^{J}\exp[p(G_j(\boldsymbol{x})-G_{\max}(\boldsymbol{x}))] \quad (p \geq 1)$$

$$\tag{4.8}$$

式（4.8）和式（4.7）完全等价。在实际编程计算中，因为式（4.7）可能产生数据溢出错误，所以式（4.8）更为常用。

KS 函数具有如下性质：

（1）$\forall \boldsymbol{x} \in \mathbf{R}^n$，$\mathrm{KS}(\boldsymbol{x})$ 和 $G_{\max}(\boldsymbol{x})$ 满足下列不等式：

$$G_{\max}(\boldsymbol{x}) \leq \mathrm{KS}(\boldsymbol{x}) \leq G_{\max}(\boldsymbol{x}) + \frac{1}{p}\ln(J) \tag{4.9}$$

（2）KS 函数值随着控制参数 p 的增加单调下降，并且当 $p\to\infty$ 时，收敛于 $G_{\max}(\boldsymbol{x})$。

由上述性质可见，KS 函数由上界逼近"极大值"函数，而且当 p 取值充分大时，二者之差可忽略不计。因而可以认为 KS 函数实际上是对连续可微函数组 $G_j(\boldsymbol{x})(j=1,2,\cdots,J)$ 的"极大值"函数 $G_{\max}(\boldsymbol{x})$ 的保守光滑近似。

2. 一般形式的包络函数

1994 年，Qin 和 Nguyen[15]提出了更具一般形式的包络函数 $G_s(\boldsymbol{x})$：

$$G_s(\boldsymbol{x}) = \frac{1}{p}\log_a\left\{\sum_{j=1}^{J}a^{pG_j(\boldsymbol{x})}\right\} \quad (a > 1) \tag{4.10}$$

包络函数 $G_s(\boldsymbol{x})$ 另外一种等价形式为

$$G_s(\boldsymbol{x}) = G_{\mathrm{ext}}(\boldsymbol{x}) + \frac{1}{p}\log_a\left\{\sum_{j=1}^{J}a^{p[G_j(\boldsymbol{x})-G_{\mathrm{ext}}(\boldsymbol{x})]}\right\} \quad (a > 1) \tag{4.11}$$

式中：

$$\begin{cases} G_{\text{ext}}(\boldsymbol{x}) = G_{\max}(\boldsymbol{x}) & (p>0) \\ G_{\text{ext}}(\boldsymbol{x}) = G_{\min}(\boldsymbol{x}) & (p<0) \end{cases} \quad (4.12)$$

$G_{\min}(\boldsymbol{x})$ 为"极小值"函数：

$$G_{\min}(\boldsymbol{x}) = \min\{G_j(\boldsymbol{x}), j=1,2,\cdots,J\} \quad (4.13)$$

包络函数 $G_s(\boldsymbol{x})$ 具有如下性质：

$$\begin{cases} G_{\max}(\boldsymbol{x}) \leq G_s(\boldsymbol{x}) \leq G_{\max}(\boldsymbol{x}) + \dfrac{1}{p}\log_a^J & (p>0) \\ G_{\min}(\boldsymbol{x}) \geq G_s(\boldsymbol{x}) \geq G_{\min}(\boldsymbol{x}) + \dfrac{1}{p}\log_a^J & (p<0) \end{cases} \quad (4.14)$$

由上述性质可见，包络函数 $G_s(\boldsymbol{x})$ 当 $p>0$ 时由上界逼近 $G_{\max}(\boldsymbol{x})$，当 $p<0$ 时由下界逼近 $G_{\min}(\boldsymbol{x})$。

如果要求误差项 $(1/|p|)\log_a^J < \varepsilon$，则可以确定参数 a 的大小为

$$a > J^{\frac{1}{|p|\varepsilon}} \quad (4.15)$$

式 (4.10) 中，如果令 $a=\varepsilon$，包络函数 $G_s(\boldsymbol{x})$ 则退化为 KS 函数，即 KS 函数是包络函数 $G_s(\boldsymbol{x})$ 的特例。KS 函数中，通过控制参数 p 控制其精度和光滑程度，而在包络函数 $G_s(\boldsymbol{x})$ 中，通过参数 a 控制其精度和光滑程度，非零参数 p 只是用于区别逼近"极大值"函数或"极小值"函数。

4.2.3 基于约束缩并的组合近似法

通过包络函数将含有多个不等式约束的式 (4.1) 转化为只含有一个不等式约束的式 (4.6)，但式 (4.6) 中的优化问题仍然是隐式问题。这是因为包络函数 $E(\boldsymbol{x})$ 中包含原约束函数 $G_j(\boldsymbol{x})$，而工程优化中 $G_j(\boldsymbol{x})$ 常常是隐式函数。为了高效求解式 (4.6) 中的优化问题，可以采用组合近似方法思想，将约束函数缩并法和函数近似使用二级逼近策略相结合，形成基于约束缩并的组合近似法。

为使式 (4.6) 显式化，建立如下形式的近似问题（第一级近似）：

$$\begin{cases} \min & f(\boldsymbol{x}) & (\boldsymbol{x} \in \mathbf{R}^n) \\ \text{s. t.} & \hat{E}^p(\boldsymbol{x}) \leq 0 & \\ & H_k(\boldsymbol{x}) = 0 & (k=1,2,\cdots,K) \\ & \alpha_i^l \leq x_i \leq \alpha_i^u & (i=1,2,\cdots,n) \end{cases} \quad (4.16)$$

式中：p 为循环次数；α_i^l 和 α_i^u 分别为设计变量 x_i 的移动限制（$x_i^l \leqslant \alpha_i^l \leqslant \alpha_i^u \leqslant x_i^u$），$x_i^l$ 和 x_i^u 分别为设计变量 x_i 原上下限，移动限制可参见4.3.3节；$\hat{E}(\boldsymbol{x})$ 为包络函数 $E(\boldsymbol{x})$ 的显式近似函数。近似函数有多种形式，式（4.16）中的近似问题解的精度取决于近似函数的精度，近似函数将在4.3节和4.4节作详细介绍。这样式（4.16）中优化问题的解逼近式（4.6）中优化问题的解。

式（4.16）是一个显式的数学规划问题，但其约束显式函数 $\hat{E}(\boldsymbol{x})$ 仍然是复杂非线性函数，直接求解该问题需要复杂的迭代寻优过程。为了提高求解式（4.16）的计算效率，可以采用二级逼近策略，即建立第二级近似问题，通过第二级序列近似问题的解逼近式（4.16）中所描述的第一级近似问题的解。第二级近似问题表述为

$$\begin{cases} \min \quad f(\boldsymbol{y}) & (\boldsymbol{y} \in \mathbf{R}^n) \\ \text{s. t.} \quad \hat{\hat{E}}(\boldsymbol{y}_r) \leqslant 0 \\ \quad H_k(\boldsymbol{y}) = 0 & (k = 1, 2, \cdots, K) \\ \quad \beta_i^l \leqslant y_i \leqslant \beta_i^u & (i = 1, 2, \cdots, n) \end{cases} \quad (4.17)$$

式中：$\boldsymbol{y} = [y_1, y_2, \cdots, y_n]^T$ 为中间变量且是 $\boldsymbol{x}$ 的显式函数，利用中间变量进行函数近似可参见4.3.1节；β_i^l 和 β_i^u 分别为中间变量 y_i 的移动限制（$y_i^l \leqslant \beta_i^l \leqslant \beta_i^u \leqslant y_i^u$），$y_i^l$ 和 y_i^u 分别为中间变量 y_i 的原上下限；$\hat{\hat{E}}(\boldsymbol{y}_r)$ 为约束显式函数 $\hat{E}(\boldsymbol{x})$ 的二级近似（通常采用泰勒级数展开形式）；$\boldsymbol{y}_r$ 为展开点。如果式（4.17）中的目标函数和等式约束函数是凸的，则式（4.17）是凸问题，有且仅有一个最优解。进一步，如果设计变量是可分离的，可采用效率较高的对偶法进行求解。

4.3 函数局部近似方法

函数近似是近似概念提出时最早采用的方法，也是目前使用最普遍的方法。高质量的近似函数是高质量近似求解的基础和关键。从本节开始，将按照局部近似与全局近似分类详细介绍函数近似方法，并探讨其在MDO中的适用性。

局部近似是基于设计空间内某一设计点的函数值及梯度信息，在该设

计点处进行级数展开，或将变系数微分方程在该设计点处作为常系数微分方程进行近似求解。近似函数只在该设计点的邻域内有效，因而又称为单点近似方法。

局部近似是优化中常用的近似方法。由于非线性规划问题求解难度高、计算开销大，通过对非线性约束函数和目标函数进行逐步的线性化处理，使非线性规划问题可以高效求解，因此序列线性规划（Sequential Linear Programing，SLP）[16]方法和线性泰勒级数近似方法得到广泛应用。另外，当设计空间的维数超过10维时，一些全局近似方法的计算成本十分昂贵，局部近似更易于实现。

4.3.1 基于泰勒级数展开的近似

在众多的近似函数中，最熟悉且最常用的是基于泰勒级数展开的近似。对目标函数或约束条件函数的泰勒级数展开形式可统一表示为

$$\hat{y}(\boldsymbol{x}) = y(\boldsymbol{x}_p) + \sum_{i=1}^{n}(x_i - x_{p,i})y'_{p,i} + \frac{1}{2}\sum_{i=1}^{n}\sum_{j=1}^{n}(x_i - x_{p,i})(x_j - x_{p,j})y''_{p,ij} + \cdots$$

(4.18)

式中：$y'_{p,i}$为真实函数在设计点$\boldsymbol{x}_p$处对设计变量x_i的偏导数；$y''_{p,ij}$为真实函数在设计点$\boldsymbol{x}_p$处对设计变量x_i和x_j的二阶偏导数。

1. 基于零阶和一阶函数信息的近似

在结构优化设计中，线性近似运用范围最广泛，其近似形式如下：

$$\hat{y}(\boldsymbol{x}) = y(\boldsymbol{x}_p) + \sum_{i=1}^{n}(x_i - x_{p,i})y'_{p,i} \qquad (4.19)$$

泰勒级数展开线性近似仅基于设计点$\boldsymbol{x}_p$处的零阶和一阶函数信息（忽略高阶导数）。从理论上讲，它只在基点$\boldsymbol{x}_p$很小的邻域内有意义，但它仍然是多种近似函数构造时的出发点。

线性近似法亦称序列线性规划法，其基本思想是在初始点处将非线性目标函数和约束条件按泰勒级数展开，得到与原优化问题相近似的线性目标函数与约束函数，再按线性规划方法求解。如果所得结果不满足设计精度要求，可将原非线性问题在所得的近似解处再次进行泰勒级数展开，以求解新的线性规划问题，直到所得解满足设计精度要求为止。

利用以上方法求解非线性规划问题的优点是，线性化后可以直接利用

线性规划程序求解,实现难度较小。然而,求解线性规划的单纯形法[17]给出的最优点在可行域约束边界的顶点上,因此只有当原非线性规划问题的最优解在可行域顶点上时才可使用这种方法,此时所述一系列线性规划问题的解将趋于原问题的解。如果原非线性规划问题的最优解不在可行域顶点上,而是在可行域与目标函数等值面的切点上,如图4.1所示,则线性化的最优解将在这个点附近振荡不能收敛。而且对约束条件函数的线性近似往往会扩大或减小设计空间,导致所得优化结果过早收敛或不可行。另外,初始点选择不合适,也会无法保证求解一定收敛到最优解。

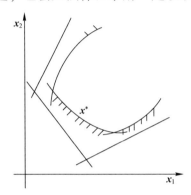

图 4.1　最优解不在顶点时将造成线性化解的振荡

2. 基于高阶函数信息的近似

保留泰勒级数的高阶项可以提高近似函数的精度,如采用二阶泰勒级数展开式的近似函数:

$$\hat{y}(\boldsymbol{x}) = y(\boldsymbol{x}_p) + \sum_{i=1}^{n}(x_i - x_{p,i})y'_{p,i} + \frac{1}{2}\sum_{i=1}^{n}\sum_{j=1}^{n}(x_i - x_{p,i})(x_j - x_{p,j})y''_{p,ij} \quad (4.20)$$

式中需要大量计算二阶偏导数,虽然可以提高逼近精度,但计算过程复杂且计算代价较高。二阶近似常用于解决结构、控制学科优化设计中的特征值问题。这是因为特征值问题的求解采用线性近似会带来无法接受的误差。

Haftka[18]比较了结构优化中一阶近似(线性近似)和二阶近似的性能,认为二阶近似较一阶近似减少了所需优化迭代次数的 10%~15%。但如果二阶偏导数的计算代价较高,二阶近似的优势相应降低。

3. 利用中间变量和中间函数的近似

利用恰当的中间变量和中间函数能够有效地改善近似函数的精度。一

个特定的响应 $R(\boldsymbol{x})$ 可通过中间变量 $\boldsymbol{x}_I$ 和中间函数 R_I 表示为

$$R(\boldsymbol{x}) = R\{R_I[X_I(\boldsymbol{x})]\} \quad (4.21)$$

如果存在解析表达式:

$$R = R(\boldsymbol{r}_I), \quad \boldsymbol{r}_I = R_I(\boldsymbol{x}_I), \quad \boldsymbol{x}_I = X_I(\boldsymbol{x}) \quad (4.22)$$

而且存在精度很高的近似表达式:

$$\hat{R}(\boldsymbol{r}_I) = R(\boldsymbol{r}_I), \quad \hat{R}_I(\boldsymbol{x}_I) = R_I(\boldsymbol{x}_I), \quad \hat{X}_I(\boldsymbol{x}) = X_I(\boldsymbol{x}) \quad (4.23)$$

则有如下形式的三个嵌套的近似关系表达式[6]:

$$R(\boldsymbol{x}) = \hat{R}(\boldsymbol{x}) = \hat{R}\{\hat{R}_I[\hat{X}_I(\boldsymbol{x})]\} \quad (4.24)$$

这种借助中间变量和中间函数的思想有着广泛的适用性,可以较大提高近似函数的精度。

1) 倒变量近似法

近似函数 $\hat{y}(\boldsymbol{x})$ 进行泰勒展开时,采用在倒数设计变量空间中进行线性近似的方法,可形成如下倒数形式的近似函数:

$$\hat{y}(\boldsymbol{x}) = y(\boldsymbol{x}_p) + \sum_{i=1}^{n}(x_i - x_{p,i})\frac{x_{p,i}}{x_i}y'_{p,i} \quad (4.25)$$

倒变量近似的一个优点是保持了缩放特性,特别适合缩放设计。但当设计变量 x_i 的取值趋向零时,倒变量近似的计算过程中会导致溢出而造成错误,即使限制其取很小的值,也会带来较大的近似误差。

2) 改进倒变量近似法

为了改进倒变量近似函数的缺点,可采用一个附加因子使设计变量不受零的影响,近似函数形式为

$$\hat{y}(\boldsymbol{x}) = y(\boldsymbol{x}_p) + \sum_{i=1}^{n}(x_i - x_{p,i})\frac{x_{p,i} + m_i}{x_i + m_i}y'_{p,i} \quad (4.26)$$

式中: $m_i(i=1,2,\cdots,n)$ 为由经验知识确定的调节参数,其值的选取一般略小于相应设计变量 $x_i(i=1,2,\cdots,n)$ 的值。

3) 指数函数近似法

Prasad[19]提出了更为一般的函数近似形式,即指数函数近似形式:

$$\hat{y}(\boldsymbol{x}) = y(\boldsymbol{x}_p) + \sum_{i=1}^{n}\left[\left(\frac{x_i}{x_{p,i}}\right)^{M_i} - 1\right]\left(\frac{x_{p,i}}{M_i}\right)y'_{p,i} \quad (4.27)$$

式中指数 M_i 由所研究的问题确定。$M_i = 1$ 时,表示线性近似;$M_i = -1$ 时,表示倒数近似。

4) 凸线性近似法

Fleury[20]提出了线性和倒数近似函数相混合的对目标函数和约束条件函数的凸线性（Convex Linearization，CONLIN）近似方法，近似函数形式如下：

$$\hat{y}(\boldsymbol{x}) = y(\boldsymbol{x}_p) + \sum_{+} (x_i - x_{p,i}) y'_{p,i} + \sum_{-} (x_i - x_{p,i}) \frac{x_{p,i}}{x_i} y'_{p,i} \qquad (4.28)$$

式中：$\sum_{+}(\cdot)$ 表示对偏导数 $y'_{p,i}$ 为正时的求和；$\sum_{-}(\cdot)$ 表示对偏导数 $y'_{p,i}$ 为负时的求和。可以证明，CONLIN 近似函数是凸函数且收敛，不需要移动限制就可以得到单一优化的可行设计解。

5) 移动渐近线法

Svanberg[21]对 CONLIN 近似函数形式进行了推广，提出移动渐近线方法（Method of Moving Asymptotes，MMA），该近似方法在近似函数中不是直接使用线性和倒数变量，而是采用中间变量，具体形式如下：

$$\hat{y}(\boldsymbol{x}) = y(\boldsymbol{x}_p) + \sum_{+} P_i \left(\frac{1}{u_i - x_i} - \frac{1}{u_i - x_{p,i}} \right) + \sum_{-} Q_i \left(\frac{1}{x_i - l_i} - \frac{1}{x_{p,i} - l_i} \right) \qquad (4.29)$$

$$\begin{cases} P_i = (u_i - x_{p,i})^2 y'_{p,i} & (y'_{p,i} > 0) \\ Q_i = -(x_{p,i} - l_i)^2 y'_{p,i} & (y'_{p,i} < 0) \end{cases} \qquad (4.30)$$

式中：变量 l_i 和 u_i 为移动渐近量，可以认为是控制近似函数凸性的移动限制。实际应用中，没有通用的规则确定渐近量的取值。当 $l_i = 0$，$u_i = +\infty$ 时，则 MMA 方法等价于 CONLIN 方法；当 $l_i = -\infty$，$u_i = +\infty$ 时，则 MMA 方法等价于线性近似方法。

CONLIN 和 MMA 都是保守近似方法，但这里的保守近似只是将中间迭代点向可行域靠近，在工程优化中很有吸收力，但它并非严格意义上的保守近似。保守近似会造成较大的精度损失，其精度低于线性近似和倒变量近似[18]。

6) 利用中间函数形式的近似

Murthy 和 Haftka[22]在求解特征值问题时，不是直接对特征值近似，而是对瑞利商函数的分子分母分别进行线性近似，从而可以得到对特征值的三次近似。中间变量和中间函数能够较好地改善近似函数的近似质量，但根据问题的不同，需要选取合适的中间变量和中间函数。以上思想同样适用于4.4节介绍的全局近似方法。

4.3.2 基于微分方程的近似

Pritchard 和 Adelman[23]提出了一种基于微分方程的近似方法。该方法的基本原理是：以变系数的微分方程表示所近似量对设计变量的梯度，将变系数微分方程当作常系数微分方程处理，从而得到高质量的非线性近似。如动力系统中，特征值 ω^2 对单个设计变量 x 的导数为

$$\frac{\mathrm{d}\omega^2}{\mathrm{d}x} = \boldsymbol{\Phi}^\mathrm{T} \left[\frac{\mathrm{d}K}{\mathrm{d}x} - \omega^2 \frac{\mathrm{d}M}{\mathrm{d}x} \right] \boldsymbol{\Phi} \tag{4.31}$$

假定系数 $a = \boldsymbol{\Phi}^\mathrm{T} \frac{\mathrm{d}K}{\mathrm{d}x} \boldsymbol{\Phi}$ 和 $b = \boldsymbol{\Phi}^\mathrm{T} \frac{\mathrm{d}M}{\mathrm{d}x} \boldsymbol{\Phi}$ 是一常量，那么上述微分方程变为

$$\frac{\mathrm{d}\omega^2}{\mathrm{d}x} = a - b\omega^2 \tag{4.32}$$

如果在初始点 x_0 处的特征值为 ω_0^2，通过推导可以得到如下形式的近似函数：

$$\omega^2 = [\omega_0^2 - (a/b)] \mathrm{e}^{-b(x-x_0)} + (a/b) \tag{4.33}$$

上述基于微分方程的近似方法可推广到多个设计变量。

4.3.3 函数局部近似方法的改进

实际应用中，为了使上述局部近似方法取得良好的收敛性，需要采取适当的措施对其进行改进。下面以线性近似法为例，简述几种不同的改进方法，这些策略同样也适用于其他近似方法。

1. 切平面法

此法适用于凸问题。首先把非线性约束条件及目标函数在各设计点处用泰勒级数展开，并进行线性化，然后将历次线性化的约束条件累加，把一个非线性规划问题转化为线性规划问题，即求 $\boldsymbol{x}_{p+1}$ 满足下式约束条件的目标函数 $f(\boldsymbol{x})$ 最小化问题。

$$\begin{aligned}
& G_j(\boldsymbol{x}_0) \leq 0 (j=1,2,\cdots,J), \quad H_k(\boldsymbol{x}_0) = 0 (k=1,2,\cdots,K) \\
& G_j(\boldsymbol{x}_1) \leq 0 (j=1,2,\cdots,J), \quad H_k(\boldsymbol{x}_1) = 0 (k=1,2,\cdots,K) \\
& \qquad\qquad\qquad\qquad \vdots \\
& G_j(\boldsymbol{x}_p) \leq 0 (j=1,2,\cdots,J), \quad H_k(\boldsymbol{x}_p) = 0 (k=1,2,\cdots,K) \\
& x_i^l \leq x_i \leq x_i^u (i=1,2,\cdots,n)
\end{aligned} \tag{4.34}$$

所得的一系列线性规划问题的解 $\{x_0, x_1, \cdots, x_{p+1}, \cdots\}$ 将会以所要求的精度逼近原问题的解。

上述累加历次线性化约束的方法，相当于用这些线性化约束超平面组合所形成的包络以任意要求的精度去逼近非线性约束所形成的可行区的约束界面。在理论上，当约束是凸函数时，这样可使线性化问题的最优解逐次逼近原问题的最优解。对非凸的一般最优化问题，可能由于在线性化过程中切去了相当大的可行区，从而漏掉真正的最优点。而保留历次约束的结果，将使线性规划问题的规模变得更大，显著增加计算时间。为此，可只保留违反严重的若干约束。

2. 移动限制法

为了解决在最优解附近振荡的情况和避免切平面法的弱点，对设计变量的变化范围给予人为的上下限限制，即

$$x - \alpha \leq x \leq x + \beta \tag{4.35}$$

式中：α 和 β 为适当选取的正常数向量。对一般最优化问题，采用设计变量当前各值的 20%~30% 是适宜的。若 α 和 β 选得很小，会使最初收敛变慢，增加计算时间；若 α 和 β 选得太大，就没有效果，克服不了振荡的情况。

3. 自适应移动限制法

当约束条件与目标函数的等值线几乎平行时，序列线性化的数值结果将会在最优解附近振荡而不能收敛。这种情况的特点是：各设计变量的变动量相当大，而目标函数的值几乎不动。为此，可采用自适应的方法，即基于上一步的结果计算本次迭代设计变量的变化范围，例如取前次移动范围的一半。在最优点附近，设计变量变动幅度很大，而目标函数的变动很小的情况是经常发生的，显然此时任一点都可选为最优点。

函数局部近似方法在结构优化中应用广泛，简单且易于实现。使用具有较少参数的显式函数逼近原优化设计问题，和别的方法（如响应面法）相比，具有其独特的优点。如果优化设计问题具有较多设计变量时，构造响应面需要多次学科分析，从而造成优化成本较高，而采用局部近似方法可以减少学科分析次数，进而大幅提高计算速度。在结构优化设计中，CONLIN 和 MMA 方法是很有效的，而且优化解通常在较少次数的有限元分析后就能够得到。

但是，局部近似方法的鲁棒性较差。弱收敛优化问题会导致优化问题的无边界设计。在局部近似方法中，最受限制的因素是一维梯度的使用。所逼近的隐式函数存在不连续性或数值噪声，这都会限制梯度的使用。全局近似方法由于不一定使用梯度信息，故而在上述情况中得到了广泛的应用。另外，不像全局近似方法，局部近似方法无法给设计者提供整个或大部分设计空间的全景，而且不适合并行计算。

从数学意义上讲，函数局部近似方法只在基点的邻域内有效。在优化过程中，需要不断计算各迭代点处的约束值及其导数。显然基于以前各迭代点信息建立的近似函数比只基于前一点信息建立的近似函数有较大的适用范围，所以充分利用已有迭代点的信息建立近似函数是一个重要的研究方向。函数局部近似方法虽然近似质量不是很高，近似范围不是很大，但它仍是其他函数近似方法构造的基础和出发点。

4.4 函数全局近似方法

全局近似方法在 MDO 中有着广泛运用，其覆盖了整个设计空间或设计空间的大部分。应用最为广泛的全局近似方法是响应面法（Response Surface Methodology，RSM），主要包括以下几类：多项式回归、支持向量机、Kriging 近似模型、高斯过程回归、径向基函数插值模型等。

响应面法最初是根据一套物理试验数据构造响应面，随着数值分析技术的发展，在产品的前期优化设计中，逐渐采用计算机数值分析替代物理试验[24]。响应面法整个过程主要包括：选择响应面逼近函数模型（例如多项式模型），确定一组用于评估响应函数的试验数据点，基于试验结果构造响应逼近函数，并对响应逼近函数的预估性能进行评估，从而得到一定精度水平的响应面函数。响应面法在 MDO 中已得到广泛的应用，为了提高响应面法的应用效率，出现了可变复杂度响应面法和基于梯度信息的响应面法，而并行计算和可视化技术的应用进一步提升了响应面法的有效性。

4.4.1 响应面构造过程

1. 近似函数确定

构造响应面模型，首先要确定近似函数类型。为此，设计者应在一定程度上知道哪些设计变量占主导地位，哪些函数类型适合描述设计变量和实际响应之间的关系，对实际问题的先验知识有助于近似函数的选择。在初步设计阶段，如果设计者不清楚设计变量和实际响应之间的隐性关系，建议采用简单的近似函数模型。

2. 试验设计

试验设计主要用于决定设计空间中进行数值试验的设计点。原则上，在设计变量限制范围内的所有变量值均可选择。具体的试验设计方法可参见 3.3.1 节。设计点的数量和近似函数模型的复杂度对选择适当的试验设计方法存在一定影响。建议开始用中等数量的设计点和中等数量未知参数的简单函数模型进行全局近似，随着对近似响应面认知的不断提高，再逐步考虑特殊的设计点和更复杂的函数模型。

3. 设计点的学科分析

在确定了设计空间的设计点后，需要运用学科分析工具计算响应值和敏感度（梯度）。因每次学科分析相互独立，可以在不同的处理器或计算机上进行，故而可采用并行计算。

4. 生成响应面模型

当所有的数据收集完毕，对试验结果进行拟合，得到近似函数中未知参数的估计。如果是线性函数，最小二乘法（或加权最小二乘法）可以得到未知参数的估计，对于非线性函数，需要进行非线性分析或优化得到未知参数的最佳估计值。

5. 评估响应面

近似函数模型建立后，需要对近似函数模型的精度进行评估。常用的方法是检查实际分析结果和近似模型响应值之间的绝对和相对误差，具体的评估准则可参见 3.3.4 节；另外，对其他统计量的测量也可作为对近似函数模型有效性的评估依据。注意此处的试验指计算机试验，因此响应面模型中的误差不包括随机误差，而且对近似的评估还应包括那些在拟合中未被采用的设计点。如果经评估后认为需对近似模型进行修改，则重复前述环节进行近似模型更新。

典型的响应面构造流程如图4.2所示。当描述响应特性的近似模型满足精度要求,就可以作为显式函数耦合到优化进程中。此外,构建好设计变量和响应量之间的显式关系,该模型就可为别的设计部门使用,而不需要再进行复杂的学科分析,有利于跨学科的耦合分析。与局部近似方法相比,通过响应面能够分析设计变量的重要性及响应函数在整个设计空间中的变化趋势,从而为辅助设计优化提供更多信息。

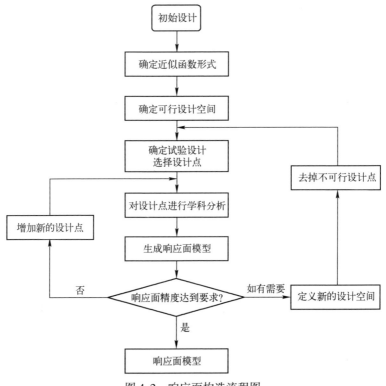

图 4.2 响应面构造流程图

4.4.2 多项式回归

1. 模型描述

一般地,模型的输出特性 y 与输入量 x 之间的关系可以表示为

$$y = f(x) + \varepsilon \tag{4.36}$$

式中:ε 为随机误差,服从期望为0、方差为 σ^2 的正态分布;$f(x)$ 为未知函数,x 为 n 维独立设计变量:

$$\boldsymbol{x} = [x_1, x_2, \cdots, x_n]^{\mathrm{T}} \quad (4.37)$$

如果用响应面近似输入输出关系，则有

$$y = \hat{f}(\boldsymbol{x}) + \delta \quad (4.38)$$

式中：δ 为总误差，包括系统误差和随机误差；$\hat{f}(\boldsymbol{x})$ 为关于输入参数 $\boldsymbol{x}$ 的响应函数。在实际应用中，一般采用一阶或二阶多项式模型。三阶或更高阶次的多项式模型不仅待估参数多，而且往往存在一个或多个拐点，如果采用基于梯度的优化策略，优化可能收敛到拐点，而不是局部或全局最优解。如果进行 n_s 次分析，即共有 n_s 个设计点。对于 $p=1,2,\cdots,n_s$，则二次响应模型可写为

$$y_p = \beta_0 + \sum_{1 \leqslant j \leqslant n} \beta_j x_{p,j} + \sum_{1 \leqslant j \leqslant k \leqslant n} \beta_{(n-1+j+k)} x_{p,j} x_{p,k} \quad (4.39)$$

式中：y_p 为第 p 个设计点的响应；$x_{p,j}$ 和 $x_{p,k}$ 为第 p 个设计点第 j、k 维设计变量值；β_0、β_j 和 $\beta_{(n-1+j+k)}$ 为未知待估多项式参数，总共有 $n_t = (n+1)(n+2)/2$ 个系数。式（4.39）写成矩阵形式为

$$\begin{aligned}
y_p &= \boldsymbol{f}(\boldsymbol{x}_p)^{\mathrm{T}} \boldsymbol{\beta} \\
\boldsymbol{\beta} &= [\beta_0, \beta_1, \cdots, \beta_n, \beta_{n+1}, \cdots, \beta_{n_t-1}]^{\mathrm{T}} \\
\boldsymbol{f}(\boldsymbol{x}_p) &= [1, x_{p,1}, x_{p,2}, \cdots, x_{p,n}, x_{p,1} x_{p,2}, \cdots, (x_{p,n})^2]^{\mathrm{T}}
\end{aligned} \quad (4.40)$$

将 $n_s(n_s \geqslant n_t)$ 次分析的响应关系式（4.40）写成矩阵形式：

$$\begin{aligned}
\boldsymbol{y} &= \boldsymbol{F}\boldsymbol{\beta} \\
\boldsymbol{y} &= [y_1, y_2, \cdots, y_p, y_{p+1}, \cdots, y_{n_s}]^{\mathrm{T}} \\
\boldsymbol{F} &= \begin{bmatrix}
1 & x_{1,1} & x_{1,2} & \cdots & x_{1,n} & x_{1,1} x_{1,2} & \cdots & (x_{1,n})^2 \\
1 & x_{2,1} & x_{2,2} & \cdots & x_{2,n} & x_{2,1} x_{2,2} & \cdots & (x_{2,n})^2 \\
\vdots & \vdots & \vdots & & \vdots & \vdots & & \vdots \\
1 & x_{p,1} & x_{p,2} & \cdots & x_{p,n} & x_{p,1} x_{p,2} & \cdots & (x_{p,n})^2 \\
\vdots & \vdots & \vdots & & \vdots & \vdots & & \vdots \\
1 & x_{n_s,1} & x_{n_s,2} & \cdots & x_{n_s,n} & x_{n_s,1} x_{n_s,2} & \cdots & (x_{n_s,n})^2
\end{bmatrix}
\end{aligned} \quad (4.41)$$

式中：$\boldsymbol{F}$ 为 n_s 行 n_t 列矩阵，$\boldsymbol{F} = [\boldsymbol{f}(\boldsymbol{x}_1), \boldsymbol{f}(\boldsymbol{x}_2), \cdots, \boldsymbol{f}(\boldsymbol{x}_{n_s})]^{\mathrm{T}}$。如果 $\boldsymbol{F}$ 的秩是 n_t，则式（4.41）中方程存在唯一的最小二乘解：

$$\hat{\boldsymbol{\beta}} = (\boldsymbol{F}^{\mathrm{T}} \boldsymbol{F})^{-1} \boldsymbol{F}^{\mathrm{T}} \boldsymbol{y} \quad (4.42)$$

于是，预估的响应值为

$$\hat{y}_p = \hat{\boldsymbol{\beta}}^{\mathrm{T}} \boldsymbol{x}_p \quad (4.43)$$

如果 $n_s > n_t$，则式（4.41）中方程是超定的，即预估的响应值 $\hat{y}_p$ 和实际观察值 y_p 可能存在差异。求解 k 个系数至少需要 k 次分析，一般进行 $1.5k$ 次分析。主要是为了滤除数值噪声和避免局部极小值。

除了上述二次多项式模型之外，也有对其他多项式模型的研究，如双线性、双二次张量正项式、有理函数模型等。从模型精度和计算费用两方面折中考虑，二次多项式模型较佳。但响应面近似模型的选择并不局限某一固定模型，具体问题应具体对待。

2. 方程显著性检验

在实际问题中，事先通常无法确定输入输出间的真实响应函数关系。在求出响应面方程的待估参数后，还需要对响应面方程进行统计检验，评估其对真实响应的逼近程度。

总偏差平方和（the Sum of Squares for Total，SST）定义为

$$\mathrm{SST} = S_\text{总} = \sum_{i=1}^{n_s}(y_i - \bar{y})^2 = \sum_{i=1}^{n_s}(y_i)^2 - \frac{1}{n_s}\left(\sum_{i=1}^{n_s}y_i\right)^2 = \mathbf{y}^\mathrm{T}\mathbf{y} - \frac{(\mathbf{1}^\mathrm{T}\mathbf{y})^2}{n_s} \tag{4.44}$$

其自由度（Degree of Freedom，DOF）为 $f_\text{回} = n_s - 1$。

$$\mathrm{SST} = S_\text{总} = S_\text{残} + S_\text{回} = \mathrm{SSE} + \mathrm{SSR} \tag{4.45}$$

其中回归平方和（the Sum of Squares for Regression，SSR）定义为

$$\mathrm{SSR} = S_\text{回} = \sum_{i=1}^{n_s}(\hat{y}_i - \bar{y})^2 = \boldsymbol{\beta}^\mathrm{T}\boldsymbol{F}^\mathrm{T}\mathbf{y} - \frac{(\mathbf{1}^\mathrm{T}\mathbf{y})^2}{n_s} \tag{4.46}$$

其自由度为 $f_\text{回} = n_t$，它是由于引入变量 $f(\boldsymbol{x}) = [1, x_1, x_2, \cdots, x_n, x_1x_2, \cdots, (x_n)^2]^\mathrm{T}$ 以后引起的。

残差平方和（the Sum of Squares for Error，SSE）定义为

$$\mathrm{SSE} = S_\text{残} = \sum_{i=1}^{n_s}(y_i - \hat{y}_i)^2 = \mathbf{y}^\mathrm{T}\mathbf{y} - \boldsymbol{\beta}^\mathrm{T}\boldsymbol{F}^\mathrm{T}\mathbf{y} \tag{4.47}$$

其自由度为 $f_\text{剩} = n_s - n_t - 1$，它是由于试验误差和其他因素引起的。

可以证明[25]：如果矩阵 $\boldsymbol{F}$ 满秩，如下定义的统计量 F 服从 $F(n_t, n_s - n_t - 1)$ 分布：

$$F = \frac{\mathrm{SSR}/n_t}{\mathrm{SSE}/(n_s - n_t - 1)} \sim F(n_t, n_s - n_t - 1) \tag{4.48}$$

这样就可以用上述统计量 F 检验式（4.39）中响应方程是否显著。如

果有下式成立：

$$F > F_\alpha(n_t, n_s - n_t - 1) \tag{4.49}$$

那么可以认为在显著性水平 α 下，式（4.39）中响应方程具有显著意义。

相关系数 R^2 也是常用的拟合精度评价指标，定义为

$$R^2 = 1 - \frac{\text{SSE}}{\text{SST}} = \frac{\text{SSR}}{\text{SST}} \tag{4.50}$$

R^2 的值位于 0 和 1 之间，其值越大，说明响应方程逼近程度越精确。但是 R^2 的值接近 1 不一定意味着近似程度好，这是因为响应方程中变量（设计变量及其不同形式的组合或它们的函数形式）数目的增加，往往会增大 R^2 的值，但不一定会增加响应方程的预估精度。因此定义修正的相关系数 R_A^2 如下：

$$R_A^2 = 1 - \frac{\text{SSE}/(n_s - n_t - 1)}{\text{SST}/n_s} \tag{4.51}$$

通过计算 R_A^2 的值度量响应方程的逼近程度，如果 R^2 和 R_A^2 的值有较大差别，那么在响应方程中很有可能存在多余的（不重要）变量。

3. 系数显著性检验

除了进行响应面方程的显著性检验，还需要从回归的响应方程中剔除次要的、可有可无的变量，重新建立更为简单和精确的回归响应方程，以实现更高精度的模型预测和复杂性控制。

检验响应面方程中变量系数的显著性，常用到的统计量 t 定义为

$$t = \frac{\hat{\beta}_{j-1}}{\sqrt{\text{MSE}(\boldsymbol{F}^\text{T}\boldsymbol{F})_{jj}^{-1}}} = \frac{\hat{\beta}_{j-1}}{\sqrt{\frac{\text{SSE}}{n_s - n_t - 1}(\boldsymbol{F}^\text{T}\boldsymbol{F})_{jj}^{-1}}} \quad (j=1,2,\cdots,(n_t-1)) \tag{4.52}$$

式中：MSE 的计算可参见 3.3.4 节；统计量 t 服从学生分布 $t(n_s - n_t - 1)$。在显著性水平 α（如 $\alpha = 0.01$）下，可以用统计量 t 对响应方程系数 β_{j-1} 进行检验。统计量 t 值越大说明相应的变量越显著。

从响应方程中剔除一个变量后，譬如 x_i，应从剩下 $n_t - 1$ 个变量着手，重新构造响应方程，更新的系数 β_j^*（$j \neq i$）一般不等于原方程的系数 β_j，这是因为响应方程的回归系数之间存在着相关性，当从原方程中剔除一个变量时，与其密切相关的变量的回归系数就会受到影响，有时甚至会引起符号的变化。因此对回归系数进行一次检验后，一般只能剔除其中的一个

因子，这个因子是所有不显著因子中 t 值为最小的，然后重新建立新的回归方程，再对新的回归系数逐个进行检验，直到余下的回归系数都显著时为止。由雅可比定理可以证明[25]，$\beta_j^*(j\neq i)$ 和 β_j 之间存在下述关系：

$$\beta_j^* = \beta_j - \frac{(\boldsymbol{F}^{\mathrm{T}}\boldsymbol{F})_{ij}^{-1}}{(\boldsymbol{F}^{\mathrm{T}}\boldsymbol{F})_{ii}^{-1}}\beta_i \quad (j\neq i) \tag{4.53}$$

由于建立新的回归方程需要进行大量计算，一个根本解决问题的设想是：在试验设计时就选择这样的一些点做试验，使得回归系数之间不存在相关性，即相关矩阵 $(\boldsymbol{F}^{\mathrm{T}}\boldsymbol{F})^{-1}$ 为对角矩阵。由式（4.38）可知，这时从回归方程中剔除任一个变量都不需要引起新的计算。这一设想在文献［25］中回归的正交设计一章做了详细介绍。

变量的筛选是提高响应方程精度的关键。方程包含的自变量越多，回归平方和 SSR 就越大，残差平方和 SSE 就越小。一般情况下均方误差 MSE 也随之较小，因而模型预测就较精确，所以在最优的响应方程中希望包括尽可能多的变量，特别是对响应有显著影响的变量不能遗漏。但方程中所含变量太多，一方面会增加计算量，另一方面如果含有对响应不起作用或作用极小的变量，则由于 SSE 自由度的减少将可能增加均方误差 MSE，同时会影响响应方程的稳定性，导致预测精度下降。

综上所述，所谓最优的响应方程，就是包含所有对响应 y 影响显著的变量而不包含影响不显著的变量。选择最优回归方程主要有以下几种方法：

（1）方法1：所有可能回归（All Possible Regression），从所有可能变量组合的回归方程中挑选最优者。这种方法可以找到一个最优方程，但工作量较大，实用性差。

（2）方法2：向前逐步回归（Forward Stepwise Regression），从包含全部变量的回归方程中逐步剔除不显著变量，这种方法在变量特别是不显著变量不多时可以采用。

（3）方法3：向后逐步回归（Backward Stepwise Regression），从一个变量开始，把其他变量逐个引入响应方程。尽管这种方法工作量较小，但并不能保证所有变量都是显著的，对最后得到的方程还需进一步作检验，剔除不显著变量。

（4）方法4：混合逐步回归（Mixed Stepwise Regression），这种方法结合了方法2和方法3，其基本思想是：将变量一个个引入，引入变量的条件是该变量的偏回归平方和经检验是显著的。同时，每引入一个新变量后,要对已有变量逐个检验,将偏回归平方和变为不显著的变量剔除。这种方法不需计算偏相关系数,计算较简便,并且由于每步都作检验,因而保证了最后得到的方程中所有变量都是显著的。

4.4.3 支持向量机

支持向量机(Support Vector Machine,SVM)由 Vapnik 等[26-27]根据统计学习理论中结构风险最小化原则提出。SVM 包括两类:用于分类问题的支持向量分类机和用于回归问题的支持向量回归机。下面对这两种方法分别进行简要介绍。

1. 线性模型描述

支持向量分类机是从线性可分情况下的最优分类面发展而来,其基本思想可用图 4.3 所示的二维情况进行说明。图 4.3(a)中,"○"和"●"分别表示两类数据样本,能够将这两类样本分开的分类线很多,如 H1~H3。为了从这些分类线中找出最优分类线,Vapnik 对两类数据样本作如下定义:

$$\begin{cases} y_k = 1 & (\boldsymbol{x}_k \subset 第 \text{I} 类) \\ y_k = -1 & (\boldsymbol{x}_k \subset 第 \text{II} 类) \end{cases} \quad (4.54)$$

将分类线的方程定义为 $\boldsymbol{w}^T\boldsymbol{x}+b=0$,并使得离分类线最近的样本满足 $y_k(\boldsymbol{w}^T\boldsymbol{x}_k+b)=1$,其他样本满足 $y_k(\boldsymbol{w}^T\boldsymbol{x}_k+b)>1$。如图 4.3(b)所示,图中两条虚线通过各类别中距离分类线最近的点,这两条虚线的方程分别为

$$\begin{cases} \boldsymbol{w}^T\boldsymbol{x}_k+b=1 & (第 \text{I} 类) \\ \boldsymbol{w}^T\boldsymbol{x}_k+b=-1 & (第 \text{II} 类) \end{cases} \quad (4.55)$$

图 4.3(b)中的实线是分类线,它距两条虚线的距离相等。两条虚线之间的距离叫作分类间隔(margin),离分类线最近的样本也称为支持向量。支持向量分类机中根据结构风险最小化原则,将分类间隔最大的分类线定义为最优分类线。易知,分类间隔为 $2/\|\boldsymbol{w}\|_2$,则最优分类线问题可以表述为以下约束优化问题:

$$\begin{cases} \text{find} & \boldsymbol{w},b \\ \min & J_p(\boldsymbol{w})=\dfrac{1}{2}\boldsymbol{w}^T\boldsymbol{w} \\ \text{s.t.} & y_k[\boldsymbol{w}^T\boldsymbol{x}_k+b] \geqslant 1 \quad (k=1,2,\cdots,N) \end{cases} \quad (4.56)$$

式中：N 为样本点个数。针对高维问题，所求得的分类函数则为最优分类面。

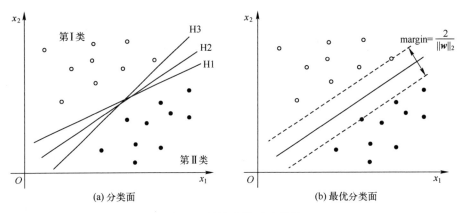

图 4.3　最优分类面示意图

当数据样本不满足线性可分性时，上述最优分类线不能将两类样本点完全分开，式（4.56）将不可行，因此引入松弛因子 $\xi_k \geq 0$ 并允许错分样本的存在，最优分类问题表述为如下形式：

$$\begin{cases} \text{find} & \boldsymbol{w}, b, \boldsymbol{\xi} \\ \min & J_p(\boldsymbol{w}, \boldsymbol{\xi}) = \dfrac{1}{2} \boldsymbol{w}^\mathrm{T} \boldsymbol{w} + C \sum_{k=1}^{N} \xi_i \\ \text{s.t.} & y_k [\boldsymbol{w}^\mathrm{T} \boldsymbol{x}_k + b] + \xi_k \geq 1 \quad (k=1,2,\cdots,N) \\ & \xi_k \geq 0 \quad (k=1,2,\cdots,N) \end{cases} \quad (4.57)$$

式中：C 为大于零的常数，称为惩罚因子。假设式（4.57）的最优解为 $\{\bar{\boldsymbol{w}}, \bar{b}, \bar{\boldsymbol{\xi}}\}$，则最优分类面方程为 $\bar{\boldsymbol{w}}^\mathrm{T} \boldsymbol{x} + \bar{b} = 0$，对于给定样本点 $\boldsymbol{x}$，只需根据 $\bar{\boldsymbol{w}}^\mathrm{T} \boldsymbol{x} + \bar{b}$ 的符号判断该样本属于哪一类。

支持向量方法也可以应用到回归问题中。函数回归问题可以归结为在给定样本数据条件下寻找一个近似函数 $y = \hat{f}(\boldsymbol{x})$ 预测真实函数值。回归问题与分类问题的区别在于输出 y 的取值不同，分类问题中 y 取为 ± 1，而在回归问题中 y 可以取为任意值。图 4.4 是一个回归问题示例，假如所有样本点能够被一个 ε 管道覆盖，那么当 ε 很小时，ε 管道的中心超平面（图 4.4 中的实线）是对目标函数的一个很好近似，而支持向量回归机的基本思想则是找寻这个 ε 管道超平面作为近似函数。

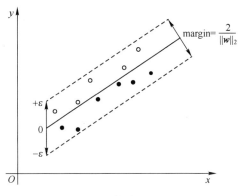

图 4.4 最优线性回归机

将管道超平面左边的样本点 y 值加 ε，右边的样本点 y 值减去 ε，构造如下样本集：

$$\{((\boldsymbol{x}_1^T, y_1+\varepsilon); 1), \cdots, ((\boldsymbol{x}_{l_1}^T, y_{l_1}+\varepsilon); 1), ((\boldsymbol{x}_{l_1+1}^T, y_{l_1+1}-\varepsilon); -1),$$
$$\cdots, ((\boldsymbol{x}_{l_1+l_2}^T, y_{l_1+l_2}-\varepsilon); -1)\} \tag{4.58}$$

式中：l_1 和 l_2 是两类数据样本的数目。针对该样本集，可以采用支持向量分类机的方法求得最优分类面，依据式（4.56）可得该优化问题的表述如下：

$$\begin{cases} \text{find} & \boldsymbol{w}, b, \eta, \xi \\ \min & J_p(\boldsymbol{w}, \eta, \xi) = \dfrac{1}{2}\boldsymbol{w}^T\boldsymbol{w} + \dfrac{1}{2}\eta^2 + C\sum\limits_{k=1}^{l_1+l_2}\xi_k \\ \text{s.t.} & \boldsymbol{w}^T\boldsymbol{x}_k + \eta(y_k+\varepsilon) + b \geq 1 - \xi_k & (k=1,2,\cdots,l_1) \\ & \boldsymbol{w}^T\boldsymbol{x}_k + \eta(y_k-\varepsilon) + b \leq \xi_k - 1 & (k=l_1+1, l_1+2, \cdots, l_1+l_2) \\ & \xi_k \geq 0 & (k=1,2,\cdots,l_1+l_2) \end{cases}$$
$$\tag{4.59}$$

其最优解记为 $\{\overline{\boldsymbol{w}}, \overline{b}, \overline{\eta}, \overline{\xi}\}$，可得最优分类面方程为 $\overline{\boldsymbol{w}}^T\boldsymbol{x} + \overline{\eta}y + \overline{b} = 0$，进而得到最优回归函数 $y = \widetilde{\boldsymbol{w}}^T\boldsymbol{x} + \widetilde{b}$，其中 $\{\widetilde{\boldsymbol{w}}, \widetilde{b}\} = \{-\overline{\boldsymbol{w}}/\overline{\eta}, -\overline{b}/\overline{\eta}\}$。可以证明，式（4.59）与式（4.60）中的优化问题等价[28]，$\{\widetilde{\boldsymbol{w}}, \widetilde{b}\}$ 也是下述问题的解：

$$\begin{cases} \text{find} & \boldsymbol{w}, b \\ \min & J_p(\boldsymbol{w}, \xi) = \dfrac{1}{2}\boldsymbol{w}^T\boldsymbol{w} + C\sum\limits_{k=1}^{N}\xi_k \\ \text{s.t.} & |y_k - (\boldsymbol{w}^T\boldsymbol{x}_k + \overline{b})| \leq \xi_k + \varepsilon & (k=1,2,\cdots,N) \\ & \xi_k \geq 0 & (k=1,2,\cdots,N) \end{cases}$$
$$\tag{4.60}$$

式(4.59)和式(4.60)中的 ε 为给定的近似精度,当样本点处的近似值与真实值的差距小于 ε 时,忽略在该点处的近似误差,即在目标函数中不出现该误差项。这种特性也称为 ε 不敏感损失。

2. 非线性模型描述

许多实际问题中,所研究的分类或者回归问题都不是线性的,因此线性支持向量机的解通常因为经验风险过大而失去意义。在非线性支持向量机中,SVM 通过非线性函数 $\varphi(\boldsymbol{x})$ 将输入向量映射到一个高维特征空间,并在这个高维特征空间中构建模型。将式(4.57)和式(4.60)中的 $\boldsymbol{x}_k$ 改为 $\varphi(\boldsymbol{x}_k)$ 便可以得到对应的非线性支持向量分类机与回归机的最优化问题表述。

非线性变换函数的内积称为核函数,定义如下:

$$K(\boldsymbol{x},\boldsymbol{x}') = \langle \varphi(\boldsymbol{x}),\varphi(\boldsymbol{x}') \rangle \tag{4.61}$$

常用的核函数有多项式函数、径向基函数等。以径向基函数为例,定义如下:

$$K(\boldsymbol{x},\boldsymbol{x}') = \exp\left(-\frac{\|\boldsymbol{x}-\boldsymbol{x}'\|^2}{2\sigma^2}\right) \tag{4.62}$$

式中:σ 为核函数参数。

4.4.4　Kriging 近似模型

Sacks 等[29]于 1989 年提出了一种简洁实用的 Kriging 近似模型,并将其应用于确定性的计算机试验设计与分析,在中低维问题中体现出比其他方法更为突出的非线性近似建模能力。广大的研究者们从许多方面对 Kriging 近似模型进行了改进,提升其预测能力和应用范围[30-33]。如 Chen 等[32]对梯度增强 Kriging 近似模型使用了一种筛选方法,使其在高维近似建模中展现出更强的预测能力。Bouhlel 和 Martins[33]通过结合梯度增强 Kriging 近似模型和偏最小二乘方法,极大地减少了超参数的数量,并且能够控制相关参数的数量,从而保持了较高的预测精度。

1. 模型描述

Kriging 近似模型[34]假设真实的确定性响应 $y(\boldsymbol{x})$ 由趋势函数和随机过程共同组成,其数学描述为

$$y(\boldsymbol{x}) = \boldsymbol{f}(\boldsymbol{x})^\mathrm{T}\boldsymbol{\beta} + z(\boldsymbol{x}) \tag{4.63}$$

式中：$\boldsymbol{f}(\boldsymbol{x}) = [f_1, f_2, \cdots, f_p]^\mathrm{T}$ 为趋势函数的基函数，p 为基函数的数量；$\boldsymbol{\beta}$ 为回归系数；$z(\boldsymbol{x})$ 为随机过程。假设随机过程 $z = z(\boldsymbol{x})$ 的均值为 0，样本 $\boldsymbol{x}_i$ 和 $\boldsymbol{x}_j$ 的协方差为

$$E[z(\boldsymbol{x}_i)z(\boldsymbol{x}_j)] = \sigma^2 \mathcal{R}(\boldsymbol{\theta}, \boldsymbol{x}_i, \boldsymbol{x}_j) \tag{4.64}$$

式中：σ^2 为过程方差；$\boldsymbol{\theta}$ 是相关模型 $\mathcal{R}(\boldsymbol{\theta}, \boldsymbol{x}_i, \boldsymbol{x}_j)$ 的参数。

考虑线性预测器：

$$\hat{y}(\boldsymbol{x}) = \boldsymbol{c}^\mathrm{T}\boldsymbol{y} \tag{4.65}$$

式中：$\boldsymbol{y} = [y_1, y_2, \cdots, y_N]^\mathrm{T}$ 是给定设计点 $\boldsymbol{x}_i \in \mathbf{R}^n (i=1,2,\cdots,N)$ 的模型响应；$\boldsymbol{c} = \boldsymbol{c}(\boldsymbol{x}) \in \mathbf{R}^N$ 是待求的线性系数。线性预测器与真实模型响应间的误差为

$$\begin{aligned}\hat{y}(\boldsymbol{x}) - y(\boldsymbol{x}) &= \boldsymbol{c}^\mathrm{T}\boldsymbol{y} - y(\boldsymbol{x}) \\ &= \boldsymbol{c}^\mathrm{T}(\boldsymbol{F}\boldsymbol{\beta} + \boldsymbol{z}) - (\boldsymbol{f}(\boldsymbol{x})^\mathrm{T}\boldsymbol{\beta} + z) \\ &= \boldsymbol{c}^\mathrm{T}\boldsymbol{z} - z + (\boldsymbol{F}^\mathrm{T}\boldsymbol{c} - \boldsymbol{f}(\boldsymbol{x}))^\mathrm{T}\boldsymbol{\beta}\end{aligned} \tag{4.66}$$

式中：矩阵 $\boldsymbol{F} = [\boldsymbol{f}(\boldsymbol{x}_1), \boldsymbol{f}(\boldsymbol{x}_2), \cdots, \boldsymbol{f}(\boldsymbol{x}_N)]^\mathrm{T}$ 为设计点 $\boldsymbol{x}_i$ 的基函数矩阵；$\boldsymbol{z} = [z_1, z_2, \cdots, z_N]^\mathrm{T}$ 为趋势函数与真实模型响应之间的误差。为了保证预测器无偏，需满足：

$$\boldsymbol{F}^\mathrm{T}\boldsymbol{c} - \boldsymbol{f}(\boldsymbol{x}) = \boldsymbol{0} \tag{4.67}$$

在以上无偏的条件下，预测器的均方误差为

$$\begin{aligned}\varphi(\boldsymbol{x}) &= E[(\hat{y}(\boldsymbol{x}) - y(\boldsymbol{x}))^2] \\ &= E[(\boldsymbol{c}^\mathrm{T}\boldsymbol{z} - z)^2] \\ &= E[z^2 + \boldsymbol{c}^\mathrm{T}\boldsymbol{z}\boldsymbol{z}^\mathrm{T}\boldsymbol{c} - 2\boldsymbol{c}^\mathrm{T}\boldsymbol{z}z] \\ &= \sigma^2(1 + \boldsymbol{c}^\mathrm{T}\boldsymbol{R}\boldsymbol{c} - 2\boldsymbol{c}^\mathrm{T}\boldsymbol{r})\end{aligned} \tag{4.68}$$

式中：$\boldsymbol{R}$ 为相关矩阵，其中元素 $R_{ij} = \mathcal{R}(\boldsymbol{\theta}, \boldsymbol{x}_i, \boldsymbol{x}_j)$；$\boldsymbol{r} = [\mathcal{R}(\boldsymbol{\theta}, \boldsymbol{x}, \boldsymbol{x}_1), \mathcal{R}(\boldsymbol{\theta}, \boldsymbol{x}, \boldsymbol{x}_2), \cdots, \mathcal{R}(\boldsymbol{\theta}, \boldsymbol{x}, \boldsymbol{x}_N)]^\mathrm{T}$ 为输入点 $\boldsymbol{x}$ 和设计点 $\boldsymbol{x}_i$ 之间的相关向量。在式 (4.67) 的无偏约束下，构建如下拉格朗日函数：

$$\mathcal{L}(\boldsymbol{c}, \boldsymbol{\lambda}) = \sigma^2(1 + \boldsymbol{c}^\mathrm{T}\boldsymbol{R}\boldsymbol{c} - 2\boldsymbol{c}^\mathrm{T}\boldsymbol{r}) - \boldsymbol{\lambda}^\mathrm{T}(\boldsymbol{F}^\mathrm{T}\boldsymbol{c} - \boldsymbol{f}) \tag{4.69}$$

基于拉格朗日函数的一阶最优性条件，可得以下方程组：

$$\begin{bmatrix} \boldsymbol{R} & \boldsymbol{F} \\ \boldsymbol{F}^\mathrm{T} & \boldsymbol{0} \end{bmatrix} \begin{bmatrix} \boldsymbol{c} \\ \widetilde{\boldsymbol{\lambda}} \end{bmatrix} = \begin{bmatrix} \boldsymbol{r} \\ \boldsymbol{f} \end{bmatrix} \tag{4.70}$$

式中：$\widetilde{\boldsymbol{\lambda}} = -\boldsymbol{\lambda}/2\sigma^2$。求解式 (4.70)，可得

$$\begin{aligned}\widetilde{\boldsymbol{\lambda}} &= (\boldsymbol{F}^\mathrm{T}\boldsymbol{R}^{-1}\boldsymbol{F})^{-1}(\boldsymbol{F}^\mathrm{T}\boldsymbol{R}^{-1}\boldsymbol{r} - \boldsymbol{f}) \\ \boldsymbol{c} &= \boldsymbol{R}^{-1}(\boldsymbol{r} - \boldsymbol{F}\widetilde{\boldsymbol{\lambda}})\end{aligned} \tag{4.71}$$

由于相关矩阵 $\boldsymbol{R}$ 是对称的，因此 $\boldsymbol{R}^{-1}$ 也是对称的。将式（4.71）代入式（4.65），可得

$$\begin{aligned}\hat{y}(\boldsymbol{x}) &= (\boldsymbol{r}-\boldsymbol{F}\widetilde{\boldsymbol{\lambda}})^{\mathrm{T}}\boldsymbol{R}^{-1}\boldsymbol{y} \\ &= \boldsymbol{r}^{\mathrm{T}}\boldsymbol{R}^{-1}\boldsymbol{y}-(\boldsymbol{F}^{\mathrm{T}}\boldsymbol{R}^{-1}\boldsymbol{r}-\boldsymbol{f})^{\mathrm{T}}(\boldsymbol{F}^{\mathrm{T}}\boldsymbol{R}^{-1}\boldsymbol{F})^{-1}\boldsymbol{F}^{\mathrm{T}}\boldsymbol{R}^{-1}\boldsymbol{y}\end{aligned} \quad (4.72)$$

从式（4.72）可见，$\hat{\boldsymbol{\beta}} = (\boldsymbol{F}^{\mathrm{T}}\boldsymbol{R}^{-1}\boldsymbol{F})^{-1}\boldsymbol{F}^{\mathrm{T}}\boldsymbol{R}^{-1}\boldsymbol{y}$ 就是回归系数 $\boldsymbol{\beta}$ 的泛化最小二乘估计。因此，Kriging 近似模型预测器的表达式为

$$\begin{aligned}\hat{y}(\boldsymbol{x}) &= \boldsymbol{r}^{\mathrm{T}}\boldsymbol{R}^{-1}\boldsymbol{y}-(\boldsymbol{F}^{\mathrm{T}}\boldsymbol{R}^{-1}\boldsymbol{r}-\boldsymbol{f})^{\mathrm{T}}\hat{\boldsymbol{\beta}} \\ &= \boldsymbol{f}^{\mathrm{T}}\hat{\boldsymbol{\beta}}+\boldsymbol{r}^{\mathrm{T}}\boldsymbol{R}^{-1}(\boldsymbol{y}-\boldsymbol{F}\hat{\boldsymbol{\beta}})\end{aligned} \quad (4.73)$$

预测器的均方误差为

$$\begin{aligned}\varphi(\boldsymbol{x}) &= \sigma^2\left(1+\boldsymbol{c}^{\mathrm{T}}(\boldsymbol{R}\boldsymbol{c}-2\boldsymbol{r})\right) \\ &= \sigma^2\left(1+(\boldsymbol{F}\widetilde{\boldsymbol{\lambda}}-\boldsymbol{r})^{\mathrm{T}}\boldsymbol{R}^{-1}(\boldsymbol{F}\widetilde{\boldsymbol{\lambda}}+\boldsymbol{r})\right) \\ &= \sigma^2\left(1+\widetilde{\boldsymbol{\lambda}}^{\mathrm{T}}\boldsymbol{F}^{\mathrm{T}}\boldsymbol{R}^{-1}\boldsymbol{F}\widetilde{\boldsymbol{\lambda}}-\boldsymbol{r}^{\mathrm{T}}\boldsymbol{R}^{-1}\boldsymbol{r}\right)\end{aligned} \quad (4.74)$$

通常，趋势函数的基函数 $\boldsymbol{f}$ 可定义为常数或者多项式基函数。由于稳态高斯相关模型 $R_{ij} = \prod_{d=1}^{n}\exp(-\theta_d(x_{i,d}-x_{j,d})^2)$ 可以提供平滑的拟合曲面，因此被广泛地应用于工程实际中。

过程方差 σ^2 和相关参数 $\boldsymbol{\theta}$ 通过最大似然法[34]进行估计。假设输出服从多维高斯分布，舍弃常数项，其对数似然函数可定义为

$$L(\boldsymbol{\beta},\sigma^2,\boldsymbol{\theta}|\boldsymbol{y}) = \log\left(|\sigma^2\boldsymbol{R}|^{-\frac{1}{2}}\exp\left(-\frac{1}{2\sigma^2}(\boldsymbol{y}-\boldsymbol{F}\boldsymbol{\beta})^{\mathrm{T}}\boldsymbol{R}^{-1}(\boldsymbol{y}-\boldsymbol{F}\boldsymbol{\beta})\right)\right) \quad (4.75)$$

对应的最大似然估计为

$$\hat{\boldsymbol{\beta}},\hat{\sigma}^2,\hat{\boldsymbol{\theta}} = \arg\max_{\boldsymbol{\beta},\sigma^2,\boldsymbol{\theta}}L(\boldsymbol{\beta},\sigma^2,\boldsymbol{\theta}|\boldsymbol{y}) \quad (4.76)$$

为了减少优化变量的数量，通常最大化剖面对数似然函数。式（4.76）中 $\hat{\boldsymbol{\beta}}$ 的表达式与前述的最小二乘估计相同。将式（4.75）相对于 σ^2 求导，σ^2 的最大似然估计为

$$\hat{\sigma}^2 = \frac{1}{N}(\boldsymbol{y}-\boldsymbol{F}\hat{\boldsymbol{\beta}})^{\mathrm{T}}\boldsymbol{R}^{-1}(\boldsymbol{y}-\boldsymbol{F}\hat{\boldsymbol{\beta}}) \quad (4.77)$$

由于 $\boldsymbol{\theta}$ 的最大似然估计不存在封闭解，需要使用数值优化算法求解，即

$$\hat{\boldsymbol{\theta}} = \arg\max_{\boldsymbol{\theta}}L(\hat{\boldsymbol{\beta}},\hat{\sigma}^2,\boldsymbol{\theta}|\boldsymbol{y}) \quad (4.78)$$

其等价于

$$\hat{\boldsymbol{\theta}} = \arg\min_{\boldsymbol{\theta}} \frac{1}{2}\log(|\hat{\sigma}^2 \boldsymbol{R}|) \quad (\mathrm{lb} \leqslant \theta_j \leqslant \mathrm{ub}) \qquad (4.79)$$

式中：lb 和 ub 分别为相关参数的下界和上界。最后，把参数 $\hat{\boldsymbol{\beta}}$、$\hat{\sigma}^2$ 和 $\hat{\boldsymbol{\theta}}$ 代入式 (4.73)，即可对输入点 $\boldsymbol{x}$ 进行响应预测。

2. 算例分析

本节采用维度和形状不同的 3 个解析函数算例评测不同 Kriging 近似模型的性能，Kriging 近似模型基函数分别选取常数、一阶多项式、二阶多项式。测试算例的解析函数表达式为

（1）Polynomial 函数

$$f(\boldsymbol{x}) = 9 + \frac{5}{2}x_1 - \frac{35}{2}x_2 + \frac{5}{2}x_1 x_2 + 19x_2^2 - \frac{15}{2}x_1^3 - \frac{5}{2}x_1 x_2^2 - \frac{11}{2}x_2^4 + x_1^3 x_2^2 \qquad (4.80)$$

（2）DixonPrice 函数

$$f(\boldsymbol{x}) = (x_1 - 1)^2 + \sum_{i=2}^{n} i\,(2x_i^2 - x_{i-1})^2 \qquad (4.81)$$

（3）Rosenbrock 函数

$$f(\boldsymbol{x}) = \sum_{i=1}^{n} [100\,(x_{i+1} - x_i^2)^2 + (x_i - 1)^2] \qquad (4.82)$$

以上解析函数的具体设置见表 4.1，包括维度、设计域、训练和测试样本数量。训练集设置 3 种训练样本数量，分别为设计变量维度的 5 倍、8 倍和 10 倍。测试集设置较大的测试样本数量，6 维以下的算例设置为 5000，否则设置为 10000。对于每个算例，基于给定的训练样本数量，利用拉丁超立方采样方法从设计域中产生 20 组设计点并计算其模型响应，形成 20 个不同的训练集。同样利用拉丁超立方采样方法产生指定数量的测试样本，形成测试集，然后基于每个训练集构建近似模型，并计算它们在测试集上的预测精度。预测精度利用相对均方根误差 (Relative Root Mean Squared Error，RRMSE) 评价，表述为

$$\mathrm{RRMSE} = \frac{1}{\mathrm{STD}}\sqrt{\frac{1}{N_t}\sum_{i=1}^{N_t}(\hat{y}(\boldsymbol{x}_i^{te}) - y(\boldsymbol{x}_i^{te}))^2} \qquad (4.83)$$

式中：N_t 为测试样本数量；$\boldsymbol{x}_i^{te}$ 为测试集中第 i 个样本；$\mathrm{STD} = \sqrt{\sum_{i=1}^{N_t}(\bar{y} - y(\boldsymbol{x}_i^{te}))^2 / N_t}$ 为测试样本的标准差，$\bar{y} = \sum_{i=1}^{N_t} y(\boldsymbol{x}_i^{te})/N_t$ 是测试样本

的平均值。RRMSE度量近似模型的全局平均预测精度，其值越小代表近似模型的全局平均预测精度越高。考虑到采样的随机性，利用基于20个不同训练集的平均RRMSE衡量近似模型的统计预测性能。不同Kriging函数近似模型预测结果如表4.2所示。

表4.1 Kriging测试函数实验设置

解析函数	维度	设计域	训练样本数量	测试样本数量
Polynomial	2	[0, 1]	10, 16, 20	5000
DixonPrice	6	[−10, 10]	30, 48, 60	10000
Rosenbrock	10	[−5, 10]	50, 80, 100	10000

表4.2 不同基函数Kriging模型的预测RRMSE对比

函数	训练样本数量	常数	一阶多项式	二阶多项式
Polynomial	10	0.3316	0.4512	0.1677
	16	0.0675	0.0774	0.1325
	20	0.0282	0.0196	0.0945
DixonPrice	30	0.9469	1.0171	1.2494
	48	0.9069	0.9583	0.4522
	60	0.7859	0.8424	0.3903
Rosenbrock	50	0.9760	0.7739	—
	80	0.9416	0.7550	0.8342
	100	0.9301	0.7333	0.5967

如表4.2所示，随着问题维度的变高，Kriging近似模型预测精度有所降低，对于同一个问题，增大训练样本个数有助于提升模型预测效果。选取不同的基函数，多项式基函数不同阶数在不同问题上表现有所差异。如Polynomial函数，样本数量为10时，表现最优的是二阶多项式基函数Kriging模型，但样本数量变为16和20时，最优的模型分别是常数基函数和一阶多项式基函数Kriging模型。因此在构建代理模型时，需针对问题选取合适的超参数和基函数。

4.4.5 高斯过程回归

1. 模型描述

高斯过程回归（Gaussian Process Regression，GPR）是一种基于概率

的非参数回归方法,在 20 世纪八九十年代后被广泛用于机器学习建模[35],并被拓展应用于众多工程问题如飞行器设计优化中[36-39]。GPR 由均值函数 m_f 和协方差函数 k 完全确定,其表达式为

$$f \sim GP(m_f(\boldsymbol{x}), k(\boldsymbol{x}, \boldsymbol{x}')) \tag{4.84}$$

式中:$m_f(\boldsymbol{x})$ 为均值函数,通常假设 $m_f = 0$;然而,这种假设不是必需的,感兴趣的读者可以参考文献 [35];$k(\boldsymbol{x}, \boldsymbol{x}')$ 为协方差函数,$\boldsymbol{x}$ 和 $\boldsymbol{x}'$ 为两个不同的输入点。

给定训练集 $D = \{\boldsymbol{x}_i, y_i\}$($i = 1, 2, \cdots, N$),并标记训练点输入输出分别为 $\boldsymbol{X} = [\boldsymbol{x}_1, \boldsymbol{x}_2, \cdots, \boldsymbol{x}_N]^T$ 和 $\boldsymbol{y} = [y_1, y_2, \cdots, y_N]^T$,高斯过程在测试点 $\boldsymbol{x}_p$ 的预测分布为

$$\begin{aligned} p(F(\boldsymbol{x}_p) \mid D, \boldsymbol{x}_p) &= N(\mu(\boldsymbol{x}_p), \sigma^2(\boldsymbol{x}_p)) \\ \mu(\boldsymbol{x}_p) &= \boldsymbol{r}_p^T (\boldsymbol{K} + \sigma_w^2 \boldsymbol{I})^{-1} \boldsymbol{y} \\ \sigma^2(\boldsymbol{x}_p) &= r_{pp} - \boldsymbol{r}_p^T (\boldsymbol{K} + \sigma_w^2 \boldsymbol{I})^{-1} \boldsymbol{r}_p \end{aligned} \tag{4.85}$$

式中:$\boldsymbol{K}$ 为协方差矩阵,$\boldsymbol{K}$ 中每个元素 $K_{ij} = k(\boldsymbol{x}_i, \boldsymbol{x}_j)$;$r_{pp} = k(\boldsymbol{x}_p, \boldsymbol{x}_p)$;$r_{pi} = k(\boldsymbol{x}_p, \boldsymbol{x}_i)$ 为 $\boldsymbol{r}_p$ 的第 i 个元素;σ_w^2 为测量噪声方差。协方差函数 $k(\cdot, \cdot)$,在机器学习领域也称为核函数,常采用自动相关确定(Automatic Relevance Determination,ARD)平方指数协方差函数,其表达式为

$$k(\boldsymbol{x}_i, \boldsymbol{x}_j) = \sigma_f^2 \exp\left[-\frac{1}{2} \sum_{k=1}^n \theta_k (x_{i,k} - x_{j,k})^2\right] \quad (1 \leqslant i, j \leqslant N) \tag{4.86}$$

式中:$\boldsymbol{\theta} = [\theta_1, \theta_2, \cdots, \theta_n]^T$ 为协方差函数的超参数;σ_f^2 为过程方差。另外,还有 Matérn、Polynomial、Cosine、Periodic、Cylindrical 等协方差函数,详见文献 [35]。式 (4.86) 中所有未知参数的最优估计,即 $\hat{\boldsymbol{\theta}}$、$\hat{\sigma}_f^2$ 和 $\hat{\sigma}_w^2$,可通过最大对数似然函数得到

$$\begin{aligned} \hat{\boldsymbol{\theta}}, \hat{\sigma}_f^2, \hat{\sigma}_w^2 &= \arg \max_{\boldsymbol{\theta}, \sigma_f^2, \sigma_w^2} \log L(\boldsymbol{\theta}, \sigma_f^2, \sigma_w^2 \mid \boldsymbol{y}) \\ &= \arg \min_{\boldsymbol{\theta}, \sigma_f^2, \sigma_w^2} \left(\frac{1}{2} \boldsymbol{y}^T (\boldsymbol{K} + \sigma_w^2 \boldsymbol{I})^{-1} \boldsymbol{y} + \frac{1}{2} \log |\boldsymbol{K} + \sigma_w^2 \boldsymbol{I}|\right) \end{aligned} \tag{4.87}$$

式 (4.87) 可由基于梯度的优化方法 (如柯西-牛顿法) 或者无梯度的优化方法 (如贝叶斯优化) 进行求解。

2. 算例分析

本节采用一维简单算例展示高斯过程回归的效果,并研究不同核函数

及超参数取值对高斯过程回归的影响。高斯过程回归方法采用 MATLAB 软件[40] fitrgp 函数进行实现,其中核函数参数的优化采用默认的贝叶斯优化方法。该算例描述了碰撞中加速度 a 随时间 t 的变化情况,其数据集来源于文献 [41]。由于该数据集包含较大的测量噪声,相邻时刻对应的响应波动较大,因此基于插值的近似模型不再适用,本算例采用高斯过程回归模型构建输入输出的函数关系。

图 4.5 展示了不同核函数对高斯过程回归结果的影响。从图中可以看出,高斯过程模型的预测均值较好地拟合了数据的变化趋势,模型预测的置信区间包络了几乎所有训练样本。采用不同的核函数,得到的模型误差不同,因此在实际应用中,需要根据数据集的特点,选择适合的核函数形式,从而达到最优的回归效果。

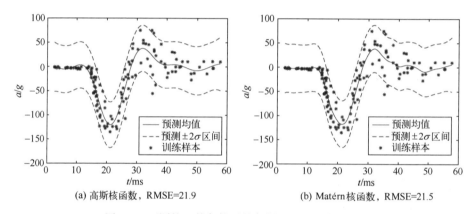

(a) 高斯核函数,RMSE=21.9　　(b) Matérn 核函数,RMSE=21.5

图 4.5　不同核函数条件下的高斯过程回归结果对比

图 4.6 展示了不同测量噪声大小对高斯过程回归结果影响。在此算例中,测量噪声标准差 σ_w 不再基于模型训练过程自动优化得到,而是人为设定。核函数选择高斯核函数。从图中可以看出,σ_w 设置越大,模型预测的均值越平缓,对数据整体变化趋势的刻画越好;σ_w 设置越小,模型预测的均值变化越剧烈,对模型在局部点的变化刻画越精细。在实际应用中,如果存在先验知识,应首先根据先验知识设置较为合理的 σ_w 取值,以便得到更符合实际的回归模型;如果没有先验知识,则与其他未知参数一同基于训练样本优化进行估计。

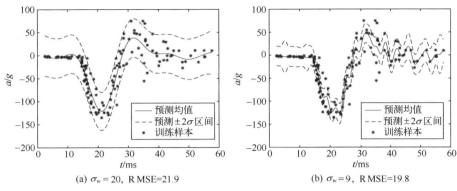

图 4.6　不同测量噪声条件下的高斯过程回归结果对比

4.4.6　径向基函数插值模型

径向基函数（Radial Basis Function，RBF）[42]插值模型具有良好的非线性近似能力，在飞行器设计优化问题中取得了广泛应用[43-49]。

1. 模型描述

对于精确函数 $f(\boldsymbol{x}): \mathbf{R}^n \rightarrow \mathbf{R}$，根据 N 个训练样本点 $D = \{(\boldsymbol{x}_k, y_k) : y_k = f(\boldsymbol{x}_k)\}_{k=1}^{N}$ 进行近似建模，对应每个样本点构建径向基函数如下：

$$\phi_k(\boldsymbol{x}, \boldsymbol{x}_k) = \exp(-\|\boldsymbol{x} - \boldsymbol{x}_k\|^2 / \sigma_k^2) \quad (1 \leqslant k \leqslant N)$$

$$\|\boldsymbol{x} - \boldsymbol{x}_k\| = \left(\sum_{i=1}^{n}(x_i - x_{k,i})^2\right)^{\frac{1}{2}}$$

(4.88)

式中：$\boldsymbol{x} \in \mathbf{R}^n$ 为未知输入向量，其第 i 分量记为 x_i；$\boldsymbol{x}_k \in \mathbf{R}^n$ 为第 k 个径向基函数中心点，对应第 k 个训练样本点输入；$\phi_k(\cdot)$ 为高斯函数，以 $\boldsymbol{x}$ 与 $\boldsymbol{x}_k$ 之间的欧几里得距离 $l = \|\boldsymbol{x} - \boldsymbol{x}_k\|$ 为输入；σ_k 为 $\phi_k(\cdot)$ 的形状参数。常用 RBF 插值模型的基函数如表 4.3 所示，本节以广泛采用的高斯函数为例进行介绍。

表 4.3　常用的基函数形式

基函数名称	基函数形式
线性	$\phi(l) = cl$
三次多项式	$\phi(l) = (l+c)^3$
薄板样条	$\phi(l) = l^2 \log(cl^2)$
高斯	$\phi(l) = e^{-cl^2}$
Multiquadric	$\phi(l) = \sqrt{l^2 + c^2}$

RBF 插值模型输出 $\hat{f}(x)$ 为径向基函数的线性和，即

$$\begin{aligned}\hat{f}(x) &= r^{\mathrm{T}}(x)w \\ r(x) &= [\phi_1(x,x_1),\phi_2(x,x_2),\cdots,\phi_N(x,x_N)]^{\mathrm{T}} \\ w &= [w_1,w_2,\cdots,w_N]^{\mathrm{T}}\end{aligned} \qquad (4.89)$$

式中：w 为权重向量。RBF 插值模型精确通过给定的 N 个训练样本点，则

$$\hat{f}(x_k) = f(x_k) \quad (1 \leqslant k \leqslant N) \qquad (4.90)$$

将所有样本点的式（4.89）和式（4.90）关系简写为矩阵形式如下：

$$\boldsymbol{\Phi} w = f = [f(x_1),f(x_2),\cdots,f(x_N)]^{\mathrm{T}}$$

$$\boldsymbol{\Phi} = \begin{bmatrix} \phi_1(x_1,x_1) & \phi_2(x_1,x_2) & \cdots & \phi_N(x_1,x_N) \\ \phi_1(x_2,x_1) & \phi_2(x_2,x_2) & \cdots & \phi_N(x_2,x_N) \\ \vdots & \vdots & \vdots & \vdots \\ \phi_1(x_N,x_1) & \phi_2(x_N,x_2) & \cdots & \phi_N(x_N,x_N) \end{bmatrix} \qquad (4.91)$$

给定一组形状参数取值 $\sigma_k(1 \leqslant k \leqslant N)$，式（4.91）成为一个线性方程组。如果各个径向基函数中心点两两不同，则矩阵 $\boldsymbol{\Phi}$ 正定可逆，权重向量 w 可以直接通过求解式（4.91）进行计算。因此，RBF 插值模型可调参数仅包括形状参数 σ_k，近似模型参数优化问题实际为形状参数优化问题。

给定测试样本点集 $T = \{(x_i,y_i):y_i=f(x_i)\}_{i=1}^{N_t}$，广泛采用的 RBF 近似建模准则为最小化正则误差平方和，即

$$(1-\lambda)e^{\mathrm{T}}e + \lambda w^{\mathrm{T}}w \qquad (4.92)$$

式中：λ 为正则参数；e 为误差向量，定义如下：

$$\begin{aligned} e &= f - \hat{f} \\ f &= [f(x_1),f(x_2),\cdots,f(x_{N_t})]^{\mathrm{T}} \\ \hat{f} &= [\hat{f}(x_1),\hat{f}(x_2),\cdots,\hat{f}(x_{N_t})]^{\mathrm{T}} \end{aligned} \qquad (4.93)$$

式（4.92）中第二项用于避免过拟合，通过调节参数 λ 可以提高模型光滑度和近似精度。本节不对 λ 取值方法进行讨论，将其取为常数。

2. 算例分析

为了直观说明形状参数优化对 RBF 近似精度的影响，本节采用一个简

单的一维算例进行分析，真实函数定义如下：
$$y = 1 + (x + 5x^2)\sin(-2x^2) \quad (x \in [-4, 4]) \tag{4.94}$$
训练样本点集 D 和测试样本点集 T 分别定义如下：
$$D = \{x_k | x_k = -4 + (k-1) \times 0.25, 1 \leq k \leq 33\}$$
$$T = \{t_q | t_q = -4 + (q-1) \times 0.04, 1 \leq q \leq 201\} \tag{4.95}$$

首先，将所有基函数的形状参数设置为相同 σ，在区间 $[0.02, 0.6]$ 内取不同 σ 值并构造 RBF，则基于测试样本计算的近似模型均方根误差 RMSE（详见 3.3.4 节）与 σ 的对应关系如图 4.7（a）所示。由图可知，σ 值对 RMSE 有很大影响，在 0.07 处获得最佳近似精度，对应 RMSE 为 22.0521。基于该最优形状参数构造的 RBF 如图 4.7（b）所示。可以看出，在平坦区域近似精度较高，但是在不规则区域与精确模型存在较大差异。然后，将训练样本点集 D 分为两簇，每个簇的样本点和形状参数设置如下：

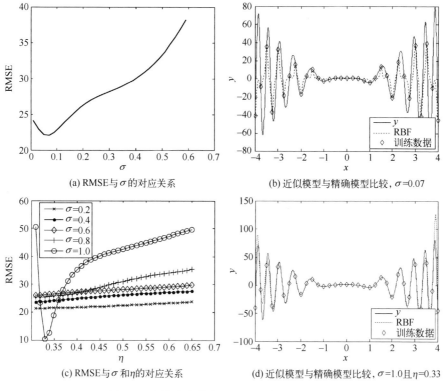

图 4.7　形状参数优化对 RBF 近似精度的影响

$$\begin{cases} D_1 = \{x_k | x_k \in D, k \in [8,26]\} & (x_k \in D_1, \sigma_k = \sigma) \\ D_2 = \{x_k | x_k \in D, k \in [1,7] \cup [27,33]\} & (x_k \in D_2, \sigma_k = \eta\sigma) \end{cases} \quad (4.96)$$

在不同 σ 和 η 取值条件下构造 RBF，近似模型 RMSE 与 σ 和 η 的对应关系如图 4.7（c）所示。在 $\sigma=1.0$ 和 $\eta=0.33$ 处获得最佳近似精度，对应 RMSE 为 10.2531。基于该最优形状参数构造的 RBF 如图 4.7（d）所示。可以看出，近似模型与精确模型在全定义域内都能够较好吻合。由此说明，在相同训练样本和测试样本条件下，通过增加独立形状参数数量（近似建模自由度）并对其进行优化，可以大大提高近似精度。

4.5 小　　结

针对飞行器 MDO 的计算复杂性难题，本章对传统近似中的模型近似、函数近似和组合近似方法进行了系统介绍。首先，在 4.2 节介绍了模型近似方法，包括基于包络函数的约束缩并法和基于约束缩并的组合近似法。其次，在 4.3 节阐述了函数近似中的局部近似方法，对泰勒级数展开、微分方程的近似以及局部近似的改进方法进行了介绍。最后，在 4.4 节围绕函数全局近似问题，对响应面技术进行了介绍，重点对多项式回归、支持向量机、Kriging 近似模型、高斯过程回归和径向基函数插值模型五种方法进行了详细阐述，并通过数值算例对方法进行了测试验证，为后续在 MDO 应用中有效减少计算代价提供了技术途径。

参考文献

[1] 陈小前. 飞行器总体优化设计理论与应用研究 [D]. 长沙：国防科学技术大学，2001.

[2] 余雄庆. 多学科设计优化算法及其在飞行器设计中的应用研究 [D]. 南京：南京航空航天大学，1999.

[3] Hajela P, SobieszczanskiSobiesk J. The controlled growth methoda tool for structural optimization [J]. AIAA Journal, 1982, 20 (10)：1440-1441.

[4] Noor A K, Peters J M. Reduced basis technique for nonlinear analysis of structures [J]. AIAA Journal, 1980, 18 (4)：455-462.

[5] Turner J U, Subramaniam S, Gupta S. Constraint representation and reduction in assembly modeling and analysis [J]. IEEE Transactions on Robotics and Automation, 1992, 8 (6)：741-750.

[6] Haftka J. Approximation concepts for optimum structural design—a review [J]. Structural & Multidisciplinary Optimization, 1993, 5：129-144.

[7] 黄焕军,张博文,吴关强,等. 基于组合代理模型的车身多学科设计优化[J]. 汽车工程,2016, 38(9):1107-1113.

[8] 龙凯,左正兴,肖涛,等. 组合近似方法在结构优化中的应用[J]. 中国机械工程,2007,18(9): 1043-1046.

[9] Zhou M, Xia R W. An efficient method of truss design for optimum geometry [J]. Computers & Structures, 1990, 35(2):115-119.

[10] Lemke C E. The dual method of solving the linear programming problem [J]. Naval Research Logistics Quarterly, 1954, 1(1):36-47.

[11] Fleury C. Efficient approximation concepts using second order information [J]. International Journal for Numerical Methods in Engineering, 1989, 28(9):2041-2058.

[12] 陈树勋,裴少帅. 一种简明易用的结构优化的包络函数[J]. 现代制造工程,2004(7):89-92.

[13] Kreisselmeier G, Steinhauser R. Systematic control design by optimizing a vector performance index [J]. IFAC Proceedings Volumes, 1979, 12(7):113-117.

[14] He J H. Recent development of the homotopy perturbation method [J]. Topological Methods in Nonlinear Analysis, 2008, 31(2):205-209.

[15] Qin J, Nguyen D. Generalized exponential penalty function for nonlinear programming [J]. Computers & Structures, 1994, 50(4):509-513.

[16] Thampapillai D J, Sinden J A. Tradeoffs for multiple objective planning through linear programing [J]. Water Resources Research, 1979, 15(5):1028-1034.

[17] Nelder J A, Mead R. A simplex method for function minimization [J]. The Computer Journal, 1965, 7 (4):308-313.

[18] Haftka R T, Nachlas J A, Watson L T, et al. Twopoint constraint approximation in structural optimization [J]. Computer Methods in Applied Mechanics and Engineering, 1987, 60(3):289-301.

[19] Prasad B. Novel concepts for constraint treatments and approximations in efficient structural synthesis [J]. AIAA Journal, 1984, 22(7):957-966.

[20] Fleury C. CONLIN:an efficient dual optimizer based on convex approximation concepts [J]. Structural Optimization, 1989, 1(2):81-89.

[21] Svanberg K. The method of moving asymptotes—a new method for structural optimization [J]. International Journal for Numerical Methods in Engineering, 1987, 24(2):359-373.

[22] Murthy D V, Haftka R T. Approximations to eigenvalues of modified general matrices [J]. Computers & Structures, 1988, 29(5):903-917.

[23] Pritchard J I, Adelman H M. Differential equation based method for accurate approximations in optimization [J]. AIAA Journal, 1991, 29(12):2240-2246.

[24] Montgomery D C. Design and analysis of experiments [M]. New York:John Wiley, 1991.

[25] 茆诗松,丁元,周纪芗,等. 回归分析及其试验设计[M]. 上海:华东师范大学出版社,1981.

[26] Vapnik V. The nature of statistical learning theory [M]. Berlin:Springer Science & Business Media, 1999.

[27] Cortes C, Vapnik V N. Support vector network [J]. Machine Learning, 1995, 20(3):273-297.

[28] 邓乃杨,田英杰. 数据挖掘中的新方法:支持向量机[M]. 北京:科学出版社,2004.

［29］ Sacks J, Welch W J, Mitchell T J, et al. Design and analysis of computer experiments［J］. Statistical Science, 1989, 4（4）: 409-423.

［30］ 张熠. 基于Kriging的飞行器多学科近似建模方法研究［D］. 长沙: 国防科技大学, 2019.

［31］ Abdallah I, Lataniotis C, Sudret B. Parametric hierarchical Kriging for multifidelity aeroservoelasticsimulators-application to extreme loads on wind turbines［J］. Probabilistic Engineering Mechanics, 2019, 55: 67-77.

［32］ Chen L M, Qiu H B, Gao L, et al. A screening based gradient enhanced Kriging modeling method for highdimensional problems［J］. Applied Mathematical Modelling, 2019, 69: 15-31.

［33］ Bouhlel M A, Martins J R. Gradient enhanced Kriging for high dimensional problems［J］. Engineering with Computers, 2019, 35（1）: 157-173.

［34］ Martin J D, Simpson T W. Use of Kriging models to approximate deterministic computer models［J］. AIAA Journal, 2005, 43（4）: 853-863.

［35］ Williams C K I, Rasmussen C E. Gaussian processes for machine learning［M］. Cambridge: MIT Press, 2006.

［36］ 常林森, 张倩莹, 郭雪岩. 基于高斯过程回归和遗传算法的翼型优化设计［J］. 航空动力学报, 2021, 36（11）: 2306-2316.

［37］ 吴宽展. 基于多输出高斯过程回归的超临界翼型优化［D］. 南京: 南京航空航天大学, 2015.

［38］ 叶思雨. 基于集成学习的飞行器多学科仿真近似建模方法研究［D］. 长沙: 国防科技大学, 2019.

［39］ 刘振萍. 基于机器学习的翼型气动隐身综合优化［D］. 南京: 南京航空航天大学, 2017.

［40］ Hunt B R, Lipsman R L, Rosenberg J M. A guide to MATLAB: for beginners and experienced users［M］. Cambridge: Cambridge University Press, 2014.

［41］ Silverman B W. Some aspects of the spline smoothing approach to non-parametric regression curve fitting［J］. Journal of the Royal Statistical Society: Series B (Methodological), 1985, 47（1）: 1-21.

［42］ Powell J D. Radial basis function approximations to polynomials［C］//Numerical Analysis Proceedings. Dundee: Longman Publishing Group, 1987: 223-241.

［43］ 蔡文杰, 黄俊, 毕国堂, 等. 基于RBF的替代模型在翼型稳健设计中的应用［J］. 导弹与航天运载技术, 2019（6）: 31-36.

［44］ 吴欣龙, 王锋, 刘朝君. 基于响应面插值的非线性气动弹性计算［J］. 航空工程进展, 2014, 5（1）: 99-103.

［45］ 徐家宽, 白俊强, 黄江涛, 等. 考虑螺旋桨滑流影响的机翼气动优化设计［J］. 航空学报, 2014, 35（11）: 2910-2920.

［46］ 朱雄峰. 飞行器MDO代理模型理论与应用研究［D］. 长沙: 国防科学技术大学, 2010.

［47］ 张珺, 李立州, 原梅妮. 径向基函数参数化翼型的气动力降阶模型优化［J］. 应用数学和力学, 2019, 40（3）: 250-258.

［48］ 姚雯. 飞行器总体不确定性多学科设计优化研究［D］. 长沙: 国防科学技术大学, 2011.

［49］ Yao W, Chen X Q, Zhao Y, et al. Concurrent subspace width optimization method for RBF neural network modeling［J］. IEEE Transactions on Neural Networks and Learning Systems, 2011, 23（2）: 247-259.

第 5 章

基于深度学习的近似方法

为有效解决传统近似方法面临的高维非线性拟合难题,引入以深度学习为代表的先进机器学习方法构建多学科近似模型。本章首先从深度学习方法概述入手,对基本概念和训练方法进行介绍。随后,介绍基于数据驱动的深度学习近似方法,通过图像回归网络对物理场预测问题进行建模和应用,展示了该方法的有效性。为融合物理知识提高小样本数据下的建模效果,进一步介绍了基于内嵌物理知识的深度学习近似方法,主要包括基于内嵌物理知识全连接神经网络和卷积神经网络的近似方法,并通过算例进行分析说明。最后,考虑到基于深度学习的近似方法中存在模型不确定性等问题,介绍了 MC-Dropout 和 Deep Ensemble 两种不确定性量化方法,并给出了验证算例。

5.1 深度学习方法概述

深度神经网络具有万能逼近性质和高效计算的特点,发展基于深度学习的近似技术能够克服传统近似建模难以处理的"维数灾难"和高维变量回归挑战,为缓解飞行器多学科设计优化计算复杂性难题提供了一种有效手段。本节主要介绍深度学习中两种常用神经网络模型,即全连接神经网络与卷积神经网络,并对神经网络的训练进行简要介绍。

5.1.1 全连接神经网络

全连接神经网络(Fully-Connected Neural Network,FC-NN)是最朴素

的神经网络，一般包括一个输入层、一个或多个隐藏层、一个输出层。典型的两层 FC-NN 如图 5.1 所示，该网络输入为 $x \in \mathbf{R}^d$，隐藏层权重参数和偏差参数分别为 $W_1 \in \mathbf{R}^{k \times d}$ 和 $b_1 \in \mathbf{R}^k$，输出层的权重和偏差分别为 $W_2 \in \mathbf{R}^{q \times k}$ 和 $b_2 \in \mathbf{R}^q$，按如下线性操作的计算方式得到隐藏层输出 $h \in \mathbf{R}^k$ 和网络输出 $\hat{y} \in \mathbf{R}^q$ 分别为

$$\begin{aligned} h &= W_1 x + b_1 \\ \hat{y} &= W_2 h + b_2 \end{aligned} \tag{5.1}$$

将式（5.1）联立起来，可以得到

$$\begin{aligned} \hat{y} &= W_2(W_1 x + b_1) + b_2 \\ &= W_2 W_1 x + W_2 b_1 + b_2 \end{aligned} \tag{5.2}$$

从式（5.2）可以看出，虽然引入了隐藏层，但只包含线性操作的两层 FC-NN 仍等价于单层神经网络。为了发挥多层架构的潜力，需对每个隐藏层变量应用非线性激活函数 $\varphi(\cdot)$，使得 FC-NN 不会退化成线性模型，此时的网络输出可以重新表示为

$$\begin{aligned} h &= \varphi(W_1 x + b_1) \\ \hat{y} &= W_2 h + b_2 \end{aligned} \tag{5.3}$$

更深层的 FC-NN 可以在此基础上对每层叠加线性操作和非线性激活函数，加强网络的表达能力。

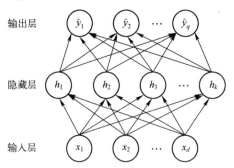

图 5.1　单隐藏层的全连接神经网络

5.1.2　卷积神经网络

卷积神经网络（Convolutional Neural Network，CNN）是一类强大的、为处理图像数据而设计的神经网络。其需要的参数少于全连接神经网络，除了能够高效地采样从而获得精确的模型，还能够高效地计算。常见的卷

积神经网络包括输入层、卷积层、池化层、全连接层以及输出层。

（1）输入层。输入层是整个神经网络的输入，在处理图像的卷积神经网络中，它代表了一张图片的三维像素张量。彩色图像具有标准的 RGB 通道来代表红、绿和蓝，三维张量的长和宽表示图像的大小，而三维张量的深度代表了图像的三个色彩通道。

（2）卷积层。卷积层由若干卷积单元组成，每个卷积单元通过卷积核对输入进行卷积运算从而提取特征。一个简单的卷积运算如图 5.2 所示，输入为 3×3 的二维数组，通过 2×2 的卷积核对其计算得到输出，阴影部分为第一个输出元素，其计算方式为 0×0+1×1+3×2+4×3 = 19，其余输出元素计算方式类似。单个卷积层只能提取一些低级的特征（如边缘和线条），多个卷积层能从低级特征中提取更复杂的特征。

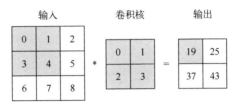

图 5.2　卷积运算操作示意图

（3）池化层。同卷积层一样，池化层每次对输入数据的一个固定形状窗口（池化窗口）中的元素计算得到输出。不同于卷积层里对输入进行卷积运算，池化层直接计算池化窗口内的最大值或平均值。该运算也分别叫作最大池化或平均池化。池化窗口形状为 2×2 的最大池化，如图 5.3 所示，第一个输出元素（阴影部分）由最大值运算得到，即 max(0,1,2,3,4)= 4，其余输出元素计算方式类似。

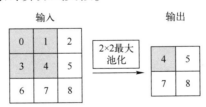

图 5.3　池化窗口形状为 2×2 的最大池化

（4）全连接层。全连接层具体定义可参考 5.1.1 节中全连接神经网络。在卷积神经网络中，输入经过多轮卷积层和池化层处理后，在卷积神经网络的最后一般会由一到两个全连接层来给出最后的预测结果。

（5）输出层。对于图像分类，输出层一般采用 softmax 操作，可以得到当前样本属于不同种类的概率分布情况。

5.1.3 神经网络的训练

在神经网络模型结构确定后，通过在训练数据集上训练，可使其学习输入到输出的映射关系，从而建立基于深度学习的近似模型。神经网络的训练过程可以简单描述为：在模型参数初始化后，前向传播根据模型参数预测得到给定数据样本下的输出，计算损失函数值，然后反向传播通过链式法则计算损失函数关于模型参数的梯度，最后基于反向传播的梯度下降优化算法不断迭代更新模型参数以降低损失函数值。当迭代终止时，模型参数也固定下来。下面以 FC-NN 为例，对前向传播、反向传播和梯度下降优化算法分别进行介绍。

1. 前向传播

前向传播指的是按顺序（从输入层到输出层）计算和存储神经网络中每层的结果。假设输入样本为 $x \in \mathbf{R}^d$，隐藏层权重和偏差分别为 $W_1 \in \mathbf{R}^{k \times d}$ 和 $b_1 \in \mathbf{R}^k$，隐藏层中间变量为

$$z = W_1 x + b_1 \tag{5.4}$$

中间变量 $z \in \mathbf{R}^k$ 通过激活函数 $\varphi(\cdot)$ 后，得到隐藏层变量 $h \in \mathbf{R}^k$：

$$h = \varphi(z) \tag{5.5}$$

假设输出层权重和偏差分别为 $W_2 \in \mathbf{R}^{q \times k}$ 和 $b_2 \in \mathbf{R}^q$，可以得到输出层变量 $\hat{y} \in \mathbf{R}^q$：

$$\hat{y} = W_2 h + b_2 \tag{5.6}$$

假设损失函数为 $l(\cdot)$，样本标签为 $y \in \mathbf{R}^q$，可以计算给定数据样本下损失函数

$$\mathcal{L} = l(\hat{y}, y) \tag{5.7}$$

式中：常用的损失函数 $l(\cdot)$ 有 L_2 损失、Huber 损失等[1]。

2. 反向传播

反向传播是一种常见的计算神经网络参数梯度的方法。该方法根据微积分中的链式法则，按相反的顺序从输出层到输入层遍历网络，依次计算损失函数关于中间变量以及模型参数的梯度。

假设有函数 $Y=f(X)$ 和 $Z=g(Y)$，其中输入和输出 X、Y、Z 为任意形

状的张量。利用链式法则，可以计算 Z 关于 X 的导数为

$$\frac{\partial Z}{\partial X} = \text{prod}\left(\frac{\partial Z}{\partial Y}, \frac{\partial Y}{\partial X}\right) \tag{5.8}$$

式中：运算符 prod 表示根据两个输入的形状，在执行必要的操作（如转置或互换输入位置）后对两个输入进行乘法运算。

为计算损失函数关于模型参数 W_1、W_2 的梯度 $\partial \mathcal{L}/\partial W_1 \in \mathbf{R}^{k \times d}$ 和 $\partial \mathcal{L}/\partial W_2 \in \mathbf{R}^{q \times k}$，应用链式法则，依次计算每个中间变量和参数的梯度。其计算顺序与前向传播中执行的顺序相反，第一步是计算最接近输出层的模型参数的梯度 $\partial \mathcal{L}/\partial W_2$，使用链式法则可得到

$$\frac{\partial \mathcal{L}}{\partial W_2} = \text{prod}\left(\frac{\partial \mathcal{L}}{\partial \hat{y}}, \frac{\partial \hat{y}}{\partial W_2}\right) = \frac{\partial \mathcal{L}}{\partial \hat{y}} \boldsymbol{h}^\text{T} \tag{5.9}$$

沿着输出层到隐藏层继续反向传播，隐藏层变量的梯度 $\partial \mathcal{L}/\partial \boldsymbol{h} \in \mathbf{R}^k$ 由下式给出：

$$\frac{\partial \mathcal{L}}{\partial \boldsymbol{h}} = \text{prod}\left(\frac{\partial \mathcal{L}}{\partial \hat{y}}, \frac{\partial \hat{y}}{\partial \boldsymbol{h}}\right) = \boldsymbol{W}_2^\text{T} \frac{\partial \mathcal{L}}{\partial \hat{y}} \tag{5.10}$$

由于激活函数 $\varphi(\cdot)$ 是按元素计算，计算中间变量 $\boldsymbol{z}$ 的梯度 $\partial \mathcal{L}/\partial \boldsymbol{z} \in \mathbf{R}^k$ 需要使用元素乘法运算符 $\odot$：

$$\frac{\partial \mathcal{L}}{\partial \boldsymbol{z}} = \text{prod}\left(\frac{\partial \mathcal{L}}{\partial \boldsymbol{h}}, \frac{\partial \boldsymbol{h}}{\partial \boldsymbol{z}}\right) = \frac{\partial \mathcal{L}}{\partial \boldsymbol{h}} \odot \varphi'(\boldsymbol{z}) \tag{5.11}$$

最后，根据链式法则得到最接近输入层的模型参数的梯度 $\partial \mathcal{L}/\partial W_1$：

$$\frac{\partial \mathcal{L}}{\partial W_1} = \text{prod}\left(\frac{\partial \mathcal{L}}{\partial \boldsymbol{z}}, \frac{\partial \mathcal{L}}{\partial W_1}\right) = \frac{\partial \mathcal{L}}{\partial \boldsymbol{z}} \boldsymbol{x}^\text{T} \tag{5.12}$$

3. 基于反向传播的梯度下降优化算法

神经网络训练一般通过梯度下降优化算法更新参数。具体地，基于反向传播得到模型参数梯度值，沿着参数梯度下降方向以规定步长更新模型参数，再重复交替进行前向传播、反向传播，更新模型参数。常用的梯度下降优化算法有随机梯度下降算法、Adam 算法等[2]。

5.2 基于数据驱动的深度学习近似方法

物理场预测问题是典型的高维映射问题（上万维乃至百万维），将其建模为图像到图像的回归问题，是一种常用深度学习近似方法。本节重点

对基于数据驱动的图像回归近似方法进行介绍,并通过超高维温度场的近似建模算例对方法应用进行说明。

5.2.1 基于数据驱动的图像回归近似方法

基于数据驱动的图像回归近似方法首先将高维变量间的近似建模任务转换为图像到图像的回归映射问题,然后通过构建特定的深度神经网络模型学习高维数据间的内在物理规律,经过训练后的神经网络模型即可作为近似模型用于推断未知样本点处的响应值(或变量),其具体流程如下。

步骤1:准备训练数据。采用试验设计方法对设计空间进行采样,获取训练样本点,再通过真实物理场仿真(如有限差分仿真)得到相应的响应值作为标签数据,形成训练数据集。

步骤2:构建神经网络模型。将训练数据中的样本点和响应值表示成图像,分别作为网络的输入和输出,再根据输入输出图像特点选用合适的特征提取网络模块构建图像回归神经网络架构。

步骤3:训练神经网络模型。通过定义合适的损失函数对网络预测输出和标签数据之间的误差进行量化,再利用梯度下降优化算法(如随机梯度下降)对模型进行训练,直至满足训练收敛条件,获得高精度的神经网络近似模型。

以飞行器热组件布局到温度场分布的映射问题为例,基于数据驱动的图像回归近似方法流程如图 5.4 所示。训练数据集由不同的组件布局设计方案和其对应的仿真温度场数据构成,根据输入输出数据尺寸构建合适的深度回

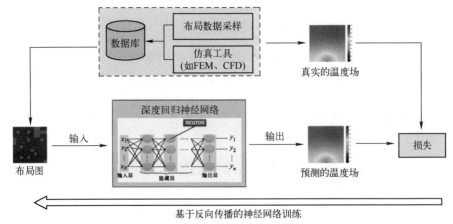

图 5.4 基于数据驱动的图像回归近似方法流程(以温度场预测为例)

归神经网络模型，再利用数据集通过基于反向传播的梯度下降优化算法训练深度回归神经网络模型，学习不同布局图像到温度场图像的映射关系。当模型训练满足精度要求后，给定输入布局能够直接预测得到对应布局下的温度场。

5.2.2 深度回归神经网络架构设计

1. 特征提取网络模块

特征提取网络又被称作主干网络，其作用是提取图片中的信息，生成特征图，供后面的网络模块使用。特征提取网络由于其优异的性能和其结构上的相似性，成为不同网络框架的标准组成部分。不同特征提取网络在性能上存在一定差异，常用的特征提取网络有 AlexNet[3]、VGG16[4] 和残差神经网络[5]（Residual Neural Network，ResNet）等。

2. 图像回归网络架构

图像回归网络架构采用一种常见的预测结构化输出的 Encoder-Decoder 网络架构，通常包含编码器（Encoder）和解码器（Decoder）。根据任务特点可以选择不同编码器和解码器。对于图像回归任务，编码器通过特征提取网络模块对输入图像进行编码，将其特征映射到隐层空间，解码器通过对隐层空间的特征进行解码，获得预测输出。针对不同的编码器和解码器连接形式，研究者提出了不同的图像回归网络架构，如全卷积网络[6]（Fully Convolutional Network，FCN）、SegNet[7]、Unet[8]、特征金字塔网络[9]（Feature Pyramid Network，FPN）等，下面分别介绍。

（1）**FCN**。FCN 网络结构是解决图像到图像回归任务的基础框架，包括下采样的编码部分和上采样的解码部分，其结构如图 5.5 所示。FCN 网

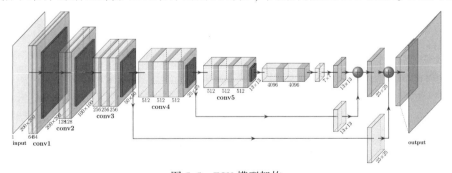

图 5.5 FCN 模型架构

络特点是使用反卷积层对最后一个卷积层的特征图进行上采样，使其输出结果恢复到和输入图像相同尺寸。由于在编码阶段经过多次下采样，特征图尺寸逐渐变小，空间信息会有一定丢失，FCN 在解码阶段通过上采样方式扩大特征图分辨率，同时通过跳跃连接架构融合其他卷积层的特征，将深层、粗糙层的语义信息和浅层、精细层的细节信息相结合，恢复下采样过程中丢失的部分空间信息。此外，FCN 还采用了多尺度特征获得更大的感受野，能够做出更准确的预测。

（2）**SegNet**。SegNet 也是一种全卷积的 Encoder-Decoder 结构，与 FCN 不同的是，SegNet 没有连接浅层信息的跳跃结构。在 SegNet 中，编码器由一组下采样层和卷积层组成，解码器与编码器的架构一致且成对称分布，其结构如图 5.6 示。SegNet 网络特点在于使用反池化的结构，获取编码器中最大池化的索引，然后解码器利用索引计算对应编码器的非线性上采样结果，从而省去上采样的学习过程。在解码器中使用反池化对特征图进行上采样，能够保持高频细节的完整性（即下采样时记录了采样值位置信息，上采样时再填充到该位置），但是对于低分辨率的特征图进行反池化时，会忽略邻近信息。

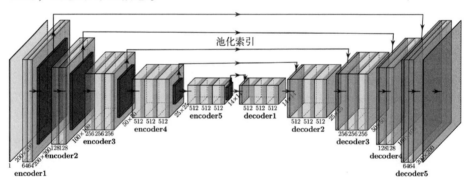

图 5.6　SegNet 网络架构

（3）**Unet**。Unet 是另一种基于 Encoder-Decoder 结构的回归框架，其结构如图 5.7 所示。与 SegNet 类似，Unet 架构由编码器和对称解码器组成。此外，在 Unet 中也使用了如 FCN 中一样的跳跃连接架构，将下采样的特征图与相应上采样特征图相结合。Unet 最大特点在于通过 U 形结构将编码器的特征图拼接至解码器每个上采样阶段的特征图，使得解码器在每个阶段都可以学习到编码器下采样中的相关特征。Unet 的独特结构可有效捕捉输入图像的各类信息，减少下采样所带来的信息损失。

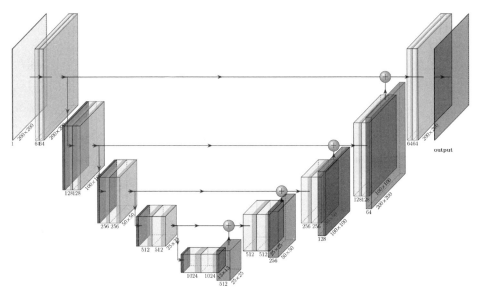

图 5.7 Unet 网络架构

（4）**FPN**。FPN 是一种特殊类型的 Encoder-Decoder 结构，其网络架构如图 5.8 所示。FPN 网络架构由三部分组成：自下而上路径、自上而下

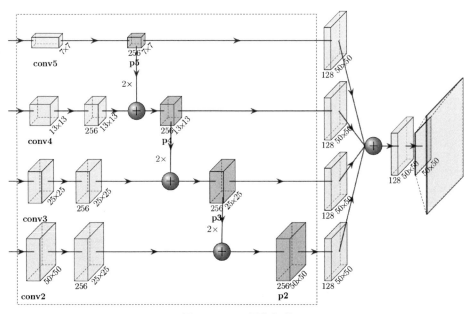

图 5.8 FPN 网络架构

路径和横向连接。自下而向上路径通过下采样计算得到由多个尺度特征图组成的特征层次结构,而自上而下路径则是通过上采样将低分辨率特征转换为更高分辨率特征,横向连接将自下而上和自上而下路径中相同空间尺寸的特征图合并,以组合出高级和低级语义信息。通过这些简单的连接,FPN 可以在不用消耗大量计算和内存的情况下充分利用多尺度信息,实现较为准确的预测。

5.2.3 算例分析

1. 问题描述与方法求解

在设计飞行器舱内热组件/设备布局时,通常需要充分考虑散热性能要求。热学科性能分析如果采用有限差分等数值仿真方法进行温度场计算,在优化过程中反复调用会耗费大量计算资源,导致优化设计成本巨大。为了解决这一难题,利用基于数据驱动的深度学习近似方法构建温度场分析代理模型,以此取代传统仿真模型计算,能够有效降低计算成本。考虑如图 5.9 所示的二维矩形导热板,板片通过底边小孔与外界环境进行热交换,其他边界绝热。在给定布局区域内摆放一定数量的热源组件,不同的组件布局方案会导致不同的温度场分布。整个区域的稳态温度场满足二维热传导方程

$$\frac{\partial}{\partial x}\left(k\frac{\partial T}{\partial x}\right)+\frac{\partial}{\partial y}\left(k\frac{\partial T}{\partial y}\right)+\phi(x,y)=0 \tag{5.13}$$

边界条件:$T=T_0$ 或 $k\left(\frac{\partial T}{\partial \boldsymbol{n}}\right)=0$

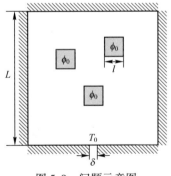

图 5.9 问题示意图

式中：k 为布局区域的导热系数；$\phi(x,y)$ 为描述热源强度的分布函数；T_0 为恒温边界的温度值；n 为布局边界的外法向量。

根据图 5.4 所示方法流程，首先在布局设计空间中采样得到不同布局方案，采用有限差分法求解式（5.13）所示偏微分方程，得到相应温度场，形成训练数据集。然后将温度场预测任务转化为布局方案（图像）到对应温度场（图像）的回归任务，利用本节介绍的深度回归网络模型，学习不同布局到对应温度场的映射关系，实现对温度场的预测（针对该方法的详细介绍可参考文献［10］）。

2. 结果讨论

基于 FPN-ResNet18 近似模型的一组预测结果如图 5.10 所示，其中，从左到右分别表示热组件布局、真实温度场、预测温度场以及误差图。结果表明，FPN-ResNet18 在测试布局上具有较好的预测能力，预测温度场与真实温度场非常接近。为比较不同近似模型的计算效率，模型参数量和模型单次推断时间如表 5.1 所示，其中，参数量单位为百万，最后两列表示模型在 CPU 和 GPU 上的单次推断时间。从表中可以看出，即使在参数最

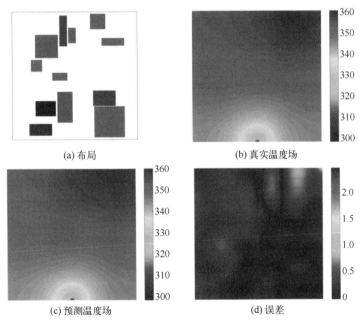

图 5.10　基于 FPN-ResNet18 的预测结果图（见彩图）

大数量为 4510 万的 FPN-ResNet101 中，近似模型在 CPU 或 GPU 上的计算耗时都不超过 1s，充分说明了近似模型的计算效率优势。此外，GPU 上的推断时间比 CPU 能够减少至少一个数量级，进一步提升预测实时性。

表 5.1　不同近似模型的参数量以及在 CPU 和 GPU 上的单次推断时间

模型	参数量/M	CPU 上/ms	GPU/ms
FCN-AlexNet	5.3	10.8	1.4
FCN-VGG	18.8	54.4	2.2
FCN-ResNet	15.2	19.6	3.3
SegNet-AlexNet	4.9	21.6	2.3
SegNet-VGG	29.5	76.2	4.5
SegNet-ResNet	20.1	141.1	5.2
FPN-ResNet18	13.1	24.2	4.1
FPN-ResNet50	26.1	50.2	7.7
FPN-ResNet101	45.1	76.8	13.3
Unet	31.0	134.5	6.0

5.3　基于内嵌物理知识的深度学习近似方法

基于数据驱动的深度学习近似方法通常需要大量标签数据进行训练，当面对小样本数据甚至没有数据的情况，难以实现好的预测性能。基于内嵌物理知识的深度学习近似方法，通过在近似模型构建和训练中引入控制方程等物理知识，能够结合物理知识驱动和数据驱动的优势，减少对数据的依赖，提高模型的可解释性。与纯数据驱动的深度学习近似方法相比，基于内嵌物理知识的深度学习近似方法在较少甚至没有标签数据条件下具有更强的适用性和泛化性。本节主要介绍基于内嵌物理知识的全连接神经网络和卷积神经网络两种近似方法，并通过算例进行分析验证。

5.3.1　基于内嵌物理知识全连接神经网络的近似方法

近似建模广泛用于物理场响应分析，物理场通常由含参数的偏微分方程（Partial Differential Equation，PDE）描述。考虑如下由含参 PDE 所描述的物理系统，控制方程的解为 $u(\boldsymbol{x},\boldsymbol{\lambda})$，$\boldsymbol{x}=[x_1,x_2,\cdots,x_d]^T$，$\boldsymbol{\lambda}$ 为系统参数，求解区域为 $\Omega \subset \mathbf{R}^d$，表达式为

$$f(\boldsymbol{u},\nabla\boldsymbol{u},\cdots,\nabla^n\boldsymbol{u};\boldsymbol{\lambda})=0 \quad (\boldsymbol{x}\in\Omega) \tag{5.14}$$

此外，方程需要满足以下的边界条件（Boundary Condition，BC）：

$$\mathcal{B}(\boldsymbol{u},\nabla\boldsymbol{u},\cdots,\nabla^n\boldsymbol{u};\boldsymbol{\lambda})=0 \quad (\boldsymbol{x}\in\partial\Omega) \tag{5.15}$$

式中：$\partial\Omega$ 为边界区域；∇ 为梯度算子。

为构建式（5.14）和式（5.15）所示物理系统的近似模型，Raissi 等[11]提出了内嵌物理知识全连接神经网络方法。该方法利用 PDE 残差构建 FC-NN 的损失函数，能够实现利用物理方程辅助神经网络模型训练。此外，一些研究使用内嵌物理知识 FC-NN 建立含参 PDE 解的近似模型，学习方程参数到方程解的映射，已成功应用于解决稳态热方程中的有效不确定性传播等问题[12-13]。

基于内嵌物理知识全连接神经网络的近似方法利用 FC-NN 的逼近能力近似物理系统 PDE 方程的解，并结合自动微分技术将控制方程这一物理先验用于构建神经网络训练的损失函数，从而将求解 PDE 方程变成一个最小化损失函数的优化问题，通过梯度下降优化算法最小化损失函数训练模型，约束可行解的空间，最终得到 PDE 方程解的近似模型。

基于内嵌物理知识全连接神经网络的近似方法示意图如图 5.11 所示，其具体流程如下。

步骤 1：定义一个输出为 $\hat{u}(\boldsymbol{x},\boldsymbol{\lambda};\boldsymbol{\theta})$ 的 FC-NN，其中参数 $\boldsymbol{\theta}$ 为网络中权重和偏差等参数。然后，将 $\hat{u}(\boldsymbol{x},\boldsymbol{\lambda};\boldsymbol{\theta})$ 作为 PDE 解 $u(\boldsymbol{x},\boldsymbol{\lambda})$ 的近似模型。

步骤 2：定义网络输出 $\hat{u}(\boldsymbol{x},\boldsymbol{\lambda};\boldsymbol{\theta})$ 的残差约束以及标签数据约束，利用上述约束构建损失函数以满足 PDE、边界条件以及标签数据。其中，定义满足标签数据约束的训练点 $\mathcal{T}_{\text{data}}\subset\Omega$、满足边界条件的训练点 $\mathcal{T}_b\subset\partial\Omega$，以

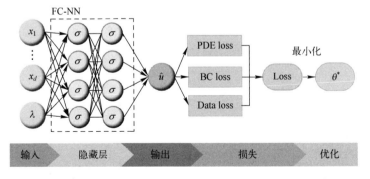

图 5.11 基于内嵌物理知识全连接神经网络的近似方法示意图

及满足 PDE 的训练点 $\mathcal{T}_f \subset \Omega$，$\mathcal{T}_b$ 和 $\mathcal{T}_f$ 训练点通常通过随机采样或者选择均匀划分网格节点获取，总的损失函数定义为

$$\mathcal{L}(\boldsymbol{\theta}) = w_f \mathcal{L}_f(\boldsymbol{\theta}) + w_b \mathcal{L}_b(\boldsymbol{\theta}) + w_{\text{data}} \mathcal{L}_{\text{data}}(\boldsymbol{\theta}) \tag{5.16}$$

式中：

$$\mathcal{L}_f(\boldsymbol{\theta}) = \frac{1}{|\mathcal{T}_f|} \sum_{\boldsymbol{x} \in \mathcal{T}_f} \|f(\hat{\boldsymbol{u}}, \nabla \hat{\boldsymbol{u}}, \cdots, \nabla^n \hat{\boldsymbol{u}}; \boldsymbol{\lambda})\|^2$$

$$\mathcal{L}_b(\boldsymbol{\theta}) = \frac{1}{|\mathcal{T}_b|} \sum_{\boldsymbol{x} \in \mathcal{T}_b} \|\mathcal{B}(\hat{\boldsymbol{u}}, \nabla \hat{\boldsymbol{u}}, \cdots, \nabla^n \hat{\boldsymbol{u}}; \boldsymbol{\lambda})\|^2 \tag{5.17}$$

$$\mathcal{L}_{\text{data}}(\boldsymbol{\theta}) = \frac{1}{|\mathcal{T}_{\text{data}}|} \sum_{\boldsymbol{x} \in \mathcal{T}_{\text{data}}} \|\hat{\boldsymbol{u}} - \boldsymbol{u}_{\text{data}}\|^2$$

w_f、w_b 和 w_{data} 为权重参数；$\boldsymbol{u}_{\text{data}}$ 为标签数据；输出变量对输入变量的偏导数 ($\nabla \hat{\boldsymbol{u}}, \nabla^2 \hat{\boldsymbol{u}}, \cdots, \nabla^n \hat{\boldsymbol{u}}$) 直接利用神经网络自动求导计算。

步骤 3：采用梯度下降优化算法最小化损失函数，训练 FC-NN 得到含参 PDE 方程解的近似模型。

5.3.2 基于内嵌物理知识卷积网络的近似方法

内嵌物理知识 FC-NN 方法在求解含参 PDE 方程上取得了一些成功，但对于参数多、维度高的复杂问题，内嵌物理知识 FC-NN 方法的训练成本将显著增加。例如在建立高维近似模型时，内嵌物理知识 FC-NN 方法需要在高维输入空间中采样大量点计算 PDE 残差，带来了巨大的计算成本。与 FC-NN 相比，CNN 中的卷积操作通过局部连接参数共享，大大减少网络参数量，提高了网络推断效率，因此 CNN 更有利于解决大规模高维问题的近似建模[14]。

考虑由式（5.14）和式（5.15）中含参 PDE 所描述的物理系统，系统中的参数 $\boldsymbol{\lambda}$ 为变量。基于内嵌物理知识 FC-NN 的近似方法学习点到点的映射，基于内嵌物理知识卷积网络的近似方法则学习图像到图像的映射关系，其具体流程如下。

步骤 1：定义求解域 Ω 上的近似离散解 $\boldsymbol{u}(\boldsymbol{x}, \boldsymbol{\lambda})$ 的 CNN 模型，

$$\boldsymbol{u}(\boldsymbol{x}, \boldsymbol{\lambda}) \approx \boldsymbol{u}^{\text{cnn}}(\boldsymbol{x}, \boldsymbol{\lambda}; \boldsymbol{\Gamma}) \tag{5.18}$$

式中：$\boldsymbol{x}$ 为描述求解域形状的固定网格点坐标集合；$\boldsymbol{\lambda}$ 为系统中可变参数（如热布局问题中热源强度分布）；$\boldsymbol{\Gamma} = \{\boldsymbol{\gamma}^l\}_{l=1}^{n_l}$ 为一组卷积运算。CNN 模型

的输入 $\boldsymbol{x}$ 以及参数 $\boldsymbol{\lambda}$,可以描述为多个通道的图像,此外参数 $\boldsymbol{\lambda}$ 可应用于物理损失项的构建。

步骤 2:定义训练集 $\{(\boldsymbol{x}_i, \boldsymbol{\lambda}_i), \boldsymbol{u}_i^d\}_{i=1}^{n_d}$ 上的损失函数。与基于数据驱动的深度学习近似方法相比,基于内嵌物理知识卷积神经网络的近似方法在原有 CNN 的损失函数基础上增加残差项,其损失函数为

$$\mathcal{L} = w_f \mathcal{L}_f + w_b \mathcal{L}_b + w_{\text{data}} \mathcal{L}_{\text{data}} \tag{5.19}$$

式中:

$$\mathcal{L}_f = \sum_{i=1}^{n_d} \|f(\boldsymbol{u}^{\text{cnn}}, \nabla \boldsymbol{u}^{\text{cnn}}, \cdots, \nabla^n \boldsymbol{u}^{\text{cnn}}; \boldsymbol{\lambda}_i)\|^2$$

$$\mathcal{L}_b = \sum_{i=1}^{n_d} \|\mathcal{B}(\boldsymbol{u}^{\text{cnn}}, \nabla \boldsymbol{u}^{\text{cnn}}, \cdots; \boldsymbol{\lambda}_i)\|^2 \tag{5.20}$$

$$\mathcal{L}_{\text{data}} = \sum_{i=1}^{n_d} \|\boldsymbol{u}^{\text{cnn}}(\boldsymbol{x}_i, \boldsymbol{\lambda}_i; \Gamma) - \boldsymbol{u}_i^d(\boldsymbol{x}_i)\|^2$$

w_f、w_b 和 w_{data} 为权重参数;空间导数项(如 $\nabla \boldsymbol{u}^{\text{cnn}}$、$\nabla^2 \boldsymbol{u}^{\text{cnn}}$)为有限差分形式的离散微分算子,其中不同阶数的差分格式可以采用不同卷积操作快速计算。例如,一阶导数的四阶差分格式为:

$$\begin{aligned}\frac{\partial u}{\partial x_1} &= \frac{-u_{x_1+2\delta x_1, x_2} + 8u_{x_1+\delta x_1, x_2} - 8u_{x_1-\delta x_1, x_2} + u_{x_1-2\delta x_1, x_2}}{12\delta x_1} + O((\delta x_1)^4) \\ \frac{\partial u}{\partial x_2} &= \frac{-u_{x_1, x_2+2\delta x_2} + 8u_{x_1, x_2+\delta x_2} - 8u_{x_1, x_2-\delta x_2} + u_{x_1, x_2-2\delta x_2}}{12\delta x_2} + O((\delta x_2)^4)\end{aligned} \tag{5.21}$$

$\partial/\partial x_1$ 运算可以表示为如图 5.12 所示的卷积操作。

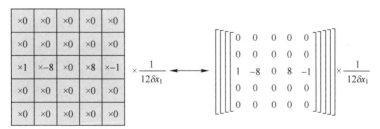

图 5.12 基于差分形式的偏导数 $(\partial/\partial x_1)$ 的卷积表示

对于边界条件,一般如式(5.20)形式在损失函数中施加边界约束。此外,还可以通过在预测结果的边界填充特定值的方式施加约束。如图 5.13 所示,在 Dirichlet 边界处施加常数填充,使边界处的值在训练过

程中保持不变。对于 Neumann 边界，填充值通过有限差分由内部节点的解确定，虽然填充值随着训练过程不断变化，但严格满足 Neumann 边界定义的关系。

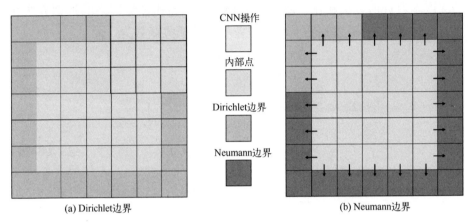

图 5.13　通过填充施加的边界约束示意图

步骤 3：采用梯度下降优化算法最小化损失函数 $\mathcal{L}$，训练卷积网络得到不同系统参数 λ 下控制方程解的近似模型。

5.3.3　算例分析

1. 问题描述与方法求解

以 5.2.3 节中的温度场布局任务为例，利用基于内嵌物理知识卷积网络的近似方法学习不同布局到对应温度场的映射关系，采用 Unet 作为基本的 CNN 网络框架，内嵌物理知识 Unet（Physics Informed Unet，PI-Unet）结构如图 5.14 所示。本小节算例基于 PI-Unet 的近似方法没有使用标签数据，仅通过物理知识驱动模型训练。关于基于 PI-Unet 的近似方法详细描述可参考文献 [15]。

2. 结果讨论

PI-Unet 和纯数据驱动的 Unet 对比结果如图 5.15 所示，其中横坐标 MAE、CMAE、Max-AE 和 MT-AE 分别表示绝对值误差、布局组件区域内的误差、整个区域内的最大误差以及区域最高温度的绝对误差。每个指标对应的柱状图从左至右分别表示 PI-Unet、不同数量样本下 Unet 的结果。实验结果显示，PI-Unet 的预测精度接近利用 4000 个标签数据训练的 Unet 模型，充分验证了物理知识嵌入的有效性。

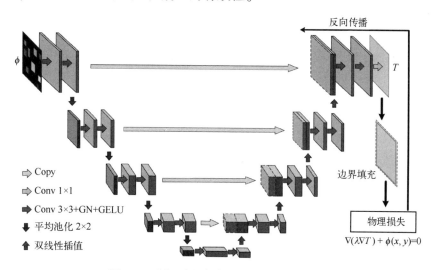

图 5.14　用于布局任务的 PI-Unet 网络结构

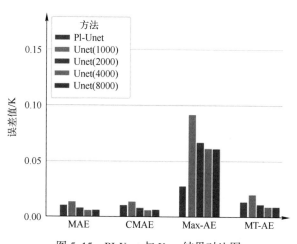

图 5.15　PI-Unet 与 Unet 结果对比图

PI-Unet 的预测结果如图 5.16 所示。结果表明，神经网络预测结果与有限差分计算的真实温度场非常接近。此外，与有限差分等数值方法相比，深度神经网络在预测时不需要对问题进行重新求解，可以直接实现布局到温度场的预测，从而大大减少推断时间。

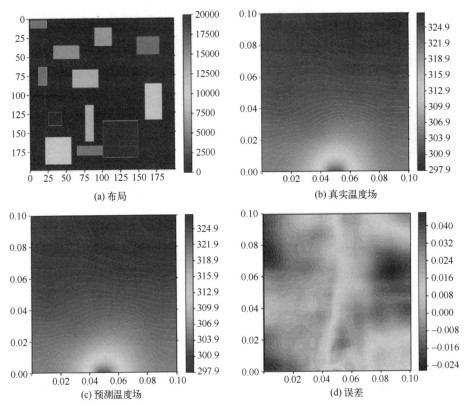

图 5.16　PI-Unet 的预测结果图（见彩图）

5.4　基于深度学习的近似模型不确定性量化方法

在基于深度学习的近似方法中，往往同时存在标签数据误差导致的数据不确定性，以及模型学习不足导致的模型不确定性。本节主要介绍如何量化深度学习模型不确定性，重点对 MC-Dropout 和 Deep Ensemble 两种方法进行阐述，并结合算例进行分析。

5.4.1　基于 MC-Dropout 的不确定性量化方法

Gal 等[16]首次提出了蒙特卡洛丢弃（Monte Carlo Dropout，MC-Dropout）法，该方法在神经网络预测时保持 Dropout 层打开，然后对同一个输入重复预测多次，最后统计预测结果的均值与方差，将均值作为最终的预测结果，方差作为深度学习模型不确定性。Dropout 也用于应对神经网络过拟合问题，使模型的泛化性变强，避免过于依赖某些局部特征。

本小节以一个简单的单隐藏层全连接神经网络（图 5.17）为例，对 MC-Dropout 方法进行详细介绍。其中，输入层包含 4 个神经元，隐藏层包含 5 个神经元，隐藏层隐藏单元 $h_i(i=1,2,\cdots,5)$ 的计算表达式为

$$h_i = \varphi(x_1 w_{1i} + x_2 w_{2i} + x_3 w_{3i} + x_4 w_{4i} + b_i) \tag{5.22}$$

式中：$\varphi(\cdot)$ 为激活函数；$\{x_1, x_2, x_3, x_4\}$ 为输入；隐藏单元 h_i 的权重参数为 $\{w_{1i}, w_{2i}, w_{3i}, w_{4i}\}$；偏差参数为 b_i。

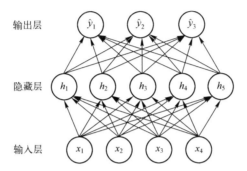

图 5.17 单隐藏层的全连接神经网络

当对该模型隐藏层使用 Dropout 时，该层的隐藏单元将有一定概率被丢弃掉。设丢弃概率为 p，那么隐藏单元 h_i 有 p 的概率被丢弃，有 $1-p$ 的概率被保留。丢弃概率是 Dropout 的超参数。具体地说，设随机变量 ξ_i 为 0 和 1 的概率分别为 p 和 $1-p$。使用 Dropout 时，新的隐藏单元 $h_{i'}$ 可以由原隐藏单元计算得到

$$h_{i'} = \frac{\xi_i}{1-p} h_i \tag{5.23}$$

由于 $E(\xi_i) = 1-p$，因此

$$E(h_{i'}) = \frac{E(\xi_i)}{1-p} h_i = h_i \tag{5.24}$$

即 Dropout 不改变隐藏单元 h_i 的期望值。对图 5.17 中的隐藏层使用 Dropout，一种可能的结果如图 5.18 所示，其中 h_2 和 h_5 被丢弃。这时输出值的计算不再依赖 h_2 和 h_5，在反向传播时，与这两个隐藏单元相关的权重的梯度均为 0。由于在训练中隐藏层神经元被随机丢弃，即 $\{h_1, h_2, \cdots, h_5\}$ 都有可能被清零，输出层的计算无法过度依赖 $\{h_1, h_2, \cdots, h_5\}$ 中的任一个，因此在训练模型时 Dropout 可以用于应对过拟合。

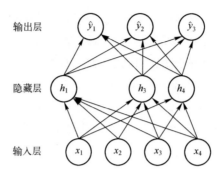

图 5.18 利用 Dropout 之后的全连接神经网络

在模型训练时，MC-Dropout 的表现形式和 Dropout 没有区别，但在模型预测时，传统的神经网络为了得到确定不变的结果，将 Dropout 设置为关闭状态，而利用 MC-Dropout 的神经网络将 Dropout 设置为打开状态。Dropout 设置为打开状态后，就可以对同一个输入进行多次前向传播，这样在 Dropout 随机丢弃的作用下可以得到"不同网络结构"的输出，统计这些输出的均值和方差，即可估计模型的预测结果及不确定性。

由数据集 (X,Y) 训练得到的神经网络模型记为 $f^{\hat{W}}(x)$，在 Dropout 的影响下可得到 T 个"不同网络结构"，其模型参数记为 $\{\hat{W}_1, \hat{W}_2, \cdots, \hat{W}_T\}$。基于 T 个模型对输入 x 的预测结果，利用方差度量模型 $f^{\hat{W}}(x)$ 对预测结果的不确定性，即

$$E(y) = \frac{1}{T}\sum_{t=1}^{T} f^{\hat{W}_t}(x)$$
$$\mathrm{Var} = \frac{1}{T}\sum_{t=1}^{T} f^{\hat{W}_t}(x)^{\mathrm{T}} f^{\hat{W}_t}(x) - E(y)^{\mathrm{T}} E(y) \tag{5.25}$$

方差 Var 越大，模型 $f^{\hat{W}}(x)$ 对预测结果的不确定性越大。

5.4.2 基于 Deep Ensemble 的不确定性量化方法

Lakshminarayanan 等[17]首次提出了深度集成（Deep Ensemble），该方法在实践中只需要对同一神经网络赋予不同的随机初始化参数并训练至收敛。对同一个输入，统计不同神经网络预测输出的均值和方差作为量化指标。其中，均值作为最终的模型预测结果，方差作为神经网络的不确定性。基于 Deep Ensemble 的不确定性量化方法流程如图 5.19 所示，其具体步骤如下。

步骤1：选择需要集成的模型类别，例如 FC-NN 或者 CNN。低维回归任务一般选用 FC-NN，图像分类或者图像到图像的回归任务一般选用 CNN。

步骤2：利用不同的初始化种子对选定的神经网络赋予初值，需要集成多少个神经网络就赋予多少次初值。不同的初值代表着损失函数空间不一样的起始点，利用相应的梯度下降优化算法后便可以获得函数空间中不同的局部极小值。充分利用不同局部极小值的信息便可以得到最终的预测结果和模型对预测结果的不确定性。

步骤3：对于每一个独立的被集成网络，利用全部的数据单独对其进行训练，使每一个神经网络模型都充分学习到数据的特征。将所有模型的输出向量进行平均即可得到最终的预测结果，将所有模型的输出向量求方差或者标准差即可得到模型的不确定性。

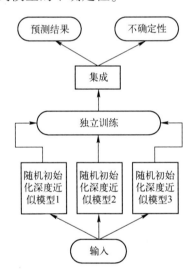

图 5.19 基于 Deep Ensemble 的不确定性量化方法流程

5.4.3 算例分析

1. 问题描述与方法求解

以 5.2.3 节中的温度场预测任务为例，基于深度神经网络的近似模型可以学习不同布局到对应温度场分布的映射关系。利用本节介绍的深度学习模型不确定性量化方法，可以得到近似模型对于温度场预测结果的不确定性，为设计人员提供参考。本算例采用 Unet 作为基本的网络框架。对于 MC-Dropout

方法,训练模型时将 Dropout 结构的丢弃率 p 设置为 0.1,量化不确定性时的采样次数设置为 30;对于 Deep Ensemble 方法,集成网络数量设置为 5。

2. 结果讨论

Deep Ensemble 和 MC-Dropout 方法量化不确定性的结果如图 5.20 所示。

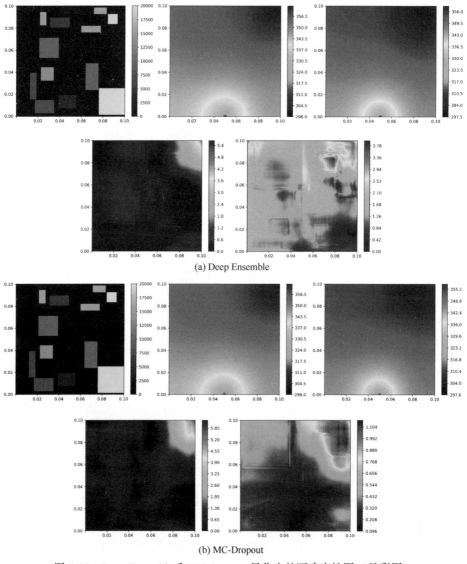

图 5.20　Deep Ensemble 和 MC-Dropout 量化出的不确定性图(见彩图)

依次为输入布局、真实温度场、预测温度场、预测误差和不确定性。通过对比预测误差图和不确定性估计图可以发现，神经网络预测结果误差较大的区域与模型不确定性较大的区域较为一致，说明两种量化方法给出的模型不确定性估计，可以在无真实标签的情况下，较好反映模型预测的误差分布趋势，为近似模型的预测结果提供更多可参考的信息。

5.5 小　　结

近似方法是飞行器多学科设计优化的重要研究内容，本章对基于深度学习的近似方法进行了系统介绍。首先，介绍了常用的全连接神经网络和卷积神经网络两类模型，并简要介绍了神经网络训练方法。其次，为有效解决传统近似方法所面临的高维变量回归难题，介绍了基于数据驱动的深度学习近似方法，重点对几种深度回归网络框架进行了介绍，并通过热布局到温度场预测的回归算例进行了说明。再次，针对小样本数据情况，介绍了基于内嵌物理知识的深度学习近似方法，该方法能够结合数据驱动和物理知识驱动的优势，减少对数据量的依赖，使模型预测效果更好、可解释更强。最后，针对深度学习近似模型中存在模型不确定性，介绍了 MC-Dropout 和 Deep Ensemble 两种不确定性量化方法，能够有效辅助分析近似模型的误差分布趋势，进而为设计优化过程中的近似模型合理与可信应用提供支撑。

---------------------------------- 参考文献 ----------------------------------

［1］ Wang Q, Ma Y, Zhao K, et al. A comprehensive survey of loss functions in machine learning［J］. Annals of Data Science, 2022, 9（2）: 187-212.

［2］ Mustapha A, Mohamed L, Ali K. An overview of gradient descent algorithm optimization in machine learning: Application in the ophthalmology field［C］//International Conference on Smart Applications and Data Analysis. Cham: Spring, 2020: 349-359.

［3］ Krizhevsky A, Sutskever I, Hinton G E. Imagenet classification with deep convolutional neural networks［J］. Advances in Neural Information Processing Systems, 2012, 25: 1097-1105.

［4］ Simonyan K, Zisserman A. Very deep convolutional networks for large-scale image recognition［J］. arXiv preprint arXiv: 1409.1556, 2014.

［5］ He K, Zhang X Y, Ren S Q, et al. Deep residual learning for image recognition［C］//Proceedings of the IEEE Conference on Computer Vision and Pattern Recognition. Las Vegas, NV, USA: IEEE, 2016: 770-778.

[6] Long J, Shelhamer E, Darrell T. Fully convolutional networks for semantic segmentation [C]//Proceedings of the IEEE Conference on Computer Vision and Pattern Recognition. 2015: 3431-3440.

[7] Badrinarayanan V, Kendall A, Cipolla R. Segnet: a deep convolutional encoder-decoder architecture for image segmentation [J]. IEEE Transactions on Pattern Analysis and Machine Intelligence, 2017, 39(12): 2481-2495.

[8] Ronneberger O, Fischer P, Brox T. U-net: convolutional networks for biomedical image segmentation [C]//International Conference on Medical Image Computing and Computer-assisted Intervention. Cham: Springer, 2015: 234-241.

[9] Lin T Y, Dollár P, Girshick R, et al. Feature pyramid networks for object detection [C]//Proceedings of the IEEE Conference on Computer Vision and Pattern Recognition. Houolulu, HI, USA: IEEE, 2017: 2117-2125.

[10] Chen X Q, Zhao X Y, Gong Z Q, et al. A deep neural network surrogate modeling benchmark for temperature field prediction of heat source layout [J]. Science China Physics, Mechanics & Astronomy, 2021, 64(11): 1-30.

[11] Raissi M, Wang Z, Triantafyllou M S, et al. Deep learning of vortex-induced vibrations [J]. Journal of Fluid Mechanics, 2019, 861: 119-137.

[12] Nabian M A, Meidani H. A deep learning solution approach for high-dimensional random differential equations [J]. Probabilistic Engineering Mechanics, 2019, 57: 14-25.

[13] Karumuri S, Tripathy R, Bilionis I, et al. Simulator-free solution of high-dimensional stochastic elliptic partial differential equations using deep neural networks [J]. Journal of Computational Physics. 2020, 404: 109120.

[14] Zhu Y H, Zabaras N, Koutsourelakis P S, et al. Physics-constrained deep learning for high-dimensional surrogate modeling and uncertainty quantification without labeleddata [J]. Journal of Computational Physics, 2019, 394: 56-81.

[15] Zhao X Y, Gong Z Q, Zhang Y Y, et al. Physics-informed convolutional neural networks for temperature field prediction of heat source layout without labeled data [J]. arXiv preprint arXiv: 2109.12482, 2021.

[16] Gal Y. Uncertainty in deep learning [D]. Cambridge: University of Cambridge, 2016.

[17] Lakshminarayanan B, Pritzel A, Blundell C. Simple and scalable predictive uncertainty estimation using deep ensembles [J]. Advances in Neural Information Processing Systems, 2017, 30: 6402-641.

第 6 章

序贯近似方法

第 4 章和第 5 章介绍了部分近似方法,近似方法用于建模主要有两种实现方法:①单步法。通过进行一次试验设计和抽样,获取所需样本点并以此构造近似模型。该算法需要预先确定训练样本点数,如果数目太大则需要巨大计算资源获取样本,太小则无法保证近似模型精度,目前还没有通用的方法用于解决如何合理确定训练样本点数的问题。②序贯法。首先通过试验设计获取一组数量较少的初始样本点集并构造近似模型,其次分析当前样本点集分布特征和近似模型特征,根据一定策略增加新的样本点并更新近似模型,重复前述序贯加点和更新模型步骤直至满足终止条件(如达到预定精度要求或者计算资源上限)。该方法可以在训练样本点数与近似模型精度之间进行合理权衡,并在有效的序贯加点策略条件下实现以较小代价构造满足精度要求的近似模型。本章将在 6.1 节介绍序贯近似建模框架,然后在 6.2 节对构建初始样本集的试验设计方法进行介绍,在 6.3 节对序贯加点和建模策略进行详细介绍,最后在 6.4 节分别针对显示函数和隐式函数的序贯近似建模给出了数值算例。

6.1 序贯近似建模框架

序贯近似建模基本流程如图 6.1 所示,其基本思想是首先采用试验设计方法获取初始的训练样本点集,构造一个初步的近似模型,其次循序渐进地增加训练样本点,并不断更新近似模型,直至满足精度要求,从而合理确定训练样本点的数量，减少调用高精度分析模型构造训练样本点集的计算成本。

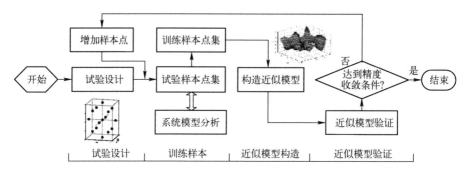

图 6.1 序贯近似建模流程图

在序贯近似建模过程中，为了以较小代价获取满足预估精度要求的近似模型，主要从以下两个方面进行考虑：

（1）提高试验设计对设计空间的信息获取能力。

对于相同的近似建模方法，近似模型预估精度随训练样本数量增加而提高。由于真实模型计算复杂，有时甚至需要通过试验途径获取数据，高昂的试验代价对训练样本的数量提出了限制要求。同时，在给定数据成本的情形下，在复杂的设计空间中获取多样化的训练样本也有助于提升模型近似精度。因此，通过合理的试验设计，以最少的样本数据得到满足精度要求的初始近似模型是序贯近似建模的关键点之一。

（2）提高近似模型迭代构造过程的收敛效率。

序贯建模的第二个关键点在于序贯加点策略，即：如何根据已有样本点信息和已构造的近似模型信息，对定义域进行进一步采样，从而有效补充信息并提高近似模型精度[1-2]。在近似模型迭代构造循环过程中，更新试验样本点集的策略对提高近似模型预估精度的收敛速度有较大影响。目前，更新试验样本点集的策略主要包括扩展或收缩设计空间重新进行试验设计、以原有试验点集为基础增加一组试验点等。前一种方法主要用于将近似建模与优化过程相结合的情况，随着优化迭代的进行，设计空间逐渐向最优值附近缩减，从而需要逐步提高近似模型在最优值附近设计空间的近似精度。后者对应用条件没有特殊要求，但由于需要对新增试验点进行仿真计算，考虑计算成本问题，需要对新增点进行合理选取以提高信息获取效率，进而提高迭代近似建模收敛速度。

6.2 试验设计方法

试验设计方法始于20世纪20年代，基于数理统计学理论研究如何合理有效获得数据信息。在近似建模过程中，试验设计能够减少试验过程的盲目性，按一定规律挑选出少数具有代表性的试验，或者在相同样本数量条件下更有效地获取精确模型信息，从而提高构造近似模型的精度和效率。

下面首先对试验设计中的基本术语及符号进行说明。

(1) 设计变量（Design Variable）：试验设计中可控制或改变的变量，也称为因素或因子。记 n 维设计变量向量为 $\boldsymbol{x}=[x_1,x_2\cdots,x_n]^T, \boldsymbol{x}\in \mathbf{R}^n$。

(2) 设计空间（Design Space）：设计空间由所有设计变量上下限确定。记 n 维设计空间为 $[x_i^{\text{low}}, x_i^{\text{up}}]^n$。

(3) 水平（Level）：设计变量所处的状态称为水平。

(4) 响应值（Response）：随设计变量变化而变化的系统响应输出量，记为 $y=y(\boldsymbol{x})$。

目前广泛研究和应用的试验设计方法包括：全因子设计方法（Full Factorial Design）、部分因子设计方（Fractional Factorial Design）法、中心组合设计方（Central Composite Design, CCD）法、蒙特卡洛抽样（Monte Carlo Sampling, MCS）法、正交试验设计（Orthogonal Array Sampling, OAS）法、拉丁超立方设计（Latin Hypercube Design, LHD）法等。下面分别进行简要介绍。

6.2.1 全因子设计方法

全因子设计允许任意数目的因素和水平，即对每一维设计变量 x_i 的所有 m_i 水平进行组合，形成 $k=\prod_{i=1}^{n} m_i$ 个试验方案。对于二维设计空间，全因子设计采样如图6.2所示，共有3个因子 A、B、C，每个因子都是2个水平，表示为 2^3 因子设计。该设计方法能够精确计算各因素对目标函数的敏感度，全面反映设计变量及其相互间的交互作用对响应值的影响。但是设计变量个数和水平数的增加将导致试验次数急剧增加，因此该方法主要适合于设计变量个数和水平数较低的试验设计。

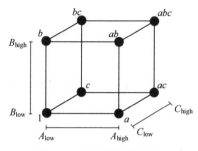

图 6.2　全因子设计方法

6.2.2　部分因子设计方法

由于全因子设计方法存在随设计变量和试验水平数增加而试验次数急剧增大的缺点，因此发展了部分因子设计方法。该方法通过忽略部分因子间的交互作用对响应值的影响，从而减少试验次数。部分因子设计取全因子设计中的一部分样本进行试验（一般为 1/2，或者 1/4 等），可以是 2 水平、3 水平的单一水平取值，也可以是 2 水平、3 水平混合的水平组合等。对于三维设计空间内的 2^3 因子设计，部分因子设计如图 6.3 所示。与全因子法相比，部分因子法更高效，但由于忽略了部分因子间的交互作用以减少试验次数，可能导致重要信息缺失。

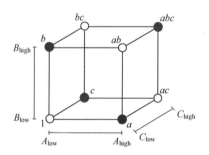

图 6.3　部分因子设计方法

6.2.3　中心组合设计方法

中心组合设计也称为二次回归旋转设计，通过所有影响因子的二次多项式计算对目标函数的效应。该方法由 2 水平全因子设计、1 个中心点，以及沿每一维方向附加的 2 个试验点组成，对应试验次数为 2^n+2n+1。图 6.4 分别为 2 因子和 3 因子的中心组合设计示例。该方法试验设计简单，有利于获得高阶信息，但缺点为采样点较多。

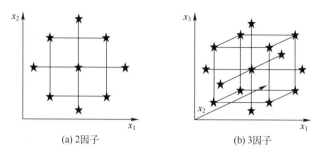

(a) 2因子　　　　　　　(b) 3因子

图 6.4　中心组合设计方法

6.2.4　蒙特卡洛抽样法

蒙特卡洛抽样法是指在设计空间随机选取试验点，如图 6.5（a）所示。当试验点充分多时，该方法能够较为全面地获取精确模型的信息。但是由于取点的随机性，可能出现试验点集中于某一区域而其他区域没有试验点的情况。因此，为了提高取点的均匀性，出现了分层蒙特卡洛抽样（Stratified Monte Carlo Sampling）法。该方法首先将设计空间沿每一维设计变量方向划分为若干个等概率分布的子空间，其次在各个子空间内随机选取一个试验点，从而保证从各个等概率分布的子空间都能获取试验点，进而提高试验设计取点的均匀性。对于二维问题，该方法设计取点如图 6.5（b）所示。其中，沿 x_1 方向分为四个等概率分布子空间，沿 x_2 方向分为三个等概率分布子空间，共设计 12 个试验点。

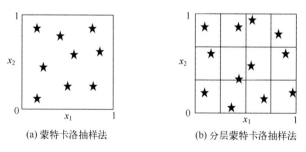

(a) 蒙特卡洛抽样法　　　　(b) 分层蒙特卡洛抽样法

图 6.5　蒙特卡洛抽样法

6.2.5　正交试验设计法

正交试验设计简称正交设计，是一种利用正交表安排多因子试验的设计方法。正交表具有均衡分散性的特点，能够实现各个因素各种水平的均衡搭配，适用于多因素、多水平的试验。正交设计的基本步骤可归纳如下：①明确试验目的，确定评价指标；②挑选因素，确定水平；③选正交表，进行表头设计；④明确试验方案，进行试验，得到结果；⑤对试验结果进行统计分析；⑥进行验证试验，做进一步分析。对于3维2水平4次正交试验设计如图6.6所示。正交试验设计法能够有效降低试验次数，同时保证样本的均匀分散性，是一种高效率、快速、经济的试验设计方法。

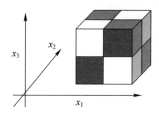

图 6.6　正交试验设计

6.2.6　拉丁超立方设计法

拉丁超立方设计是一种全空间填充、非重叠采样方法。该方法根据设计试验点数 k 的要求，将 n 维设计空间沿每一维设计变量方向平均划分为 k 个子空间，所有设计变量的 k 个子空间组合形成 k^n 个子空间。从 k^n 个子空间中随机选取 k 个子空间，在每个子空间中随机选取一个试验点，形成 k 个试验点。随机选取 k 个子空间的要求是，每一个设计变量的每一个子空间只出现一次，从而保证取点的均匀性。二维拉丁超立方设计如图6.7所示。拉丁超立方设计法具备有效的空间填充能力，与正交试验相比，该方法能够用同样的点数研究更多的组合。

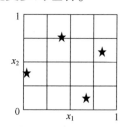

图 6.7　拉丁超立方设计

在拉丁超立方设计法中，由于选点的随机性，有可能出现散布均匀性差的试验点设计组合，如图6.8（a）所示。为了得到均匀散布的拉丁超立方设计，出现了最优LHD设计方法，即通过优化准则（中心 L_2 偏差、极小极大距离、极大极小距离、总均方差、熵等）筛选拉丁超立方设计，得到满足准则的最优 LHD 设计,如图 6.8(b) 所示。最优拉丁超立方设计改进了拉丁超立方设计的均匀性,能够使得全部采样点尽可能地在设计空间均匀分布,使得因子与响应的拟合更精确。

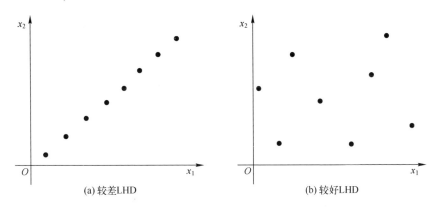

图 6.8　LHD 设计结果比较

在上述方法中,全因子设计方法、部分因子设计方法、中心组合设计方法和蒙特卡洛法均存在试验点数随设计变量数和设计变量水平数增大而急剧增加的缺点。对于试验成本高、模型分析计算量大的问题,其适用性有限。而正交试验设计和拉丁超立方设计能够以较小代价从设计空间获取散布性好、代表性强的设计点,因此能够更有效地获取精确模型信息。但正交试验设计方法需要以正交表为依据进行试验安排,而试验点数由因素数和水平数确定,用户不能对试验点数进行自由确定,灵活性不强。因此,拉丁超立方设计具有更强的灵活性和更广泛的适用性。

6.3　序贯加点准则

根据提高近似模型精度的需求不同,序贯加点策略也相应不同。如果要求提高近似模型的全局近似精度,则需要对当前近似模型精度较低区域进行重点抽样,以此提高整体近似精度,6.3.1 节将对该问题进行讨论。如果近似模型用于取代精确模型作为优化目标函数进行优化,则只需提高近似模型在其全局最优点附近区域的局部近似精度,因此需要对近似模型潜在最优区域进行重点抽样,6.3.2 节将对该问题进行研究。不确定分析经常需要对隐式函数进行近似,例如 $f(\boldsymbol{x})=0$,对该类问题的序贯建模方法将在6.3.3节介绍。

6.3.1 面向全局近似的序贯加点准则

1. 极大预估误差准则

在Kriging函数的近似建模方法中和基于高斯随机过程的贝叶斯建模方法中,近似模型能够给出该模型的预估误差平方的期望值[3-4]。以Kriging函数为例,其预估误差平方的期望值定义为均方预估误差(Mean Square Predicted Error,MSPE),表达式如下:

$$\hat{\Phi}(\boldsymbol{x}) = E\{[\hat{y}(\boldsymbol{x}) - y(\boldsymbol{x})]^2\} \tag{6.1}$$

根据式(6.1)可以获取Kriging近似模型在设计空间任意点$\boldsymbol{x}$处对预估精度期望的估计。MSPE虽然不是实际的预估误差,但能够一定程度上反映近似模型预估精度的大小分布趋势。因此,根据式(6.1)可以大致掌握Kriging函数近似模型在整个设计空间的预估精度分布趋势,以此作为下一次循环构造近似模型的先验知识,通过将具有最大估计误差的点加入样本点集,可以增加近似模型在该点附近区域的信息,以此重构模型,从而有效提高近似模型在该区域的估计精度。文献[3]中将该序贯抽样准则定义为极大预估误差准则。

2. 极大熵准则

香农最早提出用熵的概念描述信息量,Currin等[5]将熵引入基于计算机仿真的试验设计,用于度量一次试验设计获取的信息。借鉴基于高斯随机过程的贝叶斯建模方法,假设基于计算机仿真的系统分析输出为平稳随机过程,则一次试验设计获取的信息量最大,相当于该次试验设计样本点集P_D的先验协方差矩阵行列式最大[3-4],即

$$\max \quad \det[\operatorname{cov}(P_D, P_D)] \tag{6.2}$$

$$\begin{aligned} \operatorname{cov}(P_D, P_D) &= \sigma^2 \mathfrak{R}[R(\boldsymbol{x}_i, \boldsymbol{x}_j)] \\ \boldsymbol{x}_i, \boldsymbol{x}_j &\in P_D \end{aligned} \tag{6.3}$$

式中:σ^2为样本点的先验方差;$\mathfrak{R}$为相关矩阵;R为可以选择的先验协方差函数。假设样本点间的先验协方差函数为高斯函数,则

$$R(\pmb{x}_i,\pmb{x}_j) = \exp\left[-\sum_{k=1}^{n} \theta_k |x_i^k - x_j^k|^2\right] \tag{6.4}$$

式中：n 为样本点向量的维数；θ_k 为未知相关参数；n 个 θ_k 构成相关参数向量 $\pmb{\theta}$。$\pmb{\theta}$ 可由最大似然估计法计算得到，并通过优化下式得出

$$\max \quad -[n\ln(\hat{\sigma}^2) + \ln|\mathfrak{R}|]/2 \tag{6.5}$$

式中：$\hat{\sigma}$ 为 σ 的估计值。$\hat{\sigma}$ 与 $\mathfrak{R}$ 均为 $\pmb{\theta}$ 的函数。

对于已有样本点集 $P_n = \{\pmb{x}_1, \pmb{x}_2, \cdots, \pmb{x}_n\}$，选择增加一个样本点 $\pmb{x}_{n+1}$ 使其获得的信息最大，亦即熵最大，可通过优化下式得到：

$$\max \quad \det[\text{cov}(P_{n+1}, P_{n+1})] \tag{6.6}$$

$$\text{cov}(P_{n+1}, P_{n+1}) = \sigma^2 \begin{pmatrix} \text{cov}(P_n, P_n) & \pmb{r}(\pmb{x}_{n+1}) \\ \pmb{r}(\pmb{x}_{n+1})^{\text{T}} & 1 \end{pmatrix} \tag{6.7}$$

$$\pmb{r}(\pmb{x}) = [R(\pmb{x},\pmb{x}_1), \cdots, R(\pmb{x},\pmb{x}_n)]^{\text{T}} \tag{6.8}$$

极大熵准则更倾向于在抽样点较少（距离已有样本点较远）的空间获取样本点，从而能够全面获取全空间信息，提高近似模型的全局近似精度。

3. 极大梯度准则

很多复杂系统模型在设计空间的分布是不均匀的，一些区域比较平坦，而另一些区域则非线性程度非常高。平坦区域所需样本点很少即可达到近似建模精度要求，而高度非线性区域则相对需要更多的样本点获取该区域信息才能提高近似精度。基于这种考虑，姚雯等[6]提出了基于梯度信息的序贯抽样准则——极大梯度准则。在序贯建模过程中，将前一次模型的最大梯度点作为样本点加入当前模型的构造中，以此提高模型在高度非线性区域的近似精度。

4. 部分交叉验证误差估计准则

交叉验证是指对于样本点集 $T = \{(\pmb{x}_k, y_k) : y_k = f(\pmb{x}_k)\}_{k=1}^{N_T}$，去掉其中一个样本点 $\pmb{x}_i (1 \leq i \leq N_T)$，用剩余样本点构成的集合 $T_{-i} = \{\pmb{x}_1, \pmb{x}_2, \pmb{x}_{i-1}, \pmb{x}_{i+1}, \cdots, \pmb{x}_{N_T}\}$ 建立近似模型 $\hat{f}_{-i}(\pmb{x})$，以此模型估计样本点 $\pmb{x}_i$ 的值，并计算该点的交叉验证误差 e_{-i}。

$$e_{-i} = |f(\pmb{x}_i) - \hat{f}_{-i}(\pmb{x}_i)| \quad (i \in [1, N_T]) \tag{6.9}$$

该交叉验证误差能够一定程度上体现近似模型在各个样本点附近的可信度和规则程度（交叉验证误差越大，可信度越低，不规则的概率越大）。以所有样本点的交叉验证误差为基础，可以构造全局空间估计误差的近似函数，根据该函数可以对全局空间的近似预估误差分布进行估计。将最大的误差估计点作为新点加入训练样本集，即可增加对不可信区域或不规则区域的抽样数量，提高在该区域的近似精度。该方法不需要额外的验证点即可获取近似模型的预估精度，克服了传统近似建模中需要验证点才能对近似模型精度进行评估的局限性，由此省去获取验证点所需的计算量，从而大大降低近似建模的计算复杂度。Li 等[7]提出的基于交叉验证误差估计的最大累积误差准则即采用该思想，构造全空间误差估计近似模型如下：

$$e(\bm{x}) = \sum_{i=1}^{N_r} e_{-i} \cdot \mathrm{DOI}(\bm{x}, \bm{x}_i) \qquad (6.10)$$

式中：$\mathrm{DOI}(\bm{x}, \bm{x}_i)$ 表示样本点 $\bm{x}_i$ 对点 $\bm{x}$ 的影响度（Degree of Influence），亦即两点间的相关性。目前有很多相关函数可用于描述设计空间两点间的相关性，此处选取高斯函数描述如下：

$$\mathrm{DOI}(\bm{x}, \bm{x}_i) = \exp(-\alpha \| \bm{x}_i - \bm{x} \|^2) \qquad (6.11)$$

式中：$\| \bm{x}_i - \bm{x} \|$ 表示两点间的欧几里得距离；α 为正的常系数，表征两点间的相关性随距离变化的趋势。α 越大，相关性随距离增大而降低越快，如图 6.9 所示。

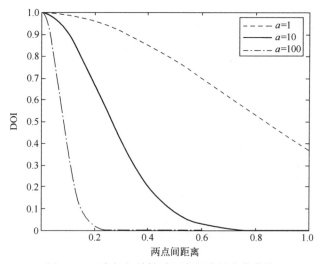

图 6.9　两点间相关性随两点距离的变化曲线

当 $\mathrm{DOI}(\boldsymbol{x},\boldsymbol{x}_i)$ 小于一定值 β (如 10^{-5}) 后,样本点 $\boldsymbol{x}_i$ 对点 $\boldsymbol{x}$ 的影响十分微弱,趋于零。为了保证设计空间所有点的估计误差都大于零,则须对 α 进行特殊选择,步骤如下:

(1) 根据设计空间和最大样本点数,估计样本点间的平均距离 d_0;

(2) 设该距离的两点间相关性为域值 β,则

$$\alpha = (-\ln\beta)/d_0^2 \tag{6.12}$$

通过优化式 (6.10) 可获得全空间的最大误差估计点。为了避免优化点在样本点周围聚集,还需设置优化约束条件,使优化点与样本点的距离不小于 d_c。由此,确定最大交叉验证误差点转化为如下优化问题:

$$\begin{cases} \max\left(\sum_{i=1}^{N_T} e_{-i} \cdot \mathrm{DOI}(\boldsymbol{x},\boldsymbol{x}_i)\right) \\ \mathrm{s.t.} \ \|\boldsymbol{x}-\boldsymbol{x}_i\| > d_c \quad (i \in [1,N_T]) \end{cases} \tag{6.13}$$

随着样本点的增加,如果对每一个点都进行交叉验证,会需要花费大量的计算时间,大大降低效率。因此,从提高交叉验证效率的角度出发,姚雯等[8]提出部分交叉验证的思想,即通过只对部分关键样本点进行交叉验证,以此估计全局近似误差。由式 (6.11) 可知,交叉验证误差越大的样本点对全空间误差估计的贡献越大,近似模型在这些点附近区域的可信度越低,越需要补充样本点获取信息,因此这些点是交叉验证误差估计的关键点。而对于交叉验证误差很小的样本点,对全空间的误差估计贡献很小,可忽略不计,因此可以在式 (6.11) 中略去由这些样本点引起的误差估计项。只对前述样本点集中的关键点进行交叉验证,由此确定全空间误差估计,即为部分交叉验证方法。记交叉验证关键点集为 P_{cross},则

$$P_{\mathrm{cross}} = \{\boldsymbol{x}_1,\boldsymbol{x}_2,\cdots,\boldsymbol{x}_m\} \subseteq T \quad (1 \leqslant m \leqslant N_T) \tag{6.14}$$

全空间误差估计近似模型表述为

$$e(\boldsymbol{x}) = \sum_{i=1}^{m} e_{-i} \cdot \mathrm{DOI}(\boldsymbol{x},\boldsymbol{x}_i) \quad (\boldsymbol{x}_i \in P_{\mathrm{cross}}) \tag{6.15}$$

交叉验证关键点可直接通过比较各个样本点的交叉验证误差进行确定。设当前参与交叉验证的关键点集为 $P_{\mathrm{cross}} = \{\boldsymbol{x}_1,\boldsymbol{x}_2,\cdots,\boldsymbol{x}_m\}$ ($1 \leqslant m \leqslant N_T$),点集中每个样本点 $\boldsymbol{x}_i$ 的交叉验证误差为 e_{-i},则交叉验证关键点集中所有点的平均误差为

$$e_m = \frac{1}{m}\sum_{i=1}^{m} e_{-i} \qquad (6.16)$$

计算各交叉验证关键点误差与平均误差的比值为

$$k_i = e_{-i}/e_m \qquad (6.17)$$

如果 k_i 小于预定值 k_c（如 10%），则该样本点 x_i 可视为对全局误差估计影响微弱的点，将其从交叉验证关键点集中滤除。由此确定下一个循环建模过程中需要进行交叉验证的关键点。

当进入下一个循环模型更新后，近似模型相对前一个循环建立的近似模型有一些调整，部分区域可能会有很大变化。变化微小的区域说明模型在这些区域的近似可信度较高，而变化大的区域则近似模型可信度较低。因此还需要对这些大变化区域进行考察，将该区域及其附近的样本点加入交叉验证关键点集。

设第 j 次循环构造的近似模型为 $\hat{f}_j$，第 $j+1$ 次循环构造的近似模型为 $\hat{f}_{j+1}$，则可计算当前循环构造的近似模型相对前次循环近似模型的变化为

$$\Delta \hat{f}_{j+1}(\boldsymbol{x}) = |\hat{f}_{j+1}(\boldsymbol{x}) - \hat{f}_j(\boldsymbol{x})| \qquad (6.18)$$

通过优化式（6.18）可获取最大变化点 $\boldsymbol{x}_{\Delta\max}$。从样本点集中选择距离 $\boldsymbol{x}_{\Delta\max}$ 最近的样本点 $\boldsymbol{x}_{\Delta\max-sample}$，如果该点不属于交叉验证关键点集 P_{cross}，则将其加入 P_{cross}。

在每次循环进行交叉验证误差估计时，采用上述两步确定的交叉验证关键点集进行部分交叉验证即可。

综上所述，部分交叉验证误差估计准则具体实现步骤如下：

（1）若为第 1 次循环，所有样本点均为交叉验证点，进行交叉验证和全空间误差估计。若为第 j 次循环，则对比该次循环建立的模型与第 $j-1$ 次循环建立的近似模型，选出距离模型变化最大点最近的样本点，将其加入由第 $j-1$ 次循环确定的交叉验证关键点集，再由该点集进行部分交叉验证和全空间误差估计。

（2）获取最大交叉验证误差点，将其加入样本点集。

（3）对交叉验证关键点集中的各点交叉验证误差进行比较，选出误差大的点作为关键点构成下次循环的交叉验证关键点集。

（4）进入下次循环，更新模型，转入第（1）步。

5. 极大序贯建模累积变化准则

序贯建模累积变化用于记录全空间各点（除样本点外）在序贯建模过程中随着模型的不断更新而累积发生的变化。记点 x 在第 j 次循环建模的累积变化为 $\Delta_{aj}(x)$，则

$$\Delta_{aj}(x) = \left| \sum_{k=2}^{j} (\hat{f}_k(x) - \hat{f}_{k-1}(x)) \right| = |\Delta_{a(j-1)}(x) + \hat{f}_j(x) - \hat{f}_{j-1}(x)| \tag{6.19}$$

累积变化越大的区域，模型在该区域的可信度越低，或该区域的规则程度越低。因此提出了在每次循环中将极大序贯建模累积变化点补充入样本点集，以此提高该区域的近似精度。同时，为了避免由于循环历史中某一次循环建模引起某一区域较大变化而使该区域在以后循环过程中始终有较大累积变化，而实际上该区域的近似精度已经较高，则还需要综合考虑当前循环模型更新引起的相对于前次循环建模的变化。因此对累积变化进行调整，在其基础上加入近似模型当前变化信息，记为修正累积变化 $\Delta'_{aj}(x)$，则

$$\Delta'_{aj}(x) = \gamma \Delta_{aj}(x) + (1-\gamma)\Delta \hat{f}_j(x) \tag{6.20}$$

式中：γ 为权重系数，用于调整累积变化和当前变化在综合值中占的比例，可根据具体的建模任务和用户偏好进行设置。通过优化式（6.20），同时设置约束条件使优化点与已有样本点距离不小于预定值 d_{ac}，即可获取极大序贯建模修正累积变化点（简称为极大累积变化点）。将其加入样本点集更新模型，即可有针对性地提高模型在不规则区域或可信度低区域的近似精度。

6. 极大局部线性插值差异准则

对于精确模型定义域中的任意点，通过对该点周围的训练样本点进行线性插值，以此近似该点所在局部小范围的精确模型梯度分布趋势。如果该线性插值模型与代理模型在该点的响应值差异不大，则代理模型在该区域的分布与该线性模型吻合，精度高；反之，如果该线性模型与代理模型在该点的响应值相差较大，则代理模型在该区域的分布与该线性模型有较大差异，需要进一步获取该区域信息提高精度。

局部线性插值差异（Divergence from local Linear Interpolation，DLI）定义为代理模型 $\hat{f}(x)$ 在点 x 偏离局部区域线性插值模型的差异，具体如下：

$$d(\boldsymbol{x}) = |\hat{f}_{LI}(\boldsymbol{x}) - \hat{f}(\boldsymbol{x})| \tag{6.21}$$

式中：$\hat{f}_{LI}(\boldsymbol{x})$ 表示利用在点 $\boldsymbol{x}$ 邻近区域内的训练样本点构造的线性插值模型。该差异值越小，说明代理模型与局部线性插值模型在该点的吻合度越高。因此，通过使定义域内所有点的 DLI 最小化，可以驱使代理模型在精确通过所有样本点的同时，其梯度分布也与根据样本点观测到的各个局部区域梯度分布趋于一致，以此提高近似模型精度。定义域内所有点的 DLI 最小化可以通过使最大 DLI 值最小化实现，即最小化最大 DLI 值。

在序贯建模中，通过当前近似模型在定义域中各点的 DLI 值判断该模型在各个局部区域的近似精度，具有较大 DLI 值的区域为近似精度较低区域，需要进一步加点获取该区域信息，由此定义极大 DLI 序贯加点准则。

7. 混合序贯抽样准则

混合序贯抽样通过综合使用多种抽样准则，充分结合各个准则的优势，提高全面获取高精度模型信息的抽样效率和能力，同时增强序贯抽样准则的应用广泛性和通用性。考虑到部分交叉验证误差估计准则和极大序贯建模累积变化准则都是针对近似模型精度可信度低的区域进行抽样，但是前者只需要根据样本点集信息即可完成新增样本点的获取，而后者需要额外的验证点才能进行低精度区域的确定和样本点的选择，且验证点数量直接决定所选新增点的合理性，由此给验证点集的确定和构造增加了难度和计算复杂度。极大熵准则是在已有样本点的基础上，在抽样点较少的空间获取样本点，与近似模型自身的精度无关，主要用于提高所获取信息在整个空间分布的全面性。因此基于以上分析，姚雯[9]对上述三个准则在每次循环中使用的优先次序进行了排序，确定混合序贯抽样准则的流程如下，流程如图 6.10 所示。

步骤 1：每次循环迭代过程中，首先根据部分交叉验证误差估计准则对最大交叉验证误差点进行选择，如果该点没有与已有样本点发生聚集，则进入步骤 4，否则进入步骤 2。

步骤 2：根据极大序贯建模累积变化准则获取极大序贯建模修正累积变化点，如果该点没有与已有样本点发生聚集，则进入步骤 4，否则进入步骤 3。

步骤 3：根据极大熵准则获取熵最大的新点，进入步骤 4。

步骤 4：将新点加入样本点集，更新近似模型。

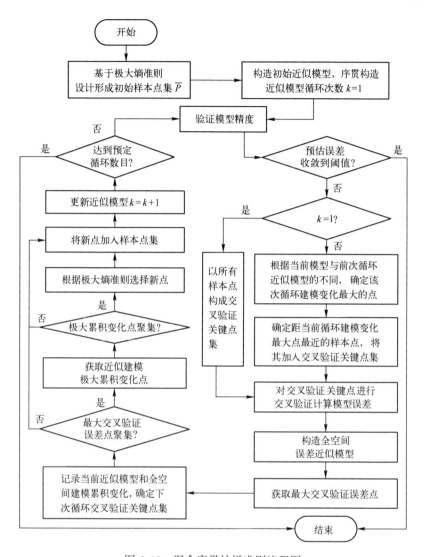

图 6.10 混合序贯抽样准则流程图

6.3.2 面向全局优化的序贯加点准则

不失一般性,本节假设优化目标为目标函数最小化。但是,在不知精确模型实际分布的条件下,根据有限个样本点构造的近似模型的最优区域可能与精确模型最优区域存在较大差异,如图 6.11 所示。如果仅对近似模型的最优区域进行序贯抽样,则极有可能只在局部最优点附近不断提高近似精度,而不能捕获精确模型的真实全局最优区域。因此,在面向全局优化的序贯建模中，加点策略既需要有针对性地对近似模型较优区域进行加点，同时也需要增强捕获精确模型真实全局最优区域的能力。

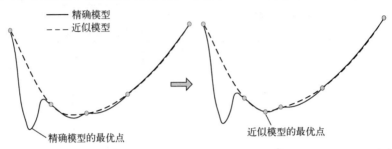

图 6.11　近似模型最优区域与精确模型最优区域可能出现较大差异示意图[10]

面向全局优化的序贯建模加点策略主要有三类：直接搜索法、间接探索法以及直接/间接混合法[1,11]。直接搜索法直接在定义域内搜索当前近似模型的最优解，认为该最优解即反映了精确模型最优解的分布区域，将其加入样本点集以提高近似模型在该区域的精度。该方法存在的问题是易于陷入局部最优，特别是当基于初始样本点构造的近似模型仅能捕获到局部最优区域的情况下，该方法只能始终在局部最优附近不断加密样本，而难以跳出该"陷阱"对其他区域进行搜索，如图 6.11 所示。间接探索法主要对当前样本点分布数量较少或近似模型精度较低区域进行搜索，然后根据一定准则进行加点，以此提高近似模型的全局近似精度，从而提高捕获真实全局最优区域的概率。该方法通过全面提高近似模型在整个定义域的近似精度来捕获真实的全局最优点，存在收敛过程长和效率低的问题。直接与间接混合法是将上述两种方法结合起来，平衡考虑直接搜寻潜在最优区域和提高近似模型全局近似精度的要求。一方面，通过提高全局近似精度，可以避免陷入局部最优的陷阱；另一方面，通过有针对性地提高近似模型潜在最优区域的近似精度，可以避免耗费大量计算成本盲目提高全局近似水平。鉴于直接与间接混合法的上述优势，目前该方法得到了广泛研究，应用较多的加点策略包括：最小统计下界法、最大改进目标概率法，以及最大改进目标期望值法等[10]，下面分别进行介绍。

1. 最小统计下界法

对于 Kriging 模型，由于模型推导基于概率统计方法，可以直接给出近似模型的预估标准差 s，因此 Cox 和 John 提出以近似模型的统计下界

(Statistical Lower Bound) $\hat{f}(\boldsymbol{x})-\kappa s(\boldsymbol{x})$ 替代原优化目标进行优化，将该统计下界的最小值对应的点加入训练样本点集，以此在捕获潜在最优区域的同时能够综合考虑模型的精度特征[12]。系数 κ 可以控制直接和间接加点法的混合程度。当 $\kappa=0$ 时，相当于直接搜索近似模型最小值，由此化简为直接搜索法；当 $\kappa\to\infty$ 时，近似模型响应值对优化目标的影响可忽略不计，则相当于以搜索误差最大区域为目标，由此化简为间接探索法。由于难以预先确定 κ 的合适取值，可以通过尝试多个不同 κ 值进行优化并确定相应潜在最优区域，最后从中选取应该序贯加点的区域。值得注意的是，预估标准差 s 也仅仅是对 Kriging 估计精度的一种估计，可能与实际情况有较大出入。例如，如果训练样本点无法体现真实模型的震荡特性，基于训练样本点构造的近似模型也相应十分光滑（接近二次响应面），则这种情况下的预估标准差 s 将非常小，不能反映实际误差特征。因此在使用该方法时，需对此类特殊情况进行考虑。

对于 RBFNN 等插值模型，无法基于概率方法推导出其预估标准差模型，姚雯提出对最小统计下界法进行扩展，将基于其他误差分析方法（如交叉验证）建立的误差估计模型取代最小统计下界中的预估标准差模型 s，并将由此计算所得值称为近似模型下界（Surrogate Lower Bound）[13]。

2. 最大改进目标概率法

该方法的主要思想是基于近似模型及其误差模型，寻找使目标函数响应值小于某预定值 T 的概率最大的点，将此点加入训练样本更新近似模型。假设真实模型在点 $\boldsymbol{x}$ 处的响应值 $f(\boldsymbol{x})$ 是一个随机数，期望值为近似模型响应值 $\hat{f}(\boldsymbol{x})$，标准差为近似模型预估标准差 $s(\boldsymbol{x})$。记当前近似模型的最小响应值为 $\hat{f}_{\min}$，一般设置 $T<\hat{f}_{\min}$。假设随机变量 $f(\boldsymbol{x})$ 服从正态分布，则随机变量 $f(\boldsymbol{x})<T$ 的概率为

$$P_{\mathrm{Imp}}=\Phi\left(\frac{T-\hat{f}(\boldsymbol{x})}{s(\boldsymbol{x})}\right) \tag{6.22}$$

随着在当前最优点附近增加的样本点越来越多，该区域的预估标准差 $s(\boldsymbol{x})$ 也越来越小，且由于 $T-\hat{f}(\boldsymbol{x})<0$，因此在当前最优点附近增加的样本点的概率也越来越小，转而会到 $s(\boldsymbol{x})$ 较大的区域进行加点。该方法对预定值 T 十分敏感，如果 T 太小，则会在当前最优点附近局部区域过于密集加

点,直至该区域预估误差非常小,然后再转换到其他区域;相反,如果 T 太大,则会过于在全区域范围广泛加点,缺乏有针对性的局部加点和局部精度提高,收敛效率低。解决该问题的有效方法是在每个循环加点中尝试多种不同的 T 值,由此对应多个 T 值在全局和局部加入多个样本点,以此提高收敛效率。

3. 最大改进目标期望值法

最大改进目标期望值法(Expected Improvement Function,EIF)的主要思想是预估近似模型各点真实响应值与当前近似模型最小响应值相比可能的降低量期望值,选取使该降低量期望值最大的点加入训练样本点集。该方法的提出主要针对 Kriging 插值模型,假设真实模型在点 x 处的响应值 $f(x)$ 是一个随机数,期望值和标准差对应 Kriging 模型的预估值 $\hat{f}(x)$ 和预估标准差 $s(x)$。记当前近似模型的最小响应值为 $\hat{f}_{\min}$,则在点 x 处的目标响应值降低量 $I(x)$ 定义为

$$I(x) = \max(\hat{f}_{\min} - f(x), 0) \tag{6.23}$$

其中 $f(x)$ 的概率密度函数为

$$\frac{1}{\sqrt{2\pi}s(x)}\exp\left[-\frac{(f(x)-\hat{f}(x))^2}{2s^2(x)}\right] \tag{6.24}$$

则点 x 处的目标响应值降低量 I 的期望值为

$$\begin{aligned} \text{EIF} &= E[I(x)] = E[\max(\hat{f}_{\min} - f(x), 0)] \\ &= \int_{-\infty}^{\hat{f}_{\min}} (\hat{f}_{\min} - f(x)) \cdot \frac{1}{\sqrt{2\pi}s(x)}\exp\left[-\frac{(f(x)-\hat{f}(x))^2}{2s^2(x)}\right] df(x) \\ &= [\hat{f}_{\min} - \hat{f}(x)]\Phi\left(\frac{\hat{f}_{\min} - \hat{f}(x)}{s(x)}\right) + s(x)\phi\left(\frac{\hat{f}_{\min} - \hat{f}(x)}{s(x)}\right) \end{aligned} \tag{6.25}$$

式中:$\Phi(\cdot)$ 和 $\phi(\cdot)$ 分别为标准正态分布的累积概率分布函数和概率密度函数。与最大改进目标概率法相比,该方法的优点在于无须提前确定 I 值,但是该方法易于在当前最优点附近聚集加点,直至局部预估误差很低后才会向全局其他区域加点,由此当基于初始样本点构造的近似模型具有较强"欺骗性"时,容易提前收敛于局部最优。

6.3.3 面向隐式函数近似的序贯加点准则

在不确定性分析与优化问题中,通常需要对隐式函数进行近似。例如第 10 章的可靠性优化问题中,可靠性约束表述为如下形式:

$$\Pr\{g(X) \geqslant c\} \geqslant R \tag{6.26}$$

在可靠性设计优化中需要大量计算 $\Pr\{g(X) \geqslant c\}$ 的值以判断其是否满足约束条件。计算 $\Pr\{g(X) \geqslant c\}$ 的过程称为可靠性分析。当 $g(X)$ 的计算复杂度较高时,直接采用高精度模型进行计算将产生巨大计算成本,因此在工程实际中往往采用近似模型替代高精度模型。然而,概率值 $\Pr\{g(X) \geqslant c\}$ 的近似精度并不仅取决于显式函数 $g(X)$ 的近似效果,而取决于描述极限状态的隐式函数 $g(X)=c$ 的近似效果。鉴于隐式函数的特殊性,本节主要对隐式函数近似的序贯建模方法进行介绍。不失一般性,本节将隐式函数定义为 $g(x)=0$。

1. 直接法

由于隐式函数近似需要提高 $g(x)=0$ 的近似精度,因此需要对近似模型上满足 $g(x)=0$ 的潜在区域进行重点抽样。直接法[14-15]通过求解下述优化问题来获得新的样本点:

$$\begin{cases} \text{find } x \\ \min |g(x)|^{2v+1} \end{cases} \tag{6.27}$$

式中:$v \in \mathbf{N}$。

2. 最小统计值法

最小统计值法[16]是基于最小统计下界法演变而来的。在基于全局优化的近似建模中,将最小统计下界 $\hat{g}(x) - \kappa s(x)$ 作为优化目标进行优化,而在隐式函数近似中,则希望 $\hat{g}(x)$ 接近于 0,因此将系数 κ 定义为使得统计上界或下界等于 0 的值,即

$$\begin{cases} \hat{g}(x) - \kappa s(x) = 0 & (\hat{g}(x) \geqslant 0) \\ \hat{g}(x) + \kappa s(x) = 0 & (\hat{g}(x) < 0) \end{cases} \Rightarrow \kappa = \frac{|\hat{g}(x)|}{s(x)} \tag{6.28}$$

将系数 κ 的值作为选择最优样本点的指标。可以看出 $|\hat{g}(x)|$ 表征了样本点距 $\hat{g}(x)=0$ 的距离远近,$s(x)$ 表征了 $\hat{g}(x)$ 的估值方差,κ 是两者的综

合指标。κ 越小则表明估计方差 $s(x)$ 越大或者 $\hat{g}(x)$ 越接近 0，在序贯建模过程中不断添加 κ 值最小的点至训练样本集中直到收敛。

3. 最大可行性函数期望值法

最大可行性函数期望值法[17]（Expected Feasibility Function，EFF）是基于最大改进目标期望值法演变而来。在对隐式函数的近似中，近似目标不再是希望最优点附近的近似精度越高越好，而是希望 $g(x)=0$ 的近似精度越高越好，因此选取最可能满足 $g(x)=0$ 的点加入到训练样本点集。与公式（6.25）类似，给定某阈值 ε，则在点 x 处阈值的降低量 $F(x)$ 定义为

$$F(x) = \max(\varepsilon - |g(x)|, 0) \tag{6.29}$$

则点 x 处的阈值降低量 $F(x)$ 的期望值为

$$\begin{aligned} EFF &= E[F(x)] = E[\max(\varepsilon - |g(x)|, 0)] \\ &= \hat{g}(x)[2\Phi(t_1) - \Phi(t_2) - \Phi(t_3)] \\ &\quad - s(x)[2\phi(t_1) - \phi(t_2) - \phi(t_3)] + \varepsilon[\Phi(t_3) - \Phi(t_2)] \end{aligned} \tag{6.30}$$

式中：$t_1 = -\dfrac{\hat{g}(x)}{s(x)}$；$t_2 = -\dfrac{\varepsilon + \hat{g}(x)}{s(x)}$；$t_3 = \dfrac{\varepsilon - \hat{g}(x)}{s(x)}$。

阈值 ε 通常取为与 $s(x)$ 成正比的值。由于样本点越靠近 $g(x)=0$ 或者估值方差越大，EFF 值越大，因此在序贯建模过程中不断添加 EFF 值最大的点至训练样本集中直到收敛。

4. 潜在最大梯度法

为了解决高维非线性极限状态方程的近似建模问题，使用基于潜在最大梯度点的序贯建模方法[18]，通过对潜在最大梯度点区域进行不断抽样，提高近似模型在极限状态方程非线性区域的近似精度，从而提高全局近似精度。

定义错分指标 RI 来确定当前具有较大可能被错分的区域。被错分的区域是指根据近似极限状态方程，原本的失效域被划分成了安全域，或者原本的安全域划分成了失效域。给定样本点集 $\{X = [x_1; x_2; \cdots; x_N], g = [g_1; g_2; \cdots; g_N]\}$，构建近似模型 $\tilde{g}(x)$，则某点 x 处函数值 $g(x)$ 的后验概率分布满足：

$$P(g(\boldsymbol{x}),\boldsymbol{g}) \propto \exp\left(-\frac{1}{2}\frac{(g(\boldsymbol{x})-\widetilde{g}(\boldsymbol{x}))^2}{\sigma_{g(\boldsymbol{x})}^2}\right) \tag{6.31}$$

式中：

$$\begin{cases} \widetilde{g}(\boldsymbol{x}) = \boldsymbol{r}^{\mathrm{T}} \boldsymbol{C}_N^{-1} \boldsymbol{g} \\ \sigma_{\widetilde{g}(\boldsymbol{x})}^2 = 1 - \boldsymbol{r}^{\mathrm{T}} \boldsymbol{C}_N^{-1} \boldsymbol{r} \end{cases} \tag{6.32}$$

$\boldsymbol{x}$ 处的错分概率即 $\widetilde{g}(\boldsymbol{x})$ 的符号被错误计算的概率：

$$P_{change} = \begin{cases} \Phi\left(-\dfrac{\widetilde{g}(\boldsymbol{x})}{\sigma_{\widetilde{g}(\boldsymbol{x})}}\right) & (\widetilde{g}(\boldsymbol{x}) \geqslant 0) \\ 1 - \Phi\left(-\dfrac{\widetilde{g}(\boldsymbol{x})}{\sigma_{\widetilde{g}(\boldsymbol{x})}}\right) & (\widetilde{g}(\boldsymbol{x}) < 0) \end{cases} = \Phi\left(-\left|\dfrac{\widetilde{g}(\boldsymbol{x})}{\sigma_{g(\boldsymbol{x})}}\right|\right) \tag{6.33}$$

式中：$\Phi(\cdot)$ 为标准正态累积分布函数。

将错分指标 RI 定义为

$$\mathrm{RI}_g(\boldsymbol{x}) = \left|\frac{\widetilde{g}(\boldsymbol{x})}{\sigma_{\widetilde{g}(\boldsymbol{x})}}\right| \tag{6.34}$$

易知，RI_g 越小错分概率越大。满足 $\mathrm{RI}_g = 0$ 的点具有最大的错分概率，即满足 $\widetilde{g}(\boldsymbol{x}) = 0$ 的点具有最大的错分概率，且最大错分概率值为 0.5。

对于隐式函数，其梯度信息无法显式获得，因此采用相对导数来计算。不失一般性，选取 $\boldsymbol{x}$ 的最后一维分量 x_n 作为因变量，其他维分量作为自变量，则相对导数的计算公式如下：

$$\frac{\partial x_n}{\partial x_i} = -\frac{\partial g(\boldsymbol{x})}{\partial x_i} \bigg/ \frac{\partial g(\boldsymbol{x})}{\partial x_n} \quad (i=1,2,\cdots,n-1) \tag{6.35}$$

将最大梯度点定义为相对导数向量的模最大的点。搜索潜在最大梯度点的优化问题可以表述为

$$\begin{aligned} & \max_{\boldsymbol{x}} \quad \|\mathbf{grad}\| = \left\|\left[\frac{\partial x_n}{\partial x_1}, \frac{\partial x_n}{\partial x_2}, \cdots, \frac{\partial x_n}{\partial x_{n-1}}\right]\right\| \\ & \text{s.t.} \quad \mathrm{RI}_g(\boldsymbol{x}) \leqslant \overline{\mathrm{RI}} \\ & \qquad l_{\boldsymbol{x}} \geqslant \lambda \sqrt[n]{V_x/N} \\ & \qquad \boldsymbol{x} \in [\boldsymbol{x}_l, \boldsymbol{x}_u] \end{aligned} \tag{6.36}$$

式中：$\boldsymbol{x}_l$ 和 $\boldsymbol{x}_u$ 分别表示设计变量的上下界；n 为 $\boldsymbol{x}$ 的维数。上述优化问题的解为潜在错分区域中具有最大梯度的测试样本点，记为潜在最大梯度点。

不等式 $\mathrm{RI}_g(x) \leqslant \overline{\mathrm{RI}}$ 用于定义具有较高错分风险的区域，$\overline{\mathrm{RI}}$ 为给定正实数。$\overline{\mathrm{RI}}$ 反映了对近似模型的依赖程度。当 $\overline{\mathrm{RI}}$ 取为 0 时，该优化问题的解将落在当前近似极限状态方程 $\tilde{g}(x) = 0$ 上，即认为当前近似模型是完全可信的；当 $\overline{\mathrm{RI}}$ 趋于正无穷时，该优化问题的解是设计空间内的最大梯度点，即认为当前近似模型是完全不可信的。

不等式 $l_x \geqslant \lambda \sqrt[n]{V_x/N}$ 用于避免过抽样，其中 l_x 为新加入样本点距离当前训练样本点的最短距离，$\lambda \sqrt[n]{V_x/N}$ 为最小距离阈值，V_x 为 n 维设计空间的超体积，N 为当前训练样本点的个数，$0 \leqslant \lambda \leqslant 1$。

将潜在最大梯度点作为新样本点加入到训练样本集中，可以降低模型错分概率，逐步提高代理模型的全局近似精度。

6.4 算例分析

6.4.1 算例分析 1

1. 算例描述

本节通过算例对面向显示函数近似的最大 DLI 序贯加点准则效果进行了测试。采用第 4 章的径向基神经网络 RBFNN 方法对一维函数 $f(x)$ 进行近似建模，$f(x)$ 表达式如下：

$$f(x) = (1-e^{-2\sqrt{x}}) + 6xe^{-7x}\sin(10x) - 0.2e^{-2000(x-0.25)^2}$$
$$+ 60\min(0, |x-0.14|-0.08)^2 \cdot [\ln(x+0.2) + 1.5\sin^2(85x)]$$
$$(x \in [0,1]) \qquad (6.37)$$

该测试函数的响应值分布包括一个平坦区域和一个不规则区域。选取初始训练样本数量为 11，在精确模型定义域内均匀分布，定义如下：

$$T_1 = \{(c_k, f(c_k)) \mid c_k = 0.1 \times (k-1), 1 \leqslant k \leqslant 11\} \qquad (6.38)$$

循环终止条件包括两部分：一是循环次数 t 超过预设最大循环次数 $t_{\max}$，即 $t > t_{\max}$；另一个是近似精度达到预定要求，这里定义为近似模型在所有样本点的 DLI 最大值小于预定阈值 $\varepsilon_{\mathrm{DLI}}$。该算例中取 $t_{\max} = 25$，$\varepsilon_{\mathrm{DLI}} = 0.1$。

2. 结果讨论

对上述测试算例进行基于最大 DLI 准则的 RBFNN 序贯建模，验证样本点集由 51 个均匀分布样本点构成，定义如下：

$$V_1 = \{(x_q, f(x_q)) | x_q = 0.02 \times (q-1), \quad 1 \leq q \leq 51\} \qquad (6.39)$$

基于 11 个初始样本点构造初始 RBFNN 模型，其初始均方根误差 RMSE 为 0.05468，经过 19 次循环迭代后序贯建模终止，得到最终 RBFNN 模型的 RMSE 为 0.01246。基于最大 DLI 准则的 RBFNN 序贯建模结果和收敛过程如图 6.12 所示。由图可知，序贯增加的样本点主要集中于不规则区域，而在规则（平坦）区域采样较少。这是由于近似模型在不规则区域偏离精确模型的可能性更大，因此与平坦区域相比更需要收集更多信息指导

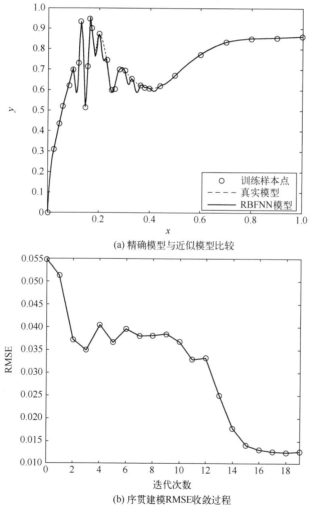

(a) 精确模型与近似模型比较

(b) 序贯建模RMSE收敛过程

图 6.12 基于最大 DLI 准则的 RBFNN 序贯建模结果

近似建模。由此可知，序贯建模能够根据最大 DLI 加点策略不断有针对性地加入当前近似模型不精确区域的样本点，以此不断提高近似模型精度，直至满足精度要求。

6.4.2 算例分析2

1. 算例描述

本节通过算例对面向隐式函数近似的潜在最大梯度加点准则效果进行了测试。采用第 4 章的支持向量机 SVM 方法对二维非线性函数 $g(\boldsymbol{x}) = 0$ 进行近似建模，$g(\boldsymbol{x})$ 的表达式如下：

$$g(\boldsymbol{x}) = 3.8 + x_2 - \exp(x_1 - 1.7) \quad (x_1, x_2 \in [-7, 7]) \tag{6.40}$$

设置初始样本点为 40，终止条件中最大循环次数 $t_{\max} = 600$。同时通过判断测试点集的相对错分率是否收敛来判断模型是否满足全局近似精度要求。定义收敛条件为：连续五次循环中相对错分率的平均变化小于阈值 ϵ_0。第 t 次循环的相对错分率定义如下：

$$\epsilon^{(t)} = \frac{1}{2N_s} \sum_{i=1}^{N_s} \left| \mathrm{sign}(\widetilde{g}^{(t)}(\boldsymbol{x}_i)) - \mathrm{sign}(\widetilde{g}^{(t-1)}(\boldsymbol{x}_i)) \right| \tag{6.41}$$

式中：N_s 为测试样本点数目。

平均错分率定义为

$$\bar{\epsilon}^{(t)} = \begin{cases} \epsilon^{(t)} & (t < 5) \\ \dfrac{1}{5} \sum_{i=0}^{4} \epsilon^{(t-i)} & (t \geq 5) \end{cases} \tag{6.42}$$

该算例中取 $\epsilon_0 = 2 \times 10^{-4}$，$N_s = 10^6$。

2. 结果讨论

序贯建模的计算结果如表 6.1 所示，其中 $\epsilon_a^{(0)}$ 为初始绝对错分率，$\bar{\epsilon}_a^{(\mathrm{final})}$ 为最后一次循环的平均绝对错分率，$\epsilon_a^{\mathrm{direct}}$ 为不采用序贯建模，而直接生成与序贯建模所需样本点数目相同的初始样本点集来构造近似模型，进而得到的绝对错分率。图 6.13 中给出了 SVM 近似极限状态方程与真实极限状态方程之间的对比图，可以看出，近似失效面与真实失效面几乎重合。由此可知，基于潜在最大梯度加点准则的序贯近似建模方法只添加了少量的样本点就达到了很好的近似效果。相比不采用序贯建模方法，序贯建模通过潜在最大梯度加点准则在隐式函数描述的极限状态方程两侧不断加入样本点,尤其在梯度较大区域样本点分布较密,有效降低了近似模型的错分率,提高了模型近似精度。

表 6.1　基于潜在最大梯度加点准则的 SVM 序贯建模结果

初始样本点数	样本点总数	$\epsilon_a^{(0)}$	$\bar{\epsilon}_a^{(\text{final})}$	$\epsilon_a^{\text{direct}}$
40	57	0.0125	0.0017	0.0063

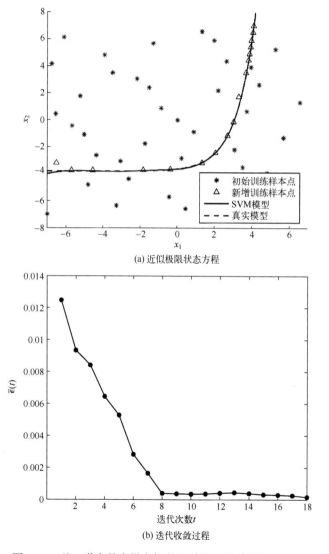

(a) 近似极限状态方程

(b) 迭代收敛过程

图 6.13　基于潜在最大梯度加点准则的 SVM 序贯建模结果

6.5 小　　结

本章首先对序贯近似建模方法框架进行介绍，然后分别介绍用于构造初始样本集的常用试验设计方法和用于迭代更新代理模型的序贯加点准则。对于试验设计方法，主要介绍了全因子设计方法、部分因子设计方法、中心组合设计方法、蒙特卡洛抽样法、正交试验设计法以及拉丁超立方设计法。对于序贯加点准则，分别从面向全局近似、面向全局优化和面向隐式函数近似三个方面进行了阐述。其中，在面向全局近似的序贯加点准则中，主要介绍了极大预估误差准则等七种常用方法，分别构造不同的拟合精度指标来指导序贯样本点的选取；在面向全局优化的序贯加点准则中，主要介绍了最小统计下界法、最大改进目标概率法以及最大改进目标期望值法，重点对提升全局优化效果区域进行了序贯采样；在面向隐式函数近似的序贯加点准则中，主要介绍了直接法、最小统计值法、最大可行性函数期望值法以及潜在最大梯度法等四类加点准则。最后，通过两个数值算例分别对显示函数和隐式函数的序贯近似建模效果进行了说明。

参考文献

[1] Jin R C, Chen W, Sudjianto A. On sequential sampling for global metamodeling in engineering design [C]//Proceedings of the ASME 2002 International Design Engineering Technical Conferences and Computers and Information in Engineering Conference. Montreal: ASME, 2002: 539-548.

[2] Yao W, Chen X Q. A sequential radial basis function neural network modeling method based on partial cross validation error estimation [C]//2009 Fifth International Conference on Natural Computation. Tianjin: IEEE, 2009: 405-409.

[3] Sacks J, Welch W J, Mitchell T J, et al. Design and analysis of computer experiments [J]. Statistical Science, 1989, 4 (4): 409-423.

[4] 江振宇, 张为华, 张磊. 虚拟试验设计中的序贯极大熵方法研究 [J]. 系统仿真学报, 2007, 19 (17): 3876-3973.

[5] Currin C, Mitchell T, Morris M, et al. Bayesian prediction of deterministic functions, with applications to the design and analysis of computer experiments [J]. Journal of the American Statistical Association, 1991, 86 (416): 953-963.

[6] Yao W, Chen X Q, Luo W C. A gradient-based sequential radial basis function neural network modeling method [J]. Neural Computing and Applications, 2009, 18 (5): 477-484.

[7] Li G, Azarm S. Maximum accumulative error sampling strategy for approximation of deterministic engineering simulations [C]//11th AIAA/ISSMO Multidisciplinary Analysis and Optimization Conference.

Portsmouth. Virginia: AIAA, 2006: 1-13.
[8] 姚雯, 陈小前, 罗文彩, 等. 基于部分交叉验证的多准则序贯近似建模方法 [J]. 系统工程与电子技术, 2010, 32 (7): 1462-1467.
[9] 姚雯. 不确定性 MDO 理论及其在卫星总体设计中的应用研究 [D]. 长沙: 国防科学技术大学, 2007.
[10] Jones D R. A taxonomy of global optimization methods based on response surfaces [J]. Journal of Global Optimization, 2001, 21: 345-383.
[11] Forrester A I J, Keane A J. Recent advances in surrogate-based optimization [J]. Progress in Aerospace Sciences, 2009, 45 (1-3): 50-79.
[12] Cox D D, John S. A statistical method for global optimization [C]//1992 IEEE International Conference on Systems, Man, and Cybernetics. Chicago: IEEE, 1992: 1241-1246.
[13] 姚雯. 飞行器总体不确定性多学科设计优化研究 [D]. 长沙: 国防科学技术大学, 2011.
[14] Basudhar A, Missoum S. Adaptive explicit decision functions for probabilistic design and optimization using support vector machines [J]. Computers and Structures, 2008, 86 (19-20): 1904-1917.
[15] Hurtado J E, Alvarez D A. An optimization method for learning statistical classifiers in structural reliability [J]. Probabilistic Engineering Mechanics, 2010, 25 (1): 26-34.
[16] Echard B, Gayton N, Lemaire M. AK-MCS: an active learning reliability method combining Kriging and Monte Carlo simulation [J]. Structural Safety, 2011, 33 (2): 145-154.
[17] Bichon B J, Eldred M S, Swiler L P, et al. Efficient global reliability analysis for nonlinear implicit performance functions [J]. AIAA Journal, 2008, 46 (10): 2459-2468.
[18] 欧阳琦. 飞行器不确定性多学科设计优化关键技术研究与应用 [D]. 长沙: 国防科学技术大学, 2013.

第7章

灵敏度分析方法

第 4 章至第 6 章对 MDO 中的近似建模技术进行了详细介绍，本章对实现优化设计的基础——灵敏度分析进行介绍。灵敏度分析（Sensitivity Analysis，SA）的概念最早用于控制系统设计中[1]，用来分析控制系统中数学模型参数变化对系统的影响。在 MDO 中，SA 用于分析系统性能对设计变量或其他参数变化的敏感程度，是 MDO 的关键技术之一。通过飞行器系统性能关于设计变量或其他参数的灵敏度分析，可以确定系统设计变量、参数对目标函数或约束函数的影响大小，进而筛选设计变量和确定需要重点考虑的系统参数；在寻优过程中，灵敏度信息还可用于辅助确定优化搜索方向。因此，鲁棒性强、高效精确、适用性广的灵敏度分析方法是飞行器 MDO 理论研究中的一项重要内容。

灵敏度分析方法有很多，按照灵敏度分析所处理学科对象的不同，MDO 中的灵敏度分析可以归为两类：学科灵敏度分析和系统灵敏度分析。前者仅在单一学科范围内研究设计变量或参数的变化对系统性能的影响程度，后者在整个系统范围内考虑学科交叉影响，对系统灵敏度进行分析，故又称为系统灵敏度分析（System Sensitivity Analysis，SSA）。系统灵敏度分析以单学科灵敏度分析为基础，因此本章将首先对常用的单学科灵敏度分析方法进行系统介绍，在此基础上进一步对系统灵敏度分析方法进行介绍。

7.1 单学科灵敏度分析方法

学科灵敏度分析只需考虑单一学科模型的输出性能指标相对于学科模

型输入变量或模型参数的导数信息。根据求解方式的不同，可将学科灵敏度分析方法归为如下类别：

（1）数值类方法（有限差分法、复变量方法）；
（2）解析法（直接法、伴随法）；
（3）基于计算机程序自动执行的方法（符号微分法、自动微分法）。

在本节中，将对上述方法逐一进行简要介绍。如无特别说明，本节介绍的各种灵敏度分析方法均是针对如下优化问题：

$$\begin{cases} \min\limits_{x} & f(\boldsymbol{u}(\boldsymbol{x}),\boldsymbol{x}) \\ \text{s.t.} & \boldsymbol{g} \leq 0 \end{cases} \quad (7.1)$$

式中：$\boldsymbol{x}=(x_1,x_2,\cdots,x_n)$ 为问题的设计变量，维数为 n；$\boldsymbol{u}$ 为状态量，维数为 k；$\boldsymbol{g} \in \mathbf{R}^{M_e}$ 为约束向量；f 为实值目标函数。通常，状态量 $\boldsymbol{u}$ 为设计变量 $\boldsymbol{x}$ 的隐函数。

7.1.1 数值类方法

1. 有限差分法

有限差分方法（Finite Differences Method，FDM）是用于计算灵敏度的经典方法之一。该方法基于变量摄动的方式计算灵敏度信息，包括前向差分（Forward Difference）、后向差分（Backward Difference）和中心差分（Central Difference）三种方案。

给定函数 f，所有的差分计算近似公式都可以通过截取给定点展开的泰勒级数导出。在 x 附近对函数 f 按 h 的幂进行泰勒展开：

$$f(x+h)=f(x)+hf'(x)+\frac{h^2}{2!}f''(x)+\frac{h^3}{3!}f'''(x)+\cdots \quad (7.2)$$

由此可得到前向差分计算一阶导数的近似公式：

$$f'(x)=\frac{f(x+h)-f(x)}{h}+O(h) \approx \frac{f(x+h)-f(x)}{h} \quad (7.3)$$

其中：h 为有限差分步长；$O(h)$ 为截断误差（由截去泰勒展开式中的高阶项而引起的误差），此公式具有一阶近似精度。

其次，在 x 附近对函数按 $(-h)$ 的幂进行泰勒展开有

$$f(x-h)=f(x)-hf'(x)+\frac{h^2}{2!}f''(x)-\frac{h^3}{3!}f'''(x)+\cdots \quad (7.4)$$

相应可得后向差分计算一阶导数的近似公式：

$$f' = \frac{f(x)-f(x-h)}{h}+O(h) \approx \frac{f(x)-f(x-h)}{h} \qquad (7.5)$$

用式（7.2）减去式（7.4），可导出中心差分计算一阶导数的近似公式：

$$f'(x) = \frac{f(x+h)-f(x-h)}{2h}+O(h^2) \approx \frac{f(x+h)-f(x-h)}{2h} \qquad (7.6)$$

该导数的截断误差为 $O(h^2)$，具有二阶近似精度，易知中心差分方法精度更高，故实际应用中更倾向于使用中心差分近似公式。此外，还可以通过不同泰勒展开式的组合导出其他高阶导数的有限差分近似计算公式。

FDM 的计算只依赖于系统输入和系统响应，对函数形式无明确要求。这一特点使 FDM 既能对一般函数求导，也可对子程序封装的隐函数求导。FDM 在求导过程中对函数 f 采用"黑箱"方式，编程可实现性强，因此在工程优化实践中得到了广泛应用。

但是 FDM 存在以下缺点：其一是计算效率低。从式（7.3）、式（7.5）和式（7.6）不难看出，基于一阶格式对 n 维设计变量 x 进行灵敏度分析时，需要至少 n 次重分析；采用二阶格式至少需要 $2n$ 次重分析。面对设计变量个数多、维数高、模型较复杂的问题，如飞行器非线性气动问题，其灵敏度分析将极其耗时。其二是精度难以保证。通常来说，FDM 主要有两类误差来源：截断误差和舍入误差。截断误差产生自略去泰勒展开式中的高阶小项 $O(h^p)$，如式（7.5）和式（7.6）所示。为了减小截断误差，需要选择较小的步长 h。但当步长过小会导致两函数值相近，从而带来了舍入误差，导致所谓的"步长危机"，因此减小步长可能会以损失精度为代价。由于截断误差和舍入误差对步长选择的要求相反，无法预知最佳步长，一般依据经验 FDM 步长取值范围为 $10^{-5} \sim 10^{-3}$，但在具体的工程应用中，步长取值需要结合问题进行调试设置。

总结来看，FDM 适用于设计变量少、变量维数低的优化问题，或用于灵敏度无法解析计算的情形。此外，由于 FDM 应用方便，因此也经常用来校对其他灵敏度分析方法的结果。

2. 复变量方法

在很多领域，复变量可以简化许多系统问题的表述与求解。Squire 和 Trapp[2] 引入其求解复杂函数的导数，由此发展了复变量方法（Complex

Variables Method,CVM)。

同 FDM 思路类似,将所求函数在点 x 进行泰勒展开,不同的是不按 h 或($-h$)进行幂级数展开,而是按纯虚数(ih)展开,即

$$f(x+ih)=f(x)+ihf'(x)-\frac{h^2}{2!}f''(x)-\frac{ih^3}{3!}f'''(x)+\frac{h^4}{4!}f''''(x)+\cdots \quad (7.7)$$

式中:$i=\sqrt{-1}$ 为虚数单位;h 为实数步长。式(7.7)等号的左右两边均为复数,根据复数实部和虚部分别相等的原则,有

$$\begin{aligned}\mathrm{Im}[f(x+ih)]&=ihf'(x)-\frac{ih^3}{6}f'''(x)+\cdots \\ \mathrm{Re}[f(x+ih)]&=f(x)-\frac{h^2}{2}f''(x)+\frac{h^4}{24}f''''(x)+\cdots\end{aligned} \quad (7.8)$$

将式(7.8)舍去高阶项可得函数截断误差为 $O(h^2)$ 的一阶导数和二阶导数计算近似公式:

$$\begin{aligned}f'(x)&=\frac{\mathrm{Im}[f(x+ih)]}{h}+O(h^2) \\ f''(x)&=\frac{2\{f(x)-\mathrm{Re}[f(x+ih)]\}}{h^2}+O(h^2)\end{aligned} \quad (7.9)$$

由式(7.9)可知,与 FDM 不同,CVM 计算函数一阶微分时无须进行相减操作,因而可避免舍入误差的产生,因此步长 h 的取值不受限制。当步长 h 取值足够小时,截断误差可以忽略不计,因此相较 FDM,CVM 在计算精度上得到大幅提升。由式(7.8)可知,CVM 在每次计算中需要处理实部和虚部两个等式,因此在计算效率上和中心差分方法接近。

CVM 在现有的 FDM 代码基础上很容易实现。在计算机程序中实现 CVM 可按如下三步进行[3]:

(1)对程序进行修改以处理复数变量。对 C 和 Fortran,需要将相应 double 类型的变量声明替换为 complex 类型的变量声明。对 MATLAB、Python 和 Julia,则无须进行修改,程序可以自动识别变量类型;

(2)为复数变量定义缺少的关系运算符、函数和算术运算符;

(3)取较小步长,计算一阶灵敏度导数值。

CVM 由于精度优势及易编程实现性,目前在飞行器气动优化、飞行器气动/结构多学科优化的灵敏度分析、结构有限元分析、电磁学和图像处理等方面得到了广泛应用。

7.1.2 解析法

灵敏度分析的解析法（Analytic Method，AM）是计算灵敏度最精确的方法。解析法在模型层次进行灵敏度分析，事先需要知道描述模型的控制方程以及状态变量。

式（7.1）描述的问题在满足给定控制方程时存在如下关系：

$$R(u(x);x)=0 \qquad (7.10)$$

式中：R 代表控制方程的残差值，其他变量含义同式（7.1）保持不变。通常，目标函数 f 是一个显含设计变量 x 和状态量 u 的方程，但状态量 u 是关于设计变量 x 的隐函数，系统的图形化表示如图 7.1 所示。

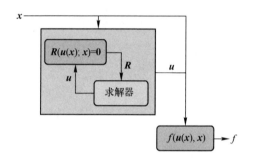

图 7.1　系统的图形化表示

采用解析法求解灵敏度意味着在完成系统分析（即状态量 u 的求解）的基础上求解额外的灵敏度方程。根据优化问题的不同，求解灵敏度方程有两种策略可供选择，即直接法（Direct Method）和伴随法（Adjoint Method）[4]。

考虑式（7.1）中描述问题的灵敏度分析，目标函数对设计变量的任意分量 x_i 的导数为

$$\frac{df}{dx_i} = \frac{\partial f}{\partial x_i} + \frac{\partial f}{\partial u}\frac{du}{dx_i} \qquad (7.11)$$

式中：$\dfrac{df}{dx_i}$ 代表所求的目标函数对设计变量的灵敏度；$\dfrac{\partial f}{\partial x_i}$ 代表目标函数仅对显含 x_i 的部分进行求导；$\dfrac{\partial f}{\partial u}\dfrac{du}{dx_i}$ 体现目标函数对隐含 x_i 部分求导。当给

定目标函数 f 后，$\dfrac{\partial f}{\partial x_i}$ 和 $\dfrac{\partial f}{\partial \boldsymbol{u}}$ 通常可以解析计算，问题的关键在于如何高效计算 $\dfrac{\mathrm{d}\boldsymbol{u}}{\mathrm{d}x_i}$。根据求解方式的不同，分为直接法和伴随法，下面对两种方法进行说明。

1. 直接法

考虑满足控制方程的一组设计变量 $\boldsymbol{x}$，有 $\boldsymbol{R}=\boldsymbol{0}$。任何在 $\boldsymbol{x}$ 附近产生的微小扰动必然伴随着 $\boldsymbol{u}$ 的微小扰动使得控制方程依旧满足。据此对残差进行微分有

$$\mathrm{d}\boldsymbol{R} = \frac{\partial \boldsymbol{R}}{\partial x_i}\mathrm{d}x_i + \frac{\partial \boldsymbol{R}}{\partial \boldsymbol{u}}\mathrm{d}\boldsymbol{u} = \boldsymbol{0} \tag{7.12}$$

根据式（7.12）可进一步推出：

$$\frac{\partial \boldsymbol{R}}{\partial \boldsymbol{u}}\frac{\mathrm{d}\boldsymbol{u}}{\mathrm{d}x_i} = -\frac{\partial \boldsymbol{R}}{\partial x_i} \tag{7.13}$$

定义 $\boldsymbol{\varphi} = -\dfrac{\mathrm{d}\boldsymbol{u}}{\mathrm{d}x_i}$，式（7.13）改写为

$$\frac{\partial \boldsymbol{R}}{\partial \boldsymbol{u}}\boldsymbol{\varphi} = \frac{\partial \boldsymbol{R}}{\partial x_i} \tag{7.14}$$

式（7.14）是一个关于 $\boldsymbol{\varphi}$ 的线性方程组。采用直接法求解时，在当前设计点处求解控制方程获得系统状态量 $\boldsymbol{u}$ 后，即可针对每一个设计变量 x_i 求解方程（7.14），得到 $\boldsymbol{\varphi}$ 后代入式（7.11）即可得到当前设计点处目标函数对设计变量的灵敏度 $\dfrac{\mathrm{d}f}{\mathrm{d}x_i}$。需要特别指出的是，设计变量的每一个分量 x_i 对应的 $\boldsymbol{\varphi}$ 是不同的。

2. 伴随法

采用伴随法求解灵敏度的思路可以概括为避免直接求解 $\dfrac{\mathrm{d}\boldsymbol{u}}{\mathrm{d}x_i}$，由式（7.13）出发，考虑到残差 $\boldsymbol{R}$ 和状态量 $\boldsymbol{u}$ 同维，因此 $\dfrac{\partial \boldsymbol{R}}{\partial \boldsymbol{u}}$ 是方阵。将式（7.13）代入式（7.11），并假设 $\dfrac{\partial \boldsymbol{R}}{\partial \boldsymbol{u}}$ 可逆，有

$$\frac{df}{dx_i} = \frac{\partial f}{\partial x_i} - \frac{\partial f}{\partial u}\left(\frac{\partial R}{\partial u}\right)^{-1}\frac{\partial R}{\partial x_i} \tag{7.15}$$

构造伴随向量 $\boldsymbol{\lambda}$，令 $\boldsymbol{\lambda}$ 满足下式：

$$\boldsymbol{\lambda}^{\mathrm{T}} = \frac{\partial f}{\partial u}\left(\frac{\partial R}{\partial u}\right)^{-1} \tag{7.16}$$

由式（7.16）可导出：

$$\left(\frac{\partial R}{\partial u}\right)^{\mathrm{T}}\boldsymbol{\lambda} = \left(\frac{\partial f}{\partial u}\right)^{\mathrm{T}} \tag{7.17}$$

式（7.17）即为伴随方程。相比式（7.13），可以发现伴随方程无关设计变量 x，因此对任意 x_i 均有相同的 $\boldsymbol{\lambda}$。求解式（7.17）得到伴随向量 $\boldsymbol{\lambda}$ 后，将其代入式（7.15），即可得到目标函数对设计变量的灵敏度 $\frac{df}{dx_i}$。

如图 7.2 所示，直接法和伴随法的区别体现在所构造求解的线性系统。选择直接法或伴随法求解灵敏度，主要取决于问题的计算成本，后面将采用一个实例进行说明。

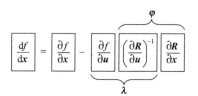

图 7.2　灵敏度解析求解的直接法和伴随法

3. 直接方法与伴随方法的对比

这里以一个实际问题为例对两种方法进行对比。以 MDO 中常需考虑的结构静力学分析问题为背景，此时系统需要满足的控制方程表示为

$$\boldsymbol{K}\boldsymbol{u} = \boldsymbol{f}^{\mathrm{ext}} \tag{7.18}$$

式中：$\boldsymbol{K}$ 代表单元刚度阵；$\boldsymbol{u}$ 代表节点位移；$\boldsymbol{f}^{\mathrm{ext}}$ 代表外界载荷。易知，目标函数对设计变量的任意分量 x_i 的导数为

$$\frac{df}{dx_i} = \frac{\partial f}{\partial x_i} + \frac{\partial f}{\partial u}\frac{du}{dx_i} \tag{7.19}$$

下面分别采用直接法和伴随法进行求解。

1) 直接法

式 (7.18) 两端对设计变量任意分量 x_i 求导可得

$$\frac{\mathrm{d}\boldsymbol{K}}{\mathrm{d}x_i}\boldsymbol{u}+\boldsymbol{K}\frac{\mathrm{d}\boldsymbol{u}}{\mathrm{d}x_i}-\frac{\mathrm{d}\boldsymbol{f}^{\mathrm{ext}}}{\mathrm{d}x_i}=0 \qquad (7.20)$$

此处 $\dfrac{\mathrm{d}\boldsymbol{f}^{\mathrm{ext}}}{\mathrm{d}x_i}$ 和 $\dfrac{\mathrm{d}\boldsymbol{K}}{\mathrm{d}x_i}$ 均可直接求解。根据式 (7.18)，即可解得 $\boldsymbol{u}$。由于 $\dfrac{\mathrm{d}\boldsymbol{f}^{\mathrm{ext}}}{\mathrm{d}x_i}$、$\dfrac{\mathrm{d}\boldsymbol{K}}{\mathrm{d}x_i}$ 和 $\boldsymbol{u}$ 均已知，记

$$\boldsymbol{p}=\frac{\mathrm{d}\boldsymbol{f}^{\mathrm{ext}}}{\mathrm{d}x_i}-\frac{\mathrm{d}\boldsymbol{K}}{\mathrm{d}x_i}\boldsymbol{u} \qquad (7.21)$$

则式 (7.20) 可以转化为如下一个线性方程组计算问题：

$$\boldsymbol{K}\frac{\mathrm{d}\boldsymbol{u}}{\mathrm{d}x_i}=\boldsymbol{p} \qquad (7.22)$$

显然，求解式 (7.22) 和式 (7.18) 是相同的。得到 $\dfrac{\mathrm{d}\boldsymbol{u}}{\mathrm{d}x_i}$ 后将其回代入式 (7.19)，即可得到对 x_i 的灵敏度 $\dfrac{\mathrm{d}f}{\mathrm{d}x_i}$。对含有 n 个分量的设计变量 $\boldsymbol{x}$，执行 n 次如上所述的重分析后即可获得系统对所有设计变量的灵敏度 $\dfrac{\mathrm{d}f}{\mathrm{d}\boldsymbol{x}}$。

2) 伴随法

在原始目标函数上增添伴随项，构造伴随方程如下：

$$h=f+\boldsymbol{\lambda}^{\mathrm{T}}(\boldsymbol{f}^{\mathrm{ext}}-\boldsymbol{K}\boldsymbol{u}) \qquad (7.23)$$

式中：$\boldsymbol{\lambda}$ 为伴随向量。根据式 (7.18)，显然有 $h\equiv f$。对式 (7.23) 求导可得

$$\frac{\mathrm{d}h}{\mathrm{d}x_i}=\left(\frac{\partial f}{\partial \boldsymbol{u}}-\boldsymbol{\lambda}^{\mathrm{T}}\boldsymbol{K}\right)\frac{\mathrm{d}\boldsymbol{u}}{\mathrm{d}x_i}+\frac{\partial f}{\partial x_i}+\boldsymbol{\lambda}^{\mathrm{T}}\left(\frac{\mathrm{d}\boldsymbol{f}^{\mathrm{ext}}}{\mathrm{d}x_i}-\frac{\mathrm{d}\boldsymbol{K}}{\mathrm{d}x_i}\boldsymbol{u}\right) \qquad (7.24)$$

根据式 (7.16)，有

$$\boldsymbol{\lambda}^{\mathrm{T}}\boldsymbol{K}=\frac{\partial f}{\partial \boldsymbol{u}} \qquad (7.25)$$

根据刚度矩阵的对称性可以改写为

$$\boldsymbol{K}\boldsymbol{\lambda}=\left(\frac{\partial f}{\partial \boldsymbol{u}}\right)^{\mathrm{T}} \qquad (7.26)$$

求解式 (7.26) 得到 $\boldsymbol{\lambda}$ 后即可得到目标函数对 x_i 的灵敏度：

$$\frac{\mathrm{d}f}{\mathrm{d}x_i} = \frac{\mathrm{d}h}{\mathrm{d}x_i} = \frac{\partial f}{\partial x_i} + \boldsymbol{\lambda}^\mathrm{T}\left(\frac{\mathrm{d}\boldsymbol{f}^{\mathrm{ext}}}{\mathrm{d}x_i} - \frac{\mathrm{d}\boldsymbol{K}}{\mathrm{d}x_i}\boldsymbol{u}\right) \tag{7.27}$$

由于伴随向量 $\boldsymbol{\lambda}$ 对所有 x_i 均适用，因此在采用伴随法求灵敏度时，只需要执行一次重分析即可。若问题有 l 个目标和 m 个约束，则需要 $l+m$ 次重分析。

对比直接法和伴随法的求解过程，可以得出结论：若问题的设计变量维数较高，约束较少，则采用伴随法的效率高；若问题的设计变量维数较低，同时具有比较多的约束，则直接法的效率更高。在 MDO 中，绝大多数情况是一个具有高维设计变量的问题，因此采用伴随法求解灵敏度会是一个更好的选择。

实践证明，基于解析表达式的导数计算可获得最快的计算速度。但在 MDO 中经常遇到目标函数或约束无显式表达式的情况，无法直接求解解析的灵敏度表达式。同时考虑到 MDO 本身的复杂性，推导灵敏度的解析表达式也是一项极具挑战性的工作。

4. 半解析法

除了上述两种解析法外，还存在一类半解析方法。在求解式（7.13）时，可以使用差分格式近似计算 $\dfrac{\partial \boldsymbol{R}}{\partial x_i}$。因此，式（7.13）变为

$$\frac{\partial \boldsymbol{R}}{\partial \boldsymbol{u}}\frac{\mathrm{d}\boldsymbol{u}}{\mathrm{d}x_i} = -\frac{\boldsymbol{R}(x_i+\Delta x_i) - \boldsymbol{R}(x_i)}{\Delta x_i} \tag{7.28}$$

随后再根据直接法继续计算。该方法被称为半解析法（Quasi-Analytic Method）。半解析方法的效率与解析直接法大体相同，但编程实现工作量与有限差分方法接近。它结合了 FDM 和解析方法中的直接法，是一种实用的学科灵敏度计算方法。

7.1.3 符号微分方法

符号微分方法（Symbolic Differentiation Method，SDM）基于数学规则和程序表达式完成求导，其计算结果是导数的表达式而非具体的数值。SDM 克服了手工推导解析灵敏度的一些缺点，不仅可以获得导数的解析表达式，而且求导过程可由计算机自动执行。同人工解析推导相比，该方法能够较为迅速地获得精确导数表达式，且不易出错。提供 SDM 功能的典

型商用软件有 Maple、Mathematica、MATLAB 等。

SDM 要求原函数具有显式形式，在实际应用中通常不能处理由子程序封装的隐函数。同时，SDM 也要求原函数必须是闭合的，不能有编程语言中的循环结构、条件结构等，这大大限制了 SDM 在实际工程中的应用。此外，符号微分还有一个缺点是"表达式膨胀"（Expression Swell），如表 7.1 所示，计算机无法简化导数计算表达式，从而不断累积，导致最终求解速度变慢。因此使用 SDM 进行求导运算时仍然需要大量人工处理，故而该方法的应用范围极其受限。

表 7.1 符号微分中的"表达式膨胀"现象

$f(x)$	$\frac{\mathrm{d}}{\mathrm{d}x}f(x)$	$\frac{\mathrm{d}}{\mathrm{d}x}f(x)$化简形式
x	1	1
$4x(1-x)$	$4(1-x)-4x$	$4-8x$
$16x(1-x)(1-2x)^2$	$16(1-x)(1-2x)^2-16x(1-2x)^2-64x(1-x)(1-2x)$	$16(1-10x+24x^2-16x^3)$
$64x(1-x)(1-2x)^2(1-8x+8x^2)^2$	$128x(1-x)(-8+16x)(1-2x)2(1-8x+8x^2)+64(1-x)(1-2x)2(1-8x+8x^2)^2-64x(1-2x)^2(1-8x+8x^2)^2-256x(1-x)(1-2x)(1-8x+8x^2)^2$	$64(1-42x+504x^2-2640x^3+7040x^4-9984x^5+7168x^6-2048x^7)$

7.1.4 自动微分法

自动微分法（Automatic Differentiation Method，ADM），又被称为算法微分法（Algorithmic Differentiation Method），是指自动获取一段计算机程序导数的技术[5]，其内部预定义了多个数学算子的雅可比矩阵，同时根据链式法则定义了梯度信息的流动关系。由于每一个数学算子的雅可比矩阵都是解析定义的，因此自动微分所获取的梯度精度等同于解析解。

ADM 研究源于 20 世纪 50 年代[6]，随着 1991 年 SIAM 自动微分算法专题学术讨论会的召开，ADM 的研究与应用进入了飞速发展时期。研究人员开发了大量自动微分工具，并将其成功应用在灵敏度分析、数据处理等研究领域。最近十年伴随着深度学习研究的兴起，ADM 研究取得了重要进展。目前所有主流深度学习框架均支持 ADM，如 PyTorch、TensorFlow、JAX 等，研究者们也在积极探索更多数学运算的 ADM 实现，掀起了可微分编程的研究浪潮。

1. 基本原理

ADM 的基本思想是，在计算机程序运行过程中，无论函数 f 的计算有多复杂，都可分解为一系列的初等运算（如加、减、乘、除）和初等函数（如正弦、余弦等）运算的有序复合。在计算机程序中预定义这些初等运算的雅可比矩阵，根据链式法则，计算机即可精确地得到目标函数或约束函数的任意阶导数，如式（7.29）所示。

$$\frac{\mathrm{d}f(g(x),h(x))}{\mathrm{d}x}=\frac{\partial f(s,r)}{\partial s}\times\frac{\mathrm{d}g(x)}{\mathrm{d}x}+\frac{\partial f(s,r)}{\partial r}\times\frac{\mathrm{d}h(x)}{\mathrm{d}x} \quad (7.29)$$

ADM 可以直接用于任意长度的计算机程序，包含分支、循环和子程序等程序结构，对任意一段子程序的求导过程可以归纳为：

（1）将该子程序分解为一系列的初等运算和初等函数；

（2）获取初等运算和初等函数的导数；

（3）根据程序的数据依赖关系，运用链式法则，将（2）中得到的梯度累加。

这三步可以同时进行。对于一个 ADM 的算法程序来说，由于分解出的初等函数的种类有限，所以第（2）步的实现代码相对固定。第（1）步可以有多种实现方法，目前主要有两种实现方法：源代码转换（Source Code Transformation）方法和操作符重载（Operator Overloading）方法[7]。第（3）步的累加方法也有两种基本模式：前向模式（Forward Mode）和反向模式（Reverse Mode）[5,7-9]。这两种模式的区别在于怎样运用链式规则通过计算传递导数。此外，也有研究者针对两种模式结合的混合模式进行研究。下面对 ADM 的两种实现模式进行说明。

考察如下函数：

$$f(x_1,x_2)=\ln(x_1)+x_1 x_2-\sin(x_2) \quad (7.30)$$

将上述问题转化为计算图的形式，如图 7.3 所示。

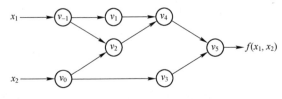

图 7.3　对应式（7.30）的计算图

在转化为有向无环图（Directed Acyclic Graph，DAG）结构之后，可以很容易地分步计算函数的值，并求取它每一步的导数值。

2. 前向模式

前向模式从计算图左侧起点开始，沿着数据正向传递的方向依次向前计算，最终到达计算图的终点。在正向计算每一个节点函数值的同时计算其对应的导数，并保存结果，最终得到整个运算的函数值以及导数值，对应于复合函数求导时从最内层逐步向外层求导的过程。图7.4直观地展示了前向模式的计算过程。

正向计算过程	前向模式下的导数计算
$v_{-1} = x_1 \quad = 2$ $v_0 = x_2 \quad = 5$	$\dot{v}_{-1} = \dot{x}_1 \quad = 1$ $\dot{v}_0 = \dot{x}_2 \quad = 0$
$v_1 = \ln v_{-1} \quad = \ln 2$ $v_2 = v_{-1} \times v_0 \quad = 2 \times 5$ $v_3 = \sin v_0 \quad = \sin 5$ $v_4 = v_1 + v_2 \quad = 0.693 + 10$ $v_5 = v_4 - v_3 \quad = 10.693 + 0.959$	$\dot{v}_1 = \dot{v}_{-1}/v_{-1} \quad = 1/2$ $\dot{v}_2 = \dot{v}_{-1} \times v_0 + \dot{v}_0 \times v_{-1} \quad = 1 \times 5 + 0 \times 2$ $\dot{v}_3 = \dot{v}_0 \times \cos v_0 \quad = 0 \times \cos 5$ $\dot{v}_4 = \dot{v}_1 + \dot{v}_2 \quad = 0.5 + 5$ $\dot{v}_5 = \dot{v}_4 - \dot{v}_3 \quad = 5.5 - 0$
$y = v_5 \quad = 11.652$	$\dot{y} = \dot{v}_5 \quad = 5.5$

图7.4 自动微分前向模式中的函数计算及其导数计算

前向模式计算基于JVP（Jacobian Vector Product）规则实现，即函数雅可比矩阵和输入向量v（非函数的输入向量）做矢积，其数学含义对应于函数的全微分。对任意数学运算均可定义雅可比矩阵，以n维输入和m维输出为例，此时的雅可比可以表示为一个$m \times n$的矩阵：

$$J = \begin{bmatrix} \dfrac{\partial y_1}{\partial x_1} & \cdots & \dfrac{\partial y_1}{\partial x_n} \\ \vdots & \ddots & \vdots \\ \dfrac{\partial y_m}{\partial x_1} & \cdots & \dfrac{\partial y_m}{\partial x_n} \end{bmatrix}_{m \times n} \quad (7.31)$$

此时的输入向量v与函数的输入同形：

$$v\_jvp: \quad v = [v_1, \quad v_2, \quad \cdots, \quad v_n]^T \quad (7.32)$$

输入向量v的含义为对应函数输入x的dx。通过JVP规则，即可实现函数的导数计算。若函数为标量输出，则 JVP 规则下的输出含义为此标量输出对函数输入梯度的求和；若函数为向量输出，则 JVP 规则下的输出与函数输出同形，其含义为输出的每一个分量对输入梯度的求和。

根据雅可比矩阵的形式可知，一次正向计算可以计算出雅可比矩阵的一列，对于 n 维输入，则需要进行 n 次正向计算才能获得雅可比矩阵的完整表达。因此，当函数输入较多而输出较少时，前向模式的计算效率较低。

3. 反向模式

反向模式在计算的正向过程计算函数值，在反向过程中累积导数信息。在从后向前的计算过程中，在每个中间节点处，根据该节点的后续节点计算其导数值并累积，直到自变量节点处，这样就得到函数输出对每个输入的导数，整个过程对应于复合函数求导时从最外层逐步向内层求导。图 7.5 直观地展示了反向模式的计算过程。

正向计算过程			反向模式下的导数计算		
$v_{-1}= x_1$	$= 2$		$\bar{x}_1 = \bar{v}_{-1}$		$= 5.5$
$v_0 = x_2$	$= 5$		$\bar{x}_2 = \bar{v}_0$		$= 1.716$
$v_1 = \ln v_{-1}$	$= \ln 2$		$\bar{v}_{-1}= \bar{v}_{-1} + \bar{v}_1 \frac{\partial v_1}{\partial v_{-1}}$	$= \bar{v}_{-1} + \bar{v}_1/v_{-1}$	$= 5.5$
$v_2 = v_{-1} \times v_0$	$= 2 \times 5$		$\bar{v}_0 = \bar{v}_0 + \bar{v}_2 \frac{\partial v_2}{\partial v_0}$	$= \bar{v}_0 + \bar{v}_2 \times v_{-1}$	$= 1.716$
			$\bar{v}_{-1}= \bar{v}_2 \frac{\partial v_2}{\partial v_{-1}}$	$= \bar{v}_2 \times v_0$	$= 5$
$v_3 = \sin v_0$	$= \sin 5$		$\bar{v}_0 = \bar{v}_3 \frac{\partial v_3}{\partial v_0}$	$= \bar{v}_3 \times \cos v_0$	$= -0.284$
$v_4 = v_1 + v_2$	$= 0.693 + 10$		$\bar{v}_2 = \bar{v}_4 \frac{\partial v_4}{\partial v_2}$	$= \bar{v}_4 \times 1$	$= 1$
			$\bar{v}_1 = \bar{v}_4 \frac{\partial v_4}{\partial v_1}$	$= \bar{v}_4 \times 1$	$= 1$
$v_5 = v_4 - v_3$	$= 10.693 + 0.959$		$\bar{v}_3 = \bar{v}_5 \frac{\partial v_5}{\partial v_3}$	$= \bar{v}_5 \times (-1)$	$= -1$
			$\bar{v}_4 = \bar{v}_5 \frac{\partial v_5}{\partial v_4}$	$= \bar{v}_5 \times 1$	$= 1$
$y = v_5$	$= 11.652$		$\bar{v}_5 = \bar{y}$		$= 1$

图 7.5 自动微分反向模式中函数值的计算和导数的计算

反向模式计算基于 VJP（Vector Jacobian Product）规则实现，即输入向量 v 与函数雅可比矩阵的矢积。此时的输入向量 v 与函数的输出同形：

$$v\_\text{vjp}: v = [v_1, \cdots, v_m]^T \tag{7.33}$$

输入向量 v 的含义为一个遥远的标量输出 l 对此时函数输出 y 的偏导数 $\dfrac{\mathrm{d}l}{\mathrm{d}y}$。通过 VJP 规则，即可实现函数的导数计算。VJP 规则下的输出含义为一个遥远的标量输出 l 对此时函数输入 x 的偏导数 $\dfrac{\mathrm{d}l}{\mathrm{d}x}$。

根据雅可比矩阵的形式，一次反向计算可以计算出雅可比矩阵的一行，对于 n 维输入，即可一次性地获得雅可比矩阵的完整表达。因此，在函数具有多个输入同时输出较少时，反向模式具有较高的计算效率。但由于需要额外的数据结构同时记录正向过程和反向过程的计算操作，需要占用大量的内存。

4. 自动微分的实现方式

当前，主流的自动微分实现方式有两种：源代码转换方法和操作符重载方法。

（1）源代码转换。

源代码转换方法通过对源代码增加微分变量、数据结构以及计算微分的新的程序结构以生成导数代码。这一过程是通过利用类似编译器的预处理器完成的，最终结果是用新的代码取代了原来的代码。

（2）操作符重载。

微分工具可以通过重载每个操作以达到计算偏导数和根据链式规则传播导数的目的，没有代码生成，很容易保留源程序的语义和原语言的语法。

由于自动微分实现方式更多涉及具体的计算机程序实现，而非数学原理，这里不再进行展开介绍，感兴趣的读者可以查阅相关参考文献进行了解。

7.1.5 不同灵敏度求解方式的对比

上述灵敏度分析方法各有优缺点，没有一种方法能适用于任何情况。当选择灵敏度计算方法时，需要从计算时间、计算结果的正确性、数值精度以及开发代价等多方面进行衡量。

有限差分法得益于其原理简单、易于实现且适用于任意问题的特性，在工程中得到了广泛应用。其缺点是所计算的导数结果是近似的，无法提供精确的导数信息。计算成本与变量个数线性相关，在大规模问题中计算效率较低。复变量方法在有限差分法的基础上在计算准确性方面有着巨大的提升，能够得到较为精确的导数计算结果，同时保留了有限差分法便于应用的优点。其缺点同有限差分法类似，计算成本与变量输入呈线性关系，在大规模问题中计算效率较低。解析法计算能够得到精确的导数信息且具有较高的计算效率，特别是伴随法计算效率与变量个数无关，很适合解决大规模优化问题。其缺点在于需要人工推导导数表达式，对于很多问题来说是一个巨大的挑战。符号微分法能够得到精确的导数结果，但仅适用于简单、显式的低维函数，无法应用于大规模工程问题。自动微分法能够得到精确的导数信息，且无须人工操作。前向模式的计算效率与设计变量个数相关，但计算开销的增长远小于有限差分法和复变量方法。反向模式的计算成本与变量个数无关，但内存开销较大。图 7.6 体现了不同灵敏度求解方式求解同一函数的过程对比。

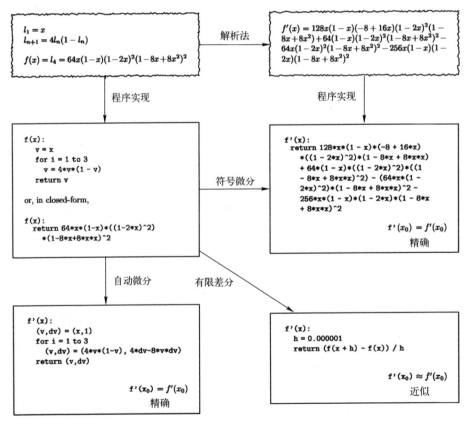

图 7.6　不同灵敏度求解方式求解同一函数的过程对比

7.2 系统灵敏度分析方法

原则上,可对 7.1 节中介绍的单学科灵敏度分析方法直接推广应用于飞行器系统灵敏度分析。但在实际应用中这并不现实,原因在于飞行器系统灵敏度分析过程通常耦合多个学科,模型更为复杂,设计变量/参数变量维数极高。此外,MDO 中系统灵敏度分析方法常被用于衡量学科间、子系统间或学科与系统间的相互影响,其计算方法和学科灵敏度分析方法差别较大。为降低系统灵敏度分析难度,通常将含有多个学科的飞行器整体系统按不同的分解策略分解为若干较小的子系统/学科,然后对各子系统分别进行学科敏度分析,最后再对整个飞行器系统进行系统灵敏度分析。主流分解策略有层次分解、非层次分解(包含网状分解、耦合分解)以及混合分解等,对应上述分解策略可得到不同结构的系统,包括层次系统和非层次系统(包含网状系统、耦合系统)。目前,常用的系统灵敏度分析方法为最优灵敏度分析(Optimum Sensitivity Analysis,OSA)方法和全局灵敏度方程(Global Sensitivity Equation,GSE)方法。

7.2.1 最优灵敏度分析

OSA 方法最早由 Sobieski 等[10]于 1981 年提出,该方法可用于层次系统和非层次系统的系统灵敏度分析。考虑如下所描述的带参数规划问题:

$$\min_{x} \quad f(\boldsymbol{x}(\boldsymbol{P}),\boldsymbol{P}) \qquad (7.34)$$
$$\text{s.t.} \quad \boldsymbol{g} \leqslant 0$$

式中:$\boldsymbol{x}=(x_1,x_2,\cdots,x_n)$ 为问题的设计变量,维数为 n;$\boldsymbol{P}$ 为 k 维参数向量;$\boldsymbol{g}$ 为约束函数,维数为 m。f 为实值目标函数。问题式(7.34)的最优解是关于参数 $\boldsymbol{P}$ 的函数,用上标"*"表示最优值,有

$$\begin{cases} \boldsymbol{x}^* = \boldsymbol{x}(\boldsymbol{P}^*) \\ f^* = f(\boldsymbol{P}^*) \end{cases} \qquad (7.35)$$

OSA 的目标是求出 f^* 关于参数 $\boldsymbol{P}$ 的导数 $\dfrac{\mathrm{d}f^*}{\mathrm{d}\boldsymbol{P}}$。对任意某元素 p,可通过极限求出 $\dfrac{\mathrm{d}f^*}{\mathrm{d}p}$:

$$\lim_{\Delta p \to 0} \frac{f^*(p+\Delta p) - f^*(p)}{\Delta p} \tag{7.36}$$

由最优灵敏度 $\dfrac{\mathrm{d}f^*}{\mathrm{d}\boldsymbol{P}}$，可构造出目标函数最优值随参数 $\boldsymbol{P}$ 变化的线性近似如下：

$$f^*(\boldsymbol{P}+\Delta\boldsymbol{P}) = f^*(\boldsymbol{P}) + \frac{\mathrm{d}f^*}{\mathrm{d}\boldsymbol{P}} \cdot \Delta\boldsymbol{P} \tag{7.37}$$

同理，可以求出设计变量相对于参数 $\boldsymbol{P}$ 的导数 $\dfrac{\mathrm{d}\boldsymbol{x}^*}{\mathrm{d}\boldsymbol{P}}$。

1. 目标函数的一阶最优灵敏度分析

目标函数的一阶最优灵敏度导数可按式（7.36）计算，但需要对问题（7.34）进行重分析。下面利用最优点处的库恩-塔克条件等，对无须重分析的一阶最优灵敏度计算方法进行推导。

由复合函数的微分规则，对式（7.35）的目标函数求导，可得目标函数的一阶导数为

$$\frac{\mathrm{d}f^*}{\mathrm{d}\boldsymbol{P}} = \frac{\partial f^*}{\partial \boldsymbol{P}} + \frac{\partial f^*}{\partial \boldsymbol{x}}\left(\frac{\mathrm{d}\boldsymbol{x}^*}{\mathrm{d}\boldsymbol{P}}\right) \tag{7.38}$$

由式（7.38）知，为求 $\dfrac{\mathrm{d}f^*}{\mathrm{d}\boldsymbol{P}}$，必须先求出 $\dfrac{\mathrm{d}\boldsymbol{x}^*}{\mathrm{d}\boldsymbol{P}}$。但是，利用最优点处的库恩-塔克条件、最优点处主动约束对参数 $\boldsymbol{P}$ 偏导数以及拉格朗日乘子，就可以绕过求 $\dfrac{\mathrm{d}\boldsymbol{x}^*}{\mathrm{d}\boldsymbol{P}}$ 而最终求得 $\dfrac{\mathrm{d}f^*}{\mathrm{d}\boldsymbol{P}}$。对于给定的 $\boldsymbol{P}$，最优点处的库恩-塔克条件为

$$\begin{cases} \dfrac{\partial f^*}{\partial \boldsymbol{x}} + \boldsymbol{\lambda}^{*\mathrm{T}} \dfrac{\partial \boldsymbol{g}^*}{\partial \boldsymbol{x}} = 0 \\ \boldsymbol{\lambda}^{*\mathrm{T}} \boldsymbol{g}^* = 0 \\ \boldsymbol{g}^* \leq 0 \\ \boldsymbol{\lambda}^* \geq 0 \end{cases} \tag{7.39}$$

其中，$\boldsymbol{\lambda}$ 为拉格朗日乘子向量，维数为 m。将 $\boldsymbol{\lambda}^*$ 中大于 0 的乘子组成一个子向量 $\boldsymbol{\lambda}^{a*}$，其维数为 $s(s<m)$。与 $\boldsymbol{\lambda}^{a*}$ 相应的约束子向量 $\boldsymbol{g}^{a*}$ 满足：

$$\boldsymbol{g}^{a*} = 0 \tag{7.40}$$

即 $\boldsymbol{g}^{a*}$ 为有效约束向量。假定最优点处参数 $\boldsymbol{P}$ 的微小变化不会引起有效约束的改变，将式（7.40）两边相对于 $\boldsymbol{P}$ 求导，有

$$\frac{\mathrm{d}}{\mathrm{d}\boldsymbol{P}}(\boldsymbol{g}^{a*}) = \frac{\partial \boldsymbol{g}^{a*}}{\partial \boldsymbol{P}} + \frac{\partial \boldsymbol{g}^{a*}}{\partial \boldsymbol{x}} \cdot \frac{\mathrm{d}\boldsymbol{x}^*}{\mathrm{d}\boldsymbol{P}} = 0 \tag{7.41}$$

对于有效约束，将式（7.39）第一个等式右乘 $\dfrac{\mathrm{d}\boldsymbol{x}^*}{\mathrm{d}\boldsymbol{P}}$，并结合式（7.41）可得

$$\frac{\partial f^*}{\partial \boldsymbol{x}} \frac{\mathrm{d}\boldsymbol{x}^*}{\mathrm{d}\boldsymbol{P}} = \boldsymbol{\lambda}^{a*\mathrm{T}} \frac{\partial \boldsymbol{g}^{a*}}{\partial \boldsymbol{P}} \tag{7.42}$$

将式（7.42）代入式（7.38），得

$$\frac{\mathrm{d}f^*}{\mathrm{d}\boldsymbol{P}} = \frac{\partial f^*}{\partial \boldsymbol{P}} + \boldsymbol{\lambda}^{a*\mathrm{T}} \frac{\partial \boldsymbol{g}^{a*}}{\partial \boldsymbol{P}} \tag{7.43}$$

对应有效约束拉格朗日乘子向量 $\boldsymbol{\lambda}^{a*}$ 可由下式计算得出

$$\boldsymbol{\lambda}^{a*} = -\left[\left(\frac{\partial \boldsymbol{g}^{a*}}{\partial \boldsymbol{x}}\right) \cdot \left(\frac{\partial \boldsymbol{g}^{a*}}{\partial \boldsymbol{x}}\right)^{\mathrm{T}}\right]^{-1} \cdot \frac{\partial \boldsymbol{g}^{a*}}{\partial \boldsymbol{x}} \cdot \left(\frac{\partial f^*}{\partial \boldsymbol{x}}\right)^{\mathrm{T}} \tag{7.44}$$

由式（7.44）知，为了求得 $\boldsymbol{\lambda}^{a*}$，要求有效约束的梯度向量 $\dfrac{\partial \boldsymbol{g}^{a*}}{\partial \boldsymbol{x}}$ 线性无关，即矩阵 $\left[\left(\dfrac{\partial \boldsymbol{g}^{a*}}{\partial \boldsymbol{x}}\right) \cdot \left(\dfrac{\partial \boldsymbol{g}^{a*}}{\partial \boldsymbol{x}}\right)^{\mathrm{T}}\right]$ 的条件数为 $\dfrac{\partial \boldsymbol{g}^{a*}}{\partial \boldsymbol{x}}$ 条件数的平方。

尽管式（7.43）是在有效约束的条件下推导得出的，但对无效约束该式同样成立。这是因为此时相应的 $\boldsymbol{\lambda}$ 为 0。将式（7.43）中的 $\boldsymbol{g}^{a*}$、$\boldsymbol{\lambda}^{a*}$ 分别用 $\boldsymbol{g}^*$、$\boldsymbol{\lambda}^*$ 替换，可得

$$\frac{\mathrm{d}f^*}{\mathrm{d}\boldsymbol{P}} = \frac{\partial f^*}{\partial \boldsymbol{P}} + \boldsymbol{\lambda}^{*\mathrm{T}} \frac{\partial \boldsymbol{g}^*}{\partial \boldsymbol{P}} \tag{7.45}$$

式（7.45）即为所要求的目标函数的一阶灵敏度导数表达式，它避免了计算 $\dfrac{\mathrm{d}\boldsymbol{x}^*}{\mathrm{d}\boldsymbol{P}}$ 的麻烦。

通过以上分析，可以估计出问题的最优解相对于一个给定约束或设计变量的改变而改变的量。但由于以上推导仅限于最优解的邻域内，且保持线性变化，故必须对参数 $\boldsymbol{P}$ 的微小摄动进行限制，即确定所谓的移动限（Move Limit），以便主动约束集不因摄动而改变。

2. 目标函数的二阶最优灵敏度分析

运用复合函数微分法则，由式（7.45）可得目标函数的二阶灵敏度导数计算式：

$$\frac{\mathrm{d}^2 f^*}{\mathrm{d}P^2} = \frac{\partial^2 f^*}{\partial P^2} + \frac{\partial^2 f^*}{\partial P \partial x}\frac{\mathrm{d}x^*}{\mathrm{d}P} + \frac{\partial \boldsymbol{\lambda}^{*\mathrm{T}}}{\partial P}\frac{\partial \boldsymbol{g}^*}{\partial P} + \boldsymbol{\lambda}^{*\mathrm{T}}\left(\frac{\partial^2 \boldsymbol{g}^*}{\partial P^2} + \frac{\partial^2 \boldsymbol{g}^*}{\partial x \partial P}\frac{\mathrm{d}x^*}{\mathrm{d}P}\right) \quad (7.46)$$

7.2.2 全局灵敏度方程

复杂耦合系统中，单学科灵敏度分析方法和 OSA 方法均不能表达出各子系统之间的耦合关系及相互影响。为了解决耦合系统灵敏度分析问题，Sobieski 于 1988 年提出了 GSE[11] 方法。GSE 是一组可联立求解的线性代数方程组，通过 GSE 可将子系统的灵敏度分析与整个系统的灵敏度分析联系起来，从而得到系统的灵敏度导数，最终解决耦合系统灵敏度分析。GSE 可分别由控制方程余项和单学科输出等价于输入的偏导数推导而来[12]。由于由控制方程余项推出的 GSE 难以应用于实践，本节所述 GSE 均指基于单学科输出相当于输入的偏导数推导的 GSE。

传统飞行器优化设计方法往往对问题进行简化，视飞行器的各学科（如气动、结构、推进、性能等）相互独立，灵敏度分析过程相互关联较少或近乎于无。即使考虑各学科间的耦合因素，但在灵敏度计算时通常采用 FDM，该方法无法反映迭代过程中设计变量改变所引起的耦合状态变量变化，此外，FDM 人为增加了系统分析次数，增加了计算量。GSE 方法可有效克服 FDM 的上述缺陷，从基本数学定理出发，推导出耦合状态变量相对于设计变量的灵敏度分析公式。

定义一个耦合系统，该系统可以分解为若干子系统或学科。以飞行器设计为例，假设某飞行器系统可分解为气动、质量和推进三个子系统，分别用 Sub1、Sub2、Sub3 来表示。那么，描述该飞行器系统的耦合方程组可以表示为

$$\begin{cases} f_1[(\boldsymbol{X},\boldsymbol{Y}_2,\boldsymbol{Y}_3),\boldsymbol{Y}_1] = 0 \\ f_2[(\boldsymbol{X},\boldsymbol{Y}_1,\boldsymbol{Y}_3),\boldsymbol{Y}_2] = 0 \\ f_3[(\boldsymbol{X},\boldsymbol{Y}_1,\boldsymbol{Y}_2),\boldsymbol{Y}_3] = 0 \end{cases} \quad (7.47)$$

式中：$\boldsymbol{X}$ 为系统设计变量，系统第 k 个设计变量用 x_k 表示；$\boldsymbol{Y} = (\boldsymbol{Y}_1,\boldsymbol{Y}_2,\boldsymbol{Y}_3)^{\mathrm{T}}$ 表示第 $i(i=1,2,3)$ 个子系统的状态变量。f_1, f_2, f_3 分别表示三个子系统的分析。整个系统可表示为

$$\boldsymbol{Y} = f(\boldsymbol{X}) \quad (7.48)$$

或

$$F(\boldsymbol{Y},\boldsymbol{X}) = 0 \quad (7.49)$$

可以写出相对于系统第 k 个设计变量的灵敏度方程：

$$\left\{\frac{\mathrm{d}\boldsymbol{F}}{\mathrm{d}x_k}\right\} = \left\{\frac{\partial \boldsymbol{F}}{\partial \boldsymbol{X}_k}\right\} + \left[\frac{\partial \boldsymbol{F}}{\partial \boldsymbol{Y}}\right]\left\{\frac{\partial \boldsymbol{Y}}{\partial x_k}\right\} = 0 \tag{7.50}$$

或

$$\left[\frac{\partial \boldsymbol{F}}{\partial \boldsymbol{Y}}\right]\left\{\frac{\partial \boldsymbol{Y}}{\partial x_k}\right\} = -\left\{\frac{\partial \boldsymbol{F}}{\partial x_k}\right\} \tag{7.51}$$

$\boldsymbol{Y}$ 的各个分量可以表示为其他分量的函数（假定已将整个系统分解，各子系统的输出不是自身的函数）。

$$\begin{aligned}
\boldsymbol{Y}_1 &= f_1(\boldsymbol{X}, \boldsymbol{Y}_2, \boldsymbol{Y}_3) \quad \text{(a)} \\
\boldsymbol{Y}_2 &= f_2(\boldsymbol{X}, \boldsymbol{Y}_1, \boldsymbol{Y}_3) \quad \text{(b)} \\
\boldsymbol{Y}_3 &= f_3(\boldsymbol{X}, \boldsymbol{Y}_1, \boldsymbol{Y}_2) \quad \text{(c)}
\end{aligned} \tag{7.52}$$

以式（7.52）(a) 为例，根据求导的链式法则，对系统第 k 个设计变量求导，有

$$\mathrm{d}\boldsymbol{Y}_1 = \frac{\partial \boldsymbol{Y}_1}{\partial \boldsymbol{Y}_2}\mathrm{d}\boldsymbol{Y}_2 + \frac{\partial \boldsymbol{Y}_1}{\partial \boldsymbol{Y}_3}\mathrm{d}\boldsymbol{Y}_3 + \frac{\partial \boldsymbol{Y}_1}{\partial x_k}\mathrm{d}x_k \tag{7.53}$$

则全导数为

$$\frac{\mathrm{d}\boldsymbol{Y}_1}{\mathrm{d}x_k} = \frac{\partial \boldsymbol{Y}_1}{\partial \boldsymbol{Y}_2}\frac{\mathrm{d}\boldsymbol{Y}_2}{\mathrm{d}x_k} + \frac{\partial \boldsymbol{Y}_1}{\partial \boldsymbol{Y}_3}\frac{\mathrm{d}\boldsymbol{Y}_3}{\mathrm{d}x_k} + \frac{\partial \boldsymbol{Y}_1}{\partial x_k} \tag{7.54}$$

在耦合系统中，$\boldsymbol{Y}_1$ 不仅与设计变量有关，还受其他各子系统的影响。式（7.54）说明相对于一个设计变量的变动，状态变量 $\boldsymbol{Y}_1$ 的改变（全导数）是如下内容之和：其他各子系统的变动乘以它们各自对 $\boldsymbol{Y}_1$ 的影响（偏导数），该设计变量的变动所引起的 $\boldsymbol{Y}_1$ 自己的变动。

对其他两个子系统作同样的处理，即可得到系统的全局灵敏度方程：

$$\begin{bmatrix} \boldsymbol{I} & -\dfrac{\partial f_1}{\partial \boldsymbol{Y}_2} & -\dfrac{\partial f_1}{\partial \boldsymbol{Y}_3} \\ -\dfrac{\partial f_2}{\partial \boldsymbol{Y}_1} & \boldsymbol{I} & -\dfrac{\partial f_2}{\partial \boldsymbol{Y}_3} \\ -\dfrac{\partial f_3}{\partial \boldsymbol{Y}_1} & -\dfrac{\partial f_3}{\partial \boldsymbol{Y}_2} & \boldsymbol{I} \end{bmatrix} \begin{Bmatrix} \dfrac{\mathrm{d}\boldsymbol{Y}_1}{\mathrm{d}x_k} \\ \dfrac{\mathrm{d}\boldsymbol{Y}_2}{\mathrm{d}x_k} \\ \dfrac{\mathrm{d}\boldsymbol{Y}_3}{\mathrm{d}x_k} \end{Bmatrix} = \begin{Bmatrix} \dfrac{\partial f_1}{\partial x_k} \\ \dfrac{\partial f_2}{\partial x_k} \\ \dfrac{\partial f_3}{\partial x_k} \end{Bmatrix} \tag{7.55}$$

式（7.55）等号右边的向量称为局部灵敏度导数（Local Sensitivity Derivatives, LSD），它包含了在不考虑其他变化影响的条件下，各子系统的状态变量相对于各子系统设计变量的灵敏度信息。各项可由 7.1 节中所

介绍的各种学科灵敏度分析方法获得。

式（7.55）等号左边的系数矩阵称为全局灵敏度矩阵（Global Sensitivity Matrix，GSM），它包含各子系统的输出响应相对于其他子系统设计变量的灵敏度导数信息，表示了各子系统之间的一种耦合关系。可以通过各子系统的分析计算得到 GSM 的各项值。式（7.55）等号左边的向量称为系统灵敏度向量（System Sensitivity Vector，SSV），它包含各子系统所有输出对任意子系统任意输入变量的灵敏度信息。由于这些灵敏度考虑了各子系统之间的耦合，因而是全导数。子系统级的分析计算确定了 LSD 和 GSM，这样就可以通过解线性方程式（7.55）得到 SSV。SSV 准确反映了设计变量改变所引起的各学科状态变量的改变，可有效用于辅助决策以及各种需要灵敏度信息的搜索策略中。

不同的输入变量有不同的 LSD，所以必须针对每个输入变量进行计算。而 GSM 仅与子系统间的相互作用有关，每迭代一次只需计算一次。这样就大大减少了 MDO 过程中系统分析的次数。

GSE 对于特定类型的 MDO 问题的求解有重要意义，一个典型的基于 GSE 的系统设计优化过程可归纳为：

（1）对于给定的设计变量 X，求出系统响应（输出向量）Y；

（2）对于给定的 X 和所得的 Y，分别对各子系统求出偏导数；

（3）求解式（7.55）的全局灵敏度方程，得到系统灵敏度导数（System Sensitivity Derivatives，SSD）信息；

（4）利用 SSD 信息，选择新的设计变量 X；

（5）是否可以得到满意的系统响应，否则转（1）。

其中，步骤（2）中的系统分析（LSD 中的各个分项）可以并行计算，以大大缩短迭代时间。目前，GSE 方法已广泛应用于多种基于梯度的 MDO 算法中。

7.3 小　　结

灵敏度分析是飞行器 MDO 的重要研究内容，本章对学科灵敏度分析和系统灵敏度分析方法进行了系统介绍，主要结论包括：①灵活地选用学科灵敏度分析方法在飞行器系统的 MDO 过程中十分重要。对不同学科、不同情况，选用合适的灵敏度分析方法可缩短计算时间、提高计算结果精度或减小计算量。理论上说，7.1节中介绍的方法等都可用于学科灵敏度分析，但对大多数MDO问题，SDM不太实用，FDM用于较复杂的系统精度不高；用CVM可以得到较FDM精度更高的一阶灵敏度导数，且效率更高、可靠性更高；由于ADM具有机器精度，目标函数越复杂其优越性越明显。但是，ADM和CVM都需要进行代码转换，形式上较复杂。CVM的代码转换不需要预编译，较ADM简单。同时，可考虑将多种灵敏度分析方法相结合，取长补短，得到更佳的结果。②灵活地选用系统灵敏度分析方法在飞行器系统的MDO过程中也很重要。OSA方法是适用于层次系统的系统灵敏度分析方法，全局灵敏度方程则是适用于耦合系统的系统灵敏度分析方法。③学科灵敏度分析较系统灵敏度分析发展完善。在飞行器系统的MDO研究中，应在发展系统灵敏度分析方法的同时，提高学科灵敏度分析的精度、减少学科灵敏度分析的开发代价和计算量。

参考文献

[1] Radanović L. Sensitivity methods in control theory: proceedings of an international symposium held at Dubrovnik [M]. Oxford New York: Pergamon Press, 1966.

[2] Squire W, Trapp G. Using Complex Variables to Estimate Derivatives of Real Functions [J]. SIAM Review, 1998, 40 (1): 110-112.

[3] Martins J R R A. Acoupled-adjoint method for high-fidelity aero-structural optimization [D]. California: Stanford University, 2002.

[4] Haftka R T, Gürdal Z. Elements of structural optimization [M]. 3rd edtion. Dordrecht: Kluwer Academic Publishers, 1992.

[5] Anonymous. Automatic differentiation: applications, theory and implementations [M]. Berlin: Springer, 2006.

[6] J Guo L, Kai-Lai X. Automatic differentiation and its applications in physics simulation [J]. Acta Physica Sinica, 2021, 70 (14): 1-11.

[7] Naumann U. The art of differentiating computer programs: an introduction to algorithmic differentiation [M]. Philadelphia Society for Industrial and Applied Mathematics, 2011.

[8] Anonymous. Advances in automatic differentiation [M]. Berlin: Springer, 2008.

[9] Griewank A, Walther A. Evaluating derivatives: principles and techniques of algorithmic differentiation [M]. 2nd edition. Philadelphia: Society for Industrial and Applied Mathematics, 2008.

[10] Sobieszczanski-Sobieski J, Haftka R T. Multidisciplinary aerospace design optimization: survey of recent developments [J]. Structural Optimization, 1997, 14 (1): 1-23.

[11] Sobieszczanski-Sobieski J, Barthelemy J F, Riley K M. Sensitivity of optimum solutions of problem parameters [J]. AIAA Journal, 1982, 20 (9): 1291-1299.

[12] Sobieszczanski-Sobieski J. Sensitivity of complex, internally coupled systems [J]. AIAA Journal, 1990, 28 (1): 153-160.

第 8 章

设计空间的搜索策略

设计空间的搜索策略是 MDO 研究的一个重要内容，本书中主要介绍基于优化理论的搜索策略。在传统的单学科优化问题中，针对具体问题选择合适的搜索策略或者优化算法是比较成熟的技术，但由于 MDO 问题的计算复杂性、信息交换复杂性和组织复杂性等特点，直接应用传统的优化方法往往找不到最优解或者近似最优解，而是采取与试验设计技术、近似方法等相结合的策略对 MDO 问题进行求解。在 MDO 中常用的几类搜索策略包括经典优化算法、现代优化算法、混合优化算法[1-3]、代理模型辅助的优化算法和多模态优化算法等。本章将对以上搜索策略进行介绍，8.1 节至 8.4 节主要介绍了几种常用的搜索策略，8.5 节和 8.6 节介绍了两个应用这些搜索策略求解 MDO 问题的案例，分别是一种在卫星布局优化设计问题上效果较好的多模态优化算法和一种用于求解复杂优化问题的多方法协作优化方法。

8.1 经典优化算法

在 MDO 中经常会涉及的一类问题是连续变量的单值函数极值问题，这类问题在数学规划中通常被划分为非线性规划问题。对于可微的目标函数，通常使用拟牛顿法等梯度方法进行求解，对于不可微的目标函数，通常采用无梯度方法进行求解。由于非线性规划涉及的内容已超出本书范围，本节仅简要介绍 MDO 中最常见的几类非线性规划方法。

非线性规划是求一个定义在 n 维空间单值函数的极值问题，该优化问题可能还具有有限个不等式约束或等式约束。对于无约束规划问题，可以采用拟牛顿方法进行快速求解，而对于约束规划问题，可以先使用变换策略将其转化为无约束问题然后再进行求解。非线性规划从 20 世纪 70 年代起就是数学规划中最受重视的分支之一，随着计算机的发展和应用，各种非线性规划算法应运而生。80 年代初期兴起的信赖域方法已是非线性规划的一个热门研究课题，它进一步促进了非线性规划的研究与应用。近年来，序列二次规划（Sequential Quadratic Programming，SQP）法的成功应用，使得非线性规划成为大规模科研与工程计算的一个重要方向。当目标函数不可微，或者目标函数的梯度存在但难于计算时，可以采用无梯度优化方法进行求解，比较有代表性的优化方法有步长加速法、旋转方向法、单纯形法和 Powell 法等[4]。

上述提到的这些优化方法只考虑如何求得目标函数的局部极小点，故而又称为局部优化方法。当目标函数非凸且有多个局部极小点时，局部优化方法求得的解可能不是最优解。根据目标函数是否可微的情况，本小节分别介绍间接最优化方法和直接最优化方法。

8.1.1 间接最优化方法

当目标函数可微并且其梯度可求时，利用梯度信息即可建立有效的最优化方法，这类最优化方法称为间接法或者微分法。目前在 MDO 中应用效果较好的有序列二次规划法和信赖域方法。

1. 序列二次规划法

序列二次规划（SQP）法是发展和成熟于 20 世纪 80 年代中后期的一种约束最优化算法[5]。数值实验表明，它在具备整体收敛性的同时可以保持局部超线性收敛性。SQP 方法的主要思想是以近似原问题的二次规划问题为子问题，通过求解子问题达到求解原问题的目的。

SQP 法被公认为是当今求解光滑的非线性规划问题的最优秀算法之一，许多大型优化设计软件都采用了这种方法进行优化求解。但在应用实践中发现 SQP 方法也存在一定的缺点，首先，SQP 方法只适用于目标函数和约束函数均是二阶连续可微的非线性规划问题，这限制了它的使用范围；其次，由于它在求解过程中需要存储海森矩阵，这对求解大规模优化问题带来了极大的挑战;最后,SQP方法编程比较复杂,使用它一般需要借助专门的软件,这一点阻碍了它在工程上的推广。

2. 基于混合罚函数的信赖域方法

罚函数法是通过求解一个或多个罚函数的极小值来求解带有约束的规划问题,即将带有约束的MDO优化问题转化为一系列无约束的最优化问题,通过求解转化后的无约束最优化问题达到求解约束问题的目的。

罚函数法简单实用,它可以直接使用求解无约束优化问题的算法求解带有约束的优化问题。但是罚函数法一般要求惩罚因子趋于无穷,所以利用无约束优化算法时,选取合适的惩罚因子往往比较困难。当罚函数因子过小时,会导致收敛速度较慢,当罚函数因子过大时,会偏离原始的优化问题,造成较大的误差。

信赖域方法是一种具有全局收敛性的算法,它不仅可以用来代替一维搜索,而且也可以解决海森矩阵和迭代点为鞍点的问题[6]。这种方法首先在某一个邻域(信赖域)中采用二次模型对目标函数进行近似,如果这种近似可以满足一定的要求,则用该二次模型代替原目标函数确定搜索方向。否则,缩小邻域范围,直到满足近似要求。

信赖域方法的一个突出优点是具有较快的理论收敛速度,如果问题满足海森矩阵是正定的条件,还可以得到局部的二阶收敛率。主要缺点是需要利用目标函数的二阶导数矩阵即海森矩阵,而计算和存储海森矩阵的工作量很大,并且有的目标函数的海森矩阵很难计算,此时也可以利用拟牛顿法的思想,如采用L-BFGS方法来近似构造二阶信息替代直接计算海森矩阵等。当目标函数具备类似二次型的形式时,采用信赖域方法是一个很好的选择。

8.1.2 直接最优化方法

当目标函数不可微,或者目标函数的梯度存在但难以计算时,可以采用直接优化方法进行求解。这一类方法仅需通过比较目标函数值的大小来移动迭代点,它只假定目标函数连续,因而应用范围广,可靠性好。比较有代表性的直接优化方法有步长加速法、旋转方向法、单纯形法和方向加速法等。目前在MDO中应用效果较多的有属于单纯形法的可变容差多面体法,以及属于方向加速法的基于增广拉格朗日乘子的Powell方法。

1. 可变容差多面体法

可变容差多面体法是将可变容差的思想与求无约束极值的单纯形方法相结合的一种算法。其主要思想是允许优化变量在一定的误差内不满足约束条件，随着迭代过程的进行，这个误差越来越小，因而在计算中得到的近似可行解会逐渐收敛到原问题的极小值点[7]。

可变容差多面体法是一种发展于 20 世纪 70 年代的优化方法，其优点是无须利用函数的导数信息，可以用于性态很差的目标函数，目前已形成标准程序，其收敛性也得到了验证。可变容差多面体法也存在一些缺点，由于它是一种直接方法，且其基础是单纯形法，因此只具备线性收敛特性，收敛速度较慢，只适合优化变量较少的情况。此外，在优化过程中有时会出现振荡，特别是要求精度较高时，花费的时间较长。

2. 基于增广拉格朗日乘子的 Powell 方法

基于增广拉格朗日乘子的 Powell 法（方向加速法）是将增广拉格朗日乘子的思想与求无约束极值的 Powell 直接方法结合的算法[8]。不同于其他直接方法，Powell 法有其严密完美的理论体系，通常情况下，其计算效率高于其他直接最优化方法。由于它不依赖目标函数的梯度，所以应用范围很广。但总的来说，由于它仍然属于直接最优化方法的范畴，对于变量个数较多、计算梯度又比较方便的问题，还是应该优先考虑速度更快的间接优化方法。

8.2 现代优化算法

现代优化算法是一种基于直观或经验构造的随机搜索算法。根据优化过程中可行解的数量，可以将现代优化算法简单地分为两类：基于个体的优化算法和基于种群的优化算法。基于个体的优化算法包括禁忌搜索（Taboo Search，TS）、模拟退火（Simulated Annealing，SA）等，基于种群的优化算法包括遗传算法（Genetic Algorithm，GA）、粒子群优化（Particle Swarm Optimization，PSO）等。这些算法涉及生物进化、人工智能、神经系统和统计学等概念，属于元启发式算法（Metaheuristic Algorithm）[9]。元启发式算法一般具有如下特性。

（1）导数无关性。在搜索最优解的过程中，这些算法不需要目标函数的导数信息，相反只依赖于对目标函数的重复计算，而且搜索方向的确定遵循某种启发式思想，基于启发式的搜索是现代优化方法与经典优化方法的最大不同点。

（2）直观的思路。这些搜索过程所遵循的思路通常建立在简单而直观的概念基础之上，比如种群进化、动物的集群行为等。

（3）灵活性。不利用导数信息意味着对目标函数的可微性没有要求，某些情形下，目标函数甚至可以包括数据拟合模型（或者称为代理模型）的结构自身，可以是神经网络或模糊模型，这就意味着在求解优化问题的同时，还可以对模型的结构和参数进行辨识。

（4）应用广泛性。很多元启发式算法对设计空间没有太多的苛刻要求，设计变量可以是连续变量，也可以是离散变量，设计空间可以是非凸空间，也可以是不连续的。

（5）随机性。随机性是指这些方法在确定下一步搜索方向时都需要使用概率的变迁规则。启发式算法又称为全局优化算法，只要给定足够的计算时间，就可以找到全局最优解。理论上，算法的这种随机性保证了在给定的计算时间内得到最优解的概率非零，然而实际应用中，为了得到给定问题的最优解，可能会花费比较多的时间。

（6）难以解析。难于对这些方法进行解析研究的部分原因是它们的随机性和问题相关性。

在 MDO 问题中的许多优化问题存在高维、非线性、非凸、计算昂贵等特性，而且存在大量的局部最优点。在求解这类问题时，许多传统的确定性优化算法易陷入局部最优，而现代优化方法在优化过程中往往会以一定的概率跳出局部最优，因此现代优化方法越来越被频繁地应用于求解很多复杂的 MDO 问题。

8.2.1 基于个体的优化方法

1. 模拟退火算法

模拟退火算法是基于迭代求解的一种随机搜索策略，它以优化问题的求解过程和物理系统退火过程的相似性为基础[10]。模拟退火算法在某一初始温度（初始解）下，伴随温度参数的不断下降，结合概率的突跳特性随机寻找目标函数的全局最优解，即局部最优解能概率性地跳出并最终趋于全局最优。

从算法流程上看,模拟退火算法可以简单概括为三函数两准则,即新状态产生函数、新状态接受函数、退温函数、抽样稳定准则和退火结束准则,这些环节的设计将决定模拟退火算法的性能,此外初始温度的选择对模拟退火算法的性能也有很大影响。初始温度、退温函数、退火结束准则(终止温度)和抽样稳定准则(马尔可夫链长)这些控制参数的选择通常又被定义为冷却进度表,即一组控制算法进程的参数。

模拟退火算法应用的一般形式是:从选定的初始解开始,借助于控制温度递减时产生的一系列马尔可夫链,利用一个新解产生函数和接受准则,重复进行产生新解、计算目标函数差、判断是否接受新解和接受(或舍弃)新解这四项任务,不断对当前最优解进行迭代,从而达到使目标函数最优的目的。

模拟退火算法的数学模型可以描述为:在给定邻域结构后,模拟退火是从一个状态到另一个状态不断地随机游动的过程,也可以用马尔可夫链描述这一过程,描述退火过程的马尔可夫链都应满足下列条件:

(1)可达性。无论起点如何,任何一个状态都可以达到。也就是说,模拟退火有得到最优解的可能,否则,从理论上无法达到最优解的算法是无法采用的。

(2)渐近不依赖起点。由于起点的选择有非常大的随机性,因此,应渐近地不依赖于起点。

(3)分布稳定性。包含两个内容:一是当温度不变时,其马尔可夫链的极限分布存在;二是当温度渐近0时,其马尔可夫链也有极限分布。

(4)收敛到最优解。当温度渐近0时,最优状态的极限分布和为1。

模拟退火算法的特点可以概括为高效性、鲁棒性、通用性和灵活性,但模拟退火算法的主要不足是:可能需要花费大量时间才能得到一个高质量的近似最优解,当问题的规模增大时,难以承受的运行时间将使算法丧失可行性。在多学科优化设计的应用中,需要针对MDO问题的特点探求模拟退火算法的可行性,改进算法的优化性能、提高算法的执行效率。

2. 禁忌搜索算法

作为局部领域搜索算法的推广,禁忌搜索算法是一种全局逐步寻优算法[11]。禁忌搜索算法的主要特点是采用禁忌技术,所谓禁忌就是禁止重复前面的工作。为了弥补局部领域搜索易陷入局部最优的不足，禁忌搜索算法利用一个禁忌表记录下已经到达的局部最优点，在下一次搜索中，利用禁忌表中的信息有选择地进行搜索，以此来跳出局部最优点。禁忌搜索算法常常引入一个灵活的存储结构和相应的禁忌准则来避免迂回搜索，并通过藐视准则来赦免一些被禁忌的优良状态，进而保证多样化的有效搜索以最终实现全局最优的目的。

禁忌搜索算法的基本思想是：给定一个当前解（初始解）和一种邻域定义方法（邻域），然后在当前解的邻域中确定若干候选解；若最佳候选解对应的目标值优于当前的最优解，则忽视其禁忌特性，用其替代当前的最优解，并将相应的禁忌对象加入到禁忌表中，同时修改禁忌表中各禁忌对象的任期；若不存在上述候选解，则在候选解中选择非禁忌的最佳状态为新的当前解，而无视它与当前解的优劣，同时将相应的禁忌对象加入禁忌表，并修改禁忌表中各禁忌对象的任期；如此重复上述迭代搜索过程，直到满足停止准则。

邻域函数、候选解、禁忌表、藐视准则是构成禁忌搜索算法的关键因素。其中，邻域函数沿用局部搜索的思想，用于实现邻域搜索，候选解在领域中产生；禁忌表需要包含的两个重要内容是禁忌对象和禁忌长度，禁忌对象指禁忌表中被禁止的变化元素，可以是搜索状态，也可以是特定的搜索操作，甚至是搜索到的目标值等，禁忌长度是被禁对象不被选中的迭代次数，禁忌表的设定体现了算法避免迂回搜索的特点；藐视准则（又称特赦准则），则是对优良状态的奖励，是对禁忌策略的一种放松。

由于禁忌搜索算法具有灵活的记忆功能和藐视准则，并且在搜索过程中可以接受劣解，所以具有较强的爬山能力，搜索时能够跳出局部最优解，转向搜索空间的其他区域，从而提高获得全局最优解的概率，所以禁忌搜索算法是一种局部搜索能力很强的全局迭代搜索算法。但是，禁忌搜索算法也有明显的不足，比如对初始解有较强的依赖性，好的初始解可使算法在搜索空间中快速找到全局最优解，而较差的初始解则会降低算法的收敛速度；其次，禁忌搜索算法的迭代搜索过程是串行的，仅是单一状态的移动，而非并行搜索。

为了进一步改善禁忌搜索的性能，一方面可以对禁忌搜索算法本身的操作和参数选取进行改进，另一方面则可以与模拟退火、进化算法以及基于先验知识的局部搜索策略相结合。近年来，随着并行计算技术和并行计算机的发展，为满足求解大规模优化问题的需要，禁忌搜索算法的并行实施也得到了研究和发展。

8.2.2 基于群体的优化方法

基于种群的优化方法是近几年在 MDO 研究中得到广泛关注的一类算法，基于种群的优化方法一般是指进化算法，进化算法不是一个具体的算法，而是一个"算法簇"。进化算法的灵感借鉴了大自然中的生物进化行为，它一般包括基因编码、种群初始化、种群变化算子、精英保留机制等基本操作。与传统基于微积分的方法和穷举方法相比，进化算法是一种成熟的具有高鲁棒性和广泛适用性的全局优化方法，具有自组织、自适应、自学习、不受问题性质限制的特性，可以有效地处理传统优化算法难以解决的复杂 MDO 问题。

进化算法通常包括遗传算法、粒子群算法等，从数学角度讲，进化算法实质上是一种搜索寻优方法。它和传统的优化方法不同，不要求所研究的问题连续或可导，传统优化方法容易陷入局部最优解，并且易受到随机干扰的影响。而进化算法符合达尔文适者生存和随机信息交换的思想，既消除了群体中的不适应因素，又利用了原有解中的知识，从而使优化过程加快，最终获得全局最优解或者近似最优解。在进化算法中，通常把一个解或者可行方案描述为一个个体，在本章节中，三者不做特殊区分。

1. 遗传算法

遗传算法是一类随机优化算法，但它不是简单的随机搜索，而是通过对染色体的评价和染色体中基因的作用，有效地利用已有信息来指导搜索的优化过程[12]。标准遗传算法的主要步骤可概括如下：

（1）编码。编码是通过对搜索空间抽象化的表达将问题的搜索空间与遗传算法的编码空间相对应的操作，这在很大程度上依赖于问题的性质，并影响遗传操作的设计。编码的选择是影响算法性能与效率的重要因素，不同的码长和码制对求解精度与效率有很大影响，除了常采用的二进制编码外，还有十进制编码、实数编码、二叉树编码以及混合编码等。

（2）初始化种群。遗传算法中常用随机的方法产生一组由初始个体构成的初始种群作为求解优化问题的初始解。

（3）计算适应度。衡量个体好坏的指标被称为适应度，适应度作为遗传算法的目标函数,是优化过程中优胜劣败的主要判据。适应度函数的选择对优化进程有较大影响,对于复杂的优化问题,往往需要构造合适的适应度函数。

(4) 遗传算子的设计。优胜劣汰是设计遗传算子的基本思想,它应在复制、交叉、变异、免疫、环境选择等遗传算子中得以体现。

(5) 参数选择。遗传算法的参数主要包括种群大小、交叉与变异的概率、迭代次数等。

(6) 终止条件的确定。常用的终止条件是事先给定一个最大的迭代次数,或者是判断当前种群的最优化值是否在连续若干次迭代后没有发生明显的变化等。

遗传算法的优越性可以简单地归结为以下三条:

(1) 遗传算法适合求解多参数、多变量、多目标和连通性较差的 MDO 优化问题。遗传算法是一种数值求解方法,对目标函数的性质几乎没有要求。不同于禁忌搜索和模拟退火仅仅记录一个解,遗传算法的最大特点是记录一个群体,种群中包含了多个解,这种基于种群的优化过程天然地适合于求解多目标优化问题。

(2) 遗传算法在求解很多优化问题时,不需要有很强的技巧和对问题先验知识的依赖,遗传算法在确定编码方式后,其他的计算过程都是比较简单直接的。

(3) 遗传算法同其他启发式算法有很好的兼容性,比如可以用其他的算法初始种群,也可以用其他方法产生下一代群体。遗传算法与其他启发式算法的结合策略将在 8.3 节进行详细介绍。

遗传算法是一个复杂的非线性智能计算模型,纯粹用数学方法来预测其运算结果是十分困难的。目前为了兼顾遗传算法的优化质量与效率,实际应用时许多环节一般还只是凭经验解决,这方面还有待于进一步的研究和发展。

2. 粒子群优化

粒子群优化的基本概念源于对鸟群觅食行为的研究,即利用不同个体间的信息共享实现整个群体的运动从无序到有序的演化过程[13]。设想这样一个场景:一个鸟群在随机地搜寻食物,在这个区域里只有一块食物,所有的鸟都不知道食物在哪里,但是它们知道当前的位置离食物还有多远,最简单有效的策略就是利用鸟群中离食物最近的个体（最优解）来进行搜索。粒子群优化就从这种生物种群行为特性中得到启发并将其应用于求解优化问题。

用一种粒子来模拟上述鸟群中的一个个体，每个粒子可视为 n 维搜索空间中的一个搜索个体，粒子的当前位置即为对应优化问题的一个候选解，粒子的飞行过程即为该个体的搜索过程。粒子仅具有两个属性：速度和位置，速度代表移动的快慢，位置代表移动的方向，粒子的飞行速度可根据粒子历史最优位置和种群中的当前最优位置进行动态调整。标准粒子群优化主要包括以下两个重要环节：

（1）问题抽象。

粒子 i 在 n 维空间的位置表示为向量 $\boldsymbol{X}_i=[x_1,x_2,\cdots,x_n]$，该粒子的飞行速度表示为 $\boldsymbol{V}_i=[v_1,v_2,\cdots,v_n]$。每个粒子都有一个目标函数决定其适应度值，并且知道自己目前为止发现的历史最好位置 $\boldsymbol{p}_{\text{best}}$，除此之外，每个粒子还知道到目前为止整个群体中所有粒子发现的最好位置 $\boldsymbol{g}_{\text{best}}$。历史最好位置 $\boldsymbol{p}_{\text{best}}$ 是每个粒子的飞行经验，群体最好位置 $\boldsymbol{g}_{\text{best}}$ 是整个群体的飞行经验，粒子就是通过自己的经验和群体的经验来决定下一次飞行的位置和速度。

（2）更新规则。

假设粒子 i 在 t 时刻的位置和速度分别为 $\boldsymbol{X}_i^t$ 和 $\boldsymbol{V}_i^t$，则该粒子在 $t+1$ 时刻的位置和速度分别为

$$\begin{aligned}\boldsymbol{X}_i^{t+1}&=\boldsymbol{X}_i^t+\boldsymbol{V}_i^{t+1}\\ \boldsymbol{V}_i^{t+1}&=w\times\boldsymbol{V}_i^t+c_1\times r_1\times(\boldsymbol{p}_{\text{best}}-\boldsymbol{X}_i^t)+c_2\times r_2\times(\boldsymbol{g}_{\text{best}}-\boldsymbol{X}_i^t)\end{aligned} \quad (8.1)$$

式中：$w>0$ 为惯性因子，当 w 的值较小时，该粒子的全局搜索能力强，局部搜索能力弱；当 w 的值较大时，则相反。通过调整 w 的大小，可以对全局寻优性能和局部寻优性能进行调整；c_1 和 c_2 为加速度常数，前者为每个粒子的局部学习因子，后者为每个粒子的全局学习因子，其取值一般为 $c_1,c_2\in[0,4]$；r_1 和 r_2 为区间 $[0,1]$ 上的随机数；$\boldsymbol{p}_{\text{best}}$ 为该粒子的历史最优位置；$\boldsymbol{g}_{\text{best}}$ 为所有粒子的最优位置。

和其他群智能算法一样，粒子群优化在种群的多样性和算法的收敛速度之间始终存在着矛盾。通过速度更新公式可以看出，要达到算法快速收敛，需要将加速度常数调大，但是这么做可能会导致算法出现"早熟"。

若把惯性权重调大，可增加粒子探测新位置的"积极性"，避免过早陷入局部最优，但也会降低算法的收敛速度。对于有些改进算法，在速度更新公式最后一项会加入一个随机项，来平衡收敛速度与避免"早熟"。根据位置更新公式的特点，粒子群优化更适合求解连续的 MDO 问题。

8.3 混合优化策略

无论是传统优化方法，还是现代优化方法，都有其各自的优缺点和适用范围，针对不同优化算法的全局性、快速性和鲁棒性，发展新的优化机制和优化操作，尤其是发展高效的混合优化算法，是搜索算法的一个主要发展方向。常采用的途径有：不同搜索机制的结合（如模拟退火算法的概率突跳性、遗传算法的并行搜索能力、禁忌搜索算法的局部搜索能力及其记忆功能等）、全局性与局部性搜索算法的结合（如传统优化算法与智能优化算法的结合）、通用算法与问题特殊信息的结合等。

现有的混合算法主要包括两种方式：一种方式以顺序方式进行混合[14]，即后一个优化方法利用前一个优化方法的最优值进行优化，如 8.6 节的多方法协作优化；另一种方式采用将某一优化方法加入到另一个优化方法的优化过程中进行混合[15]，如模因算法等。第一种混合算法将在 8.6 节进行详细介绍，本小节主要介绍第二种混合算法，包括模因算法和多任务优化。

8.3.1 模因算法

模因算法（Memetic Algorithm，MA）是一类将局部搜索算法嵌入到进化算法中的混合搜索方法[16]，这种方法融合了全局搜索策略和局部搜索策略，即对每次进化操作产生的种群，再用局部搜索方法对其进行局部搜索。该混合搜索策略既继承了进化搜索的优点，又克服了其搜索速度慢、迭代次数多的不足。模因算法是解决 MDO 问题的一种高效搜索方法，尤其是在求解某些大规模优化问题时，具有更高的搜索效率。

模因算法可以看作混合遗传算法、拉马克式进化算法或遗传局部搜索方法。实际上，模因算法是一种框架，在这个框架下，可以采用不同的组合方法，如进化搜索策略可以采用遗传算法、粒子群优化、差分进化等，局部搜索策略可以采用爬山搜索、模拟退火、禁忌搜索等。

与遗传算法和粒子群算法相似，模因算法也需要编码操作，即将问题的解表示成"染色体"，通过模拟进化过程的竞争、协作和局部搜索等操作，实现个体适应度的提高，从而不断迭代逐步寻找最优解。对于一个给定的优化问题，一般优化过程如下：

（1）确定一定数量的初始个体。初始个体可以随机生成，也可以根据某些启发式机制生成。

（2）进行个体与个体之间的竞争操作或协作操作。竞争操作类似于遗传算法中的个体选择操作；协作操作类似于遗传算法中的交叉和变异操作，可理解为是不同个体的信息交换过程。

（3）对每个个体或者部分个体在其邻域内进行局部搜索。局部搜索是模拟由大量专业知识支撑的变异过程，每一步搜索都需要大量的专业知识支撑，这样的搜索过程不是混乱无序的，也不是随机的，而是有规律地向更优个体的进化搜索，这就是模因算法比传统进化算法搜索效率高的原因。

（4）竞争操作、协作操作、局部搜索三种搜索策略循环进行，直至达到终止条件。

根据局部搜索到的子代是否继承其父代的决策变量，可以将模因算法分为两类：基于拉马克演化（Lamarckian Evolution）的模因算法和基于鲍德温演化（Baldwinian Evolution）的模因算法。在前一类模因算法中，假设父代个体为 X_1，通过局部搜索找到的子代为 X_1'，如果子代 X_1' 的适应度值优于 X_1 的适应度值，则将 X_1 的决策变量和适应度值替换为 X_1' 的决策变量和适应度值，即子代 X_1' 的决策变量参与环境选择。在第二类模因算法中，如果子代个体的适应度值优于父代个体的适应度值，只有父代个体的适应度值会被替换，决策变量不发生变化，即子代个体的决策变量不参与环境选择。

作为一个灵活性较强的算法框架，模因算法并不是简单地将遗传算法和局部搜索算法混合而成，而是从更广义的范围定义成全局搜索机制和局部搜索机制的融合。模因算法作为一种新的元启发式算法，其优化过程不受限制性条件的约束，能够求解复杂的 MDO 问题，并具有很强的鲁棒性。总体上，并没有哪一种算法组合会在所有优化问题上占优，如何选择全局搜索和局部搜索策略需要根据问题特征决定。

8.3.2 多任务优化

在现代优化领域,很多优化问题之间是相互关联的,受多任务学习的影响,多任务优化(Multi-Tasking Optimization,MTO)是近几年在进化计算领域新出现的一个研究方向,自2016年被首次提出后,MTO获得了迅速发展[17]。一般情况下,一个优化问题只包含一个任务,该任务可以被抽象为一个单目标优化问题或者多目标优化问题。多任务优化的基本思想是通过同时解决多个不同的优化问题,并在任务间传递、共享优化多个任务获得的有用知识,提高每一个任务的优化性能。

假设需要同时优化 K 个任务,以最小化问题为例,多任务优化被定义为

$$\{X_1, X_2, \cdots, X_K\} = \arg\min\{F_1(X_1), F_2(X_2), \cdots, F_K(X_K)\} \quad (8.2)$$

式中:$X_i(1 \leq i \leq K)$ 表示第 i 任务的最优解;$F_i(\cdot)$ 表示第 i 个优化任务,可以是单目标优化问题也可以是多目标优化问题。在多任务优化问题中,每个优化任务是相互独立的,但是彼此又存在一定的相关性,MTO 的目标是利用基于种群搜索的隐式并行性来挖掘多个任务之间潜在的遗传互补性,其工作原理是假设在解决某个任务时存在一些可利用的知识,那么在解决与此任务类似的其他任务中,可以利用获得的知识加速其他任务的求解。

多因子优化(Multifactorial Optimization,MFO)是第一个面向多任务优化而提出的算法框架,其灵感来自于生物学中的多因子遗传模型,该模型提出子代形成的复杂特征是受遗传和文化因素的协同影响,其中文化因素的影响对应于多任务优化中的知识迁移。例如,一个人的性格特点在出生阶段可能绝大多数取决于其基因,然而随着年龄的不断增长,他的性格可能会受不同文化的影响而发生改变。这些文化上的影响可以是来自父母的影响、与他人的交往或者自身的不断学习。类似的,在现代优化算法中每个问题空间都可以看作一个独特的环境,它将会对其他问题中的个体产生"文化"上的影响。因此,如果将多个问题复合成一个统一的搜索空间,不同问题的个体都在这个复合空间中进行演化,便能模拟多因子遗传中遗传因素(同问题空间的信息)和文化因素(其他问题空间的信息)的协同影响,实现多任务优化。在多因子优化中所有任务都采用统一编码形成一个搜索空间,然后使用一个进化求解器同时进行优化。各个任务在

统一的搜索空间中进行知识的迁移和共享。

什么是可利用或有效的知识以及怎么实现不同任务之间的知识迁移是MTO始终关注的两个问题。MDO问题是一类特殊的MTO问题，在这类问题中，涉及多个学科的优化任务，但是所有的子优化任务都是为总体的优化目标服务。从对有效知识的定义来看，迁移的目标可以是某个任务优化完成后的最优解，或者是优化过程中的种群，也可以是某个任务中的特殊结构或者特殊性质。不同的任务其性质也不尽相同，对有效知识的定义也不同，目前普遍应用的有效知识是优化完成或者优化过程中的最优解。根据不同任务的编码方式是否相同，多任务之间的知识迁移又可以分为显式迁移和隐式迁移。在显式迁移中，不同的优化任务使用同一种编码方式，当其中一个任务找到最优解后，该最优解可以直接添加到其他任务的种群中，以帮助其他任务的快速求解，显示迁移多出现于多因子优化。在隐式迁移中，不同优化任务使用不同的编码方式，因此不同任务之间的知识迁移需要借助其他空间映射方法，比如核函数、降噪自编码器等。

8.4 代理模型辅助的优化方法

近年来，随着科学技术的快速发展和应用规模的日益扩大，人们对发展周期短、费用低、可靠性和稳健性高的MDO方法提出了迫切需求。在该背景下，MDO面临着前所未有的发展机遇。但是，由于MDO方法对多个学科耦合处理，因此带来了模型复杂性、计算复杂性以及组织复杂性等挑战，特别是模型复杂性和计算复杂性，极大限制了MDO的工程实用化。

近似建模能够有效降低计算成本、辅助实现学科解耦和自治优化，对于解决MDO的计算复杂性和组织复杂性有着重要作用，其核心思想是构建计算成本低廉的近似模型代替计算成本高昂的学科模型。近似模型也可被称作代理模型或者元模型（Meta-model），三者是等价的。在优化过程中，尤其是进化算法的优化过程中，使用成本较为低廉的代理模型代替成本昂贵的真实仿真模型，这类算法通常被称为代理模型辅助的优化方法[18]。本小节将从该类优化方法的分类和其具体的优化过程两方面进行详细阐述。

8.4.1 代理模型辅助的优化方法分类

因为在代理模型辅助的优化方法中,代理模型的构建依赖于采集到的历史数据,因此该类方法也被称为数据驱动的优化方法[19-20],一般地,其数学定义如下:

$$y = M(X) = f'(X) + \varepsilon \tag{8.3}$$

式中:$M(\cdot)$为实际系统模型;$f'(\cdot)$为近似模型;ε为模型偏差。近似模型的目的是使用计算成本较低的近似模型$f'(\cdot)$来代替复杂且耗时的实际系统模型$M(\cdot)$。具体地,当建立近似模型$f'(\cdot)$之后,给定任意输入X即可得到真实响应值y的近似值$\hat{y}$。常用的近似模型包括多项式响应面模型、Kriging模型、支持向量机回归、径向基函数网络等,参见第4章~第6章关于近似建模的介绍。

在代理模型辅助的优化方法中,大部分个体适应度值的评价依赖于计算成本较低的代理模型,因此代理模型的近似效果将直接影响算法的求解过程。而代理模型的构建又依赖于采集到的真实数据,因此真实数据在代理模型辅助的优化中发挥着至关重要的作用。根据优化过程中是否有真实数据产生,可以将代理模型辅助的优化方法分为两类:离线数据驱动的优化方法和在线数据驱动的优化方法。

1. 离线数据驱动的优化方法

在离线数据驱动的方法中,算法搜索期间不能主动生成新的真实数据,这对准确代理模型的构建提出了严峻的挑战。由于不能主动生成新数据,离线数据驱动的优化方法主要关注基于给定数据如何构建准确的代理模型。在这种情况下,代理模型的近似效果严重依赖于可用数据的质量和数量。尽管很多代理模型在工程中得到了广泛的应用,但是对于一个未知的MDO问题,很难确定哪一种模型是最合适的。为了提高建模稳定性,聚合模型相应而出,即对每个代理模型的输出合理地配权重系数然后进行加权求和组成新的代理模型。由于聚合模型充分利用了各个代理模型的优势,因此可以避免因模型选择不当而造成的模型精度下降。代理模型聚合方法中,根据训练数据不同,可以分为全局方法和局部方法。

在全局方法中,基于输入空间中的所有样本,构造多个全局代理模型。通过相同的数据集构造不同类型的代理模型,并在整个输入空间中分别执行代理模型辅助的优化算法。由于不同类型代理模型的精度不同，导致优化结果也不同，通过竞争选择策略，可以有效地减小不精确代理模型对算法收敛结果的影响，提高优化算法的收敛性和鲁棒性。在局部方法中，基于输入空间中的部分样本，构造多个局部代理模型。在输入空间中，全局代理模型可以近似描述响应面的整体变化趋势，而无法准确描述响应面的局部特性。当在局部区域进行信息挖掘时，局部代理模型的作用将更加凸显，因此，通过划分输入空间，构造多个局部代理模型，并在子区域内执行代理模型辅助的优化算法，既可以避免构造全局代理模型的高成本问题，也可以提升算法的局部搜索能力。

2. 在线数据驱动的优化方法

与离线数据驱动的方法不同，在线数据驱动的优化过程可主动产生新的数据，因此在优化过程中代理模型是可以不断更新的。离线数据驱动的优化方法可以看作在线数据驱动优化方法的一个特例，在优化开始之前，通常需要生成一定数量的数据来训练代理模型。因此，上述离线数据驱动方法中代理模型的构建方法也可以应用于在线数据驱动的方法中。因为在优化过程中可以产生新的数据，在线数据驱动的方法大多重点关注新数据的采样策略，这个过程也被称为模型管理策略。

8.4.2 代理模型管理与优化策略

在代理模型辅助的优化算法中，代理模型的目的是尽可能准确地逼近优化目标的响应面，在很多 MDO 问题的优化过程中，往往需要代理模型和真实系统相互合作评估个体。代理模型和真实系统相互合作的原因有两个，一方面是代理模型由真实系统的数据训练得到，和真实系统有着相似性，用代理模型代替真实系统对可行方案进行评估，预选出对于真实系统潜在的较优解，以减少真实系统的评估次数。另一方面是代理模型和真实系统存在偏差，用真实系统对算法求得的可行方案进行评估，将评估后的可行方案加入训练数据集中，可以进一步修正代理模型，以减少代理模型的偏差对优化过程的持续影响。考虑到真实系统评估通常有较大的计算代价，因此新数据样本的选择和生成频率对于更新代理模型至关重要。

根据采样的规模，模型管理策略可以分为两类：基于种群的模型管理策略和基于个体的模型管理策略。在基于种群的模型管理策略中，每隔 k 代对种群中所有个体利用真实系统进行一次评价，然后使用新数据更新代理模型。参数 k 可以在优化之前进行提前设定，也可以根据代理模型的质量进行自适应调整。在这种模型管理策略中，种群中的所有个体被同等对待，其优点是代理模型在当前种群附近的预测误差较小，但是这个过程会耗费大量的时间。与基于种群的模型管理策略相比，基于个体的模型管理策略更加灵活，通常有两种类型的采样方案：一种是选取潜在最优样本，另一种是选取当前代理模型预测的适应度不确定性最大的样本。在第一种采样策略中，模型重点关注最有可能产生最优解的区域，通过对这个区域进行重采样，能够有效降低最优解的误差。在第二种采样策略中，模型重点关注采样数据较少或者算法未搜索到的区域。

在离线数据驱动的优化过程中，不会有新的数据产生，模型管理策略更关注如何利用现有数据构建准确的代理模型，常见的方法有两种，一种是虚拟数据生成法，另一种是多模型法。在虚拟数据生成法中，模型管理策略会利用代理模型的预测结果或者在决策空间的距离产生虚拟数据，以增加训练样本的数量。在多模型方法中，则是通过构建多个模型以增加代理模型的鲁棒性，在这类方法中经常采用的策略包括分层代理模型和集成代理模型。

8.5 多模态优化算法

在 MDO 中，绝大多数优化问题会呈现出多模态的性质，即在搜索空间内同时存在多个全局最优解或者多个近似最优解[21-22]。多模态优化旨在通过一次优化求解，找到全部全局最优解或者尽可能多的近似最优解，这对于提供多种最优方案具有重要意义。由于多模态优化问题存在多个最优解，现有的全局搜索算法容易收敛至一个最优解附近，因此不具备找到多个最优解的能力。为了解决 MDO 中的多模态优化问题，比较主流的思想是将种群划分为多个子种群，每个子种群单独寻优，不同子种群间可以交互信息，使得种群中不同的个体搜索到不同的最优解附近，从而达到多模态优化的目的。本节选择交叉熵算法（Cross Entropy Method，CEM）[23]为基础算法，对多模态交叉熵优化算法展开介绍。

8.5.1 交叉熵算法

CEM 是一种基于重要性采样思想和蒙特卡洛采样技术的优化算法，用于解决小概率事件的估计问题和极值优化问题。它将最优解视为稀有概率事件，通过基于预定义的概率分布产生种群，在种群的演化过程中，不断选取其中较优的个体更新概率分布，进而使用更新后的概率分布产生新的种群，直至种群中的最优个体收敛到最优解附近，实现全局寻优目的。其算法核心过程主要分为两个步骤：根据概率模型采样得到种群；根据精英样本更新概率模型分布参数。精英样本是在每次迭代中从种群中选择出的一小部分较优个体。

高斯分布由于其良好的收敛性，被广泛用于更新种群的概率模型。首先，通过高斯分布 $(\boldsymbol{\mu}^0, \boldsymbol{\sigma}^0)$ 生成初始随机种群，其中 $\boldsymbol{\mu}^0$ 控制生成样本的均值，$\boldsymbol{\sigma}^0$ 控制采样的边界。其次，计算种群中所有个体的适应度值，并根据适应度值进行排序。在后续迭代更新中，算法不断估计精英个体的分布参数直到其均值收敛至最优解附近。以 D 维空间中的最大化问题为例，CEM 算法过程可归纳如下：

（1）参数初始化，初始迭代步 $t=0$，定义种群数量 N，精英样本比例 ρ，精英样本数量为 $N^e = \rho N$，容许误差 ε，初始采样均值向量 $\boldsymbol{\mu}^0 = (\mu_1^0, \mu_2^0, \cdots, \mu_D^0)$，均方差向量 $\boldsymbol{\sigma}^0 = (\sigma_1^0, \sigma_2^0, \cdots, \sigma_D^0)$；

（2）根据高斯分布参数生成 N 个相互独立的随机个体 $\boldsymbol{X}_1, \boldsymbol{X}_2, \cdots, \boldsymbol{X}_N$，计算所有个体的目标函数值，并根据目标函数值降序排序；

（3）挑选出前 N^e 个精英个体；

（4）$t=t+1$，基于式（8.4）和式（8.5）使用精英个体计算第 t 次迭代时的分布参数 $\boldsymbol{\mu}^t$ 和 $\boldsymbol{\sigma}^t$；

（5）选取 $\boldsymbol{\sigma}^t$ 中的最大值作为参考，如果其值小于容许误差 ε，则算法结束，否则返回到步骤（2）。

在第 t 次迭代，高斯分布的均值通过如下公式进行更新：

$$\boldsymbol{\mu}^t = \frac{\sum_{k=1}^{N^e} \boldsymbol{X}_k}{N^e} \tag{8.4}$$

在第 t 次迭代，高斯分布的标准差通过如下公式进行更新：

$$\sigma^t = \frac{\sum_{k=1}^{N^e} \sqrt{\sum_{d=1}^{D}(x_{k,d}-\mu_d^t)^2}}{N^e} \tag{8.5}$$

8.5.2 多模态交叉熵算法

借鉴自然界中多种群同时进化的思想,小生境方法被广泛用于求解多模态问题[24-26]。小生境方法的核心过程是将整个种群划分为多个子种群,然后单独或者协同进化,以达到同时搜索多个最优解的目的。

基本的小生境生成过程描述如下:首先,预定义小生境半径 r,找到当前种群中的最优个体后,距离此个体 r 以内的所有个体均被划分为同一个小生境。其次,从种群中删除已经划分好的个体,对种群中的剩余个体进行小生境划分,不断迭代直至所有个体都被划分完毕。此过程描述为

$$S_i = \{X_j \mid X_j \in P, \; \mathrm{dist}(X_{\mathrm{seed}},X_j) \leqslant r\} \tag{8.6}$$

式中:S_i 为第 i 个小生境;P 为其余个体组成的种群;X_j 为 P 中的一个个体;X_{seed} 为当前种群 P 中的最优个体;r 为小生境半径;$\mathrm{dist}(a,b)$ 为个体 a 和 b 之间的欧几里得距离。多模态优化问题具有多个全局最优,也就是其目标函数上有多个峰值,采用固定半径的小生境在对种群划分时未考虑目标函数的影响,会导致处于同一个峰的个体划分为不同峰、处于不同峰的个体划分为同一个峰等问题,从而影响多模态问题的优化效果。

本节接下来对基于改进小生境策略的交叉熵(Improved Niching based Cross Entropy, INCE)算法进行介绍,该算法包括三个部分,分别为自适应半径的小生境、基于 CEM 的种群演化和交叉算子。

1. 自适应半径的小生境

为了解决固定小生境半径对多模态算法性能影响较大的问题,本节提出了一种改进的自适应半径小生境方法,主要思想包括两个阶段:根据不同个体的适应度值排序,自适应确定小生境半径,将种群划分为多个小生境;由于自适应半径划分后容易导致不同小生境中个体数目相差较大,采取小生境同等规模策略进行调整,以维护种群的多样性。

(1) 基于动态小生境半径的种群划分。

以最大化问题为例,首先,将当前种群中最优的个体 X_{seed} 作为种子个体;其次,计算所有其他个体与 X_{seed} 之间的欧几里得距离,然后按照距离

从近到远进行排序,得到 $X_1, X_2, \cdots, X_{N-1}$,$N$ 为当前种群个体数量;最后,依次比较每个个体与其相邻近的两个个体的目标函数值。如果找到了一个个体 X_i,与其相邻的个体 X_{i-1}、X_{i+1} 的目标函数值都比 X_i 大,则该个体 X_i 与种群最优个体 X_{seed} 之间的距离作为当前小生境的半径,$X_1, X_2, \cdots, X_i$ 和 X_{seed} 将被聚类为同一个小生境。划分好一个小生境后,该小生境中个体从当前种群进行排除,接着按照上述策略确定下一个小生境半径进行种群的划分,直至种群划分完毕。理想的小生境划分是:多模态函数中每一个峰值位置的个体分为一个小生境。而按照上述自适应半径的小生境划分种群,可以一定程度上实现根据目标函数的形状进行自适应划分种群。

本节以一个简单一维函数为例阐述小生境半径自适应确定方法,如图 8.1 所示,A、B、C 和 D 表示种群中的四个个体。A 代表当前种群中最优个体,而 C 代表最差个体。根据上述策略选择 A 和 C 之间的距离作为小生境半径。

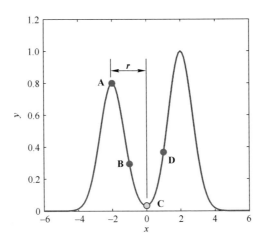

图 8.1 改进自适应半径小生境示意图

(2) 小生境同等规模调整。

根据小生境半径 r 将种群划分为多个群体之后,为了改善算法在局部和全局搜索能力之间的平衡,采取一种种群调整策略,使得每个小生境中的个体数目尽可能保持一样。首先,确定每个小生境的规模 c,其大小设置为种群中个体的数量除以小生境的数量。其次,依次对每个小生境内的个体规模进行调整。如果小生境中个体数目超过 c,对其中的个体根据适应度值排序,并删除其中较差的个体,如果小生境中个体数目少于 c,按照该小生境的分布参数继续生成个体,直到个体数目达到 c。

2. 基于 CEM 的种群演化

在对种群划分为多个小生境后,本节介绍每个小生境如何基于 CEM 进行种群演化。CEM 的主要作用是在小生境内产生新的个体,而新个体的产生依赖于每个小生境内个体服从的高斯分布,因此,在每次产生新个体之前,需要对分布参数进行估计,本节分别介绍均值和方差的估计策略。

(1) $\boldsymbol{\mu}_i^t$ 的估计。

$\boldsymbol{\mu}_i^t$ 为第 t 次迭代中第 i 个小生境中的均值向量,该值通常被定义为一定数量精英样本的均值,如式(8.4)。虽然这种估计策略具有更好的全局搜索能力,但是由于估计时需要包含较多的个体,在复杂优化问题中会导致收敛速度较慢。在多模态优化中,将种群划分为多个小生境之后的搜索空间变得相对较窄,为了加快收敛速度,可直接使用最优个体位置估计 $\boldsymbol{\mu}_i^t$,即

$$\boldsymbol{\mu}_i^t = \boldsymbol{X}_{i,\text{best}}^t \tag{8.7}$$

式中:$\boldsymbol{X}_{i,\text{best}}^t$ 为第 t 次迭代中第 i 小生境中的最优个体。通过这种更新策略,只要在下次迭代中找到一个更优的个体,采样中心即可迅速转移。

(2) $\boldsymbol{\sigma}_i^t$ 的估计。

$\boldsymbol{\sigma}_i^t$ 为第 t 次迭代中第 i 个小生境中的标准差向量。在 CEM 中,标准差的估计在平衡算法的全局搜索能力和局部搜索能力中起着至关重要的作用。由于初始种群划分后每个小生境只存留了少量的个体,无法提供足够的有效标准差信息。因此在初始迭代中采用与设计变量上界、下界相关的系数 α 来控制所生成个体的分布,以尽可能多地包含该小生境所代表的搜索空间。

$$\sigma_{i,d}^0 = \frac{1}{\alpha} \times (\text{ub}(d) - \text{lb}(d)) \quad (d \in \{1,2,\cdots,D\}) \tag{8.8}$$

式中:$\text{lb}(d)$ 和 $\text{ub}(d)$ 分别为第 d 维设计变量的下界和上界;$\boldsymbol{\sigma}_i^0$ 为初始迭代时第 i 个小生境中的个体的标准差;D 为优化问题的维度。

CEM 是一种基于蒙特卡洛采样的算法,需要在整个设计空间中进行采样。但是在多模态优化中,搜索空间被划分为多个子空间,每个子空间对应的搜索区域相对较窄。为了提供足够的个体分布信息,在后续迭代中,

小生境中的所有个体都将被用来估计标准差，表述如下：

$$\boldsymbol{\sigma}_i^t = \frac{\sum_{k=1}^{n_i} \sqrt{\sum_{d=1}^{D}(x_{k,d} - \mu_{i,d}^t)^2}}{n_i} \quad (t > 0) \tag{8.9}$$

式中：n_i 为第 i 个小生境中的个体数量；X_k 为该小生境中的第 k 个个体，其中 $X_k = (x_{k,1}, x_{k,2}, \cdots, x_{k,D})$；$D$ 为优化问题的维度。

（3）基于序列二次规划的局部搜索。

局部搜索和元启发式算法的组合算法可以显著提高优化算法的性能。INCE 在每个小生境基于 CEM 演化后可以找到多个较优的设计域，此时再使用序列二次规划 SQP 算法作为一种局部搜索技术，可以显著提高算法搜索得到的解精度。

3. 交叉算子

小生境策略对多模态优化算法最终搜索到的全局最优解的数量有较大影响，而小生境的引入又会导致种群的多样性出现不断退化的现象。优化算法在每次迭代后应保持种群大小一致，因为在每个小生境中只保留了最优个体，此时种群中的个体数量等于小生境的数量，而小生境的数量是远远小于种群的数量。为了减少种群多样性的丢失，在使用 CEM 对每个小生境演化之后，对保留下来的个体使用交叉算子产生新个体，新个体生成方式描述为

$$x_{i,d} = x_{j,d} + \text{rand}() \times (x_{k,d} - x_{j,d}) \quad (d \in \{1, 2, \cdots, D\}) \tag{8.10}$$

式中：$x_{j,d}$、$x_{k,d}$ 分别为第 j、k 个小生境中的最优个体在第 d 维上的变量；j 和 k 在所有小生境中随机选择；$x_{i,d}$ 为由交叉算子生成的新个体的第 d 维变量；D 为设计变量的维度。

结合上述三种策略，整个 INCE 算法过程如下：

（1）随机初始化种群，种群数目为 N，迭代次数 $t = 0$，最大迭代次数 T，CEM 演化时小生境内种群数量为 c，精英样本比例为 ρ，精英样本数量为 $N^e = \rho N$，容许误差为 ε；

（2）计算种群中所有个体适应度值，使用自适应半径的小生境方法将整个种群划分为多个小生境，得到小生境的数目 n_{best}；

（3）对于每个小生境，使用式（8.7）估计高斯分布参数 $\boldsymbol{\mu}_i^t$，$t = 0$ 和 $t > 0$ 时分别使用式（8.8）和式（8.9）估计高斯分布参数 $\boldsymbol{\sigma}_i^t$；

(4) 对于每个小生境，使用步骤 (1) 中预定义的 CEM 参数和步骤 (4) 中的高斯分布参数，结合 8.5.1 节中介绍的 CEM 算法进行演化，演化结束后，每个小生境只保留当前最优个体；

(5) 对于每个小生境，以保留的个体为初始值进行 SQP 局部搜索，得到 n_{best} 个新的最优个体；

(6) 将 n_{best} 个最优个体添加进精英集 Ω 中；

(7) 根据式 (8.10) 中的交叉算子产生 $N-n_{best}$ 个个体，并与 n_{best} 个最优个体融合形成新的种群，$t=t+1$；

(8) 如果 $t<T$，则返回步骤 (2)；否则，算法终止，输出精英集 Ω。

8.5.3 实例

布局优化设计问题具有非线性、多约束、多模态的特点，是卫星多学科设计优化中的重要步骤，直接关系到最终卫星设计总体性能的优劣。为了验证多模态交叉熵优化算法在复杂优化问题上的有效性，本节在 14 个组件的卫星布局优化设计（Satellite Layout Optimization Design，SLOD）问题上对 INCE 的性能进行测试。其目标为优化卫星模块中的 14 个圆柱组件的位置以获得最小的转动惯量。SLOD 数学模型表示为

$$\begin{cases} \text{find} \quad X = \{X_1, X_2, \cdots, X_n \mid X_i = (x_i^1, x_i^2)\}, i = 1, 2, \cdots, n \\ \min \quad f(X) = J_{x'}(X) + J_{y'}(X) + J_{z'}(X) \\ \text{s.t.} \begin{cases} g_1(X) = \sum_{i=0}^{N-1} \sum_{j=i+1}^{N} \Delta V_{ij} \leq 0 \\ g_2(X) = |\theta_{x'}(X)| - \delta\theta_{x'} \leq 0 \\ g_3(X) = |\theta_{y'}(X)| - \delta\theta_{y'} \leq 0 \\ g_4(X) = |\theta_{z'}(X)| - \delta\theta_{z'} \leq 0 \end{cases} \end{cases} \quad (8.11)$$

式中：$(\theta_{x'}, \theta_{y'}, \theta_{z'})$ 为惯性角；n 为布局组件的个数；$(\delta\theta_{x'}, \delta\theta_{y'}, \delta\theta_{z'})$ 为对应的允许误差；$J_{x'}(X)$、$J_{y'}(X)$、$J_{z'}(X)$ 分别为整个系统沿 x、y、z 轴的转动惯量；ΔV_{ij} 为第 i 和第 j 个布局组件之间的干涉量。

关于模型介绍可见文献 [27]。在简化的卫星模块中，需要在轴承板的两个表面上安装 14 个布局组件。表 8.1 中说明了详细的数据信息，左 7 个组件安装在轴承板的上表面，而右 7 个组件安装在轴承板的下表面。所有组件的高度均为 10mm，卫星模块的半径为 50mm，布局组件数量 $n=14$，

因此该问题的设计变量的维数为28。将 i 个组件的位置表示为 $X_i = (x_i^1, x_i^2)$，其取值应该满足 $-50\text{mm} < x_i^1$、$x_i^2 < 50\text{mm}$。除此之外，还需要满足不同布局组件之间不干涉的约束。

表 8.1 布局优化问题定义

序号/上板	半径/mm	质量/kg	序号/下板	半径/mm	质量/kg
1	10.0	100.00	8	10.0	100.00
2	11.0	121.00	9	11.0	121.00
3	12.0	144.00	10	12.0	144.00
4	11.5	132.25	11	11.5	132.25
5	9.5	90.25	12	9.5	90.25
6	8.5	72.25	13	8.5	72.25
7	10.5	110.25	14	10.5	110.25

目前，已有研究使用 DESQPDE 和 PSOSQP 对上述模型进行求解[27]，DESQPDE 在两次差分进化算法中间加入 SQP 局部搜索算法，PSOSQP 在粒子群优化算法中加入 SQP 局部搜索算法。本节使用 INCE 算法进行求解，具体参数设置为初始种群数量 400，方差系数 α 为 10，每个小生境进行 CEM 演化时的种群数目为 200，精英样本比例 ρ 为 0.1，CEM 迭代终止条件为标准差小于 0.001，INCE 算法最大迭代次数设置为 500。PSOSQP 和 DESQPDE 算法参数采用文献 [27] 中的设置。

所有算法运行 50 次，统计结果如箱线图 8.2 所示。表 8.2 和图 8.3 中展示了 INCE 和 DESQPDE 搜索到的最优布局方案。从图 8.2 看出，INCE 比其他算法取得了更好的结果，搜索到的最优布局对应的转动惯量平均值可以达到 $2.2\text{kg} \cdot \text{m}^2$ 以下，其他两种算法获得的结果均高于 $2.3\text{kg} \cdot \text{m}^2$。图 8.4 展示了 INCE、PSOSQP 和 DESQPDE 算法在单次优化中转动惯量随迭代次数的收敛曲线。可以看到，在随机实验中 INCE 具有更快的收敛速度。此外，由 INCE、PSOSQP 和 DESQPDE 算法获得的最优结果分别为 $2.1471\text{kg} \cdot \text{m}^2$、$2.4098\text{kg} \cdot \text{m}^2$ 和 $2.3636\text{kg} \cdot \text{m}^2$，与其余两种算法相比，INCE 可以找到转动惯量更优的布局方案。此外，考虑到该布局优化问题是个实际工程问题，位于不同峰的最优值往往近似相等，而非完全相等，因此需要确定近似最优解的信赖阈值。以转动惯量 $2.6\text{kg} \cdot \text{m}^2$ 为例，小于该阈值的最优解，若布局方案不同，均可认为是近似最优解。在不同阈值下，图8.5展示了具有不同CEM种群数目的INCE算法找到的近似最优解数量对比。可以看到，INCE算法可以同时找到较多的近似最优布局方案。并且，随着CEM中种群数目的增大，多模态优化效果更好，在同一阈值下找到的近似最优解数量增多。因此，INCE获得的最优解数量和最优布局方案对应转动惯量均胜过DESQPDE和PSOSQP，验证了INCE算法在求解卫星布局多模态优化设计问题上的有效性，实际应用时算法可为设计者提供既多又好的布局方案。

表8.2　INCE算法求解布局优化问题与其他算法对比

算法	干涉	质心偏差/mm		惯性夹角偏差/rad			转动惯量/$(kg \cdot m^2)$
		x轴	y轴	x轴	y轴	z轴	
DESQPDE	0	0.0036	0.5153	0.0000	-0.1480	-0.0239	2.3636
PSOSQP	0	-0.1748	1.4470	0.0211	-0.0142	0.0136	2.4098
INCE	0	0.0764	-0.2502	-0.0006	0.0227	-0.0251	2.1782
	0	0.0157	0.0922	-0.0084	-0.0097	0.2653	2.1614
	0	-0.0021	0.0056	0.0045	-0.0068	0.0031	2.1471

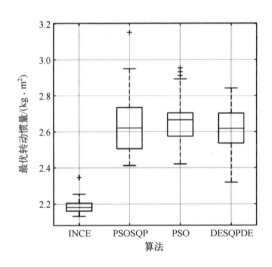

图8.2　INCE算法与其他算法求解SLOD问题的最优值统计

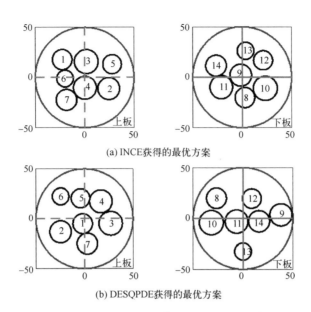

图 8.3 INCE 与 DESQPDE 算法获得的最优方案比较

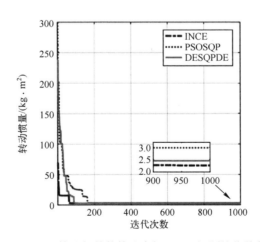

图 8.4 INCE 算法与其他算法求解 SLOD 问题的收敛曲线

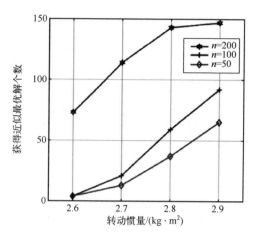

图 8.5 INCE 求解不同规模的 SLOD 问题近似最优解的数量

8.6 多方法协作优化方法

求解优化问题最理想的情况是快速有效地得到全局最优解,但是由于对优化问题和优化方法的认识不足,这种情况只能在有限的条件下实现,尤其对于复杂的优化问题,一般很难找到收敛性好且求解效率高的优化方法。根据系统工程中"整体大于部分之和"的思想[2],相比于单个优化方法,多个优化方法之间的协作可以获得更好的最优解。基于这种思想,罗文彩[2]博士提出了采用多个优化方法相互协作的思想,即多方法协作优化。多方法协作优化是优化方法发展的重要理论,在求解复杂优化问题方面将起到推动作用。在合理选择优化方法和协作策略的基础上,可得到比单个优化方法更优的优化结果[28-33]。

值得注意的是,8.3 节介绍的多任务优化和多协作优化虽然都属于混合优化策略,但是二者有着本质的区别。首先,多任务优化是使用一个或者多个优化算法同时解决多个优化问题,而多协作优化则是使用多个优化算法解决一个优化问题。其次,多任务优化更加关注的是不同任务之间的协作,包括不同任务之间的相似性度量、信息共享、知识迁移等,而多协作优化关注的则是优化算法之间的协作,包括不同算法的优化顺序、协作策略等。因此,两者不能混为一谈。

8.6.1 多方法协作优化基本概念

1. 可协作性

优化问题的一般形式为

$$\min f(\boldsymbol{X}) \\ \text{s.t. } \boldsymbol{X} \in R^n \quad (8.12)$$

式中：$f(\boldsymbol{X})$ 为目标函数；$\boldsymbol{X}$ 为优化变量；$\boldsymbol{X} \subset R^n$ 为约束集或可行域。

定义 8.1 优化方法 a 的可协作性是指在求解优化问题的过程中，优化方法 a 可以利用其他优化方法求解该问题得到的信息提高自身的求解效率，同时在优化过程中能够输出有效信息供其他优化方法使用。如果存在这种特性，则称优化方法 a 具有可协作性，或称优化方法 a 是可协作的；否则称优化方法 a 不具有可协作性，或称优化方法 a 是不可协作的。

定义 8.2 优化方法 a、b 之间的可协作性是指在求解同一个优化问题的过程中，优化方法 a、b 之间可以利用彼此获得的优化信息改进各自的优化过程。如果存在这种特性，则称优化方法 a、b 之间具有可协作性，或称优化方法 a、b 之间是可协作的，否则称优化方法 a、b 之间不具有可协作性，或称优化方法 a、b 之间是不可协作的。

优化方法 a 和 b 本身的可协作性是优化方法 a、b 之间可协作性的前提。相对于给定的优化方法而言，不同优化方法之间，其可协作性是不一样的。优化方法的可协作性是进行多方法协作优化的前提条件。

2. 多方法协作优化方法

定义 8.3 多方法协作优化方法（Multimethod Collaborative Optimization Algorithm，MCOA）是指在综合分析优化问题和各种优化方法的基础上，选择 $m(m \geq 2)$ 个具有可协作性的优化方法（有限多个优化方法），并采用一定的协作策略进行多次协作优化的方法。

MCOA 的计算步骤为（假定采用优化方法 a、b 和 c 协作）：

(1) 赋初值给优化方法 a、b 和 c；

(2) 对优化方法 a、b 和 c 以一定的协作策略分别在协作信息和各个优化方法本身的优化信息基础上进行问题求解；

(3) 优化方法 a、b 和 c 对当前得到的优化信息进行协作信息处理；

(4) 判断是否满足协作优化终止准则，满足则转（5），否则将得到的协作信息作为下一次协作优化的协作化信息，转（2）；

(5) 终止 MCOA，将当前获得的最优解作为 MCOA 的最优解输出。

MCOA 的流程图如图 8.6 所示。多方法协作优化包括选择参与协作的优化方法、选择协作策略、确定迭代步数、确定协作优化信息处理方式、确定协作优化终止准则以及组成 MCOA 进行优化求解六个方面。

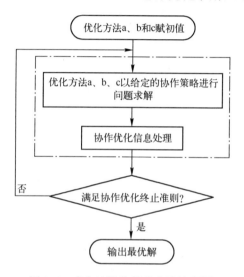

图 8.6　多方法协作优化方法流程图

3. 多方法协作策略

定义 8.4　MCOA 中，将多个具有可协作性的优化方法进行相互协作的策略称为多方法协作策略，简称协作策略。多方法协作策略包括并联协作策略、串联协作策略、串并联协作策略和嵌入协作策略四种策略。

定义 8.5　并联协作策略是指在每一次协作优化过程中，将参与协作的各个单独优化方法以并联方式协作，分别迭代一定次数后，对各个单独优化方法得到的优化信息进行处理。

定义 8.6　串联协作策略是指在每一次协作优化过程中，将参与协作的各个优化方法以串联方式协作，下一个优化方法利用上一个优化方法提供的优化信息、当前的协作信息和本身的优化信息进行协作优化,然后对各个单独优化方法得到的优化信息进行处理。

定义 8.7 串并联协作策略是指将参与协作的各个优化方法分别以并联和串联两种方式协作。

定义 8.8 嵌入协作策略是指在每一次协作优化过程中,将一个或多个参与协作的单独优化方法嵌入到一个主要优化方法的优化过程中,作为这个主要优化方法的一个部分,以主要优化方法为主进行协作优化。

在采用嵌入协作策略的 MCOA 中,将其他单独优化方法嵌入到当前优化过程中的方法称为主要优化方法,简称主要方法,嵌入到主要方法中的优化方法称为辅助优化方法,简称辅助方法。

图 8.7 是不同协作策略的协作优化过程示意图,此时对应于进行 MCOA 计算步骤中(2)、(3)步中的优化操作,即图 8.6 中的虚线部分。

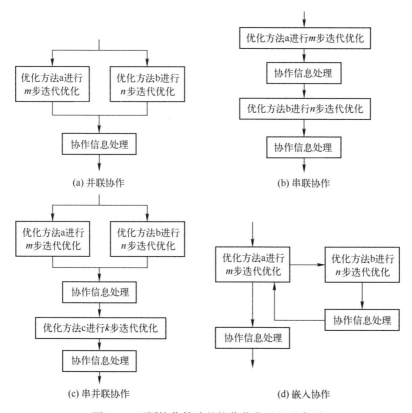

图 8.7 不同协作策略的协作优化过程示意图

分别称采用并联协作策略、串联协作策略、串并联协作策略和嵌入协作策略进行协作优化的 MCOA 为多方法并联协作优化方法（Multimethod Parallel Collaborative Optimization Algorithm, MPCOA）、多方法串联协作优化方法（Multimethod Serial Collaborative Optimization Algorithm, MSCOA）、多方法串并联协作优化方法（Multimethod Serial and Parallel Collaborative Optimization Algorithm, MSPCOA）和多方法嵌入协作优化方法（Multimethod Embedding Collaborative Optimization Algorithm, MECOA）。

4. 迭代次数

定义 8.9 在 MCOA 的每一次协作优化过程中，单独优化方法进行迭代优化操作的步数称为协作迭代次数。如果参与协作的优化方法不是迭代优化方法，则该优化方法采用的包含赋初值和输出最优结果在内的全过程进行协作。

单独优化方法在协作中的迭代步数对协作中该优化方法提供的协作信息质量具有很大的影响，同时影响 MCOA 中处理协作信息的频率，从而影响整个 MCOA 的优化时间。

5. 协作优化信息处理

定义 8.10 协作优化信息是指在 MCOA 中，各个单独优化方法产生的用于协作的信息，简称协作信息。对参与协作的各个单独优化方法提供的协作信息进行处理，简称协作信息处理，包括协作信息的产生、整理和利用三部分。

根据利用的信息量不同，协作信息处理分为以下三种方式：最优协作信息处理、部分协作信息处理、全部协作信息处理。

协作信息处理确定了各个优化方法之间协作信息的产生机制和利用机制，为不同优化方法之间的信息传递提供了统一标准和平台，同时为利用协作信息改善各个单独优化方法和整个协作优化方法提供了基础，充分利用了各个单独优化方法之间的协作效应，提高了 MCOA 的协作优化性能。

6. 协作优化终止准则

协作优化终止准则是 MCOA 中确定所有单独优化方法停止运行的准

则，设置协作优化终止准则以尽可能保证获得全局最优解和尽量少的计算时间为目标。

在 MCOA 中，协作优化终止准则一般采用以下四种准则之一：满足参与协作优化的某一特定单独优化方法的终止准则；满足参与协作优化的任意一个单独优化方法的终止准则；满足所有参与协作优化的单独优化方法的终止准则；另行给定的协作优化终止准则，例如指定最大协作次数作为协作优化终止准则。一般选择满足所有单独优化方法的终止准则作为 MCOA 的协作优化终止准则。

7. 并行计算

采用并联协作策略的协作优化方法，由于单独的优化方法之间采用并联方式协作，优化过程相对独立，因而可以采用并行计算的方式提高计算效率。

假设采用遗传算法、模式搜索法和 Powell 法以并联策略构造多方法协作优化方法，则单台计算机上基于并联协作策略的 MCOA 计算步骤为：

（1）遗传算法、模式搜索法和 Powell 法赋初值，进行初始协作信息处理（即将遗传算法、模式搜索法和 Powell 法初值中的最优值进行比较得到当前最优值，将其作为多方法协作优化的最优值，并将其值作为遗传算法、模式搜索法和 Powell 法下一次迭代优化可利用的信息）；

（2）确定迭代步数（m、n、k 步），分别独立地运行遗传算法、模式搜索法和 Powell 法，进行协作信息处理；

（3）判断是否满足协作优化终止准则，满足则转（4），否则转（2）；

（4）终止多方法协作优化方法，输出最优值信息。

图 8.8 是采用基于并联协作策略的 MCOA 流程图。从计算步骤和图 8.8 可知，各个参与协作的优化方法在每一次协作过程中独立运行，并未与其他优化方法进行数据交换，该策略可以减少计算时间，发挥并行计算的优势（图 8.8 中虚线部分可以进行并行计算）。由于 MCOA 通过每一次的协作信息来进行各个优化方法之间的协作，因而各个参与协作的单独优化方法必须进行数据共享和交换，以利用协作效应，此时 MCOA 是一种同步并行计算方式。采用并行计算的 MCOA 的计算步骤（取各个计算机分别对应一个进程）如下：

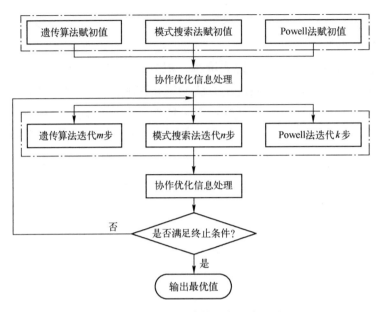

图 8.8　多方法协作优化方法流程图

（1）主进程 0 进行参数设置，对遗传算法赋初值，进程 1 和进程 2 分别对模式搜索法和 Powell 法赋初值，并将模式搜索法和 Powell 法的初值信息传递给主进程 0，进程 0 进行初始协作信息处理，将获得的协作信息赋给遗传算法和在进程 1 与进程 2 中运行的算法；

（2）各个进程根据得到的协作信息，进行优化迭代；

（3）进程 1 和进程 2 将优化信息和是否满足终止准则的信息传递给进程 0，进程 0 根据遗传算法、模式搜索法和 Powell 法的优化信息进行协作信息处理，判断是否满足协作优化终止准则，满足则转（4），否则将没有满足协作优化终止准则的信息和协作信息传递给进程 1 和进程 2，转（2）；

（4）将满足协作优化终止准则的信息传递给进程 1 和进程 2，终止进程 1 和进程 2，进程 0 将当前得到的最优解作为 MCOA 的最优解，输出最优解，终止进程 0。

图 8.9 是并行计算的 MCOA 的流程图。由图 8.9 可知，不同进程之间通过消息传递实现不同进程之间的通信。在主进程 0 中，含有对协作信息的处理和其中一个单独优化方法的迭代优化操作。

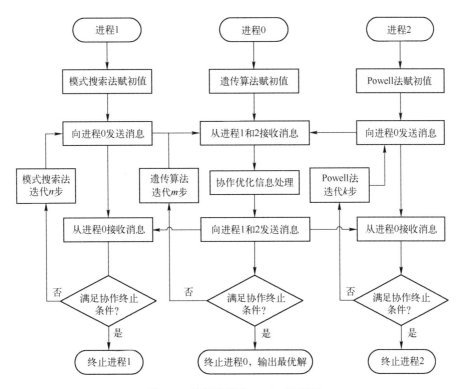

图 8.9 并行计算的 MCOA 流程图

8.6.2 实例

采用以下两个全局优化测试函数（求函数最小值）验证多方法协作优化方法的性能。

（1）测试函数 1：

$$F(X) = 100(x_1 - x_2^2)^2 + (x_2 - 1)^2 \quad (-5 \leqslant x_1, x_2 \leqslant 5) \quad (8.13)$$

此函数仅有一个局部最优解，即为全局最优解 (1,1)，全局最优值为 0。

（2）测试函数 2：

$$F(X) = 4x_1^2 - 2.1x_1^4 + \frac{x_1^6}{3} + x_1 x_2 - 4x_2^2 + 4x_2^4 \quad (-5 \leqslant x_1, x_2 \leqslant 5)$$

$$(8.14)$$

此函数有 6 个局部最优解，全局最优解有两个，为 (-0.0898, 0.7126)

和 (0.0898, -0.7126)。全局最优值-1.0316。

选择遗传算法、模式搜索法和 Powell 法分别采用并联、串联、串并联和嵌入协作策略进行多方法协作优化，相应的 MCOA 为 MPCOA、MSCOA、MSPCOA 和 MECOA。其中，MPCOA、MSCOA、MSPCOA 的每一次协作优化中，遗传算法、模式搜索法和 Powell 法的迭代次数设为 1；MECOA 的每一次协作中，遗传算法进行一步迭代计算，模式搜索法和 Powell 法进行全程优化，即进行优化直到满足模式搜索法和 Powell 的终止准则时终止计算。

遗传算法的群体数目为 100，中间值数目为 120，采用最优值继承的策略，淘汰中间值中最差的 20 个个体，终止准则为在迭代过程中连续 40 次出现相同的最优值或达到最大迭代次数（取为 1000），变异概率为 0.05，交叉概率为 0.80。模式搜索法和 Powell 法的允许误差为 1.0×10^{-7}。

对上述两个全局优化测试问题分别采用遗传算法、模式搜索法、Powell 法和相应的不同协作策略的 MCOA 进行优化，每个算法独立运行 100 次，以统计其最优值的平均值。分别以 GA、PSM、PM 来表示遗传算法、模式搜索法和 Powell 法，计算结果如表 8.3~表 8.6 所示。

表 8.3　优化方法平均最优值

问题	GA	PSM	PM	MPCOA	MSCOA	MSPCOA	MECOA
(1)	0.0006	8843.2731	46.9983	0.0000	0.0000	0.0000	0.0000
(2)	-0.9025	35.9215	150.4457	-1.0316	-1.0316	-1.0316	-1.0316

从表 8.3 可知，各个 MCOA 的平均最优值优于单独优化方法的平均最优值。对于单独优化方法不能得到较好最优值的优化问题 (2)，各个 MCOA 仍能得到较优的平均最优值。

表 8.4　优化方法达到全局最优解的次数

问题	GA	PSM	PM	MPCOA	MSCOA	MSPCOA	MECOA
(1)	57	2	83	99	99	99	100
(2)	1	87	42	100	100	100	100

从表 8.4 可知，MCOA 得到全局最优解的次数明显多于单独优化方法

得到全局最优解的次数。对于优化问题（2），MECOA 取得了较多的全局最优解，MSCOA、MPCOA、MSPCOA 相对于单独优化方法仍旧取得了较多的全局最优解。MCOA 的全局最优解特性优于单独优化方法的全局最优解特性。

表 8.5　优化方法最优值与全局最优值的标准差

问题	GA	PSM	PM	MPCOA	MSCOA	MSPCOA	MECOA
（1）	0.0018	21300.7999	188.9333	0.0000	0.0000	0.0000	0.0000
（2）	0.1749	269.3104	762.3781	0.0000	0.0000	0.0000	0.0000

从表 8.5 可知，MCOA 比单独优化方法更加稳定。从表 8.6 可知，采用 MPCOA、MSCOA、MSPCOA 的计算目标函数值次数相对于单独优化方法相差不大，采用 MECOA 的计算目标函数次数稍多一些。如果能够得到比单独优化方法更优的结果，则 MCOA 需要多的计算目标函数次数是可以容许的。

表 8.6　优化方法平均计算目标函数值次数

问题	GA	PSM	PM	MPCOA	MSCOA	MSPCOA	MECOA
（1）	6746	2912	2127	5441	5392	5368	172594
（2）	6855	206	950	5132	5163	5165	25561

8.6.3　多方法协作优化方法与混合优化策略

1. 联系

广义上，多方法协作优化方法也是采用若干优化方法进行协作的混合算法。MSCOA 中的单独优化方法要求具有可协作性，这是传统的混合算法所没有的。传统的混合算法着重于优化方法的混合，而 MCOA 中的单独优化方法的可协作性可以保证 MSCOA 在求解相应的优化问题时获得不劣于单独优化方法的优化效果。

采用顺序方式的混合算法，其结构与 MSCOA 比较类似，在保证参与混合的优化方法具有可协作性的基础上，实际上是一种简单的 MSCOA。

采用嵌入方式的混合算法与 MECOA 结构类似，但其主要侧重于采用其他优化方法作为遗传算法的一个算子进行混合，构成混合遗传算法。

2. 区别

对于不具有可协作性的优化方法组成的混合算法，即使其采用顺序混合或嵌入混合的方式，也不能构成 MCOA。

MCOA 相对于传统的混合算法在参与协作的优化方法的选择、优化方法的迭代步数、协作信息处理和终止准则四个方面都存在一定的区别。MCOA 中优化方法的选择必须满足具备协作性的条件，同时各个优化方法的迭代步数可以采用多种方式。混合算法简单的最优值信息处理是 MCOA 的协作信息处理的方式之一，增加处理的协作信息量，可以提高 MCOA 的优化特性。MCOA 中存在明确的协作信息处理过程，协作终止准则可以采取多种方式进行设计，而这是传统的混合算法所没有的。而且针对于采用并联协作和串并联协作策略构成的 MCOA，在传统的混合算法中并没有提及。因此相对于混合算法，MSCOA 更具有系统性，结构更严密。

8.7 小　　结

对于 MDO 问题，由于模型本身的复杂性和计算的复杂性，设计空间的搜索策略对于搜索过程和结果影响都很大。针对具体的 MDO 优化问题，可以借鉴已有的优化方法进行搜索优化，根据优化问题以及优化方法的特点，进行优化方法的选择和应用。现代优化方法的发展为求解复杂的优化问题提供了有效的搜索策略，采用不同优化方法的混合策略也是比较好的尝试。对于没有显式函数关系的优化问题，代理模型辅助的优化算法提供了一种新的解决途径。新近发展的多任务优化和多方法协作优化方法可以系统地利用不同优化方法之间的协作效用，以达到求解复杂问题的目的，为 MDO 问题求解提供了很好的思路。MDO 问题本身具有模型复杂性，需要具有较好全局特性的优化方法进行求解，因此具有全局搜索特性的优化算法在 MDO 中将得到充分的应用和发展。

参考文献

[1] 陈小前. 飞行器总体优化设计理论与应用研究 [D]. 长沙：国防科学技术大学，2001.
[2] 罗文彩. 飞行器总体多方法协作优化设计理论与应用研究 [D]. 长沙：国防科学技术大学，2003.

[3] 余雄庆. 多学科设计算法及其在飞机设计中的应用研究［D］. 南京：南京航空航天大学，1999.

[4] 黄平. 最优化理论与方法［M］. 北京：清华大学出版社，2009.

[5] Fesanghary M, Mahdavi M, Minary-Jolandan M, et al. Hybridizing harmony search algorithm with sequential quadratic programming for engineering optimization problems［J］. Computer Methods in Applied Mechanics & Engineering, 2008, 197（33-40）：3080-3091.

[6] 柳颜，贺素香. 基于增广Lagrange函数的约束优化问题的一个信赖域方法［J］. 应用数学，2020，33（01）：138-145.

[7] 陈爱志，万正权，朱邦俊. 基于遗传算法和可变多面体算法的耐压结构混合优化［J］. 船舶力学，2008（02）：283-289.

[8] 刘晓，尹晓丽，李春明. Powell机械优化方法的改进［J］. 机械设计，2019，36（06）：80-86.

[9] 邢文训，谢金星. 现代优化计算方法［M］. 北京：清华大学出版社，2006.

[10] Liu X, Han Y, Chen J. Discrete pigeon-inspired optimization-simulated annealing algorithm and optimal reciprocal collision avoidance scheme for fixed-wing UAV formation assembly［J］. Unmanned Systems, 2021, 09（03）：211-225.

[11] 邱萌，符卓. 需求可离散拆分车辆路径问题及其禁忌搜索算法［J］. 哈尔滨工程大学学报，2019（3）：525-533.

[12] Tavakkoli-Moghaddam R, Safari J, Sassani F. Reliability optimization of series-parallel systems with a choice of redundancy strategies using a genetic algorithm［J］. Reliability Engineering & System Safety, 2017, 93（4）：550-556.

[13] Wang L, Singh. PSO-based multidisciplinary design of ahybrid power generation system with statistical models of wind speed and solar insolation［C］// International Conference on Power Electronics. New Delhi：IEEE, 2006：1-6.

[14] Short M, Isafiade A J, Biegler L T, et al. Synthesis of mass exchanger networks in a two-step hybrid optimization strategy［J］. Chemical Engineering Science, 2018, 178：118-135.

[15] Cai X, Sun H, Zhang Q, et al. A grid weighted sum Pareto local search for combinatorial multi and many-objective optimization［J］. IEEE Transactions on Cybernetics, 2018, 49（9）：3586-3598.

[16] Yoon Y, Kim Y H. Maximizing the coverage of sensor deployments using a memetic algorithm and fast coverage estimation［J］. IEEE Transactions on Cybernetics, 2021, 52（7）：6531-6542.

[17] Gupta A, Ong Y S, Feng L. Multifactorial evolution：toward evolutionary multitasking［J］. IEEE Transactions on Evolutionary Computation, 2015, 20（3）：343-357.

[18] Jin Y. Surrogate-assisted evolutionary computation：recent advances and future challenges［J］. Swarm and Evolutionary Computation, 2011, 1（2）：61-70.

[19] Wang H, Jin Y, Jansen J O. Data-clriven surrogate-assisted multiobjective evolutionary optimization of a tranumu system［J］. IEEE Transactions on Evolutionary Computation, 2016, 20（6）：939-952.

[20] Jin Y, Wang H, Chugh T, et al. Data-driven evolutionary optimization：an overview and case studies［J］. IEEE Transactions on Evolutionary Computation, 2018, 23（3）：442-458.

[21] Wang Z, Zhan Z, Lin Y, et al. Automatic niching differential evolution with contour prediction approach for multimodal optimization problems［J］. IEEE Transactions on Evolutionary Computation, 2020, 24（1）：114-128.

[22] Sheng W, Wang X, Wang Z, et al. Adaptive memetic differential evolution with niching competition and supporting archive strategies for multimodal optimization [J]. Information Sciences, 2021, 573: 316-331.

[23] Yildiz T, Yercan F. The cross-entropy method for combinatorial optimization problems of seaport logistics terminal [J]. Transport, 2010, 25 (4): 411-422.

[24] Stoean C, Preuss M, Stoean R, et al. Multimodal optimization by means of a topological species conservation algorithm [J]. IEEE Transactions on Evolutionary Computation, 2010, 14 (6): 842-864.

[25] Zhang G, Li D, Zhou X, et al. Differential evolution with dynamic niche radius strategy for multimodal optimization [C]//27th Chinese Control and Decision Conference (2015 CCDC). Qingdao: IEEE, 2015: 3059-3064.

[26] Li L, Tang K. History based topological speciation for multimodal optimization [J]. IEEE Transactions on Evolutionary Computation, 2015, 19 (1): 136-150.

[27] Chen X Q, Yao W, Zhao Y, et al. The hybrid algorithms based on differential evolution for satellite layout optimization design [C]// 2018 IEEE Congress on Evolutionary Computation (CEC). Rio de Janeiro: IEEE, 2018: 1-8.

[28] 罗文彩, 罗世彬, 王振国. 基于多方法协作优化方法的非壅塞式固体火箭冲压发动机导弹一体化优化设计 [J]. 国防科技大学学报, 2003, 25 (2): 14-18.

[29] 罗文彩, 罗世彬, 王振国. 函数优化问题的多方法协作优化 [J]. 航空计算技术, 2003, 33 (3): 1-4.

[30] 罗文彩, 罗世彬, 王振. 基于遗传算法的多方法协作优化方法 [J]. 计算机工程与应用, 2004, 40 (10): 78-81.

[31] 罗文彩, 罗世彬, 王振国. 基于嵌入协作的多方法协作优化方法 [J]. 中国工程科学, 2004, 6 (4): 51-55.

[32] 罗文彩, 罗世彬, 陈小前, 等. 多方法协作优化算法协作策略研究 [J]. 系统工程与电子技术, 2005, 27 (7): 1238-1242.

[33] 罗文彩, 罗世彬, 陈小前, 等. 导弹总体设计多方法协作优化 [J]. 弹箭与制导学报, 2005, 25 (3): 16-19.

第 9 章

多学科设计优化过程

MDO 过程也称 MDO 算法或 MDO 策略，是 MDO 问题的数学表述及该表述在计算环境中如何实现的过程组织。优化过程是 MDO 的核心部分，也是研究最活跃的领域之一。

对于复杂系统的设计，由于各学科之间存在强耦合，往往需要反复迭代才能完成一次可行设计。如果不对各学科间的强耦合进行处理，会造成巨大的计算复杂性，难以进行有效的优化设计。MDO 过程将庞大而难以处理的复杂工程系统设计优化问题进行一定程度的分解，将其转化为多个易于处理的子问题进行优化，并对各子系统的优化进行有效协调。这种分解要求能够在保证系统整体协调的基础上，保持各学科对局部设计变量进行决策的自主性，以充分发挥各学科专家的知识、经验和创造性，获取系统最优解。

为了解决 MDO 中的难题，使 MDO 在工业界获得实际应用，理想的 MDO 过程应当具有如下特性：

（1）优化过程应该在计算量尽可能小的情况下，不断找出更优的可行设计方案，理想情况下能以很大的概率找出全局最优解。

（2）优化过程应按某种方式将复杂系统分解为若干子系统，并且这种分解方式能尽量地与现有工程设计组织形式保持一致。

（3）所需系统分析的计算次数尽可能少。

（4）优化过程中所需的系统分析、近似分析、设计和优化应该具有模块化结构，设计流程结构清晰明确。工业界现有的各学科分析和设计工具（计算机程序）无须改动（或只需很少改动）就能在优化过程中集成应用。

(5) 每个学科（子系统）在设计和优化时，应该与其他子系统有定量的信息交换，从而能够判断该学科的设计结果对整个系统性能的影响。

(6) 各个学科（子系统）尽可能地进行并行分析和优化。

(7) 在设计和优化过程中，各学科设计人员应能自由地对设计过程进行干预，从而体现设计人员的经验和创造性。

依据优化层次上的分解方式，以及各学科优化的自治性，优化过程可分为单级优化过程和多级优化过程。单级优化过程只在系统级进行优化，各学科只进行分析或者计算，不进行优化。单级优化过程将各学科设计变量和约束都集成到系统级进行优化，效率低下，且随着问题规模的扩大，计算量将会超线性增加。

多级优化过程将系统优化问题分解为多个子系统的优化协调问题，各个学科子系统分别进行优化，并在系统级进行各学科优化之间的协调和全局设计变量的优化。将系统优化问题进行分解，对各个子系统分别进行优化的计算量总和并不一定比未分解的单级系统优化少，但分解的优点是其与工程实际专业分工形式非常一致，可以实现并行设计并压缩设计周期。此外，学科优化的自治性更利于学科专家的知识、经验和创造性的发挥。因此，虽然多级优化过程还存在收敛性未能得到证明、不如单级优化过程清晰简单等缺点，但还是得到了充分的重视和大量研究，是目前 MDO 中关于优化过程研究的主要方向。

目前常见的单级优化过程包括多学科可行（Multidisciplinary Feasible，MDF）优化过程[1]、单学科可行（Individual Discipline Feasible，IDF）优化过程[2]和同时（All-At-Once，AAO）优化过程[3]。多级优化过程主要包括并行子空间优化（Concurrent Subspace Optimization，CSSO）过程[4]、协同优化（Collaborative Optimization，CO）过程[5]、二级系统一体化合成（Bi-Level Integrated System Synthesis，BLISS）优化过程[6]、目标级联分析（Analytical Target Cascading，ATC）优化过程[7-8]。本章对以上优化过程分别进行介绍。此外，本章涉及的 MDO 基本概念，如系统分析、学科分析、学科计算等，参见第 2 章相关内容。

9.1 单级优化过程

在单级优化过程中，所有的优化过程都在系统级进行，子学科只进行学科分析或学科计算,下面对几种常用的单级优化过程分别进行介绍。

9.1.1 多学科可行优化过程

MDF 优化过程[1]是求解 MDO 问题最直接的方法。此处"可行"(Feasible)是指设计变量与状态变量满足学科状态方程。该方法在优化搜索过程中,每一步迭代都进行一次系统多学科分析,联立求解学科状态方程组,获取该搜索点设计变量对应的多学科相容解,设计变量和状态变量满足所有学科状态方程,因此该方法称为 MDF 优化过程。MDF 优化过程的优化模型为

$$\begin{cases} \text{find} & X \\ \min & F \\ \text{s. t.} & g \geqslant 0, \quad Y_i = \mathrm{CA}_i(X_i, Y_{\cdot i}) \quad (i=1,2,\cdots,N_D) \\ & X^L \leqslant X \leqslant X^U \end{cases} \quad (9.1)$$

式中:

$$\begin{aligned} X &= \bigcup_{i=1,2,\cdots,N_D} X_i \\ Y &= \bigcup_{i=1,2,\cdots,N_D} Y_i \\ Y_{\cdot i} &\subseteq \left(\bigcup_{j=1,2,\cdots,N_D, j \neq i} Y_j \right) \\ F &\in Y, \quad g \subseteq Y \end{aligned} \quad (9.2)$$

其中,N_D 表示学科数量;X 为设计变量向量,定义域为 $[X^L, X^U]$;X_i 为第 i 个学科/子系统的设计变量向量,为 X 的子向量;Y 为系统状态变量向量;Y_i 是 Y 的子向量,代表学科 i 的局部状态变量向量;$Y_{\cdot i}$ 为学科 i 的输入状态变量向量,亦即由其他学科 $j(j \neq i)$ 输出并作为学科 i 输入的耦合变量;F 为优化目标;g 为约束条件向量;CA_i 为学科 i 的学科分析模型。

MDF 优化过程的优化模型表述没有对原 MDO 问题的数学形式做任何改动,直接将多学科系统分析作为黑箱嵌套于优化中,与传统优化问题相同,利于直观理解和组织实现。但是,该过程需要在每一个迭代点进行系统分析,由此导致巨大的计算复杂度。此外,系统分析还需要处理多学科之间的信息交互问题,大大增加了多学科分析的组织难度。因此,该过程不适用于大型复杂工程应用问题。

9.1.2 单学科可行优化过程

IDF 优化过程[2]将全体设计变量 X 和状态变量 Y 均作为独立优化变量进行优化,在每个优化迭代搜索点不进行系统分析,仅在各学科分别进行一次学科分析 $CA_i(i=1,2,\cdots,N_D)$,根据当前迭代点的优化变量值 X 和 $Y_{\cdot i}$ 计算学科输出 $\overline{Y}_i$,通过施加等式约束条件 $Y_i = \overline{Y}_i$,使得优化逐步收敛到满足所有学科状态方程的多学科相容优化方案。由于在每个迭代点无须进行系统分析,只需进行学科分析以获取满足单学科状态方程的 $\overline{Y}_i$,因此该方法称为 IDF 优化过程。IDF 优化过程的优化模型为

$$\begin{cases} \text{find} & X, Y \\ \min & F \\ \text{s.t.} & g \geqslant 0, \quad Y_i = \overline{Y}_i \quad (i=1,2,\cdots,N_D) \\ & X^L \leqslant X \leqslant X^U \end{cases} \quad (9.3)$$

式中:

$$\begin{aligned} \overline{Y}_i &= CA_i(X_i, Y_{\cdot i}) \\ X &= \bigcup_{i=1,2,\cdots,N_D} X_i \\ Y &= \bigcup_{i=1,2,\cdots,N_D} Y_i \\ Y_{\cdot i} &\subseteq \left(\bigcup_{j=1,2,\cdots,N_D, j \neq i} Y_j \right) \\ F &\in Y, \quad g \subseteq Y \end{aligned} \quad (9.4)$$

该过程无须在各个搜索点进行系统分析获取多学科一致解,避免了复杂的多学科迭代分析,不但能够提高各个搜索点的分析计算效率,而且能够直接应用成熟的学科分析代码,大大简化了编程和组织难度。但是,该过程通过等式约束保证学科间状态变量的相容性,增加了优化求解的复杂度,收敛效率也受到影响。此外,该过程将所有设计变量和状态变量都集成到系统级进行优化,极大增加了优化问题的规模,不适用于大型工程优化。

9.1.3 同时优化过程

与 IDF 优化过程相似,AAO 优化过程[3]也将全体设计变量 X 和状态变量 Y 均作为独立优化变量进行优化。但不同的是,AAO 优化过程在每个

优化迭代搜索点处既不进行系统分析，也不进行学科分析，而只将当前迭代点的 X 和 Y 值直接代入学科状态方程进行一次学科计算，获取残差 $\varepsilon_i = E_i(X_i, Y_{\cdot i}, Y_i)$，通过施加等式约束条件 $\varepsilon_i = 0$，保证优化过程逐步收敛到设计变量和状态变量满足所有学科状态方程的多学科相容优化方案。AAO 优化过程的优化模型为

$$\begin{cases} \text{find} & X, Y \\ \min & F \\ \text{s.t.} & g \geq 0, \quad \varepsilon_i = 0 \quad (i = 1, 2, \cdots, N_D) \\ & X^L \leq X \leq X^U \end{cases} \quad (9.5)$$

式中：

$$\begin{aligned} & \varepsilon_i = E_i(X_i, Y_{\cdot i}, Y_i) \quad (i = 1, 2, \cdots, N_D) \\ & X = \bigcup_{i=1,2,\cdots,N_D} X_i \\ & Y = \bigcup_{i=1,2,\cdots,N_D} Y_i \\ & Y_{\cdot i} \subseteq \left(\bigcup_{j=1,2,\cdots,N_D, j \neq i} Y_j \right) \\ & F \in Y, \quad g \subseteq Y \end{aligned} \quad (9.6)$$

AAO 优化过程同时对 X 和 Y 进行优化，迭代过程中的搜索方案可能不满足学科状态方程，直到收敛最后才能获得多学科相容且可行的优化解。由于在每一个搜索点处无须进行系统分析和学科分析，只需将所有变量代入学科状态方程进行一次简单的学科计算，因此可以大大降低在每个搜索点的计算成本。此外，由于在每个搜索点各学科只执行一次学科计算，无须进行学科耦合和信息交互，因此无须改动学科分析代码即可直接进行集成，大大简化了编程和组织难度。但是，与 IDF 优化过程相似，AAO 优化过程将大量状态变量都集中到系统层进行优化，大大增加了优化规模与优化问题求解难度。

9.2 并行子空间优化过程

复杂系统的分解主要有三种形式：层次型分解、非层次型分解以及混合型分解。在复杂工程系统的设计优化问题中，由于学科间存在复杂的交叉耦合关系，因此系统的分解往往是非层次型。非层次型系统可用图 9.1

所示的网状结构描述，标记有 CA 的方框表示学科分析，也即对整个系统分析有作用的模块。学科分析可以视为黑箱，其输入包括其他学科分析的输出以及描述系统的设计变量和约束。虽然各学科都发展了先进的分析方法或分析程序，但学科间的耦合作用使得系统的设计和优化具有很大难度。

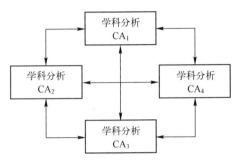

图 9.1 非层次型系统网络示意图

1988 年 Sobieski 提出并行子空间优化过程，即 CSSO 过程[9]，可用于求解非层次型 MDO 问题。该过程通过求解全局灵敏度方程 GSE 实现学科解耦和并行优化，因此也称为基于灵敏度分析的 CSSO 过程（CSSO-GSE）。其后，研究人员不断改进 CSSO 过程，提出了基于响应面的 CSSO 过程[10-11]（CSSO-RS）。

考虑如图 9.2 所示的三学科非层次型系统，其优化问题表述为

$$\begin{cases} \text{find} & X \\ \min & F \\ \text{s. t.} & g_i(X,Y,P) \geqslant 0 \quad (i=1,2,\cdots,N_g) \\ & h_i(X,Y,P) = 0 \quad (i=1,2,\cdots,N_h) \end{cases} \quad (9.7)$$

其中

$$\begin{aligned} X &= (X_a, X_b, X_c)^{\mathrm{T}} \\ Y &= (Y_a, Y_b, Y_c)^{\mathrm{T}} \end{aligned} \quad (9.8)$$

式中：F 为目标函数；X 为设计向量；Y 为状态向量；P 为设计参数；g_i 为第 i 个不等式约束；h_i 为第 i 个等式约束；N_g 为不等式约束数目；N_h 为等式约束数目。本节以三学科非层次型系统优化问题为例，主要对基于灵敏度分析的 CSSO 过程和基于响应面的 CSSO 过程进行介绍。

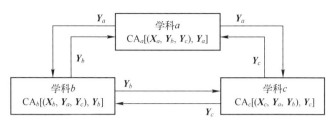

图9.2 三学科非层次型系统示例

9.2.1 基于灵敏度分析的CSSO过程

1. 流程

图9.3给出基于灵敏度分析的CSSO过程的流程图,该过程由四个模块构成:系统分析、系统灵敏度分析、子空间并行优化、系统协调优化。首先执行系统分析,迭代求解学科分析,获得初始设计点;其次进行灵敏度分析,求解全局灵敏度方程,获得灵敏度信息;之后利用灵敏度信息和学科协调系数,并行地进行子空间优化以获得优化设计点,最后进行系统的协调优化,在规定的移动限制内执行基于梯度的最优化,获得优化的学科协调系数,并转入下一轮优化循环。整个过程循环进行,直到满足某些给定的收敛准则,最终获得满足约束条件的系统最优设计。

2. 系统分析

在初始化设计向量 X 和平衡系数 t 之后,CSSO过程开始进行系统分析。设计空间按学科或子系统分成若干子空间,每个子空间一般单独进行一个学科分析。设计向量也根据子空间分为若干子向量,各子空间都有独立的设计子向量和状态子向量,用于进行独立的子空间优化。

对于三学科非层次系统,在设计变量(X_a, X_b, X_c)初始化之后,迭代求解学科分析方程组(9.9),可以获得状态变量(Y_a, Y_b, Y_c)。

$$\begin{aligned} CA_a\left[(X_a, Y_b, Y_c), Y_a\right] &= 0 \\ CA_b\left[(X_b, Y_a, Y_c), Y_b\right] &= 0 \\ CA_c\left[(X_c, Y_a, Y_b), Y_c\right] &= 0 \end{aligned} \quad (9.9)$$

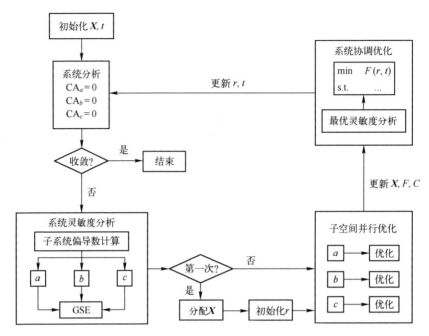

图 9.3 基于灵敏度分析的 CSSO 过程流程图

3. 系统灵敏度分析

在系统分析之后，执行系统灵敏度分析 SSA，计算得各学科状态向量对输入的灵敏度偏导数矩阵，进一步计算得系统灵敏度导数 SSD。

在求各学科分析的输出对输入的灵敏度偏导数中，输入既包括本学科的直接输入设计变量向量，也包括其他学科分析输出到该学科的耦合输入向量。对给定的学科分析，根据求解效率和精度可以采用任意灵敏度分析技术。所有学科分析（子系统）的灵敏度偏导数也可并行计算，以进一步提高计算效率。

系统灵敏度导数的定义为

$$\frac{\mathrm{d}y_i}{\mathrm{d}x_j} \quad (i=1,2,\cdots,N_y, \quad j=1,2,\cdots,N_x) \tag{9.10}$$

式中：y_i 为状态向量 Y 的第 i 个分量；x_j 为设计向量 X 的第 j 个分量。导数表示了设计向量 X 对状态向量 Y 的影响程度，各学科利用该导数可以独立进行分析和优化，而不依靠其他学科计算，从而实现学科间的解耦并行优化。

Sobieski 根据隐函数求导原则推导了系统灵敏度导数的计算表达式,即全局灵敏度方程。正是在全局灵敏度方程 GSE 分析的基础上,CSSO 过程才逐步发展起来。下面是 GSE 的推导过程。

对于 N_s 个学科分析,其中第 i 个记为

$$\mathrm{CA}_i[(\boldsymbol{X}_i, \boldsymbol{Y}_j, \cdots), \boldsymbol{Y}_i] = 0 \quad (i \neq j, \quad i, j = 1, 2, \cdots, N_s) \tag{9.11}$$

存在

$$\boldsymbol{Y}_i = f_i(\boldsymbol{X}_i, \boldsymbol{Y}_j, \cdots) \tag{9.12}$$

对 $\boldsymbol{Y}_j$ 的雅可比矩阵为

$$\boldsymbol{J}_{ij} = \left[\frac{\partial f_i}{\partial \boldsymbol{Y}_j} \right] \tag{9.13}$$

该矩阵为 $n_i \times n_j$ 的矩阵,n_i 为 $\boldsymbol{Y}_i$ 的分量个数,n_j 为 $\boldsymbol{Y}_j$ 的分量个数。则有

$$\begin{aligned}
\frac{\mathrm{d}\boldsymbol{Y}_i}{\mathrm{d}\boldsymbol{X}_i} &= \frac{\partial f_i}{\partial \boldsymbol{X}_i} + \frac{\partial f_i}{\partial \boldsymbol{Y}_j} \frac{\mathrm{d}\boldsymbol{Y}_j}{\mathrm{d}\boldsymbol{X}_i} + \cdots \\
\frac{\mathrm{d}\boldsymbol{Y}_j}{\mathrm{d}\boldsymbol{X}_i} &= \frac{\partial f_j}{\partial \boldsymbol{X}_i} + \frac{\partial f_j}{\partial \boldsymbol{Y}_i} \frac{\mathrm{d}\boldsymbol{Y}_i}{\mathrm{d}\boldsymbol{X}_i} + \cdots \\
\cdots &
\end{aligned} \tag{9.14}$$

经过整理得

$$\begin{aligned}
\frac{\partial f_i}{\partial \boldsymbol{X}_i} &= \frac{\mathrm{d}\boldsymbol{Y}_i}{\mathrm{d}\boldsymbol{X}_i} - \frac{\partial f_i}{\partial \boldsymbol{Y}_j} \frac{\mathrm{d}\boldsymbol{Y}_j}{\mathrm{d}\boldsymbol{X}_i} - \cdots \\
\frac{\partial f_j}{\partial \boldsymbol{X}_i} &= \frac{\mathrm{d}\boldsymbol{Y}_j}{\mathrm{d}\boldsymbol{X}_i} - \frac{\partial f_j}{\partial \boldsymbol{Y}_i} \frac{\mathrm{d}\boldsymbol{Y}_i}{\mathrm{d}\boldsymbol{X}_i} - \cdots \\
\cdots &
\end{aligned} \tag{9.15}$$

再次整理可得

$$\begin{bmatrix} \boldsymbol{I} & & & & & & \\ & \cdot & & & & & \\ & & \cdot & & & & \\ & & & \boldsymbol{I} & \cdot & -\boldsymbol{J}_{ij} & \\ & & & \cdot & & & \\ & & & -\boldsymbol{J}_{ji} & \cdot & \boldsymbol{I} & \\ & & & & & & \cdot \end{bmatrix} \begin{Bmatrix} \cdot \\ \cdot \\ \cdot \\ \dfrac{\mathrm{d}\boldsymbol{Y}_i}{\mathrm{d}\boldsymbol{X}_i} \\ \cdot \\ \dfrac{\mathrm{d}\boldsymbol{Y}_j}{\mathrm{d}\boldsymbol{X}_i} \\ \cdot \end{Bmatrix} = \begin{Bmatrix} \cdot \\ \cdot \\ \cdot \\ \dfrac{\partial f_i}{\partial \boldsymbol{X}_i} \\ \cdot \\ \dfrac{\partial f_j}{\partial \boldsymbol{X}_i} \\ \cdot \end{Bmatrix} \tag{9.16}$$

式 (9.16) 即 GSE 方程，式左侧第一项和式右侧为灵敏度偏导数矩阵，偏导数通过学科分析可以计算得到，式左侧第二项为系统灵敏度导数。两边同时乘以灵敏度偏导数矩阵之逆，即得系统灵敏度导数，其含义是系统设计变量对系统状态变量的影响程度的一阶近似，可用于非层次系统的近似解耦。

4. 子空间并行优化

CSSO 过程将设计向量 X 分解成若干子集（子向量），使之用于并行的子空间优化，代替全系统优化，以减小耦合程度，降低优化时间。各单独的子空间优化一般只涉及一个学科分析。X 的划分（子集）分配到相应独立优化问题中，且其分配必须是唯一的，这可利用系统灵敏度导数信息实现。按灵敏度导数的大小排列 X，也即按照设计向量对各 CA 中约束和目标的影响程度排列。在本地使用这种信息，就可以指导分配决策。

在子空间优化中，一般采用累积约束表示该子空间优化问题的所有约束 g。第 p 个子空间的累积约束可以用 kreisselmeier-Steinhuser 函数表示：

$$C^p = \frac{1}{\rho} \ln \left[\sum_{j=1}^{N_{gp}} e^{\rho g_j} \right] \tag{9.17}$$

式中：N_{gp} 为第 p 个子空间的约束数目；ρ 为设计者给定的控制因子。

第 p 个子空间的累积约束 C^p 对设计变量 $x_{k,i}$（第 k 个子空间的第 i 个设计变量）的导数可以推导表示为约束 g 对 $x_{k,i}$ 导数：

$$\frac{dC^p}{dx_{k,i}} = \left(\sum_{j=1}^{N_{gp}} e^{\rho g_j} \right)^{-1} \sum_{j=1}^{N_{gp}} \left\{ \left[(e^{\rho g_j}) \left(\frac{dg_j}{dx_{k,i}} \right) \right] \right\} \tag{9.18}$$

由类似的关系，可以获得累积约束对所有设计变量的导数。

在 CSSO 中，各子空间优化是临时解耦且可并行进行（学科间的耦合关系可以在后面的系统协调优化中考虑）。子空间优化的任务是：以尽可能小的系统目标函数值增加为代价，减小所有子空间累积约束的违反量；或在满足所有子空间累积约束的条件下，尽可能减小目标函数值而不违反累积约束。

对第 k 个子空间优化，其优化问题可表述为

$$\begin{cases} \text{find} & X_k \\ \min & F \\ \text{s.t.} & C^p \leq C^{p0} \left[s^p (1 - r_k^p) + (1 - s^p) t_k^p \right] \quad (p = 1, 2, \cdots, N_s) \\ & X_k^L \leq X_k \leq X_k^U \end{cases} \tag{9.19}$$

式中：F 为系统目标函数，但只优化本子空间的设计变量；s^p、r_k^p 和 t_k^p 为子空间交叉影响系数（在子空间优化中为常量，但在后面的系统协调优化中为变量）；C^p 为第 p 个子空间的累积约束；N_s 为子空间数目。

由于已经获得系统灵敏度导数，即使某子空间优化对系统目标函数没有直接影响，仍然可以利用系统灵敏度导数，在执行子空间优化时计算其对系统目标函数的影响。这时 F 可视为状态变量，并利用 GSE 求解灵敏度导数：

$$F = F_0 + \sum_i \left(\frac{\mathrm{d}F}{\mathrm{d}x_{k,i}}\right)\Delta x_{k,i} \tag{9.20}$$

将 C^p 视为状态变量，利用系统灵敏度导数，还可以计算某个子空间设计变量的取值对其他子空间累积约束的影响：

$$C^p = C^{p0} + \sum_i \frac{\mathrm{d}C^p}{\mathrm{d}x_{k,i}}\Delta x_{k,i} \quad (p \neq k) \tag{9.21}$$

这样单个子系统优化就和整个系统优化以及其他子系统关联起来。

在式（9.19）中出现的交叉影响系数 s^p、r_k^p 和 t_k^p，用于描述系统与子空间（子系统）以及子空间优化之间的相互耦合关系，使各子空间设计者能致力于本专业设计，同时又能在改进整体系统设计上保持一致。

(1) 责任系数 r_k^p。

责任系数 r_k^p 表示第 k 个子空间优化对减小第 p 个子空间优化的累积约束所负的"责任"。实际处理中，可将累积约束违反值按"责任"系数分配到各子空间优化中。显然，对给定 p，所有 r_k^p 对所有 k 求和必须为单位值（可设为 1）。在系统协调优化中该要求将作为一个约束，而 r_k^p 则成为协调优化的变量。系数 r_k^p 反映了某子空间所应承担的减小其他某子空间约束违反的责任，因而间接反映了两个子空间之间的耦合程度。由于灵敏度信息是子空间（学科）之间耦合程度的一种表示，可利用灵敏度信息对系数 r 进行初始化。

以下介绍用灵敏度信息初始化系数 r 的过程。利用系统灵敏度分析，可得到各子空间优化中累积约束的导数。对第 k 个子空间优化有

$$C_{k,i}^p \equiv \frac{\mathrm{d}C^p}{\mathrm{d}x_{k,i}} \tag{9.22}$$

对所有子空间优化，上述导数可形成一个 $N_{Xk} \times N_s$ 矩阵，其中 N_{Xk} 为该子空间的设计变量个数：

$$J = [C_{k,i}^p] \tag{9.23}$$

考虑矩阵的第 p 列,并选择:

$$a_k^p = \max_i(|C_{k,i}^p|) \tag{9.24}$$

式(9.24)表示子空间 k 对子空间 p 的累积约束的最大影响程度。由 $k=1,2,\cdots,N_s$,对每一列进行这样的选择,即可获得向量 $\{a_k^p\}$,将其标准化得

$$v^p = \left\{ \frac{a_k^p}{\max_k(a_k^p)} \right\} \tag{9.25}$$

显然向量 v^p 只有一个为 1 的元素,而其他元素都小于 1 且为正值。用这个向量就可构造出系数 r_k^p。设 v_k^p 为向量中的第 k 个元素,有

$$r_k^p = \frac{v_k^p}{\sum_{p=1}^{N_s} v_k^p} \tag{9.26}$$

由此得到系数 r_k^p 的初始值。显然对给定 p,系数 r_k^p 对所有 k 的和为 1,满足其他子空间对 p 子空间累积约束责任系数之和为 1 的要求。当 $p=1,2,\cdots,N_s$ 时,就可得 N_s^2 个责任系数 r 的初始值。

(2) 平衡系数 t_k^p。

在给定设计变量 X 下,若第 p 个子空间优化中的累积约束已经达到临界值,为了进一步减小目标函数,可以考虑使该累积约束略有违反,而这个违反量可以用另一个子空间优化平衡,从而抵消本地约束违反。

平衡系数 t_k^p 反映了第 k 个子空间优化平衡第 p 个累积约束违反量的能力。对于第 p 个积累约束,平衡系数 t_k^p 对所有 k 之和必须为 0,这样可使约束保持在临界状态而不是违反状态,这也使得平衡系数会有负值出现。和责任系数 r 一样,平衡系数 t 有 N_s^2 个,是系统协调优化中的变量。平衡系数的初始值一般设为 0,可在系统协调优化过程中更新,也可进行手动调节。

(3) 开关系数 s^p。

开关系数 s^p(第 p 个子空间的开关系数)取值为 0 或 1,用于控制(切换)系数 r_k^p 或 t_k^p。由式(9.19)可知,$s^p=0$ 表示平衡系数 t_k^p 在起作用,即要求各子空间对第 p 个子空间中累积约束的违反量进行平衡;$s^p=1$ 表示责任系数 r_k^p 在起作用,即前一循环的约束没有满足,需要各子空间分

担责任以满足这些约束。每个累积约束 C^p 只有一个 s^p，故共有 N_s 个开关参数 s。

利用这三个系数，式（9.19）所示的子空间优化过程可描述为：当第 p 个累积约束有违反量时，累积约束 $C^p>0$，优化中需要将它减小到 0（达到临界状态）。此时，设开关参数 $s^p=0$ 使平衡系数 t 无效，而将 C^p 按责任系数 r_k^p 的比例分成若干部分分配到各子空间优化中，并在各独立子空间优化中使各部分 C^p 分别减小到 0。当第 p 个累积约束减小到 0 时，设开关参数 $s^p=1$ 使责任系数 r 无效，而采用平衡系数 t_k^p 进行控制，这时可允许某子空间优化中的累积约束有违反，而在其他子空间优化中可使其再次得到满足，当然这种约束违反和再次满足应该对目标函数是有利的，而且仍能将 C^p 平衡到临界状态。

5. 系统协调优化

在系统协调优化中，需要计算优化目标 F 对协调系数 r 和 t 的导数，该过程称为最优灵敏度分析 OSA。对于基于灵敏度分析的 CSSO 过程，在子空间优化结束时就可获得目标函数 F 和约束函数 C 的梯度信息，用这些信息就可推导计算出 F 对系数 r 和 t 的导数。具体过程如下：

在受约束的最优点处，定义 $\boldsymbol{X}^*$ 为最优设计向量，由 Kuhn-Tucker[12] 条件可知：

$$\nabla F(\boldsymbol{X}^*) + \sum_{j=1}^{m} \lambda_j \nabla g_j(\boldsymbol{X}^*) + \sum_{k=1}^{l} \lambda_{k+m} \nabla h_k(\boldsymbol{X}^*) = 0 \quad (9.27)$$

且

$$\lambda_j g_j(\boldsymbol{X}^*) = 0, \quad (\lambda_j \geqslant 0, \quad j=1,2,\cdots,m) \quad (9.28)$$

式中：λ_j 和 λ_{k+m} 为拉格朗日乘子，分别与不等式和等式约束相关；m 为不等式约束的个数；l 为等式约束的个数。对没有等式约束情况，拉格朗日乘子 λ 用目标函数和约束的梯度表示为

$$\lambda = -\left[\left[\frac{d\boldsymbol{C}}{d\boldsymbol{X}_k}\right]^{\mathrm{T}}\left[\frac{d\boldsymbol{C}}{d\boldsymbol{X}_k}\right]\right]^{-1}\left[\frac{d\boldsymbol{C}}{d\boldsymbol{X}_k}\right]^{\mathrm{T}}\left[\frac{d\boldsymbol{F}}{d\boldsymbol{X}_k}\right] \quad (9.29)$$

式中：$\boldsymbol{C}=\{C^p\}$；$\boldsymbol{X}_k$ 为第 k 个子空间的设计向量。设 $z \equiv r$ 或 t，z_i 为 r_k^p 或 t_k^p。由于

$$\frac{\partial F}{\partial z_i} \equiv 0 \quad (9.30)$$

则目标函数 F 对参数 z 的导数也即 F 的最优灵敏度导数可表示为

$$\left[\frac{\mathrm{d}F}{\mathrm{d}z_i}\right] = \lambda \left[\frac{\mathrm{d}\boldsymbol{C}}{\mathrm{d}z_i}\right] \tag{9.31}$$

由此可获得目标函数 F 对参数 z 的线性插值表达式：

$$F = F^0 + \sum_i \frac{\mathrm{d}F}{\mathrm{d}z_i} \cdot \Delta z_i \tag{9.32}$$

用 r_k^p 和 t_k^p 表示目标函数 F，可得

$$F = F^0 + \sum_p \sum_k \frac{\mathrm{d}F}{\mathrm{d}r_k^p} \Delta r_k^p + \sum_p \sum_k \frac{\mathrm{d}F}{\mathrm{d}t_k^p} \Delta t_k^p \quad (p, k = 1, 2, \cdots, N_s) \tag{9.33}$$

利用最优灵敏度分析获得的导数信息构造出目标函数 F 插值近似表述后，就可进行系统的协调优化，以进一步减小目标函数 F。

在协调优化中，可求目标函数对系数 r 和 t 的最小值。由式（9.33）所示目标函数 F 的表达式，可将协调问题表述为线性规划问题，即

$$\begin{cases} \min \quad F(r_k^p, t_k^p) \\ \text{s.t.} \quad \sum_k r_k^p = 1 \\ \qquad \sum_k t_k^p = 0 \\ \qquad 0 \leqslant r_k^p \leqslant 1 \\ \qquad r_{k_L}^p \leqslant r_k^p \leqslant r_{k_U}^P, t_{k_L}^p \leqslant t_k^p \leqslant t_{k_U}^P \end{cases} \tag{9.34}$$

式中：约束 $\sum_k r_k^p = 1$ 表示对子空间中约束违反的责任系数已经分配到了各子空间优化中；约束 $\sum_k t_k^p = 0$ 表示子空间优化中约束违反与再满足的平衡。

系统协调优化可以获得新的 r 和 t 值。r 和 t 值的调整也就是在子空间优化中重新分配消除约束违反的责任，以及在子空间优化中给出一种平衡约束违反。新的 r 和 t 值将用于下次循环的子空间优化中，以期获得更小的系统目标函数 F 值。

在每次优化过程大循环中，执行完子空间优化循环后就执行系统协调优化。在第 1 次循环中，需要对责任系数 r 进行初始化，平衡系数 t 一般初始化为 0。在以后的各次循环中，系数 r 和 t 的值就是上次系统协调优化

中的更新值。

基于灵敏度分析的 CSSO 过程能减少系统分析次数，其模块性允许系统有效地分解，而且可以并行地执行灵敏度分析和子空间临时解耦优化。同时它通过 GSE 构造线性近似的系统并对其进行协调优化，考虑到了各子空间的相互影响，保持了原系统的耦合性。除了可以采用并行计算提高优化效率外，CSSO 过程允许采用专业的方法进行灵敏度分析和子空间优化，也允许在优化过程中人为干预进行调节，使得系统优化设计的组织和协调更加方便。因此，该方法有相当大的优势。

但是，该优化过程也存在以下不足：①基于一阶灵敏度信息估计耦合状态变量可能存在较大误差，且在优化时需要对设计变量施加移动限制策略；②要求各个子空间的优化变量互不重叠，而实际中有些设计变量同时对几个学科均有很大影响，因此不能适用于学科间有共享设计变量的情况；③一些算例表明该优化过程存在收敛问题，可能出现振荡现象。此外，在 CSSO 过程中，用于系统协调优化的目标函数采用简单的一阶线性近似，精度有限，并且要通过责任系数和平衡系数控制执行过程，优化过程的实现较为烦琐。针对该问题，Renaud 和 Gabriele[13-14] 提出了改进的基于灵敏度分析的 CSSO 过程，改进方法不再需要责任系数和平衡系数，通过采用 Rasmussen[15] 积累近似函数构造一阶或二阶近似系统，以提高精度和收敛速度。

基于灵敏度分析的 CSSO 过程为解决非层次型复杂耦合系统优化问题提供了有效途径，这种分解协调并行优化的思想一直沿用至今，并为发展其他耦合系统优化求解方法提供了重要借鉴价值。

9.2.2　基于响应面的 CSSO 过程

前述基于灵敏度分析的 CSSO 需要求取导数信息，只能处理连续变量问题，且为了保证 GSE 近似精度，需要采用移动限制策略。针对上述问题，Sellar 和 Batill 等提出了基于响应面的 CSSO 过程[10-11]，即 CSSO-RS，该过程通过响应面近似描述耦合关系，使子空间临时解耦并行优化。在 CSSO-RS 中，每个子空间优化中的非局部状态变量和系统协调中的近似系统分析模型均采用响应面进行近似估计。该过程不仅可以处理连续设计变量问题，也可以处理离散设计变量问题或者是连续/离散混合问题。同时，该过程可以充分利用设计循环过程中产生的数据，以补充训练样本点并进一步更新构造响应面，不断提高响应面精度，加快设计收敛的速度。

CSSO-RS 和 CSSO-GSE 算法差异主要在于响应面近似，响应面近似方法参见第 4 章。CSSO-RS 流程如图 9.4 所示，主要由四个模块构成：系统分析、响应面近似、子空间并行优化、系统优化。其中响应面近似作为优化过程中信息的集散地，起到了连接各优化步骤的纽带作用，且该过程中不再需要进行系统灵敏度分析。

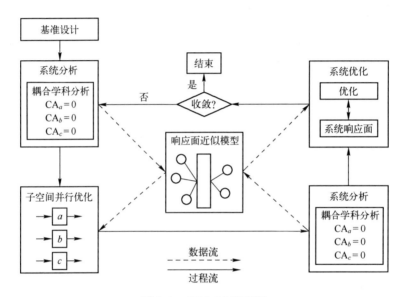

图 9.4　CSSO-RS 流程图

CSSO-RS 过程从选择一组基准设计（点）开始。通过对这些基准设计点进行系统分析，可获得系统状态，从而构成训练样本集，用于构造系统初始的响应面近似模型。系统分析过程与 CSSO-GSE 中相同。

各子空间可基于响应面近似模型开展并行设计优化，其中非本地状态的耦合信息可以利用系统响应面进行近似估计。在进行并行子空间优化时，只对其局部设计变量进行优化，其他子空间设计变量固定取值为系统基准设计中的值。该子空间的局部输出状态向量采用学科高精度模型进行计算，其他子空间状态向量采用近似模型 $\widetilde{Y}_i(X)$ $(i=1,2,\cdots,N_D)$ 进行估算。设有 N_D 个子空间，在第 r 个循环中，第 i 个子空间的优化问题表述为

$$\begin{cases} \text{find} & \boldsymbol{X}_i^{(r)} \\ \min & \begin{cases} F, & F \in \boldsymbol{Y}_i \\ \widetilde{F}, & F \notin \boldsymbol{Y}_i \end{cases} \\ \text{s.t.} & \boldsymbol{g}_i \geq 0, \quad \boldsymbol{g}_i \subseteq \boldsymbol{Y}_i \\ & \boldsymbol{Y}_i = \mathrm{CA}_i(\boldsymbol{X}_i^{(r)}, \widetilde{\boldsymbol{Y}}_{\cdot i}), \quad \widetilde{\boldsymbol{Y}}_j = \widetilde{\boldsymbol{Y}}_j^{(r)}(\boldsymbol{X}^{(r)}) \quad (j \neq i) \\ & \boldsymbol{X}_j^{(r)} = \overline{\boldsymbol{x}}_j^{(r)}(j \neq i), \quad \boldsymbol{X}_i^L \leq \boldsymbol{X}_i^{(r)} \leq \boldsymbol{X}_i^U, \quad \boldsymbol{X}^{(r)} = \boldsymbol{X}_i^{(r)} \cup \boldsymbol{X}_{j|j \neq i}^{(r)} \end{cases} \quad (9.35)$$

本地状态变量 $\boldsymbol{Y}_i$ 通过学科分析 CA_i 获得，带有上标"~"的非本地状态变量由响应面求出，带有"-"上标的设计变量为其他子空间的设计变量，固定取值为该循环给定的基线方案 $\overline{x}^{(r)}$ 中的值。

子空间并行优化之后，执行系统分析。子空间的设计向量通过系统分析就可获得相应的系统状态信息，随着这些信息不断加入训练样本集，构造出的系统响应面近似模型 $\widetilde{\boldsymbol{Y}}_i^{(r)}(\boldsymbol{X})$ 也越来越精确。

基于更新的系统响应面，可开展系统级协调优化。进行系统级优化时，对全部设计变量 $\boldsymbol{X} = \bigcup_{i=1,2,\cdots,N_D} \boldsymbol{X}_i$ 进行优化，所有状态变量由响应面计算。第 r 个循环的系统级优化问题表述为

$$\begin{cases} \text{find} & \boldsymbol{X}^{(r)} \\ \min & \widetilde{F} \\ \text{s.t.} & \widetilde{\boldsymbol{g}} \geq 0 \\ & \widetilde{\boldsymbol{Y}}_i = \widetilde{\boldsymbol{Y}}_i^{(r)}(\boldsymbol{X}^{(r)}) \quad (i=1,2,\cdots,N_D) \\ & \boldsymbol{X}^L \leq \boldsymbol{X}^{(r)} \leq \boldsymbol{X}^U, \quad \widetilde{f} \in \widetilde{\boldsymbol{Y}}, \quad \widetilde{\boldsymbol{g}} \subseteq \widetilde{\boldsymbol{Y}} \end{cases} \quad (9.36)$$

协调优化产生的设计通过系统分析后，可再次用于更新系统响应面近似模型，然后循环进入子空间优化过程。系统响应面的精度随着设计循环过程的进行而不断提高，子空间优化与系统级协调优化的结果也越来越好。整个优化过程不断循环进行直到满足收敛准则。可以看出，CSSO-RS 过程收敛效率主要受系统响应面模型精度影响，因此提高近似模型精度对于改善收敛效率十分关键，也是 CSSO-RS 研究的重要方向[16]。

9.3 协同优化过程

1994 年 Kroo[17] 提出了协同优化过程，即 CO 过程，用于解决非层次型

耦合系统的多级优化问题，并应用于飞机的初步优化设计。目前，CO 过程已经得到了广泛应用，如月球上升轨道优化[18]、中等规模飞行器的设计[19]、单级入轨助推器的设计[18]等。协同优化过程因其双层结构著称，优化流程如图 9.5 所示，主要思路为：在系统级优化中不考虑各子系统的局部变量，主要负责对整体目标的优化，指挥优化的大方向，同时通过相容性约束对子系统间进行协调；子系统层主要负责相容性优化，同时满足各子系统的约束条件。

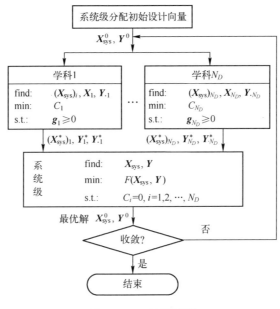

图 9.5　CO 计算流程

标准 CO 过程由系统级优化和学科优化两部分组成，包括以下主要步骤：

（1）初始化。确定系统级设计变量与耦合状态变量初值，记为 X_{sys}^0 和 Y^0。

（2）系统层将 X_{sys}^0 与 Y^0 传递给各学科。

（3）学科并行优化。第 i 个学科的优化问题如下：

$$\begin{cases} \text{find} & (X_{sys})_i, X_i, Y_{\cdot i} \\ \text{min} & C_i = \|(X_{sys})_i - (X_{sys}^0)_i\|_2^2 + \|Y_{\cdot i} - Y_{\cdot i}^0\|_2^2 + \|Y_i - Y_i^0\|_2^2 \\ \text{s.t.} & g_i \geqslant 0, \quad g_i \subseteq Y_i, \quad Y_i^0, Y_{\cdot i}^0 \subseteq Y^0, \quad (X_{sys}^0)_i \subseteq X_{sys}^0 \\ & Y_i = CA_i(X_{sys}, X_i, Y_{\cdot i}) \end{cases}$$

式中：优化变量包括学科共享设计变量（系统级设计变量）在学科 i 的分量 $(X_{\text{sys}})_i$、学科设计变量 X_i 和耦合输入学科 i 的状态变量 $Y_{\cdot i}$；优化目标为使相容性约束函数 C_i 最小，亦即使学科 i 优化变量取值与系统级分配下来的目标值差异最小；约束条件仅考虑本学科局部约束条件 g_i；本学科输出状态变量通过学科分析 CA_i 计算获得；$(X_{\text{sys}}^*)_i$、Y_i^* 和 $Y_{\cdot i}^*$ 为学科 i 的优化方案。

（4）系统级优化。系统级优化问题如下：

$$\begin{cases} \text{find} & X_{\text{sys}}, Y \\ \min & F(X_{\text{sys}}, Y) \\ \text{s.t.} & C_i = 0 \quad (i = 1, 2, \cdots, N_D) \\ & C_i = \| (X_{\text{sys}})_i - (X_{\text{sys}}^*)_i \|_2^2 + \| Y_{\cdot i} - Y_{\cdot i}^* \|_2^2 + \| Y_i - Y_i^* \|_2^2 \\ & Y = \bigcup_{i=1,2,\cdots,N_D} Y_i, Y_{\cdot i} \subseteq \left(\bigcup_{j=1,2,\cdots,N_D, j \neq i} Y_j \right), \quad (X_{\text{sys}})_i \subseteq X_{\text{sys}} \end{cases}$$

式中：优化变量包括系统级设计变量 X_{sys} 和所有学科耦合状态变量 Y；优化目标为使原优化目标函数值最小；约束条件为各学科相容性约束 $C_i = 0$（$i = 1, 2, \cdots, N_D$），以此使系统级优化满足学科相容性条件；系统级优化的输出方案为 X_{sys}^0 和 Y^0。

（5）判断收敛条件。若最优解满足收敛条件，则算法终止，并输出优化方案 X_{sys}^0 和 Y^0，否则，返回步骤（2）。

协同优化过程提供了一种对复杂系统优化问题进行分解与学科并行优化的有效方法，结构简单，易于实施，学科自治性强，学科间的数据传输量较少，具有较强的工程实用价值。

9.4 二级系统一体化合成优化过程

二级系统一体化合成优化过程，即 BLISS 优化过程，是由 Sobieszczanski-Sobieski 等[6]提出的基于分解协调的两级 MDO 过程。BLISS 优化过程适合于系统级优化的设计变量相对较少，而子系统优化有大量局部设计变量的非层次性系统，其子系统优化是自治的，且可并行实现，这同工程实际需求是一致的。纵观 BLISS 算法的演变过程，可以分为三个阶段：基于灵敏度分析的标准 BLISS 优化过程、基于响应面的 BLISS 优化过程以及

BLISS 2000 优化过程，本节重点对 BLISS 2000 进行介绍。BLISS 2000 优化过程主要分成三个部分：子系统优化、子系统响应面构造和系统级优化。

1. 子系统优化

将优化问题中的设计变量 X 分解为系统级设计变量 $\{X_{\mathrm{sh}}, Y^*\}$ 和子系统级设计变量 $\{X_{\mathrm{loc}}, Y^\wedge\}$。子系统优化问题表述为

$$\begin{cases} \text{given} & Q = \{X_{\mathrm{sh}}, Y^*, w\} \\ \text{find} & U = \{X_{\mathrm{loc}}, Y^\wedge\} \\ \text{min} & F(U) = \sum w_i Y_i^\wedge \\ \text{s.t.} & g(U) \leq 0, \quad U^L \leq U \leq U^U \end{cases} \quad (9.37)$$

式中：Y^* 为系统分配给子系统作为子系统输入的耦合变量；$Y^\wedge$ 为子系统级输出的耦合变量；w 为权值系数，其分量对应输出向量 $Y^\wedge$ 的元素 $Y_i^\wedge$，作为系统级设计变量连接系统级优化和子系统优化。

2. 子系统响应面构造

对子系统优化结果 $Y_{\mathrm{opt}}^\wedge$ 中的每个元素构造响应面，各响应面构成响应面族（Sheaf of Response Surface，SRS）。SRS 即为子系统最优化的近似模型，其表达式如下：

$$Y_{\mathrm{opt}}^{\wedge a} = Y_{\mathrm{opt}}^{\wedge a}[\mathrm{SRS}(Q)] \quad (9.38)$$

式中：上标"a"表示近似值；设计空间 Q 满足 $Q^L \leq Q \leq Q^U$，根据边界约束以及内部迭代所需的移动限制进行确定。

3. 系统级优化

给定各子系统的 SRS 后，系统级优化可表述为

$$\begin{cases} \text{find} & Q = \{X_{\mathrm{sh}}, Y^*, w\} \\ \text{min} & F(Q) = Y_{\mathrm{opts}}^{\wedge a} \\ \text{s.t.} & c = Y^* - Y_{\mathrm{opt}}^{\wedge a} \\ & Q^L \leq Q \leq Q^U \end{cases} \quad (9.39)$$

式中：$Y_{\mathrm{opts}}^{\wedge a}$ 为 SRS 获取的系统目标近似值。

综上所述，BLISS 2000 算法流程如图 9.6 所示，从图中可以看出，BLISS 2000 各子系统是完全并行独立的。在子系统优化中，学科代码可以直接利用，这样就从概念上简单化了整个优化过程，减少了对优化模型处理的工作量。因此，相对于其他多级优化过程，BLISS 2000 实现较为简单。

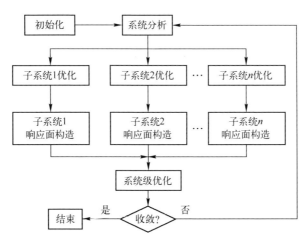

图 9.6　BLISS 2000 优化流程

由于响应面近似带来的误差，加之各子系统间信息的不一致性，使系统需要进行多次迭代优化才能收敛。因此，提高响应面近似精度，是加快算法收敛的有效途径。

9.5　目标级联分析优化过程

目标级联分析优化过程，即 ATC 优化过程，由 Kim 等[7-8]于 2001 年首次提出。ATC 优化过程是 MDO 中适用于层次系统的方法，它通过目标层级分析的方式对各层子系统独立进行优化，最后得到满足系统一致性要求的解。层次系统在工程系统中普遍存在，其显著特点是：低层子系统的输出（响应）是父层子系统的输入。一个典型三层层级系统如图 9.7 所示，分为系统、子系统以及部件三层。在设计过程中，部件的性能指标作为子系统设计的输入。同一个子系统可能需要设计多个部件，部件之间可能会存在相同的设计变量。层次系统在设计过程中需要在各层之间反复迭代，各层系统在设计过程中存在滞后，从而导致产品的设计周期较长。目标级联分析法通过将设计指标从系统到子系统，再到部件不断分流，同时各层响应由下而上不断反馈进行优化设计，可以有效减少迭代次数。另外，该方法中一旦父层系统的设计需求给定，各子系统的设计目标将相应转换得到，可独立进行设计。各层子系统并行设计，可以有效缩短设计周期。

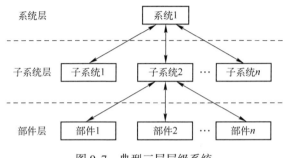

图 9.7 典型三层层级系统

ATC 优化过程的基本思想是把顶层系统的设计目标逐步分流下传给各层子系统，子系统在其设计空间内优化设计，并逐层反馈至顶层系统，从而实现目标级联。由于 ATC 是针对多层层次系统的方法，且涉及变量较多，因此本节中的符号与前面介绍的其他 MDO 过程中的变量定义略有不同，本节单独进行定义。ATC 优化过程中将系统优化问题表述改写为如下形式：

$$\begin{cases} \text{given} & \boldsymbol{T} \\ \text{find} & \boldsymbol{X} \\ \text{min} & \|\boldsymbol{T}-\boldsymbol{R}\|_2^2 \\ \text{s.t.} & \boldsymbol{g}(\boldsymbol{X}) \geqslant 0 \\ & \boldsymbol{X}^{\min} \leqslant \boldsymbol{X} \leqslant \boldsymbol{X}^{\max} \\ \text{where} & \boldsymbol{R}=f(\boldsymbol{X}) \end{cases} \quad (9.40)$$

ATC 优化过程根据问题的层次性，将该优化问题层次分解为多个子优化问题。首先采用树状图索引的方式对层次系统中的各子系统进行编号，如图 9.8 所示，定义顶层系统为 O_0，某系统节点 O_i 的第 n 个子系统用 O_{i-n} 表示，通过系统的下标可以判断各层子系统节点与其他层子系统的关系。

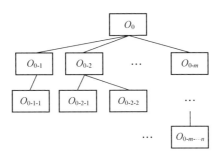

图 9.8 层次系统结构图

ATC 优化过程中将子层系统反馈给父层系统的变量定义为相关响应 R，同层各子系统中相同的变量定义为共享变量 Y，子系统的本地设计变量定义为 X。三个变量之间的关系可以用图 9.9 所示的双层系统表示。

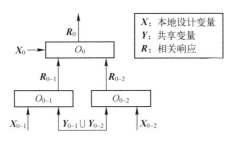

图 9.9 典型双层系统变量传播关系

在 ATC 优化过程中，R_{0-1} 和 R_{0-2} 作为设计变量参与其父层系统 O_0 的优化，获得的最优解将下传给子层系统。子层系统在其设计空间内优化，使得其输出 R_{0-1} 和 R_{0-2} 与父层系统给定的值尽量接近。另外，由于同层各子系统的共享变量最优值不一定相同，需在父层系统对共享变量最优值的不一致进行协调。

图 9.10 给出了某子系统 O_i 的数据流，O_{i-k} 为其第 k 个子系统，O_q 为其父层系统，R_i、X_i 和 Y_i 分别为 O_i 的相关响应、本地设计变量和共享变量。R_i 通过分析模型 $R_i=f_i(R_{i-1},\cdots,R_{i-n_i},X_i,Y_i)$ 计算得到，其中 R_{i-k} 为 O_{i-k} 的相关响应。Y_i^a 表示 O_i 所有子系统的共享变量，子系统 O_{i-k} 通过选择矩阵 S_{i-k} 判断 Y_i^a 中的哪个分量属于本子系统，S_{i-k} 由 0-1 组成。同理，通过选择矩阵 S_i 判断 Y_q^a 中的哪个分量属于本系统。

上标"U"表示父层系统给定的目标值，而"L"表示子系统的计算

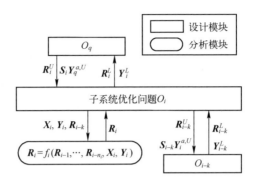

图 9.10　子系统数据流

值。在子系统 O_i 中，R_i 和 Y_i 的目标值，记为 R_i^U 和 $S_i Y_q^{a,U}$，由父层系统 O_q 分配给本系统；而其在本系统计算得到的值，记为 R_i^L 和 Y_i^L，则从本系统反馈给父层系统。同理，R_{i-k}^U 和 $S_{i-k} Y_i^{a,U}$ 从 O_i 分配给 O_{i-k}，而 R_{i-k}^L 和 Y_{i-k}^L 则从 O_{i-k} 反馈至 O_i。

至此，子系统 O_i 的优化问题可以描述为：在满足本地约束以及底层相关响应和共享变量的协调约束情况下，最小化 $[R_i \ \ Y_i]$ 与其目标 $[R_i^U \ \ S_i Y_q^{a,U}]$ 之间的偏差，其数学表述如式（9.41）所示。

$$\begin{cases}
\text{given} & R_i^U, Y_q^{a,U}, R_{i-k}^L, Y_{i-k}^L, S_i, S_{i-k} \quad (k=1,2,\cdots,n_i) \\
\text{find} & X_i, Y_i, R_{i-k}, Y_i^a, \varepsilon_i^R, \varepsilon_i^Y \quad (k=1,2,\cdots,n_i) \\
\text{min} & \|R_i - R_i^U\|_2^2 + \|Y_i - S_i Y_q^{a,U}\|_2^2 + \varepsilon_i^R + \varepsilon_i^Y \\
\text{s.t.} & \sum_{k=1}^{n_i} \|R_{i-k} - R_{i-k}^L\|_2^2 \leq \varepsilon_i^R \\
& \sum_{k=1}^{n_i} \|S_{i-k} Y_i^a - Y_{i-k}^L\|_2^2 \leq \varepsilon_i^Y \\
& g_i(R_{i-k}, X_i, Y_i) \leq 0 \quad (k=1,2,\cdots,n_i) \\
& X_i^{\min} \leq X_i \leq X_i^{\max}, \quad Y_i^{\min} \leq Y_i \leq Y_i^{\max} \\
\text{where} & R_i = f_i(R_{i-1},\cdots,R_{i-n_i}, X_i, Y_i)
\end{cases} \quad (9.41)$$

式中：n_i 为 O_i 的底层子系统数目；g_i 为本地约束；上标 min 和 max 表示变量的上下界；松弛变量 ε_i^R 用于协调本层系统和底层系统响应值的一致性，而 ε_i^Y 用于协调子系统共享变量的一致性。

对于最顶层系统，不存在共享变量 Y_i，式（9.41）中消去与 Y_i 相关

的项，目标函数中 $\|\boldsymbol{R}_i - \boldsymbol{R}_i^U\|_2^2$ 项变为 $\|\boldsymbol{T} - \boldsymbol{R}\|_2^2$；而对于最底层系统，由于其不存在子系统，式（9.41）中消去与 $\boldsymbol{R}_{i-k}$ 和 $\boldsymbol{Y}_i^a$ 相关的项。ATC 优化过程中，通过不断迭代以匹配各层子系统中相关响应与共享变量的值，从而获得系统的一致解。

9.6 小　　结

本章系统介绍了常见的单级优化过程，包括 AAO 优化过程、IDF 优化过程和 MDF 优化过程，以及多级优化过程，包括 CSSO 过程、CO 过程、BLISS 优化过程、ATC 优化过程。单级优化过程简单易于实施，但是设计变量规模大，优化效果难以保证。多级优化过程中，通过学科自治优化和系统协调，或者优化目标逐层分解传递，能够实现多学科的协同，且符合现实工业部门的专业分工和学科团队组织特点。在多级优化过程中，灵敏度分析技术和近似技术应用广泛，是非层次性系统学科解耦和系统合成的重要技术。总体上，多学科优化过程侧重于解耦和协调，但对于实际复杂系统并不能一味解耦和强调并行，需要结合具体情况进行串行、并行、耦合一体设计的综合运用，提高设计和协调效率。

参考文献

[1] Lin Q F, Niu S X, Huang J H, et al. Multilevel optimization of a novel dual-PM dual-electric port generator for hybrid AC/DC system [J]. IEEE Transactions on Magnetics, 2021, 57 (6): 1-5.

[2] Kodiyalam S, Sobieszczanski-Sobieski J. Multidisciplinary design optimisation-some formal methods, framework requirements, and application to vehicle design [J]. International Journal of Vehicle Design, 2001, 25 (1-2): 3-22.

[3] Dennis J E, Lewis R M. Problem formulations and other optimization issues in multidisciplinary optimization [C]//Proceedings of the AIAA/NASA/USAF/ISSMO Symposium on Fluid Dynamics. Colorado: Springs, 1994.

[4] Zhang D, Tang S, Che J. Concurrent subspace design optimization and analysis of hypersonic vehicles based on response surface models [J]. Aerospace Science and Technology, 2015, 42: 39-49.

[5] Meng D B, Li Y, He C, et al. Multidisciplinary design for structural integrity using a collaborative optimization method based on adaptive surrogate modelling [J]. Materials & Design, 2021, 206: 109789.

[6] Sobieszczanski-Sobieski J, Agte J, Sandusky Jr R. Bi-level integrated system synthesis (BLISS) [C]// 7th AIAA/USAF/NASA/ISSMO Symposium on Multidisciplinary Analysis and Optimization, 1998.

[7] Kim H M. Target cascading in optimal system design [D]. Ann Arbor, Michigan: University of Michigan, 2001.

[8] Kim H M, Michelena N F, Papalambros P Y, et al. Target cascading in optimal system design [J]. Journal of Mechanical Design, 2003, 125: 474-480.

[9] Sobieszczanski-Sobieski J. Optimization by decomposition: a step from hierarchic to non-hierarchic systems [C]//NASA/Air Force Symposium on Recent Advances in Multidisciplinary Analysis and Optimization, 1988.

[10] Sella R, Stelmack M, Batill S M, et al. Response surface approximations for discipline coordination in multidisciplinary design optimization [C]//The 37th Structures, Structural Dynamics and Materials Conference. Salt Lake City, Utah, 1996.

[11] Sellar R, Batill S, Renaud J. Response surface based, concurrent subspace optimization for multidisciplinary system design [C]//34thAerospace Sciences Meeting and Exhibit, 1996.

[12] Bloebaum C L, Hajela P, Sobieszczanski-Sobieski J. Non-hierarchic system decomposition in structural optimization [J]. Engineering Optimization, 1992, 19: 171-186.

[13] Renaud J E, Gabriele G A. Improved coordination in nonhierarchic system opimization [J]. AIAA Journal, 1993, 31 (12): 2367-2373.

[14] Renaud J E, Gabriele G A. Approximation in nonhierarchic system optimization [J]. AIAA journal, 1994, 32 (1): 198-205.

[15] Rasmussen J. Accumulated approximation: a new method for structural optimization by iterative improvement [C]//NASA. Langley Research Center, The Third Air Force NASA Symposium on Recent Advances in Multidisciplinary Analysis and Optimization, 1990.

[16] Sellar R, Batill S. Concurrent subspace optimization using gradient-enhanced neural network approximations [C]//6th Symposium on Multidisciplinary Analysis and Optimization, 1996.

[17] Kroo I, Altus S, Braun R, et al. Multidisciplinary optimization methods for aircraft preliminary design [C]//5th Symposium on Multidisciplinary Analysis and Optimization, 1994.

[18] Braun R. Collaborative optimization: An architecture for large-scale distributed design [D]. California: Stanford University, 1996.

[19] Braun R, Moore A, Kroo I. Use of the collaborative optimization architecture for launch vehicle design [C]//6th Symposium on Multidisciplinary Analysis and Optimization, 1996.

第10章

不确定性多学科设计优化

实际工程中存在的各种不确定性因素将影响飞行器性能,因此本章在第9章对优化过程研究的基础上,进一步研究不确定性多学科设计优化[1](Uncertainty-based Multidisciplinary Design Optimization,UMDO)。UMDO主要包括不确定性分析和不确定性优化问题求解两个部分。本章首先对不确定性多学科设计优化涉及的基本概念进行介绍,其次介绍不确定性的来源与分类以及建模方法,然后介绍蒙特卡洛法、泰勒展开法、深度随机混沌多项式展开法等不确定性量化分析方法,最后介绍传统双层嵌套方法、单层序贯优化法和单层融合优化法三种多学科可靠性优化方法。

10.1 不确定性多学科优化基本概念

定义 10.1 **不确定性**(Uncertainty):物理系统及其环境的内在可变性,以及人对物理系统及其环境认识的知识不完整性。

由该定义可以看出,不确定性主要分为随机不确定性(Aleatory Uncertainty)和认知不确定性(Epistemic Uncertainty)两类[1-3]。前者描述了物理系统及其环境中的固有可变性,也称客观不确定性(Objective Uncertainty);后者描述了由于人的认识不足或者信息缺乏造成的不确定性,因此也称为主观不确定性(Subjective Uncertainty)。

定义 10.2 **稳健性**(Robustness):系统性能在不确定性影响下的稳

定程度。

稳健的系统能够对系统本身及其环境的变化不敏感。在不确定性影响下，稳健系统的性能变化和功能损失程度很小，能够维持相对稳定的水平[4]。

定义 10.3 可靠性（Reliability）：在规定条件下和规定时间内完成规定功能的能力[5-7]。

系统可靠性通过可靠度衡量，定义为产品在规定条件下和规定时间内完成规定功能的不确定性测度。对于不同不确定性数学处理方法，其对应的可靠度不确定性测度也不同，如概率论对应概率测度、证据理论则对应似然性和可信性测度等。

定义 10.4 确定性设计优化（Deterministic Design Optimization）：优化变量（也称为设计变量）、系统参数以及数学模型均为确定性的优化问题，本书考虑的优化模型如下：

$$\begin{cases} \text{find} & X \\ \min & f(X,P) \\ \text{s.t.} & g(X,P) \geqslant c \\ & X^L \leqslant X \leqslant X^U \end{cases} \quad (10.1)$$

式中：X 和 P 分别为设计变量向量和系统参数向量；X^U 和 X^L 分别为设计变量向量 X 的上下限；$f(\cdot)$ 为优化目标函数；$g(\cdot)$ 为不等式约束条件向量；c 为不等式约束条件向量对应的极限状态向量（约束边界）。不失一般性，c 在优化问题中通常表述为 $\mathbf{0}$（通过移项处理即可）。由于等式约束可转化为一对不等式约束，所以此模型没有列出等式约束。

定义 10.5 基于可靠性的设计优化（Reliability-based Design Optimization，RBDO）：通过对设计方案满足约束的可靠度进行考虑[5]，实现在满足预定可靠度要求的基础上对目标性能进行优化，如图 10.1 所示。以考虑随机不确定性影响为例，在基于可靠性的设计优化数学模型中，约束表述如下：

$$\Pr\{g(X,P) \geqslant c\} \geqslant R \quad (10.2)$$

式中：$\Pr\{\cdot\}$ 为花括号中满足约束条件 $g(X,P) \geqslant c$ 的概率；R 为约束条件向量 g 对应的预定可靠度要求。式（10.2）中的概率约束条件也称为可靠性约束或机会约束（Chance Constraint），将式（10.2）取代式（10.1）中确定性约束条件进行优化的可靠性设计优化问题也称为机会约束规划问题。

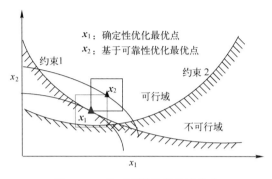

图 10.1　基于可靠性的设计优化

10.2　不确定性建模方法

10.2.1　不确定性来源与分类

从飞行器设计、制造到存贮、转运、发射与运行，其全寿命周期内各个阶段均存在多种不确定性。在设计过程中就需要对全寿命周期的不确定性因素进行综合考虑，如图 10.2 所示，主要包括：早期任务分析阶段中任务需求、项目经费、科学技术、政治文化等因素的可变性，方案设计过程中所用模型及其输入输出的不确定性，制造过程中人员操作、材料属性和加工精度等导致的不确定性，以及飞行器运行过程中外部环境、用户市场价格等的可变性。

虽然全寿命周期内存在形式多样的各类不确定性，但是在设计阶段均可以统一转换为研究对象系统模型的内部或外部不确定性，如图 10.3 所示。系统内部不确定性主要指系统本身的可变性（如结构材质属性等），以及在建立其物理模型和数学模型过程中，由于知识缺乏、理解偏差、假设简化等导致的模型不确定性，包括模型结构不确定性（Model Structure Uncertainty）和模型参数不确定性（Model Parameter Uncertainty）。前者也称为非参数不确定性，是由于知识缺乏或人为简化导致的数学模型与实际真实物理模型之间的差异[8-9]；后者主要指由于信息缺乏导致对给定模型

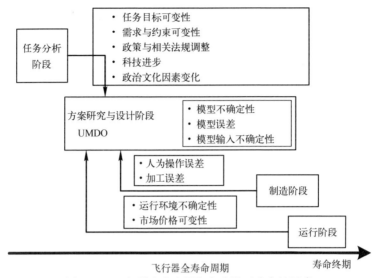

图 10.2 飞行器全寿命周期各阶段不确定性因素

结构的参数估计不准确。模型内部不确定性还需要考虑在基于系统模型进行编程计算或仿真过程中，可能出现的由于离散化处理、舍入误差以及人为编程错误等导致的误差（Error）。模型外部不确定性主要指设计过程中模型输入变量的不确定性，如作为设计变量的结构尺寸需要同时考虑由于加工精度导致的实际尺寸变化。综合考虑系统模型本身以及模型输入的不确定性，即可对模型输出不确定性进行分析，以此为基础对飞行器系统性能的不确定性分布特征进行分析并指导系统方案的设计与优化。

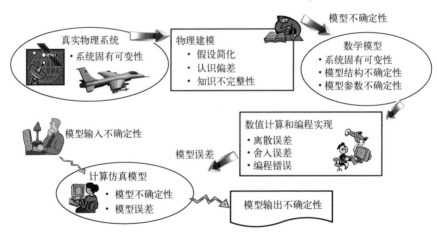

图 10.3 方案设计中涉及的模型不确定性示意图

目前有不少文献对上述不确定性因素的提取、评估与建模进行研究。模型不确定性可以通过对比模型仿真数据与试验数据进行评估，该过程也称为模型确认（Model Validation）[8-9]。对于模型误差，舍入误差可以通过与先进计算机设备仿真结果比较进行衡量，人为编程错误可以通过冗余检查进行确认，离散化误差可以通过变化离散化粒度等方法进行评估，该过程称为模型验证（Model Verification）[9]。提取不确定性因素后，需要根据其属性采用相应的数学工具进行建模。随机不确定性通常采用概率方法通过随机变量或随机过程进行建模，认知不确定性可以通过模糊数学理论、区间分析理论、证据理论、未确知信息理论等进行建模，上述方法统称为非概率方法。

对于同一不确定性因素，其属于随机不确定性或认知不确定性的类型划分并不是绝对的，而是与所研究的对象、所考虑的环境、所关注的问题、所掌握的信息以及设计者的经验与偏好有关[10]。例如，产品转运过程中运输设备的振动频率与车况路况等有关，如果设计者对此有充分了解且通过试验获取了大量数据，则可以基于统计方法对其概率分布特征进行描述；但是如果设计者不具备充分的数据，且只关心运输过程中的可能最坏情况，则只需对其分布的可能取值区间进行考虑即可。对于描述某一不确定性因素的数学模型，模型结构与参数也可能具有不确定性，例如，通常采用随机过程描述市场价格走势，但是模型中刻画未来市场变化的参数很难准确预测，因此不能将其简化作为一个固定值处理，而应对其可能取值区间进行讨论。因此，不确定性因素建模需要结合具体问题进行讨论，对其类型进行划分，选择合适的建模工具，不能一概而论。10.2.2 节将分别针对随机和认知两类不确定性，对概率和非概率建模方法进行介绍。

10.2.2 概率建模方法

对随机不确定性进行建模，主要基于数理统计的方法，通过对研究对象的样本数据进行分析，从而对其随机分布做出推断，亦即统计推断。统计推断包括估计和假设检验两类问题，前者基于一定假设对随机变量分布函数与特征进行推断，后者对上述假设和推断进行检验。在获得各随机不确定性的概率分布后，根据研究对象的多层级结构特点，对研究对象的随机不确定性进行多源信息贝叶斯融合。本节重点介绍点估计法和多源信息贝叶斯融合方法。

1. 点估计方法

点估计包括两类情况：一类是分布函数完全未知，另一类是已知函数形式不知其参数的情况。对于前者，可以根据样本构造经验分布函数近似实际分布函数，方法如下：

设观察随机变量 X 获得 n 个样本，记为 $\{x_1, x_2, \cdots, x_n\}$。对于任意实数 x，记不大于 x 的样本个数为 $S(x)$，则经验分布函数 $F_n(x)$ 定义为

$$F_n(x) = \frac{1}{n} S(x) \quad (-\infty < x < \infty) \tag{10.3}$$

格里汶科（Glivenko）于 1933 年证明了当 $n \to \infty$ 时，$F_n(x)$ 以概率 1 一致收敛于 X 的真实分布函数 $F(x)$。但在实际中很难获取充分多的样本，因此 $F_n(x)$ 的精度也是有限的。另一种常用的方法是对随机变量 X 的分布函数形式进行假设，然后对该函数形式对应的分布参数进行估计，由此转换为第二类参数估计问题。对未知参数值进行估计称为参数的点估计问题。假设随机变量 X 的分布函数为 $F(x; \theta_1, \theta_2, \cdots, \theta_k)$，其中 $\theta_i (1 \leq i \leq k)$ 为分布函数的 k 个待估参数。点估计问题就是构造适当的统计量，根据样本 $\{x_1, x_2, \cdots, x_n\}$ 获取估计值 $\hat{\theta}_i$。常用的点估计方法包括矩估计法和最大似然估计法。

1）矩估计法

设 X 为连续型随机变量，概率密度函数为 $f(x; \theta_1, \theta_2, \cdots, \theta_k)$，或 X 为离散型随机变量，其分布律为 $\Pr\{X = x\} = p(x; \theta_1, \theta_2, \cdots, \theta_k)$，其中 $\theta_i (1 \leq i \leq k)$ 为分布函数的 k 个待估参数。已知 n 个样本 $\{x_1, x_2, \cdots, x_n\}$，假设 X 的前 k 阶矩 $\mu_l = E(X^l)$（$1 \leq l \leq k$）存在，则样本矩 $A_l = 1/n \sum_{i=1}^{n} x_i^l$（$1 \leq l \leq k$）依概率收敛于相应的 l 阶矩 μ_l，样本矩 A_l 的连续函数依概率收敛于 μ_l 的连续函数，由此可以将样本矩 A_l 作为 μ_l 的估计量，这种估计方法称为矩估计法。根据原点矩 $\mu_l = E(X^l)$ 定义，可以将 μ_l 分别表述为 θ_i 的函数，求解联立方程组可将 θ_i 表述为 μ_l 的函数 $\theta_i = \theta_i(\mu_1, \mu_2, \cdots, \mu_k)$。由此代入 μ_l 的估计量 A_l，即可获得 θ_i 的估计值 $\hat{\theta}_i$。

2）最大似然估计法

已知 n 个样本 $\{x_1, x_2, \cdots, x_n\}$，由于每一个样本是对随机变量 X 的一次

独立观察值，因此获得 n 个观察值分别为 $\{x_1, x_2, \cdots, x_n\}$ 这一事件发生的概率为

$$L(\theta_1,\theta_2,\cdots,\theta_k) = \begin{cases} \prod_{i=1}^{n} p(x_i;\theta_1,\theta_2,\cdots,\theta_k) & \text{（离散型）} \\ \prod_{i=1}^{n} f(x_i;\theta_1,\theta_2,\cdots,\theta_k) & \text{（连续型）} \end{cases} \quad (10.4)$$

$L(\theta_1,\theta_2,\cdots,\theta_k)$ 称为样本的似然函数。最大似然法选取使得 $L(\cdot)$ 取值达到最大的参数值 $\hat{\theta}_i(1 \leqslant i \leqslant k)$ 作为未知参数的估计值，称为最大似然估计值，可以通过下述 k 个方程构成的方程组获得

$$\frac{\partial L}{\partial \theta_i} = 0 \quad (1 \leqslant i \leqslant k) \quad (10.5)$$

由以上两种点估计方法可知，对于同一参数，用不同的估计方法求出的估计量可能不相同。针对具体的问题如何选用合适的方法，涉及估计量的优劣判别问题。统计上常用的判别标准有无偏性、有效性和相合性，各个准则对应的判别方法请参见文献[11]，此处不再赘述。

虽然通过点估计方法能够获得分布函数未知参数的近似估计值，但在实际应用中往往还需要对该估计的误差进行评估，亦即判断估计的精确程度。通常希望给出一个区间范围以及该范围包含真值的可信程度，这种形式的估计称为区间估计，该区间称为置信区间。通常，区间估计给出如下形式的置信区间：

$$\Pr\{\underline{\theta} < \theta < \overline{\theta}\} = 1 - \alpha \quad (10.6)$$

区间 $(\underline{\theta}, \overline{\theta})$ 是 θ 的置信水平为 $1-\alpha$ 的置信区间，区间范围反映了估计的精确性，置信度 $1-\alpha$ 反映了区间估计的可靠性，具体区间估计方法参见文献[11]。

2. 多源信息贝叶斯融合方法

飞行器是典型的多层结构系统，需要考虑系统自身结构和层级关系对不确定性传递的影响，将各层级不确定性分布信息进行充分融合，实现各层级不确定性模型的修正与更新。本小节将现有的贝叶斯融合方法拓展至多层结构，对多源信息贝叶斯融合方法[12-13]进行介绍。

1) 复杂多层结构建模

对于飞行器系统结构,如图 10.4 所示,由于组件、子系统数目众多,内部关系较为复杂,首先需要将复杂系统结构用简洁清晰的形式表示。图 10.4 是目前比较常用的数据结构,可用于表示复杂的结构关系。图一般包含节点与边,两个节点之间通过有向边连接称为有向图[14]。根据图的相关概念,将系统、各个子系统、组件以节点形式表示,节点之间的隶属关系以有向边的形式表示。本章研究的多层次系统结构如图 10.5 所示。

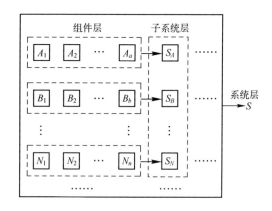

图 10.4　复杂的系统结构关系

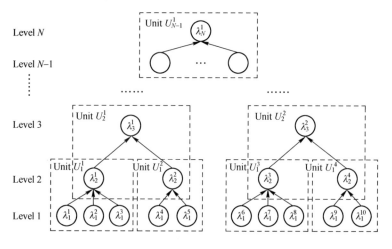

图 10.5　多层次系统结构图

为方便后续的分布信息融合与更新,将多层系统结构各个节点、各个层级进行编号。按照升序从底层至顶层对系统各个层级进行编号,底层为最小的组件层,编号为 Level 1,顶层为系统层,编号为 Level $N(N \geqslant 3)$。定义第 i 层($1 \leqslant i \leqslant N$)的第 j 个节点为 λ_i^j。根据有向图的相关定义[14],指向节点 λ_i^j 的第 $i-1$ 层节点为 λ_i^j 的父节点,λ_i^j 为父节点的子节点。对于第一层至第 $N-1$ 层的所有节点,每个节点都有且仅有一个子节点。

处于第 i 层的节点与第 $i-1$ 层和第 $i+1$ 层的节点都存在一定的关系。因此,根据节点之间的相互关系,本章将多层级系统结构划分为多个两层结构单元,如图 10.5 所示。第 i 层($2 \leqslant i \leqslant N$)的子节点 λ_i^j 与其在第 $i-1$ 层的父节点组成一个两层结构单元 U_{i-1}^j,按照自下而上(Level 2 至 Level N)的顺序,将整个复杂结构划分成多个两层结构单元。

通过上述建模过程,将系统、子系统、组件等进行了符号化表示,进一步简化了模型;此外,系统、子系统、组件之间的关系通过有向边表示,使得复杂组织结构关系更加简洁清晰;多层结构进一步划分为多个两层结构单元,为下一步的迭代信息融合与更新奠定基础。

2)迭代信息融合与更新

传统的贝叶斯融合方法可看作两层系统结构分布信息的融合与更新,因此对于划分后的多层系统,每一个两层结构单元都可以运用贝叶斯融合方法实现分布的更新。多层系统结构多源信息贝叶斯融合方法的思路为:首先,对两层结构单元从底层至顶层逐级进行更新,使得分布信息能从底层组件层自下而上逐层传播并充分融合;在顶层系统层更新之后,更新过程再次通过两层结构单元自上而下进行,使得高层级的分布信息能进一步传播至低层级。其次,重复执行上述更新过程,使得低层级与高层级之间的信息得到充分融合,直至分布信息收敛。为了判断迭代融合获得分布的收敛性是否满足要求,本节利用对称 KL 散度(Symmetric Kullback-Leibler Divergence,SKLD)对相邻两次迭代获得的分布的一致性进行比较。

在统计学中,KL 散度(Kullback-Leibler Divergence,KLD)又称相对熵,用于比较两个分布之间的差异[15]。对于连续的变量,KLD 定义为

$$D_{\mathrm{KL}}(P \mid Q) = \int_{-\infty}^{+\infty} p(x) \log \frac{p(x)}{q(x)} \mathrm{d}x \qquad (10.7)$$

式中:p 和 q 分别为 P 和 Q 的概率密度函数。对于离散变量,KLD 定义为

$$D_{KL}(P\mid Q) = \sum p(x_i)\log\frac{p(x_i)}{q(x_i)} \quad (10.8)$$

进一步，SKLD 可以定义为

$$D_{sym} = \left(D_{KL}(P\mid Q) + D_{KL}(Q\mid P)\right)/2 \quad (10.9)$$

每一次迭代融合和更新过程获得系统的更新分布后，根据该分布与前一次迭代过程获得的系统更新分布，计算该次迭代过程对应的分布变化 SKLD。SKLD 值越小，说明分布的差异越小。迭代的终止条件为：迭代过程对应的 SKLD 值小于限定值。当上述条件满足时，说明更新分布之间的差异很小，随着迭代次数的增加，更新分布稳定收敛。

以图 10.5 为例，对多层迭代更新思路作具体介绍。一次迭代过程分为两部分：一是自下而上的更新，二是自上而下的更新。对于自下而上的更新过程，首先，对每一个底层单元（即 U_1^j）运用传统的贝叶斯融合方法，得到系统融合分布及子系统更新分布（系统融合分布也可看成系统更新分布）。因此，第二层的每一个节点 $\lambda_i^j(i=2)$ 的分布都得到了更新，记为 λ_i^{j*}，将第二层的更新分布代替其自然分布；其次，对于单元 $U_i^j(i=2)$，利用贝叶斯融合方法实现第二层和第三层节点分布的更新；重复上述过程，直至更新至单元 U_{N-1}^1。自下而上更新过程中分布的变化及信息的传递如图 10.6 所示。对于中间层节点（Level 2 至 Level $N-1$），每一个节点同时包含于两个单元中。因此，在一次自下而上更新过程中，中间层节点的分布被更新两次，而第一层和第 N 层节点只被更新一次。

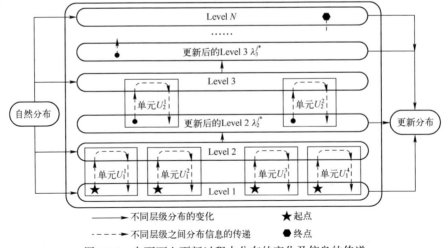

图 10.6 自下而上更新过程中分布的变化及信息的传递

对于自上而下的更新过程，当系统层节点分布得到更新后，迭代贝叶斯融合方法在一个两层结构中进行多次迭代并不能使分布发生改变。因此在自上而下返回更新时，不需要对单元 U_{N-1}^1 再次更新。自上而下的更新从单元 U_{N-2}^j 至单元 U_1^j，更新过程中分布的变化及信息的传递如图 10.7 所示。在一次自上而下更新过程中，第一层和第 N-1 层节点只被更新一次，而其他层（Level N-2 至 Level 2）节点被更新两次。

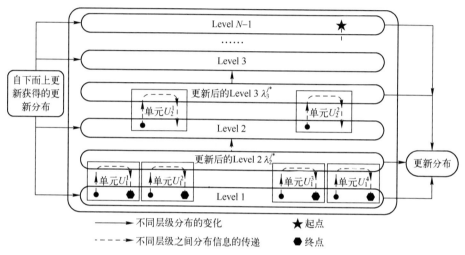

图 10.7 自上而下更新过程中分布的变化及信息的传递

在之后的迭代过程中，重复上述两个更新过程。但是同样考虑到迭代贝叶斯融合方法存在的问题，单元 U_1^j 不需要再次更新。因此在第二次及之后的迭代过程中，自下而上更新从单元 U_2^j 至单元 U_{N-1}^1，自上而下更新过程与第一次迭代过程相同。

在进行信息融合时，多层结构系统的概率分布信息可能为离散概率分布或连续概率分布，针对这两种情况的相关信息融合方法详见文献 [16]。综上所述，多层结构系统的多源信息贝叶斯融合方法有如下特点：

（1）在一次迭代过程中，分为自下而上和自上而下更新两个部分，使得低层级和高层级的信息相互传递、融合；

（2）顶层单元 U_{N-1}^1 在一次迭代过程中，仅更新一次；

（3）底层单元 U_1^j 在第一次迭代过程中，被更新两次，但在后续的迭代过程中，仅被更新一次；

(4) 每一个单元被更新后，都需要将更新的分布代替原先的自然分布，为下一次的更新做准备。

10.2.3 非概率建模方法

对于认知不确定性，需要根据具体问题特点采用相应的数学工具进行处理。例如，对于因设计人员主观定义边界模糊或表述含糊导致的不确定性，采用模糊数学比较合适；而对于因知识缺乏导致对系统状态或参数取值分布描述粗糙的不确定性，则区间分析或证据理论更加适用。本节对目前几种主要的非概率建模方法进行介绍，包括区间分析（Interval Analysis）方法和凸集（Convex Set）方法、模糊集合（Fuzzy Set）与可能性理论（Possibility Theory）、证据理论（Evidence Theory）等。

1. 区间与凸模型理论

通过区间对不确定性进行描述是最简单的非概率方法。该方法将不确定性变量 X 通过其可能取值下限 $\underline{\xi}$ 和上限 $\overline{\xi}$ 进行描述，表示为区间的形式记为 $[\underline{\xi}, \overline{\xi}]$。与概率表示方法不同，区间分析方法无法给出 X 在区间 $[\underline{\xi}, \overline{\xi}]$ 内取值的概率分布，而只能通过该区间表明 X 的可变范围。因此，有的文献将区间定义为一种新类型的"数"[17]，这也是区间数名称的由来。对于多个不确定性变量组成的向量，其可变区间通过各分量的上下限构成的超长方体进行描述。根据模型中参数以及模型输入存在的区间不确定性，通过区间分析可以计算模型输出在不确定性影响下的可能取值区间，相关具体介绍参见文献 [18-21]。

Ben-Haim 和 Elishakoff 于 1990 年提出凸模型理论[22]，采用比区间模型更具一般性的凸集模型（Convex Modeling）对不确定性进行描述。目前应用较广的凸集模型主要包括一致界限凸集模型、椭球界限凸集模型、包线界限凸集模型、瞬时能量界限凸集模型、累积能量界限凸集模型等[23,24]。以椭球界限凸集模型为例，对不确定性向量 $X = [X_1, X_2, \cdots, X_{N_x}]^T$ 的描述为

$$X^T W X \leq a \tag{10.10}$$

式中：W 为正定矩阵；参数 a 为正实数。该模型考虑了各不确定性分量之间可能存在的相关性，由此不确定性向量 X 的可变范围通过椭球体进行描述，而不再是区间模型中假设各分量独立，通过各分量的上下限构成的超

长方体进行描述。二维情况下,两者的区别如图 10.8 所示。因此,实际上区间模型可以认为是凸集模型的一种特殊情况。

2. 模糊集合与可能性理论

模糊数学理论最早由美国 Zadeh[25] 提出。在经典集合理论中,每一个集合都必须由确定的元素构成,即集合的边界是清晰的(Crisp),元素对集合的隶属关系是明确的,只有属于(用"1"表示)或不属于(用"0"表示)两种状态。而模糊数学理论将经典的集合理论扩展为模糊集合,元素对模糊集合的隶属度可以在 0 和 1 之间取值,通过隶属度函数(Membership Function)进行描述,即元素不能完全确定其属于或不属于该集合,集合的边界是模糊的(Fuzzy)。对于不确定性变量 X,采用经典集合 $\tilde{A}$ 和模糊集合 A 分别对其可能取值空间进行描述,如图 10.9 所示。其中,横坐标表示 X 的可能取值,纵坐标表示 X 取值 x 属于集合的隶属度。X 取值属于经典集合 $\tilde{A}$ 的隶属度只能取值为 0 或 1,则 X 可能取值范围明确表示为虚线方框限定的区间。X 取值 x 属于模糊集合 A 的隶属度可以为 0 到 1 之间的值,通过隶属度函数 $\mu_A(x)$ 进行描述。给定属于集合 A 的隶属度水平 0.4,不确定性变量 X 的可能取值区间为 [2.5, 6.5]。故在给定隶属度水平(也称为可能性水平)不小于 $\alpha \in [0,1]$ 的条件下,不确定性变量 X 的可能取值可以通过集合 $A_\alpha = \{x \mid \mu_A(x) > \alpha\}$ 进行描述,称为 α 截集或 α 水平集[26]。

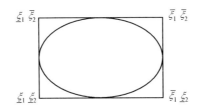

图 10.8 二维不确定性变量的区间分析
模型和椭圆凸集模型

隶属度函数的形式一般可以分为分段线性函数和非线性函数两大类,常用的简单分段线性隶属度函数主要包括三角形和单调形[27],三角形隶属度函数表示为

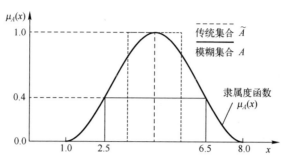

图 10.9 元素与模糊子集的关系

$$\mu_A(x,a,b,c) = \max\left\{\left[\min\left(\frac{x-a}{b-a}, \frac{c-x}{c-b}\right)\right], 0\right\} \quad (10.11)$$

单调形隶属度函数表示为

$$\mu_A(x,a,b) = \begin{cases} \max\left[\min\left(\frac{x-a}{b-a}, 0\right), 0\right] \\ \max\left[\min\left(1, \frac{b-x}{b-a}\right), 0\right] \end{cases} \quad (10.12)$$

隶属度函数的构造一直是模糊数学理论的研究热点问题，目前主要包括模糊统计法、例证法、专家经验法和二元对比排序法等。其中，二元对比排序法是一种较为实用的隶属度函数确定方法，其基本思想是对多个元素进行两两比较，分别确定元素间的相对排序，然后根据排列结果进行隶属度函数形状的推断[28]。此外，近期还发展了基于多特征相似性融合的隶属度函数确定方法[29]、基于贝塞尔函数曲线理论的构建方法[30]、模糊减法均值聚类确定法[31]等，可以根据具体实际问题进行选择，此处不再赘述。

在模糊集合基础上，Zadeh 进一步发展了可能性理论[25]。该理论中，不确定性变量 X 的可能取值范围由集合 $\mathcal{X}$ 表示，其幂集表示为 $2^\mathcal{X}$，定义可能性测度 $\text{Pos}\{A\}$，满足以下条件：

(1) $\text{Pos}\{2^\mathcal{X}\} = 1$

(2) $\text{Pos}\{\varnothing\} = 0$

(3) $\forall A_i \in 2^\mathcal{X}(i=1,2,\cdots,N), \quad \text{Pos}\{\bigcup_i A_i\} == \sup_i \text{Pos}\{A_i\}$

$$(10.13)$$

则不确定性变量 X 可以通过三元组 $(\mathcal{X}, 2^\mathcal{X}, \text{Pos})$ 构成的可能性空间进行描述。由式（10.13）可知：① $\forall A \in 2^{\mathcal{X}}$，有 $0 \leqslant \text{Pos}\{A\} \leqslant 1$；②如果 $A \subset B$，$\text{Pos}\{A\} \leqslant \text{Pos}\{B\}$；③对于 $\forall A,B \in 2^{\mathcal{X}}$，$\text{Pos}\{A \cup B\} \leqslant \text{Pos}\{A\} + \text{Pos}\{B\}$。

对于多个独立不确定性变量构成的向量 $\boldsymbol{X} = [X_1, X_2, \cdots, X_{N_x}]^{\mathrm{T}}$，每个元素 X_i 通过可能性空间 $(\mathcal{X}_i, 2^{\mathcal{X}_i}, \text{Pos}_i)$ 进行描述，则向量 $\boldsymbol{X}$ 通过乘积可能性空间 $(\mathcal{X}, 2^{\mathcal{X}}, \text{Pos})$ 表述，其中 $\mathcal{X}$ 由卡式积 $\mathcal{X} = \mathcal{X}_1 \times \mathcal{X}_2 \times \cdots \times \mathcal{X}_{N_x}$ 确定，对于 $\forall A \in 2^{\mathcal{X}}$，可能性测度 Pos 定义如下：

$$\text{Pos}\{A\} = \sup_{(x_1, x_2, \cdots, x_{N_x}) \in A} \text{Pos}_1\{x_1\} \wedge \text{Pos}_2\{x_2\} \wedge \cdots \wedge \text{Pos}_{N_x}\{x_{N_x}\} \quad (10.14)$$

式中：符号 $\wedge$ 表示取最小值运算符；向量 $\boldsymbol{X}$ 的乘积可能性测度记 $\text{Pos} = \text{Pos}_1 \wedge \text{Pos}_2 \wedge \cdots \wedge \text{Pos}_{N_x}$。

在可能性理论中，另一个重要的测度为必要性测度（Necessity）。给定可能性空间 $(\mathcal{X}, 2^{\mathcal{X}}, \text{Pos})$，对于 $A \in 2^{\mathcal{X}}$，记 A^C 为其补集，则定义 $\text{Nec}\{A\} = 1 - \text{Pos}\{A^C\}$ 为 A 的必要性测度。可能性和必要性测度的关系如下：

$$\begin{aligned} &\text{Nec}(A) + \text{Pos}(A^C) = 1 \, (\text{Nec}(A) \leqslant \text{Pos}(A)) \\ &\text{Pos}(A) + \text{Pos}(A^C) \geqslant 1 \, (\text{Nec}(A) + \text{Nec}(A^C) \leqslant 1) \end{aligned} \quad (10.15)$$

对于 $\forall A \in 2^{\mathcal{X}}$，如果 $\text{Pos}(A) < 1$，则有 $\text{Nec}(A) = 0$[32]。

与概率论中通过概率分布函数描述随机不确定性变量的分布相似，可能性理论可以通过累积必要性分布函数（Cumulative Necessity Function，CNF）和累积可能性分布函数（Cumulative Possibility Function，CPoF）进行描述，定义如下[33]：

$$\text{CNF}(x) = \text{Nec}(X < x), \quad \text{CPoF}(x) = \text{Pos}(X < x) \quad (10.16)$$

关于模糊集合和可能性理论的具体介绍参见文献 [25, 34]。

3. 证据理论

证据理论也称为 Dempster-Shafer 理论（D-S 理论）[35]。由于信息不足无法对不确定性分布采用概率方法进行准确描述的情况下，证据理论基于已有信息（或证据），采用可信性（Belief）测度和似然性（Plausibility）测度对精确概率的可能取值区间进行描述[36]。

设不确定性变量 X 的有限个可能取值全集为 Ω，其幂集 2^{Ω} 中每个元素对应一个基本可信性赋值（Basic Probability Assignment，BPA），BPA 赋值函数记为 $m: 2^{\Omega} \to [0,1]$ 满足以下条件：

$$\begin{cases} \forall A \in 2^{\Omega}(m(A) \geq 0) & \text{(a)} \\ m(\varnothing) = 0 & \text{(b)} \\ \sum_{A \in 2^{\Omega}} m(A) = 1 & \text{(c)} \end{cases} \quad (10.17)$$

BPA 赋值 $m(A)$ 只对命题 A 有效，而不对 A 的子命题有效。幂集 2^{Ω} 中 BPA 值大于 0 的元素称为焦元（Focal Element）。所有焦元构成的集合记为 Ψ，则不确定性变量 X 可以通过三元组 $(2^{\Omega}, \Psi, m)$ 构成的证据空间进行描述。

对于 $\forall A \in 2^{\Omega}$，X 取值属于 A 的概率下界为可信性测度，记为 $\text{Bel}(A)$，上界为似然性测度，记为 $\text{Pl}(A)$，定义如下：

$$\begin{cases} \text{Bel}(A) = \sum_{B|B \subseteq A} m(B), \quad \text{Pl}(A) = \sum_{B|B \cap A \neq \varnothing} m(B) \\ \text{Bel}(A) \leq \text{Pr}(A) \leq \text{Pl}(A) \\ \text{Pl}(A) = 1 - \text{Bel}(A^C) \end{cases} \quad (10.18)$$

式中：B 为幂集 2^{Ω} 中的所有焦元；$m(\cdot)$ 为 BPA 赋值函数；$\text{Pr}(A)$ 为 X 取值属于 A 的实际精确概率；A^C 为 A 的补集；$\text{Bel}(A)$ 表示完全包含于 A 中的焦元对应的基本可信性赋值之和；$\text{Pl}(A)$ 表示与 A 相交非空的焦元对应的基本可信性赋值之和。随着关于不确定性变量 X 的信息不断增多，对其取值分布的描述不断精细，则概率上下界的区别将不断缩小，直至收敛到精确概率值。因此，证据理论为比概率论更具普适性的方法，且对不确定性的描述和处理可以随着信息的增多而不断接近概率论方法，这为两者结合处理混合不确定性奠定了基础[37-38]。

对于多个独立不确定性变量构成的向量 $\boldsymbol{X} = [X_1, X_2, \cdots, X_{N_x}]^T$，每个元素 X_i 通过证据空间 (C_i, Ψ_i, m_i) 进行描述，则向量 $\boldsymbol{X}$ 通过乘积证据空间 (C, Ψ, m) 表述，其中 C 由卡式积确定如下：

$$C = C_1 \times C_2 \times \cdots \times C_{N_x} = \{c_k = (b_1, b_2, \cdots, b_{N_x}) \mid b_i \in C_i, 1 \leq i \leq N_x\}$$

$$(10.19)$$

对于 $\forall A \in C$，BPA 赋值函数 m 为

$$m(c_k) = \prod_{i=1}^{N_x} m_i(b_i) \quad (c_k = (b_1, b_2, \cdots, b_{N_x})) \quad (10.20)$$

式中：Ψ 为根据 BPA 赋值函数 m 确定的焦元构成的集合。以两变量向量 $\boldsymbol{X} = [X_1 \quad X_2]^T$ 为例，各分量 BPA 赋值 m_i 和联合分布 BPA 赋值 m 如

表 10.1 所示。

表 10.1 两个独立不确定性变量的联合 BPA 分布

X_1	X_2		
	$m_2(b_1)=0.3$	$m_2(b_2)=0.3$	$m_2(b_3)=0.4$
$m_1(a_1)=0.3$	$m(a_1,b_1)=0.09$	$m(a_1,b_2)=0.09$	$m(a_1,b_3)=0.12$
$m_1(a_2)=0.3$	$m(a_2,b_1)=0.09$	$m(a_2,b_2)=0.09$	$m(a_2,b_3)=0.12$
$m_1(a_3)=0.4$	$m(a_3,b_1)=0.12$	$m(a_3,b_2)=0.12$	$m(a_3,b_3)=0.16$

与概率论中通过概率分布函数描述随机不确定性变量的分布相似，证据理论可以通过累积可信性分布函数（Cumulative Belief Function，CBF）和累积似然性分布函数（Cumulative Plausibility Function，CPF）进行描述，定义如下[21]：

$$\mathrm{CBF}(x) = \mathrm{Bel}(X<x), \quad \mathrm{CPF}(x) = \mathrm{Pl}(X<x) \quad (10.21)$$

构造 BPA 赋值函数是证据理论对不确定性建模的关键。关于不确定性因素的信息可以来源于试验数据、理论分析或者专家知识等多种途径，然后通过一定聚合准则（Combination Rules）[39]对多种证据（包括冲突的证据）进行归纳整合，由此对认知不确定性分布进行描述，主要的证据合并准则包括 Dempster 准则、Yager 方法、Inagaki 统一合并方法、Zhang 中心合并方法和 Dubois-Prade 分离联营方法等，具体参见文献 [39]。

10.3 不确定性量化分析方法

将系统模型定义为 $y=f(\boldsymbol{x})$，其中 $\boldsymbol{x}$ 为随机不确定性向量，y 为系统响应。假设定义域 Ω 上向量 $\boldsymbol{x}$ 的联合概率分布函数为 $p(\boldsymbol{x})$，那么对于 y 的任意函数 $\phi(y)$，其期望值可以通过下式得到：

$$I = E(\phi(y)) = \int_\Omega \phi(f(\boldsymbol{x}))p(\boldsymbol{x})\mathrm{d}\boldsymbol{x} \quad (10.22)$$

当 $\phi(y)=y^k$ 时，I 为 y 的 k 阶矩；当 $\phi(y)=y$ 时，I 为 y 的期望；如果 $y\leqslant y_0$ 时 $\phi(y)=1$ 而 $y>y_0$ 时 $\phi(y)=0$，则 I 是 y 的概率分布 y_0 分位点对应的分位数。在实际工程问题中，系统模型往往非常复杂，很难给出 $f(\boldsymbol{x})$ 的显式表达，且积分域 Ω 也很难显式描述，因此，式（10.22）往往不能通过直接积分求得。由此发展了一系列近似计算该积分的数值方法，例如拉普拉斯法、面积和容积法等[40]，但是上述方法难适用于高维积分以及 $f(\boldsymbol{x})$ 无法显式表示、仿真计算异常复杂的情况。因此进一步发展了其他适用性更广的近似方法，如蒙特卡洛法、泰勒展开法、深度随机混沌多项式展开法等，本节对这些近似方法分别进行详细介绍。关于随机和认知不确定性混合的分析方法，请参考文献 [1,41-42]。

10.3.1 蒙特卡洛法

蒙特卡洛仿真（Monte Carlo Simulation，MCS）方法，简称为蒙特卡洛法，也称为抽样法。该方法在不确定性变量取值空间进行抽样，并计算各个样本点对应的系统响应值，然后基于样本信息分析系统响应的概率分布特征以及其他统计量。当样本点足够多时，该方法可以精确地获取系统响应的均值、方差、分布函数和密度函数等，因此该方法也常用于验证其他不确定性分析方法的精确性。MCS 方法的主要步骤如下。

步骤 1：根据不确定性变量的概率分布随机生成 n_S 个样本点 $\{\boldsymbol{x}_i\}_{1\leqslant i\leqslant n_S}$，可以采用随机采样、拉丁超立方采样等试验设计方法生成样本点。

步骤 2：计算每个样本点处的系统输出响应值，得到 $\{y_i\}_{1\leqslant i\leqslant n_S}$。

步骤 3：近似计算式（10.22）中的积分值如下：

$$I \approx \widetilde{\phi} = \frac{1}{n_S} \sum_{i=1}^{n_S} \phi(y_i) \tag{10.23}$$

$\phi(y)$ 的方差估计为

$$\widetilde{\sigma}_\phi^2 \approx \frac{1}{n_S - 1} \sum_{i=1}^{n_S} (\phi(y_i) - \widetilde{\phi})^2 \tag{10.24}$$

式（10.23）的估计误差为

$$\mathrm{err} = \widetilde{\sigma}_\phi / \sqrt{n_S} \tag{10.25}$$

可见抽样数目足够大才能保证估算的准确性。但是，如果系统分析模型复杂耗时（如大型结构有限元分析），则大量抽样将导致 MCS 的计算量难以承受。为了在保证计算精度的前提下通过减少 MCS 所需样本数目降低计算复杂度，发展了重要性抽样（Important Sampling）方法，通过在重要区域采样提高采样效率。假设采用 $h(\boldsymbol{x})$ 作为重要性抽样的概率密度函数，式（10.22）改写为

$$I = E[\phi(y)] = \int_\Omega \phi[f(\boldsymbol{x})] \frac{p(\boldsymbol{x})}{h(\boldsymbol{x})} h(\boldsymbol{x}) \mathrm{d}\boldsymbol{x} \tag{10.26}$$

根据 $h(x)$ 生成 n_S 个样本点并分别计算各样本点的系统响应值，得到数据对 $\{x_{IS\_i}, y_{IS\_i}\}_{1 \leq i \leq n_S}$，则式（10.26）可以近似为

$$I \approx \widetilde{\phi}_{IS} = \frac{1}{n_S} \sum_{i=1}^{n_S} \phi(y_{IS\_i}) \frac{p(x_{IS\_i})}{h(x_{IS\_i})} \tag{10.27}$$

$\phi(y)$ 的方差及估计误差为

$$\widetilde{\sigma}_{\phi IS}^2 \approx \frac{1}{n_S - 1} \sum_{i=1}^{n_S} \left[\phi(y_{IS\_i}) \frac{p(x_{IS\_i})}{h(x_{IS\_i})} - \widetilde{\phi}_{IS} \right]^2 \tag{10.28}$$

$$\text{err}_{IS} = \widetilde{\sigma}_{\phi IS} / \sqrt{n_S}$$

由式（10.28）可以看出，当选取合适的 $h(x)$ 时，可以有效降低估计误差值 err_{IS}，且理论上可以降低为 0。文献［43-45］对 $h(x)$ 的选取方法进行了详细讨论，本节不再赘述。由于 MCS 方法的易实现性，已经被广泛用于实际工程问题。

10.3.2 泰勒展开法

泰勒展开法可以用于分析系统响应值在随机不确定性传递影响下的低阶矩信息。分析系统模型 $y = f(x)$ 在点 x_0 处的响应值分布矩信息，首先将其在点 x_0 进行一阶泰勒展开，即

$$y(x) \approx f(x_0) + \sum_{i=1}^{n_x} \frac{\partial f(x_0)}{\partial x_i} (x_i - x_{i0}) \tag{10.29}$$

式中：n_x 为系统不确定性变量向量维数；x_i 和 x_{i0} 分别为 x 和 x_0 的第 i 个分量。系统输出 $y = f(x)$ 在点 x_0 处的均值 μ_y 和标准差 σ_y 近似计算公式为

$$\mu_y = E(y) \approx f(x_0) + \sum_{i=1}^{n_x} \frac{\partial f(x_0)}{\partial x_i} E(x_i - x_{i0})$$

$$\sigma_y = \sqrt{\sum_{i=1}^{n_x} \left(\frac{\partial f(x_0)}{\partial x_i} \right)^2 \sigma_{x_i}^2 + 2 \sum_{i=1}^{n_x} \sum_{j=i+1}^{n_x} \frac{\partial f(x_0)}{\partial x_i} \frac{\partial f(x_0)}{\partial x_j} \text{Cov}(x_i, x_j)}$$

$$\tag{10.30}$$

式中：$\text{Cov}(x_i, x_j)$ 为不确定性变量 x_i 和 x_j 之间的相关系数。如果输入变量不相关，忽略二阶信息，则系统输出均值和标准差的近似计算公式为

$$\mu_y = f(\boldsymbol{x}_0)$$
$$\sigma_y = \sqrt{\sum_{i=1}^{n_x}\left[\frac{\partial f(\boldsymbol{x}_0)}{\partial x_i}\right]^2 \sigma_{x_i}^2} \tag{10.31}$$

该分析方法直观简单，便于计算与应用，但是也存在一定的局限性：要求不确定性变量的方差或变化区间不能太大，系统模型的非线性程度不能太高，否则计算精度会受到极大影响。虽然存在上述不足，但综合考虑计算复杂性和求解精确性，该方法仍不失为一个可行有效的近似分析方法，在不确定性分析中得到了大量应用。

10.3.3 深度随机混沌多项式展开方法

混沌多项式展开（Polynomial Chaos Expansion，PCE）方法[46-50]起源于 Wiener 和 Ito 对于无序运动的数学描述，其后 Wiener 将其引入不确定性分析中。PCE 法主要包含两部分工作，即构建正交基函数和展开系数求解。关于正交基函数构建方法的研究已经非常成熟，本节不再详细讨论。因此，本节主要研究展开系数的求解方法。在构建随机系统的代理模型时，展开系数的个数随展开阶数的增加快速增长，由此导致求解展开系数的样本个数增加，从而导致构建 PCE 模型的成本增加，基于深度神经网络（Deep Neural Network，DNN）求解展开系数是有效的解决方法之一。本节对 PCE 方法及深度随机混沌多项式展开（Deep Arbitrary Polynomial Chaos Expansion，Deep aPCE）方法[51]进行介绍。

1. 混沌多项式展开法

对于随机变量 y，PCE 将其近似展开成如下级数形式：

$$\begin{aligned} y = & a_0 \varGamma_0 + \sum_{i_1=1}^{\infty} a_{i_1} \varGamma_1(\xi_{i_1}) + \sum_{i_1=1}^{\infty}\sum_{i_2=1}^{i_1} a_{i_1 i_2} \varGamma_2(\xi_{i_1},\xi_{i_2}) \\ & + \sum_{i_1=1}^{\infty}\sum_{i_2=1}^{i_1}\sum_{i_3=1}^{i_2} a_{i_1 i_2 i_3} \varGamma_3(\xi_{i_1},\xi_{i_2},\xi_{i_3}) + \cdots \end{aligned} \tag{10.32}$$

式中：ξ 是标准正态随机变量；a 为确定性系数，也是 PCE 中需要求解的量；$\varGamma_p(\xi_{i_1},\cdots,\xi_{i_p})$ 是多元 p 阶 Hermite 多项式，定义如下：

$$\varGamma_p(\xi_{i_1},\cdots,\xi_{i_p}) = (-1)^p \frac{\partial^p e^{-\frac{1}{2}\xi^T\xi}}{\partial \xi_{i_1}\cdots\partial \xi_{i_p}} e^{\frac{1}{2}\xi^T\xi} \tag{10.33}$$

式中：$\boldsymbol{\xi}^{\mathrm{T}}=[\xi_1,\xi_2,\cdots,\xi_n]$ 为 $\{\xi_{i_1},\xi_{i_2},\cdots,\xi_{i_p}\}$ 中互不相同的变量。在实际应用中，通常采用式（10.32）的截断形式，即 $\boldsymbol{\xi}$ 和 Γ 的个数都是有限的。将 $\boldsymbol{\xi}$ 的个数定义为 PCE 的维数，Γ 的个数定义为 PCE 的阶数，则 d 维 p 阶 PCE 模型涉及的系数个数为

$$N = 1 + \sum_{s=1}^{p} \frac{1}{s!} \prod_{r=0}^{s-1}(d+r) = \frac{(d+p)!}{d!p!} \quad (10.34)$$

式（10.32）可简写为

$$y = \sum_{i=0}^{\infty} b_i \Phi_i(\boldsymbol{\xi}) \quad (10.35)$$

其中 b_i 和 $\Phi_i(\boldsymbol{\xi})$ 分别对应于式（10.32）中的确定性系数和 Hermite 多项式。例如，$d=2$ 和 $p=2$ 的 PCE 模型可以表示为

$$\begin{aligned}y=&a_0\Gamma_0+a_1\Gamma_1(\xi_1)+a_2\Gamma_1(\xi_2)\\&+a_{11}\Gamma_2(\xi_1,\xi_1)+a_{12}\Gamma_2(\xi_1,\xi_2)+a_{22}\Gamma_2(\xi_2,\xi_2)\\&+a_{111}\Gamma_3(\xi_1,\xi_1,\xi_1)+a_{211}\Gamma_3(\xi_2,\xi_1,\xi_1)+a_{221}\Gamma_3(\xi_2,\xi_2,\xi_1)\\&+a_{222}\Gamma_3(\xi_2,\xi_2,\xi_2)\end{aligned} \quad (10.36)$$

也可简写为

$$y=c_0\psi_0+c_1\psi_1+c_2\psi_2+c_3\psi_3+c_4\psi_4+c_5\psi_5+\cdots \quad (10.37)$$

$\{\psi_i\}$ 通过式（10.33）得到

$$\{\psi_i\}=\{1,\xi_1,\xi_2,\xi_1^2-1,\xi_1\xi_2,\xi_2^2-1\} \quad (10.38)$$

给定一组样本及其对应系统输出响应值，目前发展了多种求解 PCE 中展开系数的方法，其中 Galerkin 投影法[52]和回归法是两种主要求解方法。Galerkin 投影法通过利用多项式的正交性，进行内积操作将函数分别投影到每个基函数项 ψ_i 上，得到相应展开系数。根据 ψ 的定义可知：

$$\begin{cases}\psi_0=1, E[\psi_i]=0, E[\psi_i\psi_j]=E[\psi_i^2]\delta_{ij} & (\forall i,j)\\ E[\xi^0]=1, E[\xi^k]=0 & (\forall k \text{ 为奇数})\end{cases} \quad (10.39)$$

其中 $\begin{cases}\delta_{ij}=1 & (i=j)\\ \delta_{ij}=0 & (i\neq j)\end{cases}$，$E[\psi_i^2(\boldsymbol{\xi})]$ 可以解析得到，$E[y\psi_i(\boldsymbol{\xi})]$ 可以通过抽样和数值积分方法得到，PCE 展开系数可以通过下式求得

$$b_i = \frac{E[y\psi_i(\boldsymbol{\xi})]}{E[\psi_i^2(\boldsymbol{\xi})]} \quad (10.40)$$

回归法是通过最小化某些样本点上 PCE 预测响应值和真实响应值

间的误差平方和求解 PCE 中的展开系数。对于 d 维 p 阶 PCE 模型，若已知 n 个样本点 $\{\xi_1,\xi_2,\cdots,\xi_n\}$ 及其响应值 $\{y_1,y_2,\cdots,y_n\}$，代入 PCE 中得到

$$\begin{bmatrix} \psi_0(\xi_0) & \psi_1(\xi_0) & \cdots & \psi_N(\xi_0) \\ \psi_0(\xi_1) & \psi_1(\xi_1) & \cdots & \psi_N(\xi_1) \\ \vdots & \vdots & \ddots & \vdots \\ \psi_0(\xi_n) & \psi_0(\xi_n) & \cdots & \psi_0(\xi_n) \end{bmatrix} \begin{bmatrix} b_0 \\ b_1 \\ \vdots \\ b_N \end{bmatrix} = \begin{bmatrix} y_0 \\ y_1 \\ \vdots \\ y_N \end{bmatrix} \quad (10.41)$$

通过最小二乘法，可以得到 PCE 的展开系数：

$$c = (A^T A)^{-1} A^T Y \quad (10.42)$$

式中：

$$c = \begin{bmatrix} b_0 \\ b_1 \\ \vdots \\ b_N \end{bmatrix}, \quad A = \begin{bmatrix} \psi_0(\xi_0) & \psi_1(\xi_0) & \cdots & \psi_N(\xi_0) \\ \psi_0(\xi_1) & \psi_1(\xi_1) & \cdots & \psi_N(\xi_1) \\ \vdots & \vdots & \ddots & \vdots \\ \psi_0(\xi_n) & \psi_0(\xi_n) & \cdots & \psi_0(\xi_n) \end{bmatrix}, \quad Y = \begin{bmatrix} y_0 \\ y_1 \\ \vdots \\ y_N \end{bmatrix}$$

$$(10.43)$$

当 PCE 模型中的展开系数确定后，系统输出响应可以表述成一系列标准正态分布随机变量的函数，从而可以方便快速地得到系统响应的概率分布以及均值、方差等特征信息。

上述 PCE 方法中，PCE 展开正交多项式为 Hermite 多项式，主要适用于系统响应输出为高斯随机过程的情况。Xiu 和 Karniadakis[53-54] 对 Hermite 正交多项式展开方法进行扩展，提出根据系统随机变量的概率分布类型不同，从 Askey 系列正交多项式中选取相应多项式作为基函数构造 PCE 模型，以改进 PCE 的收敛性。对应关系如表 10.2 所示。

表 10.2 PCE 模型的正交多项式基函数

类型	概率分布	正交多项式	支持区间
连续型	高斯分布	Hermite	$(-\infty,+\infty)$
	γ 分布	Laguerre	$[0,+\infty)$
	β 分布	Jacobi	$[a,b]$
	均匀分布	Lagendre	$[a,b]$

续表

类　型	概率分布	正交多项式	支持区间
非连续型	泊松分布	Charlier	$\{0,1,2,\cdots,N\}$
	二项分布	Krawtchouk	$\{0,1,2,\cdots,N\}$
	负二项分布	Meixner	$\{0,1,2,\cdots,N\}$
	超几何分布	Meixner	$\{0,1,2,\cdots,N\}$

除了采用 Askey 多项式，还可以通过变换将输入随机变量变换成标准正态随机变量，进而采用 PCE 展开。Devroye 和 Isukapalli 等提出了有效的转换方法，处理不同类型概率分布的转换方法如表 10.3 所示。

表 10.3　PCE 模型非标准正态输入变量转换方法

概率分布	变　换
均匀分布(a,b)	$a+(b-a)\left(\dfrac{1}{2}+\dfrac{1}{2}\mathrm{erf}\left(\dfrac{\xi}{\sqrt{2}}\right)\right)$
正态分布(μ,σ)	$\mu+\sigma\xi$
对数分布(μ,σ)	$\exp(\mu+\sigma\xi)$
γ 分布(a,b)	$ab\left(\xi\sqrt{\dfrac{1}{9a}}+1-\dfrac{1}{9a}\right)^3$
指数分布(λ)	$-\dfrac{1}{\lambda}\log\left(\dfrac{1}{2}+\dfrac{1}{2}\mathrm{erf}\left(\dfrac{\xi}{\sqrt{2}}\right)\right)$

2. Deep aPCE 方法

基于随机 PCE[55]（Arbitrary PCE，aPC）和 DNN，本节介绍如图 10.10 所示的 Deep aPCE 方法[51]。通常 PCE 模型构建包含两部分，即构建多项式正交基函数和系数求解。一般的 PCE 模型在构建基函数时对输入变量的概率分布形式有要求，如表 10.2 所示。但是，实际问题输

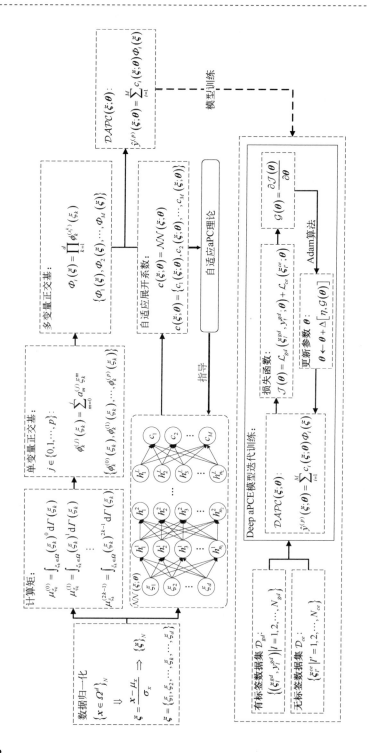

图 10.10 Deep aPCE 方法框架（见彩图）

入变量的概率分布形式可能是未知的。不同于一般的 PCE 方法，aPC 方法可根据输入随机变量的矩构建正交基函数，具体构建方法可参阅文献[55]，本节不再赘述。

不同于传统方法，Deep aPCE 方法利用 DNN 求解随机 PCE 的展开系数，如图 10.10 所示。但是 DNN 参数的学习需要大量的有标签数据，这在实际问题中是不现实的。为了解决此问题，利用式（10.44）中 PCE 系数的性质[49]构建一个内嵌理论知识的 DNN 模型，以求解 Deep aPCE 模型 $\mathcal{D}APC(\boldsymbol{\xi};\boldsymbol{\theta})$ 的展开系数，如图 10.11 所示。

$$\begin{aligned}&\left|E[\hat{y}^{(p)}(\boldsymbol{\xi})] - E[c_1(\boldsymbol{\xi};\boldsymbol{\theta})]\right| < \varepsilon_1 \quad (\forall \varepsilon_1 > 0) \\ &\left|D[\hat{y}^{(p)}(\boldsymbol{\xi})] - \sum_{i=2}^{M}\{E[c_i(\boldsymbol{\xi};\boldsymbol{\theta})]\}^2\right| < \varepsilon_2 \quad (\forall \varepsilon_2 > 0)\end{aligned} \quad (10.44)$$

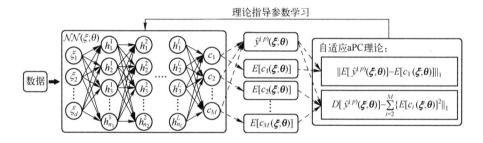

图 10.11　内嵌理论知识的 DNN 模型

相比传统的 DNN 模型，内嵌理论知识的 DNN 模型可充分利用大量无标签数据提供的信息，提高 Deep aPCE 模型 $\mathcal{D}APC(\boldsymbol{\xi};\boldsymbol{\theta})$ 的精度。因此，在训练 Deep aPCE 模型 $\mathcal{D}APC(\boldsymbol{\xi};\boldsymbol{\theta})$ 时，可采用少量的有标签数据 $\mathcal{D}_{gd} = \{(\boldsymbol{x}_l^{gd}, \boldsymbol{y}_l^{gd}) | l = 1, 2, \cdots, N_{gd}\}$ 和大量的无标签数据 $\mathcal{D}_{ce} = \{\boldsymbol{x}_{l'}^{ce} | l' = 1, 2, \cdots, N_{ce}\}$。基于此，设计损失函数 $\mathcal{L}(\boldsymbol{\theta})$ 训练 Deep aPCE 模型 $\mathcal{D}APC(\boldsymbol{\xi};\boldsymbol{\theta})$，即

$$\mathcal{L}(\boldsymbol{\theta}) = \mathcal{L}_{gd}(\boldsymbol{\xi}_l^{gd}, y_l^{gd}; \boldsymbol{\theta}) + \lambda \mathcal{L}_{ce}^1(\boldsymbol{\xi}_{l'}^{ce}; \boldsymbol{\theta}) + \lambda \mathcal{L}_{ce}^{2M}(\boldsymbol{\xi}_{l'}^{ce}; \boldsymbol{\theta}) \quad (10.45)$$

式中：λ 是超参数；

$$\mathcal{L}_{gd}(\pmb{\xi}_l^{gd}, y_l^{gd}; \pmb{\theta}) = \frac{1}{N_{gd}} \sum_{l=1}^{N_{gd}} |\hat{y}_l^{gd}(\pmb{\xi}_l^{gd}; \pmb{\theta}) - y_l^{gd}|$$
$$= \frac{1}{N_{gd}} \sum_{l=1}^{N_{gd}} \left| \left[\sum_{i=1}^{M} c_i(\pmb{\xi}_l^{gd}; \pmb{\theta}) \Phi_i(\pmb{\xi}_l^{gd}) \right] - y_l^{gd} \right| \quad (10.46)$$

$$\mathcal{L}_{ce}^1(\pmb{\xi}_{l'}^{ce}; \pmb{\theta}) = |E[\hat{y}^{ce}(\pmb{\xi}^{ce}; \pmb{\theta})] - E[c_1(\pmb{\xi}^{ce}; \pmb{\theta})]|$$
$$= \left| \frac{1}{N_{ce}} \sum_{l'=1}^{N_{ce}} \hat{y}_{l'}^{ce}(\pmb{\xi}_{l'}^{ce}; \pmb{\theta}) - \frac{1}{N_{ce}} \sum_{l'=1}^{N_{ce}} c_1(\pmb{\xi}_{l'}^{ce}; \pmb{\theta}) \right|$$
$$= \frac{1}{N_{ce}} \left| \sum_{l'=1}^{N_{ce}} [\hat{y}_{l'}^{ce}(\pmb{\xi}_{l'}^{ce}; \pmb{\theta}) - c_1(\pmb{\xi}_{l'}^{ce}; \pmb{\theta})] \right| \quad (10.47)$$
$$= \frac{1}{N_{ce}} \left| \sum_{l'=1}^{N_{ce}} \left[\sum_{i=1}^{M} c_i(\pmb{\xi}_{l'}^{ce}; \pmb{\theta}) \Phi_i(\pmb{\xi}_{l'}^{ce}) - c_1(\pmb{\xi}_{l'}^{ce}; \pmb{\theta}) \right] \right|$$

$$\mathcal{L}_{ce}^{2M}(\pmb{\xi}_{l'}^{ce}; \pmb{\theta}) = \left| \mathrm{Var}[\hat{y}^{ce}(\pmb{\xi}^{ce}; \pmb{\theta})] - \sum_{i=2}^{M} \{E[c_i(\pmb{\xi}^{ce}; \pmb{\theta})]\}^2 \right|$$
$$= \left| \frac{1}{N_{ce}-1} \sum_{l'=1}^{N_{ce}} \{\hat{y}^{ce}(\pmb{\xi}_{l'}^{ce}; \pmb{\theta}) - E[\hat{y}^{ce}(\pmb{\xi}_{l'}^{ce}; \pmb{\theta})]\}^2 - \sum_{i=2}^{M} \{E[c_i(\pmb{\xi}^{ce}; \pmb{\theta})]\}^2 \right|$$
$$= \left| \frac{1}{N_{ce}-1} \sum_{l'=1}^{N_{ce}} \left\{ \sum_{i=1}^{M} c_i(\pmb{\xi}_{l'}^{ce}; \pmb{\theta}) \Phi_i(\pmb{\xi}_{l'}^{ce}) - \frac{1}{N_{ce}} \sum_{l'=1}^{N_{ce}} \left[\sum_{i=1}^{M} c_i(\pmb{\xi}_{l'}^{ce}; \pmb{\theta}) \Phi_i(\pmb{\xi}_{l'}^{ce}) \right] \right\}^2 \right.$$
$$\left. - \sum_{i=2}^{M} \left[\frac{1}{N_{ce}} \sum_{l'=1}^{N_{ce}} c_i(\pmb{\xi}_{l'}^{ce}; \pmb{\theta}) \right]^2 \right|$$
$$(10.48)$$

因此，给定有标签数据集和无标签数据集并设定学习率 η 和最大训练周期 $ep_{\max}$，基于损失函数 $\mathcal{L}(\pmb{\theta})$ 的 Deep aPCE 模型 $\mathcal{DAPC}(\pmb{\xi};\pmb{\theta})$ 训练流程如图 10.12 所示，其中 $\Delta(\cdot)$ 是由 DNN 优化算法[56]确定的计算更新算子。

最终训练得到的 Deep aPCE 模型 $\mathcal{DAPC}(\pmb{\xi};\pmb{\theta})$ 可表示成如图 10.13 所示的计算图。从而，在 Deep aPCE 模型 $\mathcal{DAPC}(\pmb{\xi};\pmb{\theta})$ 上直接进行蒙特卡洛仿真即可量化随机输入导致的不确定性。

第 10 章 不确定性多学科设计优化

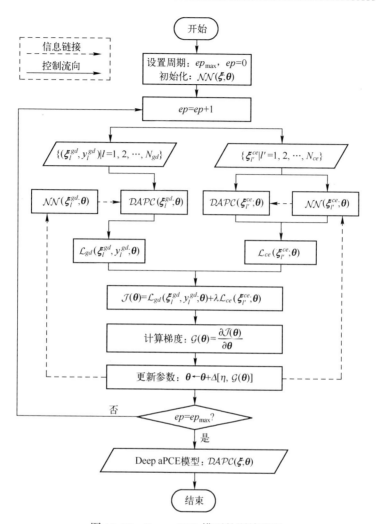

图 10.12 Deep aPCE 模型的训练流程

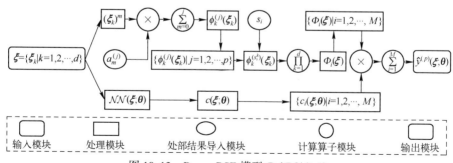

图 10.13 Deep aPCE 模型 $\mathcal{DAPC}(\pmb{\xi};\pmb{\theta})$

10.3.4 可靠性分析法

可靠性分析[57]是不确定性分析中的一类特殊方法,特指用于计算系统响应值在不确定性影响下满足约束条件的可靠度或失效概率。图 10.14 对具有两个随机输入变量的线性约束函数可靠性分析进行了示意性说明。

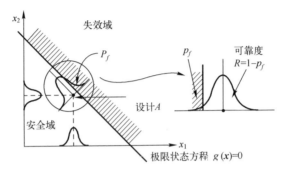

图 10.14　两随机输入变量线性约束函数可靠性分析示意图

不失一般性,记约束条件为 $g(\boldsymbol{x}) \geqslant 0$,其中 $g(\boldsymbol{x}) = 0$ 定义为极限状态函数,则系统的失效概率可以通过下式求得

$$p_f = \int_D p(\boldsymbol{x}) \mathrm{d}\boldsymbol{x} \tag{10.49}$$

其中,D 为失效域 $g(\boldsymbol{x}) \leqslant 0$,$p(\boldsymbol{x})$ 为不确定性变量 $\boldsymbol{x}$ 的联合概率密度函数,系统的可靠度为 $R = 1 - P_f$。与式(10.22)类似,由于失效域 D 与联合概率密度函数 $p(\boldsymbol{x})$ 通常不能显式表达,直接对上式进行积分求解难度较大,本节重点介绍三种近似求解方法:期望一次二阶矩方法、一次可靠度法和二次可靠度法。

1. 期望一阶二次矩法

期望一阶二次矩法(Mean Value First-Order Second Moment Method, MVFOSM)首先采用泰勒展开法计算约束函数在设计点的均值 μ_g 和方差 σ_g,并假设约束函数响应值服从正态分布,则约束失效概率通过下式计算得到:

$$P_f = \int_{-\infty}^{0} \frac{1}{\sigma_g \sqrt{2\pi}} \exp\left[-\frac{1}{2}\left(\frac{g-\mu_g}{\sigma_g}\right)^2\right] dg$$
$$= \int_{-\infty}^{-\frac{\mu_g}{\sigma_g}} \frac{1}{\sqrt{2\pi}} \exp\left[-\frac{1}{2}t^2\right] dt = \Phi(-\beta) \quad (10.50)$$

式中：$\beta = \dfrac{\mu_g}{\sigma_g}$ 为可靠度指标。从计算可靠度所需的系统分析次数角度来看，MVFOSM 方法在所有可靠性分析方法中效率最高。但是，该方法只在约束函数响应值服从正态分布的情况下才能保证计算精度，因此在应用时需要对计算效率和计算精度进行综合考虑。

2. 一次可靠度法

一次可靠度法（First Order Reliability Analysis Method，FORM）包括以下三个主要步骤：

第一步，将原空间中的随机向量 **x** 转换为标准正态 U 空间中的标准正态独立分布随机向量 **u**，该向量每个元素的均值为 0，标准差为 1，各个随机变量相互独立。如果 **x** 各个随机变量独立，从 **x** 到 **u** 的转换可以通过 Rosenblatt 转换实现[6]：

$$u_i = \Phi^{-1}(\mathrm{CDF}_{xi}(x_i)) \quad (10.51)$$

式中：CDF_{xi} 为不确定性分量 x_i 的概率分布函数；Φ 为标准正态分布函数。记 $\boldsymbol{u} = T(\boldsymbol{x})$，则式（10.49）转换为

$$P_f = \int_{D_u} \phi(\boldsymbol{u}) d\boldsymbol{u} \quad (10.52)$$

式中：$\phi(\boldsymbol{u})$ 为标准正态联合概率密度函数；D_u 为原失效域 D 转换到 Y 空间后的失效域，由极限状态函数 $g(T^{-1}(\boldsymbol{u})) = G(\boldsymbol{u}) = 0$ 定义。

第二步，在极限状态函数上搜索最大可能点（Most Probable Point，MPP）。MPP 为极限状态函数上具有最大概率密度的点，MPP 搜索可转换为如下优化问题：

$$\begin{cases} \min\limits_{\boldsymbol{u}} & \|\boldsymbol{u}\| \\ \text{s. t.} & G(\boldsymbol{u}) = 0 \end{cases} \quad (10.53)$$

记式（10.53）的最优点为 $\boldsymbol{u}^*$。该优化问题可以通过 HL-RF（Hasofer Lind Rackwitz and Fiessler）迭代方法求解[58-59]，迭代格式如下：

$$\begin{cases} \boldsymbol{u}^{(k+1)} = (\boldsymbol{u}^{(k)} \cdot \boldsymbol{n}^{(k)})\boldsymbol{n}^{(k)} + \dfrac{G(\boldsymbol{u}^{(k)})}{\|\nabla G(\boldsymbol{u}^{(k)})\|}\boldsymbol{n}^{(k)} \\ \boldsymbol{n}^{(k)} = -\dfrac{\nabla G(\boldsymbol{u}^{(k)})}{\|\nabla G(\boldsymbol{u}^{(k)})\|} \end{cases} \quad (10.54)$$

式中：$\boldsymbol{n}^{(k)}$表示函数$G(\cdot)$在点$\boldsymbol{u}^{(k)}$处的最速下降方向向量。式（10.53）中的优化问题也可以直接通过等式约束优化方法求解。

第三步，通过极限状态函数位于 MPP 点的切平面对原极限状态超曲面进行近似，则基于该近似的极限状态超平面可对失效率估计如下：

$$\begin{cases} P_f \approx \Phi(-\beta) & (P_f \leqslant 0.5) \\ P_f \approx \Phi(\beta) & (P_f > 0.5) \end{cases} \quad (10.55)$$

式中：$\beta = \|\boldsymbol{u}^*\|$为可靠度指标（Reliability Index）。如果 MPP 位于原点，即$\beta=0$，则$P_f=0.5$。一般情况下失效率均远小于 0.5，即 Y 空间的原点位于可行域内。

综上所述，基于 FORM 的可靠性分析方法如图 10.15 所示。

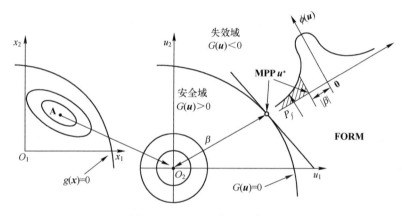

图 10.15　FORM 方法示意图

当$G(\boldsymbol{u})$为线性函数时，根据 Cauchy-Schwarz 不等式定理可知，$G(\boldsymbol{u})$距离原点的最短距离为

$$\beta = \frac{G(\boldsymbol{u}_{\text{MPP}}) - \nabla^{\text{T}} G(\boldsymbol{u}_{\text{MPP}})\boldsymbol{u}_{\text{MPP}}}{\|\nabla G(\boldsymbol{u}_{\text{MPP}})\|} = -\frac{\nabla^{\text{T}} G(\boldsymbol{u}_{\text{MPP}})\boldsymbol{u}_{\text{MPP}}}{\|\nabla G(\boldsymbol{u}_{\text{MPP}})\|} \quad (10.56)$$

式中：$\boldsymbol{u}_{\text{MPP}}$平行于$\nabla G(\boldsymbol{u}_{\text{MPP}})$。由于$\boldsymbol{u}$服从标准正态分布，$G(\boldsymbol{u})$也为正态分布，其均值和方差可以由下式求得

$$\mu_G = -\nabla^T G(\boldsymbol{u}_{\text{MPP}})\boldsymbol{u}_{\text{MPP}}$$
$$\sigma_G = \|\nabla G(\boldsymbol{u}_{\text{MPP}})\| \qquad (10.57)$$

易知 $\beta = \dfrac{\mu_G}{\sigma_G}$，且当失效概率小于 0.5 时 $P_f = \Phi(-\beta)$，失效概率大于 0.5 时 $P_f = \Phi(\beta)$。

由上述分析可知当 $G(\boldsymbol{u})$ 为线性函数时，由 FORM 方法计算得到的失效概率即为真实的失效概率。当 $G(\boldsymbol{u})$ 为非线性函数时，使用 FORM 方法计算将会产生一定的误差。虽然 FORM 中 β 的定义与期望一阶二次矩法中定义的可靠度指标类似，且两者均通过一阶泰勒展开进行近似估算，但是 FORM 在极限状态函数上具有最大概率密度的 MPP 点进行展开，比期望一阶二次矩法直接在期望值处展开的估算精度更高。

3. 二次可靠度法

由于 FORM 将极限状态函数在 MPP 点处进行一阶泰勒展开，所以当极限状态函数非线性程度较强时，FORM 的计算结果误差较大。为改进 FORM 的计算精度，发展了二次可靠度法（Second Order Reliability Analysis Method，SORM）。SORM 主要分为以下几个步骤：

首先，将极限状态函数在 MPP 处进行二阶泰勒展开，即
$$\widetilde{G}(\boldsymbol{u}) = G(\boldsymbol{u}_{\text{MPP}}) + \nabla^T G(\boldsymbol{u}_{\text{MPP}})(\boldsymbol{u} - \boldsymbol{u}_{\text{MPP}})$$
$$+ \frac{1}{2}(\boldsymbol{u} - \boldsymbol{u}_{\text{MPP}})^T \nabla^2 G(\boldsymbol{u}_{\text{MPP}})(\boldsymbol{u} - \boldsymbol{u}_{\text{MPP}}) \qquad (10.58)$$

两边同时除以 $\|\nabla G(\boldsymbol{U}_{\text{MPP}})\|$，根据式（10.56）得
$$\widetilde{G}(\boldsymbol{u}) = \beta + \boldsymbol{A}^T \boldsymbol{u} + \frac{1}{2}(\boldsymbol{u} - \boldsymbol{u}_{\text{MPP}})^T \boldsymbol{B}(\boldsymbol{u} - \boldsymbol{u}_{\text{MPP}}) \qquad (10.59)$$

式中：β 通过 FORM 计算得到，且
$$\boldsymbol{A} = \frac{\nabla G(\boldsymbol{u}_{\text{MPP}})}{\|\nabla G(\boldsymbol{u}_{\text{MPP}})\|}, \quad \boldsymbol{B} = \frac{\nabla^2 G(\boldsymbol{u}_{\text{MPP}})}{\|\nabla G(\boldsymbol{u}_{\text{MPP}})\|} \qquad (10.60)$$

其次，设向量 $\boldsymbol{u}$ 为 n 维，则通过坐标变换使得第 n 个坐标方向与 $\boldsymbol{u}_{\text{MPP}}$ 方向平行。构造如下 n 个向量：
$$\boldsymbol{\gamma}_1 = -\frac{\nabla^T G(\boldsymbol{u}_{\text{MPP}})}{\|\nabla G(\boldsymbol{u}_{\text{MPP}})\|}, \quad \boldsymbol{\gamma}_2 = [0 \ \ 1 \ \ 0 \ \cdots \ 0],$$
$$\boldsymbol{\gamma}_3 = [0 \ \ 0 \ \ 1 \ \cdots \ 0], \cdots, \boldsymbol{\gamma}_n = [0 \ \ 0 \ \ 0 \ \cdots \ 1] \qquad (10.61)$$

通过 Gram-Schmidt 正交化方法将上述向量正交化，可以得到一组正交向量 $\{\overline{\boldsymbol{\gamma}}_1, \overline{\boldsymbol{\gamma}}_2, \cdots, \overline{\boldsymbol{\gamma}}_n\}$，其中 $\overline{\boldsymbol{\gamma}}_1 = \boldsymbol{\gamma}_1$。构造矩阵：

$$\boldsymbol{H} = \begin{bmatrix} \overline{\boldsymbol{\gamma}}_2 \\ \overline{\boldsymbol{\gamma}}_3 \\ \vdots \\ \overline{\boldsymbol{\gamma}}_n \\ \overline{\boldsymbol{\gamma}}_1 \end{bmatrix} \tag{10.62}$$

由于正交阵 $\boldsymbol{H}$ 满足 $\boldsymbol{H}^\mathrm{T} = \boldsymbol{H}^{-1}$，通过变换 $\boldsymbol{z} = \boldsymbol{H}\boldsymbol{u}$ 将随机向量从 $\mathbb{U}$ 空间转换到 $\mathbb{Z}$ 空间，代入式（10.59）可得

$$\overline{G}(\boldsymbol{z}) = \beta + \boldsymbol{A}^\mathrm{T} \boldsymbol{H}^\mathrm{T} \boldsymbol{z} + \frac{1}{2}(\boldsymbol{z} - \boldsymbol{z}_\mathrm{MPP})^\mathrm{T} \boldsymbol{H} \boldsymbol{B} \boldsymbol{H}^\mathrm{T} (\boldsymbol{z} - \boldsymbol{z}_\mathrm{MPP}) \tag{10.63}$$

由于 $\boldsymbol{u}_\mathrm{MPP}$ 平行于 $\nabla G(\boldsymbol{u}_\mathrm{MPP})$，根据正交矩阵的性质及式（10.56）可知：

$$\begin{cases} \overline{\boldsymbol{\gamma}}_i \boldsymbol{u}_\mathrm{MPP} = 0\,(i \neq 1) \\ \overline{\boldsymbol{\gamma}}_1 \boldsymbol{u}_\mathrm{MPP} = \beta \end{cases} \Rightarrow \boldsymbol{z}_\mathrm{MPP} = \boldsymbol{H} \boldsymbol{u}_\mathrm{MPP} = \begin{bmatrix} 0 & 0 & 0 & \cdots & \beta \end{bmatrix}^\mathrm{T} \tag{10.64}$$

另外，$\boldsymbol{A} = \dfrac{\nabla G(\boldsymbol{u}_\mathrm{MPP})}{\|\nabla G(\boldsymbol{u}_\mathrm{MPP})\|} = \overline{\boldsymbol{\gamma}}_1^\mathrm{T}$，故 $\boldsymbol{A}^\mathrm{T} \boldsymbol{H}^\mathrm{T} = \begin{bmatrix} 0 & 0 & \cdots & 0 & 1 \end{bmatrix}$，式（10.63）化为如下形式：

$$\overline{G}(\boldsymbol{z}) = \beta - z_n + \frac{1}{2}(\boldsymbol{z} - \boldsymbol{z}_\mathrm{MPP})^\mathrm{T} \boldsymbol{H} \boldsymbol{B} \boldsymbol{H}^\mathrm{T} (\boldsymbol{z} - \boldsymbol{z}_\mathrm{MPP}) \tag{10.65}$$

在 $\mathbb{Z}$ 空间极限状态方程为 $\overline{G}(\boldsymbol{z}) = 0$，因此极限状态方程可以写为

$$z_n = \beta + \frac{1}{2}(\boldsymbol{z} - \boldsymbol{z}_\mathrm{MPP})^\mathrm{T} \boldsymbol{H} \boldsymbol{B} \boldsymbol{H}^\mathrm{T} (\boldsymbol{z} - \boldsymbol{z}_\mathrm{MPP}) \tag{10.66}$$

经过推导，上式可写成如下形式[60-61]：

$$z_n = \beta + \frac{1}{2} \sum_{j=1}^{n-1} k_j \tilde{z}_j^2 \tag{10.67}$$

式中：$k_j(j=1,2,\cdots,n)$ 为矩阵 $\boldsymbol{HBH}^\mathrm{T}$ 的前 $n-1$ 行与前 $n-1$ 列构成的矩阵的特征值，也是极限状态方程在 $\boldsymbol{z}_\mathrm{MPP}$ 处的前 $n-1$ 阶主曲率。若将 $G(\boldsymbol{u})$ 在 MPP 处进行一阶泰勒展开，则 $\overline{G}(\boldsymbol{z}) = \beta - z_n$，经过正交变换至 $\mathbb{Z}$ 空间后的极限状态方程即为 $z_n = \beta$，图 10.16 给出了 $\mathbb{Z}$ 空间上极限状态函数一阶及二阶近似的示意图。

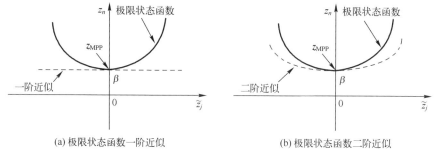

(a) 极限状态函数一阶近似　　　　(b) 极限状态函数二阶近似

图 10.16　Z 空间上极限状态函数一阶及二阶近似的示意图

至此，有很多种近似方法可以用于求解失效概率，较常用的有 Breitungs 方法和 Tvedt 方法。

（1）Breitungs 方法[60]：

$$P_f \approx \Phi(-\beta) \prod_{j=1}^{n-1} (1 + k_j\beta)^{-1/2} \tag{10.68}$$

（2）Tvedt 方法[62-63]：

$$\begin{aligned}
C_1 &= \Phi(-\beta) \prod_{j=1}^{n-1} (1 + k_j\beta)^{-1/2} \\
C_2 &= [\beta\Phi(-\beta) - \phi(\beta)] \left\{ \prod_{j=1}^{n-1} (1 + k_j\beta)^{-1/2} - \prod_{j=1}^{n-1} (1 + k_j(\beta+1))^{-1/2} \right\} \\
C_3 &= (\beta+1)[\beta\Phi(-\beta) - \phi(\beta)] \left\{ \prod_{j=1}^{n-1} (1 + k_j\beta)^{-1/2} \right. \\
&\quad \left. - \mathrm{Re}\left\{ \prod_{j=1}^{n-1} (1 + k_j(\beta+1))^{-1/2} \right\} \right\} \\
P_f &= C_1 + C_2 + C_3
\end{aligned}$$

(10.69)

SORM 比 FORM 求解精度更高，但是当不确定性变量较多时计算二次导数以及主曲率半径的计算量较大。在实际应用过程中，要根据问题的复杂度选择相应方法进行计算。

10.3.5　基于分解协调的多学科不确定性分析法

对于多个学科耦合的复杂系统，往往需要通过迭代求解学科分析模型获取系统多学科相容解。如果将多学科系统分析直接嵌套于前述不确定性分析算法中，则会导致巨大的计算量。针对该问题，Du 等[64]提出采用分解协调的方法对多学科系统响应的不确定性进行分析。本节主要对并行子空间不确定性分析方法和联合可靠性分析方法进行介绍。

1. 并行子空间不确定性分析方法

Du[64]等构建了多学科不确定性分析模型，并提出了系统不确定性分析（System Uncertainty Analysis，SUA）法用于计算复杂系统响应的均值和方差。在 SUA 法基础上进行改进，采用分解协调的策略组织求解系统响应的均值和方差，提出并行子空间不确定性分析（Concurrent Subspace Uncertainty Analysis，CSSUA）法。下面对 SUA 和 CSSUA 方法进行介绍。

以三学科耦合系统为例，不确定性传播关系如图 10.17 所示。其中设计变量 X_{sys}、X_1、X_2 及 X_3 具有不确定性，各个学科的分析模型具有模型不确定性 ε_{Y_1}、ε_{Y_2} 及 ε_{Y_3}，耦合变量的不确定性在各学科之间相互作用。

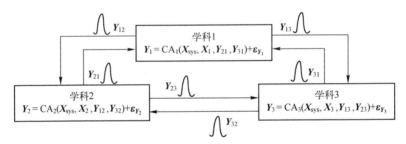

图 10.17　耦合系统不确定性传播

不失一般性，假设系统的响应值为 z_1，为学科 1 的输出状态变量。给定设计变量及模型误差的均值和方差 $\{\mu_{X_{sys}}, \mu_{X_i}, \sigma_{X_{sys}}, \sigma_{X_i}\}$ 及 $\{\mu_{\varepsilon_{Y_i}}, \mu_{\varepsilon_{z_i}}, \sigma_{\varepsilon_{Y_i}}, \sigma_{\varepsilon_{z_i}}\}$，则耦合变量和系统响应的均值可以通过设计变量均值处的函数响应值进行估算：

$$\mu_{Y_i} = CA_i(\mu_{X_{sys}}, \mu_{X_i}, \mu_{Y_{ji}}) + \mu_{\varepsilon_{Y_i}} \quad (j=1,2,\cdots,N, j \neq i) \quad (10.70)$$

$$\mu_{z_1} = z_1(\mu_{X_{sys}}, \mu_{X_i}, \mu_{Y_{ji}}) + \mu_{\varepsilon_{z_1}} \quad (j=1,2,\cdots,N, j \neq i) \quad (10.71)$$

式中：N 为学科数目。为了计算耦合变量和系统响应的方差，首先将耦合变量和系统响应泰勒展开成如下形式：

$$\Delta Y_i = \sum_{j=1,j\neq i}^{N} \frac{\partial \mathrm{CA}_i}{\partial X_{ji}} \Delta X_{ji} + \frac{\partial \mathrm{CA}_i}{\partial X_{\mathrm{sys}}} \Delta X_{\mathrm{sys}} + \frac{\partial \mathrm{CA}_i}{\partial X_i} \Delta X_i + \Delta \varepsilon_{Y_i} \quad (10.72)$$

$$\Delta z_1 = \sum_{j=1,j\neq i}^{N} \frac{\partial z_1}{\partial Y_{j1}} \Delta Y_{j1} + \frac{\partial z_1}{\partial X_{\mathrm{sys}}} \Delta X_{\mathrm{sys}} + \frac{\partial z_1}{\partial X_1} \Delta X_1 + \Delta \varepsilon_{z_1} \quad (10.73)$$

式中：

$$\Delta X_{\mathrm{sys}} = X_{\mathrm{sys}} - \mu_{X_{\mathrm{sys}}}, \quad \Delta X_i = X_i - \mu_{X_i}, \quad \Delta Y_i = Y_i - \mu_{Y_i} \quad (10.74)$$

联立式（10.72）和式（10.73）可得

$$\begin{aligned}\Delta z_1 &= E\Delta Y + F\Delta X_{\mathrm{sys}} + G\Delta X_1 + H \\ &= [E(A^{-1}B) + F]\Delta X_{\mathrm{sys}} + [E(A^{-1}C) + G]\Delta X + EA^{-1}D + H\end{aligned} \quad (10.75)$$

式中：

$$A = \begin{bmatrix} I_1 & -\dfrac{\partial \mathrm{CA}_1}{\partial Y_2} & \cdots & -\dfrac{\partial \mathrm{CA}_1}{\partial Y_N} \\ -\dfrac{\partial \mathrm{CA}_2}{\partial Y_1} & I_2 & & -\dfrac{\partial \mathrm{CA}_2}{\partial Y_N} \\ \vdots & & \ddots & \vdots \\ -\dfrac{\partial \mathrm{CA}_N}{\partial Y_1} & -\dfrac{\partial \mathrm{CA}_N}{\partial Y_2} & \cdots & I_N \end{bmatrix}, \quad B = \begin{bmatrix} \dfrac{\partial \mathrm{CA}_1}{\partial X_{\mathrm{sys}}} \\ \dfrac{\partial \mathrm{CA}_2}{\partial X_{\mathrm{sys}}} \\ \vdots \\ \dfrac{\partial \mathrm{CA}_N}{\partial X_{\mathrm{sys}}} \end{bmatrix},$$

$$C = \begin{bmatrix} \dfrac{\partial \mathrm{CA}_1}{\partial X_1} & 0 & \cdots & 0 \\ 0 & \dfrac{\partial \mathrm{CA}_2}{\partial X_2} & & 0 \\ \vdots & & \ddots & \vdots \\ 0 & 0 & \cdots & \dfrac{\partial \mathrm{CA}_N}{\partial X_N} \end{bmatrix}$$

$$D = \varepsilon_{Y_i} - \mu_{\varepsilon_{Y_i}}, \quad H = \varepsilon_{z_1} - \mu_{\varepsilon_{z_1}}, \quad E = \begin{bmatrix} 0 & \dfrac{\partial z_1}{\partial Y_2} & \cdots & \dfrac{\partial z_1}{\partial Y_N} \end{bmatrix}$$

$$F = \dfrac{\partial z_1}{\partial X_{\mathrm{sys}}}, \quad G = \begin{bmatrix} \dfrac{\partial z_1}{\partial X_1} & 0 & \cdots & 0 \end{bmatrix}$$

$$\Delta X = \begin{bmatrix} \Delta X_1 \\ \Delta X_2 \\ \cdots \\ \Delta X_N \end{bmatrix}, \quad \Delta Y = \begin{bmatrix} \Delta Y_1 \\ \Delta Y_2 \\ \cdots \\ \Delta Y_N \end{bmatrix} \tag{10.76}$$

至此，得到了如式（10.29）的泰勒展开式，其中 ΔX_{sys}、ΔX_i、D 和 H 已知且相互独立，z_1 的方差则可以将相对应参数代入式（10.31）得到，在此不再赘述。可以看出，求解系统响应的均值和方差需要联立求解学科分析模型，即进行系统分析。因此上述方法称为系统不确定性分析方法。该方法需要进行迭代计算，因此效率较低。为解决此问题，Du 进一步提出了 CSSUA 法。

CSSUA 法的基本思想是将复杂系统分解成若干个子系统，在各个子系统并行进行不确定性分析，然后通过系统层对其分析结果进行协调，如图 10.18 所示。但是该方法只对系统响应及耦合变量的均值采用分解协调方法进行计算，而方差的计算依旧采用 SUA 中的方法。

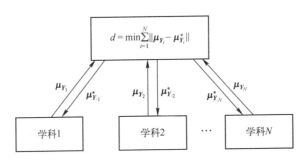

图 10.18　并行子空间不确定性分析

CSSUA 法步骤如下。

步骤 1：系统层给定所有状态变量的均值 $\boldsymbol{\mu}_{Y_i}^*$，将其下传给各个子系统，下传给子系统 1 的变量为耦合输入状态变量 $\boldsymbol{\mu}_{Y_{\cdot 1}}^*$，$\boldsymbol{\mu}_{Y_{\cdot 1}}^* \subset \bigcup_{i=1}^{N} \boldsymbol{\mu}_{Y_i}^*$。

步骤 2：各子系统通过式（10.70）分别计算该子系统的输出状态向量的均值，并将其返回给系统层。子系统 i 的输出为 $\boldsymbol{\mu}_{Y_i}$。

步骤 3：系统层通过求解下面的无约束优化模型更新 $\boldsymbol{\mu}_{Y_i}^*$。

$$\text{find} \quad \boldsymbol{\mu}_{Y_i}^*$$
$$\min \quad d = \sum_{i=1}^{N} \|\boldsymbol{\mu}_{Y_i} - \boldsymbol{\mu}_{Y_i}^*\| \tag{10.77}$$

步骤4：判断是否收敛，可以选取 $\sum_{i=1}^{N} \|\boldsymbol{\mu}_{Y_i} - \boldsymbol{\mu}_{Y_i}^*\| \leq C_0$ 为收敛条件，其中 C_0 为给定值。若收敛，结束计算，否则返回步骤2。

2. 联合可靠性分析方法

联合可靠性分析方法[65]针对多学科复杂系统可靠性分析问题提出，仅考虑参数不确定性，不考虑分析模型的不确定性。不失一般性，假设系统的响应值为 z_1，为学科1的输出状态变量，考虑 $z_1 < 0$ 的失效概率 $P_f = \Pr\{z_1 = z_1(\boldsymbol{X}_{\text{sys}}, \boldsymbol{X}_1, \boldsymbol{Y}_{\cdot 1}) < 0\}$。在给定设计变量的条件下，所有状态变量可以通过联立求解学科分析模型获得，因此 $\boldsymbol{Y}_{\cdot 1}$ 可以表示为 $(\boldsymbol{X}_{\text{sys}}, \boldsymbol{X}_1, \cdots, \boldsymbol{X}_N)$ 的函数，即

$$P_f = \Pr\{z_1 = F_1(\boldsymbol{X}_{\text{sys}}, \boldsymbol{X}_1, \cdots, \boldsymbol{X}_N) < 0\} \tag{10.78}$$

该式可以通过FORM进行求解，即求解如下优化问题：

$$\begin{cases} \min \quad \beta = \|\boldsymbol{U}\| \\ \qquad \text{DV} = \boldsymbol{U} = (\boldsymbol{U}_s, \boldsymbol{U}_1, \cdots, \boldsymbol{U}_N) \\ \text{s.t.} \quad z_1 = F_1(\boldsymbol{U}_{\text{sys}}, \boldsymbol{U}_1, \cdots, \boldsymbol{U}_N) = 0 \\ \qquad \text{DV-Design variables} \end{cases} \tag{10.79}$$

式中：$\boldsymbol{U}_{\text{sys}}, \boldsymbol{U}_1, \cdots, \boldsymbol{U}_N$ 为 $\mathbb{X}$ 空间中的随机向量 $\boldsymbol{X}_{\text{sys}}, \boldsymbol{X}_1, \cdots, \boldsymbol{X}_N$ 转换到标准正态 $\mathbb{U}$ 空间中的标准正态独立分布随机向量。上述优化问题中，由于 z_1 需要通过迭代求解学科分析模型才能获得，以三学科系统为例，如图10.19所示。如果将其直接嵌套在式（10.79）中进行求解将导致巨大的计算量。

为了解决上述问题，联合可靠性分析方法提出通过分解协调求解上述优化问题，该方法首先在式（10.79）中增加一致性约束，优化问题改写成如下形式：

$$\begin{cases} \min \quad \beta = \|\boldsymbol{U}\| \\ \qquad \text{DV} = \{\boldsymbol{U}, \boldsymbol{Y}\}, \quad \boldsymbol{U} = (\boldsymbol{U}_{\text{sys}}, \boldsymbol{U}_1, \cdots, \boldsymbol{U}_N), \quad \boldsymbol{Y} = \{Y_{ij} | i,j = 1, \cdots, N \quad i \neq j\} \\ \text{s.t.} \quad z_1 = \text{CA}_1(\boldsymbol{U}_{\text{sys}}, \boldsymbol{U}_1, \boldsymbol{Y}_{\cdot 1}) = 0 \\ \qquad \boldsymbol{Y}_{ij} - F_{ij}(\boldsymbol{U}_{\text{sys}}, \boldsymbol{U}_i, \boldsymbol{Y}_{\cdot i}) = 0 \end{cases}$$

$$\tag{10.80}$$

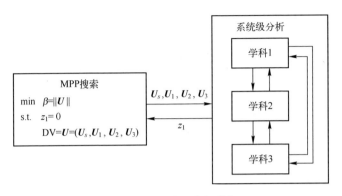

图 10.19 嵌套可靠性分析

式中：$F_{ij}(X_s,X_i,Y_{ji})$为由学科分析计算得到的耦合变量Y_{ij}的值，然后执行以下步骤。

步骤 1：系统层给定所有耦合变量值Y_{ij}，优化求解式（10.80），得到 MPP 点$U^*=(U_{\text{sys}}^*,U_1^*,\cdots,U_N^*)$。将耦合变量值及 MPP 点下传给各个子系统。

步骤 2：子系统分析计算F_{ij}的值，并返回给系统层。

步骤 3：系统层更新Y_{ij}的值，并重新搜索更新 MPP 点。

步骤 4：判断是否收敛，若收敛，输出$U^*=(U_{\text{sys}}^*,U_1^*,\cdots,U_N^*)$，否则返回步骤 2。

以三学科系统为例，联合可靠性分析方法如图 10.20 所示。该方法将嵌套的系统分析分解为独立的学科分析，不仅降低了计算量，也使得各学科能够并行计算，更贴合工程实际。

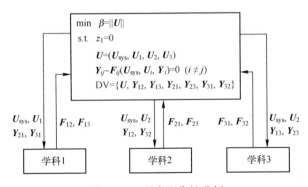

图 10.20 联合可靠性分析

10.4 多学科可靠性优化方法

考虑优化变量向量 X 和系统模型参数向量 P 具有随机不确定性，模型结构不确定性与实际学科有关，本节不对其进行讨论，以下出现的模型不确定性均特指模型参数不确定性，则基于可靠性的优化问题一般表述为

$$\begin{cases} \text{find} & \boldsymbol{\mu}_X \\ \min & \mu_f(\boldsymbol{X},\boldsymbol{P}) \\ \text{s.t.} & \Pr\{g_i(\boldsymbol{X},\boldsymbol{P}) \geq c_i\} \geq R_{T_i} \quad (i=1,2,\cdots,n_g) \\ & \boldsymbol{X}^L \leq \boldsymbol{\mu}_X \leq \boldsymbol{X}^U \end{cases} \quad (10.81)$$

优化变量向量为 X 的期望值 $\boldsymbol{\mu}_X$，在不确定性影响下，目标函数输出为随机分布，一般取目标函数输出期望值作为目标进行优化。假设有 n_g 个约束条件，每个约束函数 $g_i(i=1,2,\cdots,n_g)$ 的响应值亦为随机分布，要求满足约束 $g_i \geq c_i$ 的概率达到预定可靠度要求 R_{T_i}，亦即约束失效 $g_i < c_i$ 的概率小于预定值 $p_{fT_i} = 1 - R_{T_i}$。由于各个约束条件处理方法相同，为了表述方便，本节以其中一个约束为例进行讨论，从而略去下标中 i。

10.4.1 传统双层嵌套方法

传统双层嵌套不确定性优化方法如图 10.21 所示。求解式（10.81）中优化问题最直接的方法就是在各个搜索点对不确定性约束条件进行可靠性分析，计算其满足约束的可靠度（或者约束失效概率），并将其与目标值进行比较，判断是否满足可靠性要求。由于可靠性分析广泛采用 FORM 和 SORM 方法[66]，通过计算可靠度指标 β 对可靠度进行估算，并将 β 与预定可靠度要求 R 对应的可靠度指标 $\beta_T = -\Phi^{-1}(p_{fT})$（$p_{fT} < 0.5$）进行比较以判断是否满足可靠性约束条件，因此该方法也称为可靠度指标（Reliability Index Approach，RIA）方法。

但是，如果在各个搜索点都对不确定性约束条件进行分析，将可靠性分析嵌套于优化搜索中，则计算量巨大。如果可靠性分析采用蒙特卡洛方法，一般需要采样大量样本点进行仿真才能得到满足精度要求的结果；而即使对于 FORM 和 SORM 等近似可靠性分析方法，也需要优化循环求解

MPP 点进行计算,由此优化-可靠性分析双层嵌套的优化算法将复杂耗时,难以应用。此外,考虑到在优化搜索过程中,实际上只需判断每个搜索点是否满足可靠性约束要求即可,并不需要准确计算出搜索点处的具体可靠度值,由此发展了性能测度方法(Performance Measure Approach,PMA)。该方法的中心思想是对于每个约束函数 g,计算其随机分布的响应值的 p_{fT} 分位点 g^{p_T},记为

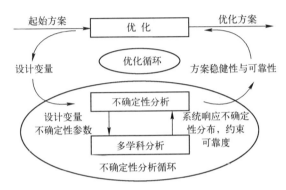

图 10.21 传统双层嵌套不确定性优化方法

$$\Pr\{g \leqslant g^{p_T}\} = p_{fT} \quad (10.82)$$

显而易见,如果 $g^{p_T} \geqslant c$,则有 $\Pr\{g \leqslant c\} \leqslant p_{fT}$。因此,在求解式(10.81)中优化问题时,只需在各个搜索点判断是否满足 $g^{p_T} \geqslant c$ 即可。分位点 g^{p_T} 可以通过求解下述优化问题进行计算:

$$\begin{cases} \min\limits_{u} & G(\boldsymbol{u}) \\ \text{s. t.} & \|\boldsymbol{u}\| = \beta_T \end{cases} \quad (10.83)$$

该优化问题实际为 FORM 方法中求解 MPP 点的优化问题的逆问题,其最优解称为逆 MPP 点 $\boldsymbol{u}^*_{\beta=\beta_T}$,由此可以估算分位点值为 $g^{p_T} = G(\boldsymbol{u}^*_{\beta=\beta_T})$。求解式(10.83)只需在约束 $\|\boldsymbol{u}\| = \beta_T$ 确定的超球面上搜索使 $G(\boldsymbol{u})$ 最小的单位向量方向,比搜索 MPP 点更加简单。目前比较广泛采用的方法有适用于凸约束函数的改进均值(Advanced Mean Value,AMV)方法、适用于非凸约束函数的共轭均值(Conjugate Mean Value,CMV)方法,以及适用于凸和非凸约束函数的混合均值(Hybrid Mean Value,HMV)方法,亦可直接采用等式约束优化器对式(10.83)进行求解[67]。

AMV 方法迭代求解逆 MPP,迭代格式为

$$\boldsymbol{u}_{\text{AMV}}^{(1)} = \beta_T \cdot \left[-\frac{\nabla G(0)}{\|\nabla G(0)\|} \right]$$

$$\text{for} \quad k \geq 1, \quad \boldsymbol{u}_{\text{AMV}}^{(k+1)} = \beta_T \boldsymbol{n}(\boldsymbol{u}_{\text{AMV}}^{(k)}), \quad \boldsymbol{n}(\boldsymbol{u}_{\text{AMV}}^{(k)}) = -\frac{\nabla G(\boldsymbol{u}_{\text{AMV}}^{(k)})}{\|\nabla G(\boldsymbol{u}_{\text{AMV}}^{(k)})\|} \quad (10.84)$$

CMV 方法迭代求解逆 MPP 的迭代格式为

$$\boldsymbol{u}_{\text{CMV}}^{(0)} = 0, \quad \boldsymbol{u}_{\text{CMV}}^{(1)} = \boldsymbol{u}_{\text{AMV}}^{(1)}, \quad \boldsymbol{u}_{\text{CMV}}^{(2)} = \boldsymbol{u}_{\text{AMV}}^{(2)}$$

$$\text{for} \quad k \geq 2, \quad \boldsymbol{u}_{\text{CMV}}^{(k+1)} = \beta_T \cdot \frac{\boldsymbol{n}(\boldsymbol{u}_{\text{CMV}}^{(k)}) + \boldsymbol{n}(\boldsymbol{u}_{\text{CMV}}^{(k-1)}) + \boldsymbol{n}(\boldsymbol{u}_{\text{CMV}}^{(k-2)})}{\|\boldsymbol{n}(\boldsymbol{u}_{\text{CMV}}^{(k)}) + \boldsymbol{n}(\boldsymbol{u}_{\text{CMV}}^{(k-1)}) + \boldsymbol{n}(\boldsymbol{u}_{\text{CMV}}^{(k-2)})\|} \quad (10.85)$$

$$\boldsymbol{n}(\boldsymbol{u}_{\text{CMV}}^{(k)}) = -\frac{\nabla G(\boldsymbol{u}_{\text{CMV}}^{(k)})}{\|\nabla G(\boldsymbol{u}_{\text{CMV}}^{(k)})\|}$$

HMV 方法在每一次迭代中首先根据连续三次迭代获取的约束函数最速下降方向判断约束函数的凸或非凸特征：

$$\varsigma^{(k+1)} = (\boldsymbol{n}^{(k+1)} - \boldsymbol{n}^{(k)}) \cdot (\boldsymbol{n}^{(k)} - \boldsymbol{n}^{(k-1)}) \quad (10.86)$$

如果 $\varsigma^{(k+1)}$ 为正，则约束函数在当前迭代点 $\boldsymbol{u}_{\text{HMV}}^{(k+1)}$ 处为凸函数，采用 AMV 方法在本次迭代中求解逆 MPP；反之，$\varsigma^{(k+1)}$ 为负，则采用 CMV 方法。

无论是 RIA 方法还是 PMA 方法，都需要在优化中的每一个搜索点进行 MPP 或者逆 MPP 计算，实质上均为双层迭代的优化算法，当应用于学科分析复杂的大系统设计优化时，计算量将异常巨大，无法承受。针对该问题，近年来发展了一系列单层方法（Single Level Approach, SLA），将嵌套的双层循环解耦为两个独立子问题序贯执行（单层序贯优化法），或者将二者融合为一个单层优化问题（单层融合优化法），下面将分别进行介绍。

10.4.2 单层序贯优化法

单层序贯优化法主要思想是：将不确定性分析从外层优化搜索中解耦出来，将优化搜索和不确定性分析序贯执行，由此构成一个单层循环。在每次单层循环中，首先根据前一次循环中不确定性分析获得的信息将可靠性约束条件转化为等价的确定性约束条件，以此将不确定性优化问题转化为确定性优化问题；在完成确定性优化以后，对优化方案进行可靠性分析，分析结果用于指导下一次确定性优化。对于确定性优化问题，可以直接采用目前已有的优化器进行求解。

在单层序贯优化过程中，如何将可靠性约束条件转化为等价的确定性约束条件是该方法的关键，目前已经有很多文献专门对此展开讨论，应用比较广泛的有：Du 等[68]提出的序贯优化与可靠性分析（Sequential Optimization and Reliability Analysis，SORA）算法，Zou 等[69]提出的将约束条件可靠度指标和失效概率在 MPP 点用泰勒一阶近似进行确定性转换的方法，下面分别进行介绍。

1. SORA 方法

SORA 方法将基于可靠性的优化问题分解为确定性优化和可靠性分析两个子问题序贯求解直至收敛，流程如图 10.22 所示。

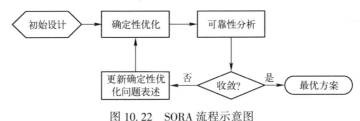

图 10.22　SORA 流程示意图

SORA 将可靠性优化问题转换为确定性优化问题的思路是：通过平移约束函数，使得平移后约束函数确定的极限状态边界上任意点，其对应预定可靠度要求的逆 MPP 点均位于原约束函数定义的可行域内或极限状态边界上，然后以此平移后约束函数作为确定性约束条件，作用于下一次确定性优化中，如图 10.23 所示。

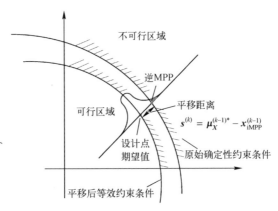

图 10.23　SORA 极限状态方程平移示意图

记第 $k-1$ 次循环中确定性优化问题的最优解为 $\boldsymbol{\mu}_X^{(k-1)*}$，其对应约束函数可靠度要求 R_T 的逆 MPP 点为 $(\boldsymbol{x}_{\text{iMPP}}^{(k-1)}, \boldsymbol{p}_{\text{iMPP}}^{(k-1)})$，则第 k 次循环的确定性优化问题表述为

$$\begin{cases} \text{find} \quad \boldsymbol{\mu}_X^{(k)} \\ \min \quad f \\ \text{s.t.} \quad g((\boldsymbol{\mu}_X^{(k)} - \boldsymbol{s}^{(k)}), \boldsymbol{p}_{\text{iMPP}}^{(k-1)}) \geq c \\ \boldsymbol{s}^{(k)} = \boldsymbol{\mu}_X^{(k-1)*} - \boldsymbol{x}_{\text{iMPP}}^{(k-1)} \\ \boldsymbol{X}^L \leq \boldsymbol{\mu}_X^{(k)} \leq \boldsymbol{X}^U \end{cases} \quad (10.87)$$

记式（10.87）的最优点为 $\boldsymbol{\mu}_X^{(k)*}$，在该点进行可靠性分析，通过求解式（10.83）获取其对应预定可靠度要求的逆 MPP 点为 $(\boldsymbol{x}_{\text{iMPP}}^{(k)}, \boldsymbol{p}_{\text{iMPP}}^{(k)})$，由此计算下一循环各个约束条件对应的平移向量 $\boldsymbol{s}^{(k+1)} = \boldsymbol{\mu}_X^{(k)*} - \boldsymbol{x}_{\text{iMPP}}^{(k)}$。上述平移向量的计算实质上基于如下假设：对于设计变量向量 $\boldsymbol{X}$，当前最优点 $\boldsymbol{\mu}_X^{(k)*}$ 与其逆 MPP 点 $\boldsymbol{x}_{\text{iMPP}}^{(k)}$ 之间的相对距离向量和下一次循环中其他搜索点与其对应逆 MPP 点的相对距离向量相同，而对于不可控的参数向量 $\boldsymbol{p}$，当前最优点 $\boldsymbol{\mu}_X^{(k)*}$ 对应的逆 MPP 点 $\boldsymbol{p}_{\text{iMPP}}^{(k)}$ 和下一次循环中其他搜索点对应的逆 MPP 点 $\boldsymbol{p}_{\text{iMPP}}^{(k+1)}$ 相同。实际上对于不同设计点，其与对应逆 MPP 点之间的相对距离向量是不同的，但是当优化搜索到较小区域、相邻两次循环的搜索点变化不大时，上述近似不会导致较大误差，从而能够保证算法的收敛性。

在 SORA 算法的基础上进一步改进和衍生出了很多算法，特别是与多种 MDO 优化过程结合，发展了一系列随机以及混合条件下的 UMDO 优化过程，例如单级多学科可行优化过程和多级并行子空间优化过程，参见文献 [42,70-71]。

2. 可靠度指标近似方法

可靠度指标近似方法在第 k 次循环中获取的确定性最优点 $\boldsymbol{\mu}_X^{(k)*}$ 进行可靠性分析，计算其对应的可靠度指标 $\beta_f^{(k)}$ 以及约束失效概率 $p_f^{(k)}$，然后将 $\beta_f^{(k)}$ 和 $p_f^{(k)}$ 在 $\boldsymbol{\mu}_X^{(k)*}$ 进行一阶泰勒展开构造局部近似模型，用于在下一循环的确定性优化中基于该函数估计可靠度指标和约束失效概率，由此将可靠性约束条件转换为确定性约束条件，表述如下：

$$p_f^k + \sum_{i=1}^{N_x} \frac{\partial p_f}{\partial \mu_{Xi}^{(k)*}} (\mu_{Xi}^{(k+1)} - \mu_{Xi}^{(k)*}) \leqslant p_{fT}$$

$$\beta_f^k + \sum_{i=1}^{N_x} \frac{\partial \beta_f}{\partial \mu_{Xi}^{(k)*}} (\mu_{Xi}^{(k+1)} - \mu_{Xi}^{(k)*}) \geqslant \beta_{fT} \tag{10.88}$$

10.4.3 单层融合优化法

单层融合优化法主要针对采用基于 MPP 的不确定性分析方法嵌套于优化搜索中的双层嵌套不确定性优化问题，通过将优化搜索 MPP 的下层优化问题转化为确定性公式估算 MPP，或者将搜索 MPP 的优化问题最优条件作为约束作用于上层优化，以此将下层优化融入上层优化中，典型代表有 Chen 等[72]提出的单层单向量（Single Loop Single Vector，SLSV）方法。

SLSV 方法根据前一个循环逆 MPP 点的极限状态函数方向余弦和预设安全因子，对当前循环约束条件的逆 MPP 进行近似计算，以此取代通过不确定性分析获取逆 MPP 点的下层循环。融合后优化问题表述为

$$\begin{cases} \text{find} \quad \boldsymbol{\mu}_X^{(k)} \\ \min \quad f \\ \text{s.t.} \quad G(\boldsymbol{u}^{(k)}) \geqslant c \\ \quad \boldsymbol{u}^{(k)} = \boldsymbol{\mu}^{(k)}/\boldsymbol{\sigma} + \beta \boldsymbol{\alpha}^{(k-1)*} \\ \quad \boldsymbol{\alpha}^{(k-1)*} = \nabla_u G(\boldsymbol{u}^{(k-1)})/\|\nabla_u G(\boldsymbol{u}^{(k-1)})\| \\ \quad X^L \leqslant \boldsymbol{\mu}_X^{(k)} \leqslant X^U, \quad \boldsymbol{u}^{(k)} = [\boldsymbol{u}_X^{(k)}, \boldsymbol{u}_P] \\ \quad \boldsymbol{\mu}^{(k)} = [\boldsymbol{\mu}_X^{(k)}, \boldsymbol{\mu}_P], \quad \boldsymbol{\sigma} = [\boldsymbol{\sigma}_X, \boldsymbol{\sigma}_P] \end{cases} \tag{10.89}$$

式中：$\boldsymbol{u}^{(k)}$ 为随机优化变量和随机系统变量对应第 k 次循环中约束条件的逆 MPP；β 为可靠度指标；$\boldsymbol{\alpha}^{(k-1)*}$ 为约束条件在第 $k-1$ 次循环中的逆 MPP 方向余弦；G 为硬约束条件 g 在随机变量转换到独立标准正态空间中的对应函数。在实际应用中，对于多约束情况，一般首先判断约束条件为硬约束（违反或处于临界值的约束条件）或软约束（没有违反的约束条件），然后只需对硬约束条件进行上述转换以提高其可靠度，而对于安全的软约束条件则无须考虑其可靠性问题，以此降低计算量。该方法的逆 MPP 计算简便，通过多次迭代能够逐步收敛到满足可靠度要求的最优点，大大提高优化效率。

10.5 小　　结

本章首先介绍了不确定性多学科优化的基本概念，其次依次介绍了不确定性建模方法、不确定性量化分析方法和多学科可靠性优化方法。针对飞行器全寿命周期中不同的不确定性来源及不同的随机和认知不确定性分类，分别介绍了概率和非概率建模方法，特别针对飞行器的多层复杂系统结构特征，介绍了基于多源信息贝叶斯融合的不确定性建模方法。围绕不确定性的传递影响量化分析难题，本章介绍了蒙特卡洛法、泰勒展开法、深度随机混沌多项展开法等常用近似分析方法，并重点对可靠性分析方法进行了讨论，在此基础上特别针对飞行器多学科耦合特征，进一步介绍了基于分解协调的多学科不确定性分析法。通过不确定性分析，可以对设计方案目标性能的不确定性分布特征、满足约束的可靠性等指标进行评估，以此引导方案的优化搜索。但是每个搜索点均需要进行不确定性分析，与外层优化循环构成双层嵌套问题，导致巨大的计算量。因此，本章介绍了改进的单层序贯优化法和单层融合优化法，以有效改善不确定性优化效率低下的问题。

参考文献

[1] 陈小前，姚雯，欧阳琦. 飞行器不确定性多学科设计优化理论与应用 [M]. 北京：科学出版社，2013.

[2] Fersona S, Joslyn C A, Helton J C, et al. Summary from the epistemic uncertainty workshop: consensus amid diversity [J]. Reliability Engineering & System Safety, 2004, 85 (1-3): 355-369.

[3] Oberkampf W L, Helton J C, Joslyn C A, et al. Challenge problems: uncertainty in system response given uncertain parameters [J]. Reliability Engineering & System Safety, 2004, 85 (1-3): 11-19.

[4] Noor A K. Nondeterministic approaches and their potential for future aerospace systems [R]. Langley Research Center, 2001.

[5] Zheng X H, Yao W, Xu Y C, et al. Algorithms for Bayesian network modeling and reliability inference of complex multistate systems: part I-Independent systems [J]. Reliability Engineering & System Safety, 2020, 202: 107011.

[6] Zheng X H, Yao W, Xu Y C, et al. Improved compression inference algorithm for reliability analysis of complex multistate satellite system based on multilevel Bayesian network [J]. Reliability Engineering & System Safety, 2019, 189: 123-142.

[7] Agarwal H. Reliability based design optimization formulations and methodologies [D]. Fremantle: Univer-

sity of Notre Dame, 2004.

[8] Roy C J, Oberkampf W L. Acomplete framework for verification, validation, and uncertainty quantification in scientific computing [C]//The 48th AIAA Aerospace Sciences Meeting Including the New Horizons Forum and Aerospace Exposition. Orlando, Florida, 2010.

[9] Faragher J. Probabilistic methods for the quantification of uncertainty and error in computational fluid dynamics simulations [R]. DSTO Platforms Sciences Laboratory, 2004.

[10] Der Kiureghian A, Ditlevsen O. Aleatory or epistemic? Does it matter? [J]. Structural Safety, 2009, 31 (2): 105-112.

[11] 盛骤, 谢式千, 潘承毅. 概率论与数理统计 [M]. 北京: 高等教育出版社, 2003.

[12] Xu Y C, Yao W, Zheng X H, et al. Satellite system design optimization based on Bayesian melding of multi-level multi-source lifetime information [J]. IEEE Access, 2019, 7: 103505-103516.

[13] Xu Y C, Yao W, Zheng X H, et al. An iterative information integration method for multi-level system reliability analysis based on Bayesian melding method [J]. Reliability Engineering & System Safety, 2020, 204: 107-201.

[14] Daphne K, Friedman N. 概率图模型原理与技术 [M]. 王飞跃, 等译. 北京: 清华大学出版社, 2015.

[15] Kullback S, Leibler R A. On information and sufficiency [J]. The Annals of Mathematical Statistics, 1951, 22 (1): 79-86.

[16] 许迎春. 面向卫星不确定性建模的多源信息贝叶斯融合方法研究 [D]. 长沙: 国防科技大学, 2019.

[17] Moore R E. Methods and applications of interval analysis [M]. London: Prentice-Hall, 1979.

[18] Rao S S, Berke L. Analysis of uncertain structural systems using interval analysis [J]. AIAA Journal, 1997, 35 (4): 727-735.

[19] Rao S S, Lingtao C. Optimum design of mechanical systems involving interval parameters [J]. Journal of Mechanical Design, 2002, 124 (3): 465-472.

[20] Majumder L, Rao S S. Interval-based multi-objective optimization of aircraft wings under gust loads [J]. AIAA Journal, 2009, 47 (3): 563-575.

[21] Moore R E, Kearfott R B, Cloud M J. Introduction to interval analysis [M]. Philadelphia: SIAM Press, 2009.

[22] Ben-Haim Y, Elishakoff I. Convex models of uncertainty in applied mechanics [M]. Amsterdam: Elsevier, 1990.

[23] 姜潮. 基于区间的不确定性优化理论与算法 [D]. 长沙: 湖南大学, 2008.

[24] Ben-Haim Y, Elishakoff I. Convex models of uncertainty in applied mechanics [M]. Amsterdam: Elsevier Science Publishers, 1990.

[25] Zadeh L A. Fuzzy sets as a basis for a theory of possibility [J]. Fuzzy Sets and Systems, 1978, 1 (1): 3-28.

[26] Keane A J, Nair P B. Computational approaches for aerospace design: the pursuit of excellence [M]. Chichester, West Sussex: John Wiley and Sons, 2005.

[27] 刘琪, 王少辉. 分段线性隶属度函数确定的密度聚类方法 [J]. 周口师范学院学报, 2011, 28

(2): 57-58.

[28] 王季方, 卢正鼎. 模糊控制中隶属度函数的确定方法 [J]. 河南科学, 2000, 18 (4): 348-351.

[29] 毕翔, 韩江洪, 刘征宇. 基于多特征相似性融合的隶属度函数研究 [J]. 电子测量与仪器学报, 2011, 25 (10): 835-841.

[30] 王林, 富庆亮. 基于贝塞尔曲线理论的备件需求模糊隶属度函数构建模型 [J]. 运筹与管理, 2011, 20 (1): 87-92.

[31] 刘琪, 刘晓青. 正态云隶属度函数确定的 FSM 方法 [J]. 自动化仪表, 2012, 33 (2): 16-18.

[32] 刘宝碇, 彭锦. 不确定理论教程 [M]. 北京: 清华大学出版社, 2005.

[33] Helton J C, Johnson J D, Oberkampf W L, et al. Representation of analysis results involving aleatory and epistemic uncertainty [R]. Sandia National Laboratories, 2008.

[34] Zadeh L A. Fuzzy sets [J]. Information and Control, 1965, 8 (3): 338-353.

[35] Shafer G. A Mathematical Theory of Evidence [M]. Princeton: Princeton University Press, 1976.

[36] Yager R, Kacprzy K J, Fedrizzi M. Advances in the Dempster-Shafer theory of evidence [M]. New York: John Wiley and Sons, 1994.

[37] Mourelatos Z, Zhou J. A design optimization method using evidence theory [J]. Journal of Mechanical Design, 2006, 128 (4): 901-908.

[38] Heltona J C, Johnson J D, Oberkampf W L, et al. A sampling-based computational strategy for the representation of epistemic uncertainty in model predictions with evidence theory [J]. Computer Methods in Applied Mechanics and Engineering, 2007, 196 (37-40): 3980-3998.

[39] Sentz K, Ferson S. Combination of evidence in Dempster-Shafer theory [R]. Sandia National Laboratories, 2002.

[40] Monahan J F. Numerical methods of statistics [M]. Cambridge: Cambridge University Press, 2001.

[41] Yao W, Chen X Q, Huang Y Y, et al. An enhanced unified uncertainty analysis approach based on first order reliability method with single-level optimization [J]. Reliability Engineering & System Safety, 2013, 116: 28-37.

[42] 姚雯. 飞行器总体不确定性多学科设计优化研究 [D]. 长沙: 国防科学技术大学, 2011.

[43] George L A, Alfredo H S A, Wilson H T. Optimal importance-sampling density estimator [J]. Journal of Engineering Mechanics, 1992, 118 (6): 1146-1163.

[44] Au S K, Beck J L. Important sampling in high dimensions [J]. Structural Safety, 2003, 25 (2): 139-163.

[45] Yao W, Tang G J, Wang N, et al. An improved reliability analysis approach based on combined FORM and Beta-spherical importance sampling in critical region [J]. Structural and Multidisciplinary Optimization 2019, 60 (1): 35-58.

[46] Wiener N. The homogeneous chaos [J]. American Journal of Mathematics, 1938, 6 (4): 897-936.

[47] Meecham W C, Siegel A. Wiener-Hermite expansion in model turbulence at large reynolds numbers [J]. Physics of Fluids, 1964, 7 (8): 1178-1190.

[48] Zheng X H, Yao W, Zhang Y Y, et al. Consistency regularization-based deep polynomial chaos neural network method for reliability analysis [J]. Reliability Engineering & System Safety, 2022, 227: 108732.

[49] 郑小虎. 面向飞行器不确定性分析的深度混沌多项式方法研究 [D]. 长沙: 国防科技大学, 2022.

[50] Ghanem R G, Spanos P D. Stochastic finite elements: a spectral approach [M]. Heidelberg: Springer-Verlag, 1992.

[51] Yao W, Zheng X H, Zhang J, et al. Deep adaptive arbitrary polynomial chaos expansion: a mini-data-driven semi-supervised method for reliability analysis [J]. Reliability Engineering & System Safety, 2022, 229: 108813.

[52] Matthies H G, Keese A. Galerkin methods for linear and nonlinear elliptic stochastic partial differential equations [J]. Computer Methods in Applied Mechanics and Engineering, 2005, 194 (12-16): 1295-1331.

[53] Xiu D B, Karniadakis G E. Modeling uncertainty in flow simulations via generalized polynomial chaos [J]. Journal of Computational Physics, 2003, 187 (1): 137-167.

[54] Xiu D B. Numerical methods for stochastic computations: a spectral method approach [J]. Communications in Computational Physics, 2010, 5 (2-4): 242-272.

[55] Oladyshkin S, Nowak W. Data-driven uncertainty quantification using the arbitrary polynomial chaos expansion [J]. Reliability Engineering & System Safety, 2012, 106: 179-190.

[56] Kingma D P, Ba J. Adam: a method for stochastic optimization [C]//International Conference on Learning Representations. San Diego, USA, 2015.

[57] Seung-Kyum Choi R V G A. Reliability based structural design [M]. London: Springer, 2007.

[58] Hasofer A M, Lind N C. Exact and invariant second-moment code format [J]. Journal of Engineering Mechanics, 1974, 100 (1): 111-121.

[59] Rackwitz R, Fiessler B. Structural reliability under combined random load sequences [J]. Computers and Structures, 1978, 9 (5): 489-494.

[60] Breitung K. Asymptotic approximations for multinormal integrals [J]. Journal of the Engineering Mechanics Division, 1984, 110 (3): 357-366.

[61] Cai G Q, Elishakoff I. Refined second-order reliability analysis [J]. Structural Safety, 1994, 14: 267-276.

[62] Tvedt L. Two second-order approximations to the failure probability [C]//A/S Vertas Research, Hovik, Norway, 1984.

[63] Tvedt L. Distribution of quadratic forms in normal space applications to structural reliability [J]. Journal of the Engineering Mechanics Division, 1990, 116: 1183-1197.

[64] Du X P, Chen W. Efficient uncertainty analysis methods for multidisciplinary robust design [J]. AIAA Journal, 2002, 40 (3): 545-552.

[65] Du X P, Chen W. Collaborative reliability analysis under the framework of multidisciplinary systems design [J]. Optimization and Engineering, 2005, 6: 63-84.

[66] Yao W, Chen X Q, Ouyang Q, et al. A reliability-based multidisciplinary design optimization procedure based on combined probability and evidence theory [J]. Structural and Multidisciplinary Optimization 2013, 48 (2): 339-354.

[67] Choi K K, Youn B D. On probabilistic approaches for reliability-based design optimization (Rbdo)

[C]//9th AIAA/ISSMO Symposium on Multidisciplinary Analysis and Optimization. Atlanta, 2002.

[68] Du X P, Chen W. Sequential optimization and reliability assessment method for efficient probabilistic design [C]//Proceedings of ASME 2002 Design Engineering Technical Conference and Computers and Information in Engineering Conference. Montreal, 2002.

[69] Zou T, Mahadevan S. A direct decoupling approach for efficient reliability-based design optimization [J]. Journal of Structural and Multidisciplinary Optimization, 2006, 31 (3): 190-200.

[70] Yao W, Chen X Q, Ouyang Q, et al. A reliability-based multidisciplinary design optimization procedure based on combined probability and evidence theory [J]. Structural and Multidisciplinary Optimization, 2013, 48 (2): 339-354.

[71] Yao W, Chen X Q, Huang Y Y, et al. Sequential optimization and mixed uncertainty analysis method for reliability-based optimization [J]. AIAA Journal, 2013, 51 (9): 2266-2277.

[72] Chen X, Hasselman T K, Neill D J. Reliability based structural design optimization for practical applications [C]//Proceedings of the 38th AIAA/ASME/ASCE/AHS Structures, Structural Dynamics, and Materials Conference. Kissimmee, 1997.

第11章

飞行器结构拓扑优化

第2章至第10章已对MDO的基础概念、建模分析和优化求解进行了阐述，但MDO本质上是一种应用技术，其在飞行器上的应用效果是检验该理论的最重要标准。因此，从本章起，将介绍部分MDO应用案例。值得一提的是，MDO是一种通用性较强的应用技术，既可用于飞行器分系统（如结构、热布局、机翼、发动机等），也可用于飞行器总体（如导弹、飞机、卫星等），还可用于飞行器体系（如航天器在轨服务体系等）。为此，本书后续章节也将分类选取典型案例开展研究。

本章介绍MDO在飞行器结构设计中的应用。飞行器结构的轻量化设计是航空航天发展不懈追求的永恒主题。结构的轻量化不仅可以节约装备制造成本，还可减少运行服役的能源消耗。在航空航天领域，轻量化更意味着在同等运载能力下，更多的有效载荷、更远的射程、更高的机动性以及更优越的静态与动态性能。轻量化技术是提高我国航空航天装备设计与制造水平的关键技术。航天结构工程师也在不断"为减轻每一克重量而努力奋斗。"

目前，对应产品设计的不同阶段，可以将结构优化分为三个类别：拓扑优化（Topology Optimization）、形状优化（Shape Optimization）和尺寸优化（Size Optimization），分别对应于结构的概念设计阶段、基本设计阶段与详细设计阶段[1]，如图11.1所示。尺寸优化的对象主要为结构的特征尺寸，如长度、厚度等；形状优化的对象为结构的几何形状，在不改变结构拓扑情况下寻找理想的结构边界；拓扑优化则重点对结构设计域内的孔洞连通性展开设计，即以设计域内的孔洞有无、数量、位置为优化对象。

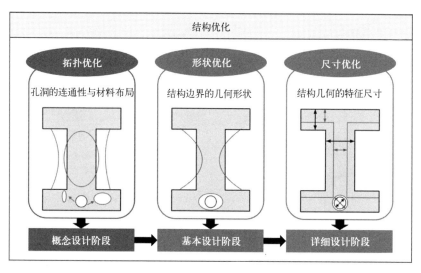

图 11.1　结构优化的三个分支

与尺寸优化和形状优化相比较，拓扑优化主要面向于结构的概念设计，即在对结构的拓扑构型没有事先给定的条件下，从宏观上寻找最合理的材料分布。拓扑优化设计时考虑给定材料在设计域内所有可能的分布方式，所以拓扑构型的设计空间是结构优化三个阶段中最大的，对于结构性能的影响也是最具决定性的。

得益于其强大的优化设计能力，拓扑优化已广泛应用于航空航天、车辆工程等领域，取得了巨大的国防效益和社会经济效益。如图 11.2 所示，空客 A380 机翼肋板通过拓扑优化实现了减重超过 500kg，相当于单程飞行多运载 7 名乘客[2]，经济效益明显。程耿东院士团队应用拓扑优化技术为长征五号运载火箭减重 645kg，单发火箭节约发射成本 2000 万元[3]。

作为结构优化领域最具有前景的研究方向之一，拓扑优化技术因涉及力学、传热学、数学、优化算法等多学科领域，具有研究复杂性高的特点，使得拓扑优化也成为结构优化领域最具挑战性的研究课题。本章首先对拓扑优化的基本理论进行介绍，随后针对拓扑优化问题计算成本大、优化效率低的问题，将深度学习技术引入拓扑优化方法中，基于深度神经网络，对不同结构拓扑优化问题的代理模型构建与优化设计方法进行介绍。

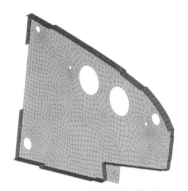 

(a) A380 机翼肋板有限元模型　　(b) A380 机翼肋板拓扑优化设计构型

(c) A380机翼肋板最终设计结果与制造样件

图 11.2　空客 A380 机翼肋板的拓扑优化设计实例

11.1　拓扑优化问题的基本模型

11.1.1　拓扑优化的数学表达

拓扑优化问题表征为在给定设计域 Ω 中，根据优化性能指标 F 和约束条件 G_i 寻求最优的材料分布 $\rho(x)$，其数学模型可表达为如下形式[4]：

$$\begin{cases} \min_{\rho} & F = F(\boldsymbol{u}(\rho),\rho) = \int_{\Omega} f(\boldsymbol{u}(\rho),\rho)\mathrm{d}V \\ \text{s.t.} & G_0(\rho) = \int_{\Omega}\rho(\boldsymbol{x})\mathrm{d}V - V_0 \leqslant 0 \\ & G_j(\boldsymbol{u}(\rho),\rho) \leqslant 0 \quad (j=1,2,\cdots,M) \\ & \rho(\boldsymbol{x}) = 0 \quad \text{or} \quad 1, \quad \forall \boldsymbol{x} \in \Omega \end{cases} \quad (11.1)$$

式中：$\boldsymbol{u}$ 为线性或非线性的状态量；G_0 为体积约束，即相对于原始设计域所容许的目标体积；V_0 为目标体积；G_j 为其他约束；设计变量 $\rho(\boldsymbol{x})$ 为一个表征材料分布的 0-1 二值函数，其中取 1 时代表坐标为 $\boldsymbol{x}$ 的空间点为实体材料，取 0 时代表此处无材料填充。

式（11.1）的拓扑优化问题存在两种求解方式[4]：基于形状优化思想的求解方式和基于密度法的求解方式。前者包含如移动可变形组件[5]/空腔法[6]等特征映射类方法，后者包含如变密度法[7]、渐进结构优化方法[8-9]等。本章后续内容主要基于变密度法进行讨论，其他典型拓扑优化方法读者可参阅文献[10-13]进行了解。

在密度类方法中，需要将设计域离散为一系列网格（单元），将材料分布通过网格设计变量的数值进行表征。每个单元关联一个独立的设计变量 ρ_i。下面给出式（11.1）的离散表达形式：

$$\begin{cases} \min_{\rho} & F(\boldsymbol{u}(\boldsymbol{\rho}),\boldsymbol{\rho}) = \sum_i \int_{\Omega_i} f(\boldsymbol{u}(\rho_i),\rho_i)\mathrm{d}V \\ \text{s.t.} & G_0(\boldsymbol{\rho}) = \sum_i v_i\rho_i - V_0 \leqslant 0 \\ & G_j(\boldsymbol{u}(\boldsymbol{\rho}),\boldsymbol{\rho}) \leqslant 0 \quad (j=1,2,\cdots,M) \\ & \rho_i = 0 \quad \text{or} \quad 1 \quad (i=1,2,\cdots,N) \end{cases} \quad (11.2)$$

式中：设计域离散为 N 个设计单元；v_i 为单元体积。通常情况下，设计单元与有限元单元采用同一套网格划分，根据需要也可采用不同的网格划分。

本质上，式（11.1）和式（11.2）描述的拓扑优化问题是一个二值优化问题，进一步说是一个离散的 0-1 规划问题。求解这类问题的过程通常较为复杂，为此学者进一步发展出一套更简单的求解模型，将离散设计变量转化为连续设计变量，形成了如今广泛发展的变密度法模型。

11.1.2 拓扑优化的材料插值模型

在变密度法中，设计变量 $\boldsymbol{\rho}$ 不再是离散形式，而是一个在 [0,1] 范围内连续变化的量。结构的宏观材料属性与设计变量 ρ 通过一个预定义的插值模型显式的关联。当单元设计变量 ρ_i 确定时，该单元的材料属性随之确定。在变密度法中，常用的插值模型主要有带惩罚因子的实体各向同性材料（Solid Isotropic Material with Penalization，SIMP）模型[7]和材料属性的有理型近似（Rational Approximation of Material Properties，RAMP）模型[14]。两种模型设计变量与材料属性的关系分别为

$$\text{SIMP}: E(\rho_i) = g(\rho_i)E_0 = \rho_i^p E_0, g(\rho_i) = \rho_i^p \tag{11.3}$$

$$\text{RAMP}: E(\rho_i) = \frac{\rho_i}{1+q(1-\rho_i)}E_0, g(\rho_i) = \frac{\rho_i}{1+q(1-\rho_i)} \tag{11.4}$$

式中：p 和 q 均为惩罚因子。

11.1.3 拓扑优化问题的灵敏度分析和求解

由前文可知，拓扑优化中的设计变量数量取决于设计域的网格离散程度，结构网格规模越大意味着优化问题的求解规模也越大。即使是一个简单的二维优化问题，设计变量个数也会达到成千上万规模。对于此类大规模优化问题，通常采用梯度类算法进行求解，因此，需获得设计目标相对于设计变量的灵敏度信息，具体方法可参见第 7 章所述的灵敏度分析方法，此处以最常见的结构静刚度拓扑优化问题为例进行说明。最大化结构刚度等效为最小化结构柔度，基于 SIMP 法的优化模型如下所示：

$$\begin{cases} \min_{\rho} \quad C = \boldsymbol{f}_{\text{ext}}^{\text{T}} \boldsymbol{U} \\ \text{s.t.} \quad \boldsymbol{f}_{\text{ext}} = \boldsymbol{K}\boldsymbol{U} \\ \quad V(\boldsymbol{\rho}) \leqslant V^* \\ \quad 0 \leqslant \rho_i \leqslant 1 \quad (i=1,2,\cdots,N) \end{cases} \tag{11.5}$$

由第 7 章介绍的伴随法可得

$$\frac{\partial C}{\partial \rho_e} = -\boldsymbol{U}_e^{\text{T}} \frac{\partial \boldsymbol{K}}{\partial \rho_e} \boldsymbol{U}_e = -p\rho_e^{p-1} \boldsymbol{U}_e^{\text{T}} \boldsymbol{K}_e \boldsymbol{U}_e \tag{11.6}$$

式中：ρ_e 为单元设计量；$\boldsymbol{K}_e$ 为单元刚度阵；$\boldsymbol{U}_e$ 为单元节点位移。在灵敏度计算之后，即可通过优化算法对设计变量进行更新。常用的优化算法包括优化准则（Optimality Criteria，OC）法[15]、移动渐近线法（Method of Moving Asymptotes，MMA）[16]等，读者可参阅相关文献进一步了解。

一个标准的拓扑优化问题求解流程如图 11.3 所示。

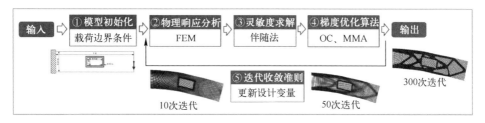

图 11.3　拓扑优化流程图

根据前述可知，基于密度法的拓扑优化是一种基于有限元（Finite Element Method，FEM）计算的结构优化方法。结构的每一轮更新迭代需要进行至少一次有限元分析，计算成本较高。因此，如何提高拓扑优化的计算效率一直是拓扑优化领域研究的热点。其中，根据现有数据构建代理模型是一种能够有效降低计算成本的方式。近年来，随着人工智能技术的快速发展，以深度神经网络技术为代表的先进智能方法进入了研究人员的视野。利用神经网络构建代理模型成为拓扑优化领域新的研究方向，其核心思想是利用神经网络模型对大量已有样本数据进行学习，构建给定条件参数和优化结构之间的映射关系，所得代理模型可对新问题进行快速预测或设计，从而加快设计流程提高设计效率。基于深度学习的近似建模方法参见第5章，本章将围绕飞行器结构多学科优化应用，对基于深度神经网络的结构拓扑优化代理模型构建与设计、数据与物理双驱动的结构拓扑优化代理模型构建与设计、数据驱动的多组件系统传热结构拓扑优化设计依次进行介绍。

11.2　基于深度神经网络的结构拓扑优化代理模型构建与设计

构建基于深度神经网络的结构拓扑优化代理模型，本质上是采用深度代理模型作为一种近似方法以替代完整的拓扑优化过程，如图 11.4 所示。

11.2.1　样本生成方式与处理

本节以二维拓扑优化问题为例，对构建代理模型所需的样本数据准备方法进行介绍[17-18]。如图 11.5 所示，考虑一个典型的 MBB 梁（Messerschmidt-Bölkow-Blohm Beam）问题，将其离散化为 $M_1 \times M_2$ 的网格。边界条件如图 11.5 所示，集中载荷 F 施加在结构左上角的端点处，方向与水平夹角为 $\theta = 90°$。

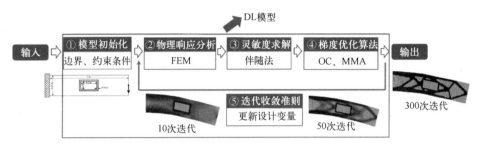

图 11.4　构建基于深度神经网络的结构拓扑优化代理模型

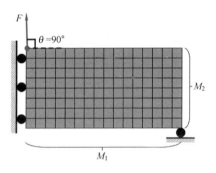

图 11.5　MBB 梁设计域及相应边界条件

本节所述的基于深度神经网络的代理模型本质上是学习图像到图像的映射关系。对于拓扑优化问题，离散后的设计域表征形式与深度学习中的图像矩阵形式一致，输入的"图像"可定义为表示拓扑优化问题条件参数的矩阵。研究者可根据具体问题条件，合理设置输入条件的不同输入通道表示方法。通常需要考虑的输入条件有结构边界条件、载荷工况条件和优化参数条件。相应神经网络模型的输入通道可表示为六个矩阵，分别为 $(\boldsymbol{u}_x, \boldsymbol{u}_y, \boldsymbol{F}_x, \boldsymbol{F}_y, \boldsymbol{V}_f, \boldsymbol{R}_{\min})$。具体来说，结构边界条件包含水平方向的位移矩阵 $\boldsymbol{u}_x$ 与竖直方向的位移矩阵 $\boldsymbol{u}_y$。若对某节点施加水平方向位移约束，则该节点位置对应的矩阵值为 1；若该节点水平位移无约束，则该点的值为 0。对如图 11.5 所示的问题，设计域左端水平方向受到位移约束，所以 $\boldsymbol{u}_x$ 是左端一列均为 1 的 $(M_1+1) \times (M_2+1)$ 矩阵，记为通道 X_1。同理，$\boldsymbol{u}_y$ 在右下角节点处受到竖直方向位移约束则为 1，得到 $(M_1+1) \times (M_2+1)$ 矩阵，记

作通道 X_2。对载荷工况条件,可将外部载荷分解为水平方向的矩阵 F_x 与竖直方向矩阵 F_y,矩阵中值的大小分别为 $F\cos\theta$ 和 $F\sin\theta$,对应节点处数值等于载荷值。基于此得到描述水平方向载荷 F_x 的 $(M_1+1)\times(M_2+1)$ 矩阵,描述竖直方向载荷 F_y 的 $(M_1+1)\times(M_2+1)$ 矩阵,分别记为通道 X_3 和 X_4。优化参数条件包含体积约束 V_f 和过滤半径 $R_{\min}$。其中体积约束设定目标体积为 V_f,对每个单元设定 $v_e=V_f$,生成 $M_1\times M_2$ 的矩阵 V_f,记为通道 X_5。设定过滤半径 $R_{\min}$,每个单元的 $r_e=R_{\min}$,生成 $M_1\times M_2$ 的矩阵 $R_{\min}$,记为通道 X_6。基于 SIMP 方法得到拓扑优化设计结构 y,作为标签通道 Y,从而获得一组对应的训练数据,表示为 $(X_1,X_2,X_3,X_4,X_5,X_6,Y)$,如图 11.6 所示。分别改变结构边界条件、载荷工况条件和优化参数条件,从而得到一定量的样本数据,用于代理模型的构建。

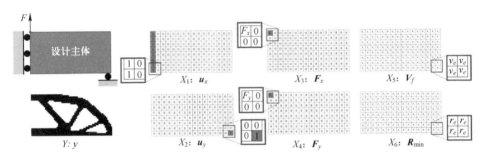

图 11.6　代理模型的数据集样本构建

如前文所述,X_1、X_2、X_3 和 X_4 四个通道的维数为 $(M_1+1)\times(M_2+1)$,通道 X_5 和 X_6 的维数为 $M_1\times M_2$。为保持输入通道维度的一致性,分别对 X_1、X_2、X_3 和 X_4 四个通道进行卷积核为 2×2 的卷积运算,使其维数由 $(M_1+1)\times(M_2+1)$ 变为 $M_1\times M_2$。

本节所介绍的样本生成与处理方法具有普适性,可以根据不同的拓扑优化问题所需条件参数生成相应的训练数据。

11.2.2　损失函数与评价指标

由 11.2.1 节可知神经网络模型的输入是经过处理后的多通道 $(X_1,X_2,X_3,X_4,X_5,X_6)$,输出为描述结构材料分布的通道 $\hat{Y}$,标签为 SIMP 方法生成的结构拓扑优化设计结果通道 Y。损失函数的目的是测量神经网络输出的精度 $(\hat{Y}-Y)$,一般考虑为 n 个训练样本精度的平均值。在训练过程中,由自动微分方法获得损失函数对神经网络参数的梯度，优化器利用所得到的导数信息实现对网络参数的更新。满足一定收敛条件后训练终止，此时的网络模型即为预测结构最优拓扑构型的代理模型。

在构建拓扑优化深度代理模型中常用的损失函数主要有如下三类，其中 N 代表总的离散单元数，y_i 和 $\hat{y}_i$ 分别代表第 i 个单元点的标签值和模型的预测值。

均方误差（Mean Square Error，MSE）损失函数为

$$\mathcal{L}_{\text{MSE}} = \frac{1}{N} \sum_{i=1}^{N} (\hat{y}_i - y_i)^2 \tag{11.7}$$

平均绝对误差（Mean Absolute Error，MeanAE）损失函数为

$$\mathcal{L}_{\text{Mean AE}} = \frac{1}{N} \sum_{i=1}^{N} |\hat{y}_i - y_i| \tag{11.8}$$

二分类交叉熵（Binary Cross Entropy，BCE）损失函数为

$$\mathcal{L}_{\text{BCE}} = \frac{1}{N} \sum_{i=1}^{N} y_i \log(\hat{y}_i) + (1 - y_i) \log(1 - \hat{y}_i) \tag{11.9}$$

上述损失函数也可归类为对模型性能评判的像素类指标。为了更好地评价模型解决拓扑优化问题的能力，除了以这类像素类指标和训练过程的收敛性衡量之外，根据拓扑优化问题的特点，可定义如下几个指标来衡量预测结构的物理性能。

1) 相对柔度差（Relative Error of Compliance，REC）

REC 是预测结构 $\hat{Y}$ 与真实结构 Y 之间柔度的相对误差，对评估代理模型输出结果的物理性能具有重要作用，计算如下：

$$\text{REC} = \frac{|C(\hat{\boldsymbol{y}}) - C(\boldsymbol{y})|}{C(\boldsymbol{y})}$$

$$C(\boldsymbol{y}) = \sum_{e=1}^{N} (y_e)^p \boldsymbol{u}_e^{\text{T}} \boldsymbol{k}_0 \boldsymbol{u}_e \tag{11.10}$$

$$C(\hat{\boldsymbol{y}}) = \sum_{e=1}^{N} (\hat{y}_e)^p \hat{\boldsymbol{u}}_e^{\text{T}} \boldsymbol{k}_0 \hat{\boldsymbol{u}}_e$$

2) 相对体积差（Relative Error of Volume，REV）

REV 是预测结构 $\hat{Y}$ 与真实结构 Y 之间体积分数的相对误差，用来判断预测结构是否满足体积约束，计算如下：

$$\text{REV} = \frac{|\hat{V}_f - V_f|}{V_f}$$

$$V_f = \frac{1}{N}\sum_{e=1}^{N} y_e \qquad (11.11)$$

$$\hat{V}_f = \frac{1}{N}\sum_{e=1}^{N} \hat{y}_e$$

3) 像素精确度（Pixel-wise Accuracy，ACC）

像素准确度衡量每一个网格点的预测准确度，如式（11.12）所示，n_0+n_1 代表图像的总像素数（即总网格数），w_{11} 代表真实值与预测值同为1的像素点之和，w_{00} 代表真实值与预测值同为0的像素点之和。

$$\text{ACC} = \frac{w_{00}+w_{11}}{n_0+n_1} \qquad (11.12)$$

11.2.3 数值算例结果

在本节中，将通过算例对前述方法进行验证与讨论。神经网络采用深度学习框架 PyTorch 进行搭建，网络模型采用 FPN，优化求解器为 Adam[19]。采用 Mean AE 作为损失函数，评价指标为 REC、REV 和 ACC。

本实验采用 11.2.1 节介绍的方法构建样本数据集，采用 64×32 的网格离散 MBB 梁设计域，载荷 $\boldsymbol{F}=1\text{N}$。数据集中的可变参数包括体积分数 V_f、过滤半径 $R_{\min}$ 和载荷位置，采样时在下述范围内服从随机均匀分布。

- 体积分数：$V_f \in [0.2, 0.8]$；
- 过滤半径：$R_{\min} \in [1.5, 5]$；
- 载荷位置：左侧半个区域。

数据集共 6000 个样本数据，分为训练集、验证集和测试集，比例为 8∶1∶1。训练学习率为 0.01，批处理大小为 64，迭代总数为 180。

表 11.1 展示了部分代理模型预测结构与标签结构的对比，并给出评价指标 REC、REV 和 ACC 的值。由表 11.1 中序号 1~4 的对比结果可以看出，所得代理模型的预测结构与真实结构基本一致，相对误差指标小于 1%，准确度大于 95%，表明所构建的代理模型能够较好完成拓扑优化设计任务。

表 11.1　基于深度神经网络的结构拓扑优化
代理模型预测结构与标签结构对比

序号	标签结构	预测结构	评价指标
1			REC = 0.5% REV = 0.1% ACC = 98.7%
2			REC = 0.3% REV = 0.7% ACC = 98.7%
3			REC = 1.3% REV = 0.2% ACC = 99.5%
4			REC = 0.4% REV = 1.2% ACC = 98.3%
5			REC = 3.2% REV = 11.1% ACC = 91.3%
6			REC = 5.2% REV = 7.8% ACC = 93.6%

如表 11.1 中序号 5~6 的结果所示，预测结构与标签结构相比具有明显差异，存在"结构断裂"的现象。以纯数据驱动的拓扑优化代理模型中，通常会发生此类现象，有效解决思路是进一步将物理信息引入代理模型构建，在 11.3 节将对此进行详细介绍。

11.3 数据与物理双驱动的结构拓扑优化代理模型构建与设计

在 11.2.3 节的算例中展示了部分带有"结构断裂"特征的代理模型预测结果,这一现象难以直接通过增加样本或进行更多的训练迭代解决。为了改善这一问题,本节对数据与物理双驱动的结构拓扑优化设计代理模型构建与设计方法进行介绍[17]。

11.3.1 物理驱动的引入

在 11.2 节所描述的神经网络训练过程中,损失函数采用的是基于像素点的 Mean AE/MSE 等。对于不含物理信息的图像来说,基于像素点的损失函数足以体现图像的特征。但对于拓扑优化问题,仅考虑像素点上的特征势必会丧失结构的物理性能。因此,考虑在构建损失函数时引入物理信息。如图 11.7 所示,损失函数不再是单一的像素类损失函数,而是由多个像素类损失函数和物理性损失函数加权而得的混合类损失函数。

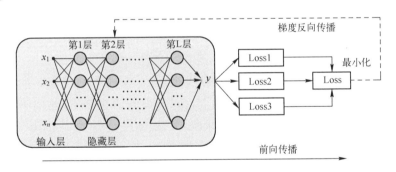

图 11.7 拓扑优化代理模型训练损失函数中引入物理信息

考虑一种像素类损失函数和一种物理性损失函数混合的情况:

$$\text{Loss} = \text{Loss1} + \lambda \text{Loss2} \qquad (11.13)$$

式中:Loss1 为像素类损失函数 Mean AE;λ 为权重因子;Loss2 为反映结构柔度信息的物理性损失函数,定义如下:

$$\text{Loss2} = \left(\frac{C(\hat{y}) - C(y)}{C(y)}\right)^2 = \left(\frac{\sum_{e=1}^{N} (\hat{y}_e)^p \hat{u}_e^{\text{T}} k_0 \hat{u}_e - \sum_{e=1}^{N} (y_e)^p u_e^{\text{T}} k_0 u_e}{\sum_{e=1}^{N} (y_e)^p u_e^{\text{T}} k_0 u_e}\right)^2$$

(11.14)

式中：$C(\hat{y})$ 为代理模型输出的预测结构 $\hat{Y}$ 的柔度；$C(y)$ 为标签结构 Y 的柔度。

通过在训练中调整权重因子 λ 的大小，可以实现对损失函数收敛过程的控制。需要指出的是，λ 的选取和更新策略会对训练进程产生显著影响。在训练的早期，若 λ 较大可能导致难以收敛；若 λ 一直较小，则对代理模型预测结果的物理性能提升较小。经验表明，当保持像素类损失函数和物理性损失函数处在同一量级时，能获得综合性能较好的代理模型。

11.3.2 数值算例结果

为了比较引入物理信息前后代理模型的性能，本节定义两个模型：Model1（采用11.2节中数据驱动的构建方法）和Model2（采用数据物理双驱动的构建方法）。此外，本节采用与11.2节相同的数据集构建方法，分别用MBB梁和悬臂梁得到5个不同规模的样本数据集（6000、12000、18000、24000、30000）进行模型训练。

基于Model1和Model2训练的代理模型性能如图11.8所示。显然，在相同数量的样本下，基于Model2训练所得的代理模型在3项评价指标上均优于基于Model1训练所得的代理模型。以6000个样本为例，在悬臂梁问题中，基于Model2的代理模型REC、REV、ACC相比Model1分别提升了44.36%、33.60%和0.2536%。相似地，在MBB梁算例中三项指标分别提升了47.85%、30.76%和0.4972%。如表11.2所示，基于Model2训练得到的代理模型有效地避免了"结构断裂"现象的出现。因此，物理信息的引入显著提升了代理模型的预测性能。

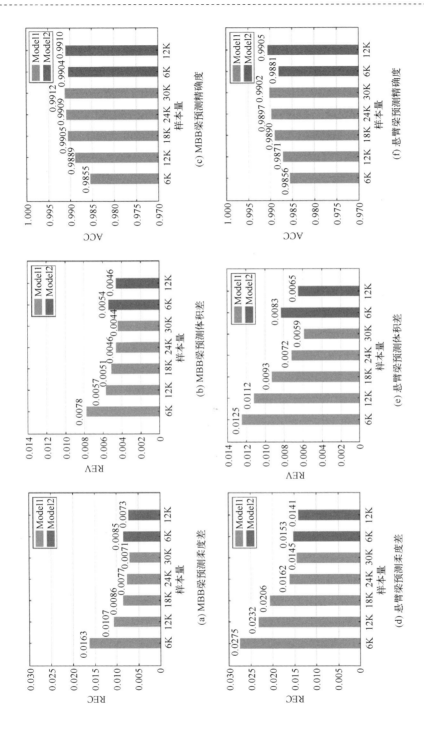

图11.8 基于深度神经网络的结构拓扑优化代理模型性能对比

表 11.2　Model1 与 Model2 在悬臂梁结构优化问题上的预测效果对比

序号	评价指标	Model1 预测	标签结构	Model2 预测	评价指标
1	REC = 5.0% REV = 2.6% ACC = 96.1%				REC = 0.5% REV = 1.0% ACC = 98.7%
2	REC = 1.1% REV = 1.9% ACC = 98.4%				REC = 0.4% REV = 0.7% ACC = 98.6%
3	REC = 4.1% REV = 3.6% ACC = 92.6%				REC = 0.3% REV = 0.4% ACC = 93.4%
4	REC = 3.3% REV = 0.8% ACC = 93.0%				REC = 0.2% REV = 0.6% ACC = 99.3%

11.4　数据驱动的多组件系统传热结构拓扑优化设计

随着电子元器件规模和集成电路水平的迅速提升,航空航天电子设备产品的热问题日益凸显。组件设备的集成式设计进一步增加了能量分布密度,从而导致高功率密度集成电子设备的散热冷却问题更加严峻[20]。因此,随着航空航天微电子工业技术的发展,结构如何进行有效散热成为一个迫切需要解决的问题[21]。

以带有若干电子元器件的电子芯片或印制电路板(图 11.9)为例,每个在正常工作时发热的电子元器件,可简化为一个热源组件。为增强电子设备的热扩散效果,一种有效的方法是在设计区域内嵌入高热导率材料,通过优化得到导热材料的有效分布形式,从而有助于获得更好的冷却效果和温度场性能。因此,基于优化设计来提升结构散热属性,已成为微电子技术发展中的重要课题。

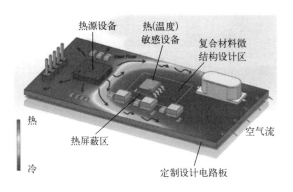

图 11.9 印制电路板多层结构

在电子设备冷却领域中，体-点散热问题[21]是一类典型的基础问题。目前研究主要集中于通过设计高导热率材料的空间分布来进行热传导结构优化，一方面满足发热组件的安装、承力要求，另一方面满足系统整体的传热以及结构轻量化要求。

为此，基于 11.2 节介绍的深度神经网络代理模型构建方法，本节构建面向多组件系统传热结构拓扑优化代理模型，通过将传统的传热结构拓扑优化问题转换为端到端的图像回归问题，在保持设计结果性能不变的条件下，大幅提升优化效率。

11.4.1 问题建模

如图 11.10（a）所示的体-点传热问题，结构 Ω 整体受到均匀热载荷作用，其产热功率系数为 g，底边中点为热沉边界条件，其余边界保持绝热条件。如图 11.10（b）所示，离散发热组件简化为多组件布局区域 Ω_s 内的若干随机分布的方形单元。多组件热传导拓扑优化设计问题定义为：在设计域 Ω_p 和多组件域 Ω_s 集成系统下，通过优化一定量的高热导率材料（High Thermal Conductivity Material，HTCM）分布位置，寻求得到最有效的散热路径。

考虑稳态热传导条件，平面结构区域 Ω 传热温度场的控制方程为

$$\begin{cases} \nabla \cdot (\kappa(\widetilde{\boldsymbol{\rho}})\nabla T) + g + \phi_{\Omega_s} = 0 & (\text{in } \Omega) \\ T = 0 & (\text{on } \Gamma_D) \\ (\kappa(\widetilde{\boldsymbol{\rho}})\nabla T) \cdot \boldsymbol{n} = 0 & (\text{on } \Gamma_N) \end{cases} \quad (11.15)$$

 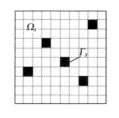

(a) 设计域和边界条件　　　(b) 发热组件布局　　　(c) 有限元网格

图 11.10　平面多热源组件系统的体–点传热优化问题示意图

式中：狄利克雷边界 Γ_D 代表热沉边界条件；纽曼边界 Γ_N 为绝热条件；$\boldsymbol{n}$ 为边界 Γ_N 上的外法向向量。多组件热源的产热功率计算如下：

$$\phi_{\Omega_s} = \sum_{i=1}^{N_s} \phi_i \quad \left(\phi_i = \begin{cases} \phi_i \in \Gamma_s & (\phi_0) \\ \phi_i \notin \Gamma_s & (0) \end{cases} \right) \tag{11.16}$$

式中：ϕ_0 为单一发热组件单元的产热功率；Γ_s 为相应发热组件的边界；N_s 为发热组件总数量。为了简化问题，这里每个发热单元的产热功率均统一设为 $\phi_0 = 10g$。

在结构域划分网格，以嵌入多组件热源系统。在本节中，热源分布的网格系统与温度场的计算网格保持一致，设定为 40×40。如图 11.12（c）所示，一个组件单元将会占用 4 个设计域网格。

11.4.2　代理模型构建

1. 方法与流程

针对所述的多组件热传导拓扑优化问题，本节构建数据驱动的深度神经网络代理模型，进行高效的设计求解，设计流程概括如下：

（1）利用传统 RAMP 方法构建数据集。数据集包括不同组件数量和随机布局位置，及其 HTCM 分布的优化设计结果。

（2）将组件数量和随机布局位置作为输入，HTCM 分布的优化设计结果作为输出，运用卷积神经网络搭建从输入到输出的深度代理模型。

（3）基于数据集进行代理模型的监督式训练和测试。当训练过程收敛后，得到预测代理模型，可对任意不同组件位置的最优传热路径进行高效预测。

图 11.11 给出了该代理模型设计方法的示意图。所用神经网络采

用编码-解码器的结构形式,将输入进行特征提取并传递转换至高维的隐空间,最后和输出信息进行匹配。值得注意的是,本节仅介绍了二维情况,但是本设计方法可进一步拓展到三维问题(利用三维卷积神经网络)。

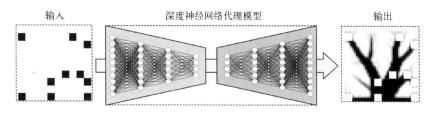

图 11.11　数据驱动的结构传热拓扑优化设计方法

2. 网络构建

如图 11.12 所示,本方法采用常规 Unet 深度神经网络作为代理模型。针对拓扑优化问题,解码器后加入了 Sigmoid 激活函数层。Sigmoid 函数为

$$S(x)=\frac{1}{1+e^{-x}}=\frac{e^x}{e^x+1} \tag{11.17}$$

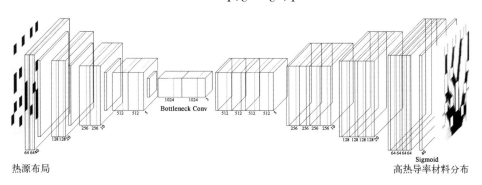

图 11.12　结构传热拓扑优化代理模型 Unet 网络架构

3. 数据集构建与评价指标

表 11.3 给出了训练数据集样本示例。每组训练数据样本包含多组件布局的位置输入图像及其对应的最优 HTCM 分布图像。输入图像像素块代表不同发热组件的位置,输出图像的黑白像素块表示 HTCM 的传统拓扑优

化结果。当发热组件由 10 个增加至 20 个时，其 HTCM 分布形式也将会发生改变。数据集构建的采样策略如下：

（1）考虑三种不同组件数量情况，分别为 10、15、20 个组件。

（2）每种组件数条件下，组件进行随机离散排布，形成 10000 组数据样本点。

（3）图像分辨率为 40×40。

整个数据集按照 9:1 的比例划分为训练和测试数据集。

表 11.3　训练数据集样例

组件数量	10	15	20
输入			
输出			

为了定量衡量设计方法的不同性能表现，采用图像性能和物理性能共同评判模型能力。图像性能采用 Mean AE，如式（11.8）所示。物理性能采用相对体积差和平均温度相对误差衡量，其中相对体积差如式（11.11）所示，平均温度相对误差（Relative Error of Temperature，RET）定义如下：

$$\mathrm{RET} = \frac{|T(\boldsymbol{y}) - T(\hat{\boldsymbol{y}})|}{T(\hat{\boldsymbol{y}})} \qquad (11.18)$$

式中：$T(\boldsymbol{y})$ 和 $T(\hat{\boldsymbol{y}})$ 分别为预测设计和常规设计结果的温度场分布结果。当 RET 值为负时（HTCM 材料用量保持不变），表明预测结果相比常规设计结果具有更好的物理性能，反之亦然。

11.4.3 数值算例结果

在本节中,神经网络采用 PyTorch 进行搭建。模型训练迭代步数为 150。数据采用批量预处理,批量大小为 32。优化求解器为 Adam,初始学习率为 10^{-3}。

1. 模型预测准确度与性能

表 11.4 展示了部分测试数据集的预测结果。预测的拓扑构型与传统优化设计结果具有高度一致性。通过 Mean AE 数值可以发现,代理模型具有较高的预测准确度,模型预测结果的平均像素误差保持在 3% 左右。如表 11.5 所示,在个别特殊组件布局条件下的传热结构预测结果中,可以发现一个有趣的现象:预测结果与传统设计结果在一些局部区域的热传导分支路径处具有显著的差异(图中圆圈所示,此时 Mean AE 较大)。进一步通过性能评价准则分析可知,相比传统设计结果,数据驱动的设计结果所用 HTCM 材料(REV)较少,但是具有更优的传热性能(RET)。综上所述,测试结果有效验证了深度代理模型具有较高的模型精度,可以高效高质量地完成多组件系统结构传热拓扑优化设计,在部分算例上甚至可提供超越传统方法的设计结果。

表 11.4 结构传热拓扑优化神经网络代理模型测试结果

组件数量	组件布局 & 传统设计结果 & 模型预测结果	Mean AE
10	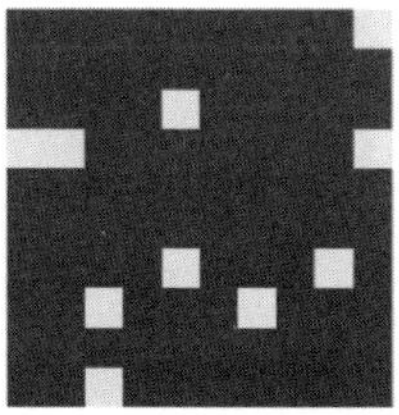 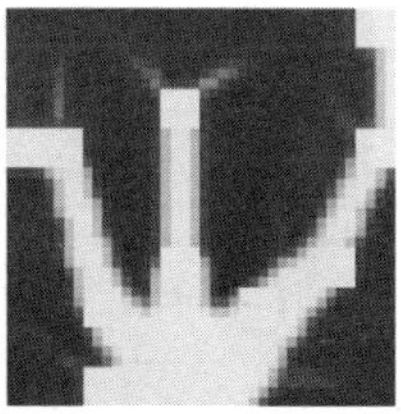 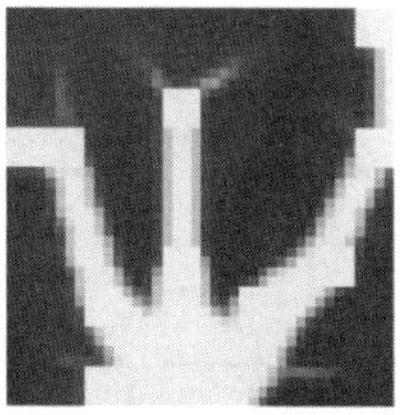	0.0304
10	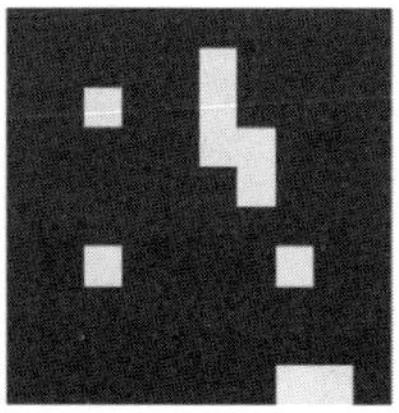 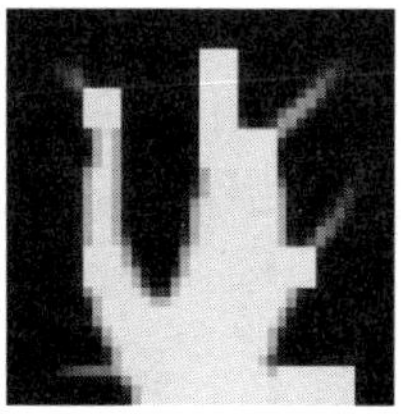 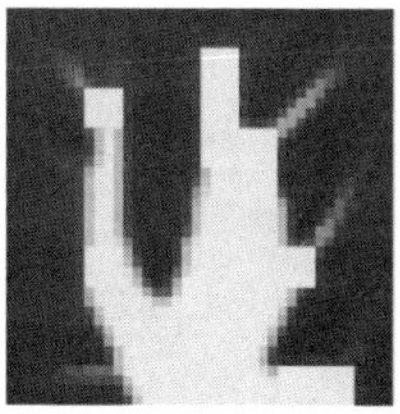	0.0327

续表

组件数量	组件布局 & 传统设计结果 & 模型预测结果	Mean AE
15		0.0333
15		0.0312
20		0.0333
20		0.0287

表 11.5　基于结构传热拓扑优化代理模型的更优性能方案预测

组件数量	组件布局 & 传统设计结果 & 模型预测结果	评价准则
10		Mean AE = 0.0527 RET = 0.898% REV = 0.295%

续表

组件数量	组件布局 & 传统设计结果 & 模型预测结果	评价准则
15		Mean AE = 0.0852 RET = 0.207% REV = 0.414%
20		Mean AE = 0.0782 RET = 0.734% REV = 0.264%

2. 模型鲁棒性与迁移性

为了进一步验证代理模型的鲁棒性和模型迁移性，这里对组件数量分别为 5、13 和 18 的数据样本进行测试。注意，5、13 和 18 的组件数量情况均不在训练样本数据集中，为额外准备的测试数据集。

如表 11.6 所示，代理模型在训练样本外的测试结果仍然具有较高精度与准确度，平均像素误差为 3%~5%。

表 11.6　结构传热拓扑优化神经网络代理模型鲁棒性测试结果

组件数量	组件布局 & 传统设计结果 & 模型预测结果	Mean AE
5		0.0593

续表

组件数量	组件布局 & 传统设计结果 & 模型预测结果	Mean AE
5		0.0411
13		0.0342
13		0.0501
18		0.0565
18		0.0382

11.5 小　　结

本章对基于神经网络代理模型的飞行器结构高效拓扑优化方法进行了介绍。首先对结构拓扑优化的基本理论、求解流程和求解方法进行了较为系统的说明。针对传统拓扑优化方法计算成本高昂的问题，引入深度学习技术，构建基于深度神经网络的结构拓扑优化代理模型。对代理模型的样本生成方式与处理、网络模型、损失函数与评价指标进行了详细的介绍。在此基础上，对数据和物理双驱动的结构拓扑优化代理模型构建、数据驱动的多组件系统结构传热拓扑优化设计进行了详细说明，并通过数值算例验证了方法的有效性，为提升飞行器结构拓扑优化问题求解效率提供了新的途径。

参 考 文 献

[1] 李好. 改进的参数化水平集拓扑优化方法与应用研究［D］. 武汉：华中科技大学，2016.

[2] Krog L, Tucker A, Rollema G. Application of topology, sizing and shape optimization methods to optimal design of aircraft components［C］//Pro. 3rd Altair ITK Hyperworks Users Conference，2002.

[3] 大连理工大学运载工程与力学学部. 学部科研成果助推长征五号运载火箭飞天［EB/OL］. ［2016-11-04］. http：//vehicle.dlut.edu.cn/info/1008/12307.htm.

[4] Sigmund O, Maute K. Topology optimization approaches：a comparative review［J］. Structural and Multi-disciplinary Optimization，2013，48（6）：1031-1055.

[5] Guo X, Zhang W S, Zhong W L. Doing topology optimization explicitly and geometrically-a new moving morphable components based framework［J］. Journal of Applied Mechanics，2014，81（8）：081009.

[6] Zhang W S, Yang W P, Zhou J H, et al. Structural topology optimization through explicit boundary evolution［J］. Journal of Applied Mechanics，2016，84（1）：011011.

[7] Bendsøe M P, Sigmund O. Material interpolation schemes in topology optimization［J］. Archive of Applied Mechanics（Ingenieur Archiv），1999，69（9-10）：635-654.

[8] Xie Y M, Steven G P. A simple evolutionary procedure for structural optimization［J］. Computers & Structures，1993，49（5）：885-896.

[9] Querin O M, Steven G P, Xie Y M. Evolutionary structural optimisation（ESO）using a bidirectional algorithm［J］. Engineering Computations，1998，15（8）：1031-1048.

[10] Deaton J D, Grandhi R V. A survey of structural and multidisciplinary continuum topology optimization：post 2000［J］. Structural and Multidisciplinary Optimization，2014，49（1）：1-38.

[11] Van Dijk N P, Maute K, Langelaar M, et al. Level-set methods for structural topology optimization：a review［J］. Structural and Multidisciplinary Optimization，2013，48（3）：437-472.

[12] Munk D J, Vio G A, Steven G P. Topology and shape optimization methods using evolutionary algorithms: a review [J]. Structural and Multidisciplinary Optimization, 2015, 52 (3): 613-631.

[13] Wein F, Dunning P D, Norato J A. A review on feature-mapping methods for structural optimization [J]. Structural and Multidisciplinary Optimization, 2020, 62 (4): 1597-1638.

[14] Stolpe M, Svanberg K. An alternative interpolation scheme for minimum compliance topology optimization [J]. Structural and Multidisciplinary Optimization, 2001, 22 (2): 116-124.

[15] Andreassen E, Clausen A, Schevenels M, et al. Efficient topology optimization in MATLAB using 88 lines of code [J]. Structural and Multidisciplinary Optimization, 2011, 43 (1): 1-16.

[16] Svanberg K. The method of moving asymptotes-a new method for structural optimization [J]. International Journal for Numerical Methods in Engineering, 1987, 24 (2): 359-373.

[17] Luo J X, Li Y, Zhou W E, et al. An improved data-driven topology optimization method using feature pyramid networks with physical constraints [J]. Computer Modeling in Engineering & Sciences, 2021, 128 (3): 823-848.

[18] 罗加享. 基于数据驱动与物理约束辅助的结构拓扑优化方法研究 [D]. 长沙: 国防科技大学, 2021.

[19] Kingma D P, Ba J. Adam: a method for stochastic optimization [C]//International Conference on Learning Representations. San Diego, 2015.

[20] Peterson G P, Ortega A. Thermal control of electronic equipment and devices [M]//Advances in Heat Transfer. New York: Elsevier, 1990.

[21] Bejan A. Constructal-theory network of conducting paths for cooling a heat generating volume [J]. International Journal of Heat and Mass Transfer, 1997, 40 (4): 799-816.

第 12 章

卫星舱内热布局优化

本章介绍 MDO 在卫星布局方案设计中的应用。卫星布局方案设计是卫星总体设计的重要一环。实际工程中，设计卫星布局方案时不仅要考虑卫星总体质量特性的要求，而且要考虑卫星温度场分布情况、电磁兼容特性以及相关的力学性能等一系列复杂系统工程约束[1-5]（图 12.1），是一个典型的多学科设计优化的问题。因此理论研究中，需要从工程实际需求出发，在布局优化时考虑相关的工程性能约束或目标，这样才能确保卫星布局设计方案具有更高的工程实用价值。

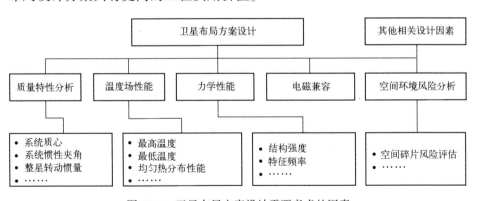

图 12.1　卫星布局方案设计需要考虑的因素

本章将重点考虑温度场性能对卫星布局方案设计的影响，针对温度场性能驱动下的卫星舱内组件布局设计问题，结合深度学习技术开展一系列卫星舱内热布局设计方法研究。12.1 节将针对卫星舱内热布局设计问题进行简单介绍和综述；12.2 节和 12.3 节分别介绍了基于深度神经网络的热布局优化设计方法和热布局逆向设计方法，并基于此实现了两种不同的热源布局方案设计思路，为卫星舱内热布局设计应用研究提供了有益借鉴。

12.1 卫星舱内热布局优化设计概述

卫星舱内热布局设计主要指以卫星温度场性能要求为牵引，研究部组件在给定卫星舱有限空间中的布局方案设计问题，以满足温度指标等设计要求。例如，巴西国家空间研究院 De Sousa 团队[6-8]将目标温度与计算所得温度的差值作为卫星热控设计约束，在布局优化过程中嵌入热分析软件进行布局方案的迭代求解。但基于有限元数值仿真的热分析计算复杂度高，嵌入优化过程反复迭代需要消耗海量时间成本。

针对温度场数值仿真评估耗时过长的问题，研究人员提出相应的简化计算方法。Cuco 等[6]以卫星舱内温度场分布均匀性为设计目标建立近似的组件热功率影响模型，以此取代热分析软件的高精度仿真，极大缩短计算时间。如图 12.2 所示，该方法将不同组件对布局板内任意位置的温度场贡献定义为自身热功率和距离平方的比值，然后将布局区域划分为多个网格单元，并计算不同网格单元上所有组件的温度场贡献值，最后通过不同网格单元温度场贡献值的均方差近似表征温度场分布的均匀性。

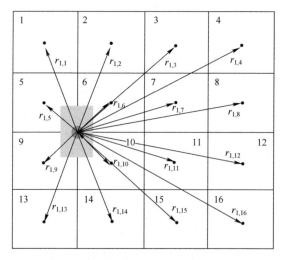

图 12.2　组件热功率影响模型示意图（图中 r 表示距离）[6]

此外，Hengeveld 等[9]提出热有效面积法近似表征温度分布均匀性。如图 12.3 所示，实线边界为物体的真实几何边界，虚线的圆为等价的组件热有效面积，圆的大小正比于组件的热功率。通过降低组件之间热有效重叠面积即可近似实现提高卫星内部温度场均匀性的目的[9]。

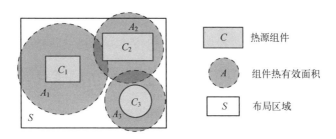

图 12.3 热有效面积法示意图

虽然上述两种简化计算方法可以有效缩短计算时间，降低优化代价，但所建分析模型保真度低，缺乏对卫星真实温度分布的准确评估，故而无法实现温度场精细控制要求下的卫星布局方案设计，与工程应用差距较大。

为突破上述瓶颈，需要构建能够快速且高精度预测温度场性能的代理模型。以二维热源布局设计问题为例，假设布局区域内有 N_s 个热源，在固定其摆放角度的情况下，共需要 $2N_s$ 个设计变量确定 N_s 个组件的布局方案，若将布局区域划分为 $N_{\text{FEA}} \times N_{\text{FEA}}$ 网格，对其温度分布离散化，则需要 N_{FEA}^2 维变量描述温度场（N_{FEA} 越大温度场越精确），因此需要构建 $2N_s$ 维到 N_{FEA}^2 维变量的代理模型。目前，国内外学者对于代理模型构建方法开展了广泛而又深入的研究，主要发展了基于多项式的响应面法[10]、支持向量机回归[11]、径向基函数[12]和 Kriging 函数插值近似法[13-16]等常用近似建模方法，具体参见第 4 章。但温度场近似建模是典型的高维映射问题（上万维乃至上百万维），这些传统方法因为"维数灾难"通常难以构建高维变量间的代理模型。

近年来，随着人工智能的蓬勃发展，以神经网络为基础的深度学习技术脱颖而出，并已在计算机视觉[17]、自然语言处理[18]等诸多领域取得了跨时代的突破[19]。神经网络具有万能逼近性质[20]和高效计算的特点，使得其在克服"维数灾难"并实现高维变量间映射方面具有明显优势，因此发展基于深度学习的近似建模技术（详见第5章）为突破技术瓶颈、进一步提升卫星布局方案设计水平提供了新的可行思路。

本章围绕卫星舱内热布局的实际问题，详细介绍如何利用深度神经网络模型构建布局方案到温度场分布的回归映射（12.2节）和温度场分布到布局方案的逆向映射（12.3节），并深入探讨基于这两种映射模型实现的两种热布局设计方法。

12.2 基于图像回归近似模型的热布局优化设计方法

12.2.1 热布局优化问题建模

本节将从温度场计算模型和热布局优化问题两个方面详细介绍该问题的建模过程，为后续方法研究提供问题支撑和模型基础。

1. 热传导问题的温度场计算模型

本节以二维区域内的体点散热问题为例，对热布局优化设计方法进行介绍和验证。如图12.4所示，除下方散热小孔δ处保持恒温T_0外，其余边界均为绝热。

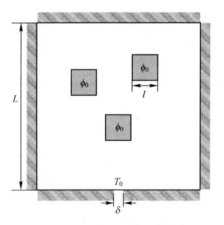

图12.4 二维体点散热问题示意图

在二维平面区域内，其稳态温度场需要满足二维泊松方程，可表示为

$$\frac{\partial}{\partial x}\left(k\frac{\partial T}{\partial x}\right)+\frac{\partial}{\partial y}\left(k\frac{\partial T}{\partial y}\right)+\phi(x,y)=0$$

$$\text{边界条件}: T=T_0 \quad \text{或} \quad k\left(\frac{\partial T}{\partial \boldsymbol{n}}\right)=0 \quad (12.1)$$

$$\text{或} \quad k\left(\frac{\partial T}{\partial \boldsymbol{n}}\right)=h(T-T_0)$$

式中：k 为布局区域导热系数；$\phi(x,y)$ 为描述热源强度分布函数；T_0 为恒温边界温度值；h 为对流换热系数；$\boldsymbol{n}$ 表示布局边界的外法向向量。

式（12.1）主要满足三种不同边界条件：狄利克雷边界条件（等温）、纽曼边界条件（绝热）或罗宾边界条件（对流）。其中本节定义的热源布局优化问题是混合狄利克雷和纽曼边界条件的二维稳态热传导问题。

热源强度分布函数 $\phi(x,y)$ 由热源位置决定，可表示为

$$\phi(x,y)=\begin{cases}\phi_0 & ((x,y)\in\Gamma)\\ 0 & ((x,y)\notin\Gamma)\end{cases} \quad (12.2)$$

式中：ϕ_0 为单一热源的强度；Γ 为热源组件所覆盖的布局区域。

本节将热布局设计的温度场性能指标定义为整个布局区域内的最高温度 $T_{\max}$，其归一化形式可表示为

$$R_m=\frac{T_{\max}-T_0}{\phi_0 L^2/k} \quad (12.3)$$

R_m 又称为最高温升，其数值越小，布局区域内最高温度越低。

2. 两类热布局优化问题模型

本节将介绍两种不同类型的热源布局优化问题。第一类为无约束热布局优化（Unconstrained Heat Source Layout Optimization）问题，旨在寻找使整个布局区域最高温度最小化的最优热源布局方案。第二类为温度约束的热布局优化（Temperature-constrained Heat Source Layout Optimization）问题，在第一类问题基础上额外添加特定温度约束。

上述两类问题均应满足基本的几何约束，即组件间不干涉约束以及组件与布局区域的隶属关系约束，可表示为

$$\begin{cases}\Gamma_i\cap\Gamma_j=\varnothing & (\forall i\neq j)\\ \Gamma_i\subset\Gamma_0 & (\forall i=1,2,\cdots,N_s)\end{cases} \quad (12.4)$$

式中：Γ_i 为第 i 个热源的覆盖区域；Γ_0 为整个布局区域；N_s 为热源总数。

1) 无约束热布局优化问题

无约束热布局优化问题可表述为

$$\begin{cases} \text{find} & X \\ \min & R_m \\ \text{s.t.} & \Gamma_i \cap \Gamma_j = \varnothing \quad (\forall i \neq j) \\ & \Gamma_i \subset \Gamma_0 \quad (\forall i = 1, 2, \cdots, N_s) \end{cases} \quad (12.5)$$

式中：X 为热源布局方案。

2) 特定温度约束的热布局优化问题

在卫星研制过程中，由于一些特殊设备对环境温度非常敏感，因此需要控制其周围温度值以保持设备平稳运行。故除了满足最高温度最小化的设计目标之外，通常还要求特定区域的温度不能小于或大于特定值。

这类问题统称为特定温度约束的热源布局优化问题，其数学模型可表示为

$$\begin{cases} \text{find} & X \\ \min & R_m \\ \text{s.t.} & \Gamma_i \cap \Gamma_j = \varnothing \quad (\forall i \neq j) \\ & \Gamma_i \subset \Gamma_0 \quad (\forall i = 1, 2, \cdots, N_s) \\ & T_{\text{point}} \geq T_{\text{pmin}} \quad \text{or/and} \quad T_{\text{point}} \leq T_{\text{pmax}} \end{cases} \quad (12.6)$$

式中：T_{point} 为布局区域中特定点的温度值；T_{pmin} 和 T_{pmax} 为该点处所允许的最小和最大温度值。

12.2.2 基于特征金字塔网络代理模型的热布局优化方法

1. 方法总体框架

为了降低布局优化过程中反复迭代所需海量仿真时间成本，本节采用深度神经网络构建代理模型实现不同布局方案到温度场性能的映射，并提出一种深度学习代理模型辅助布局优化方法框架。该框架主要包括三个过程，即数据准备、深度学习近似建模和基于深度学习代理模型的优化，如图12.5所示。

1) 数据准备

针对热布局优化问题提出两种布局采样方法，生成多样化布局方案，

并与数值仿真方法相结合计算相应真实温度分布,作为代理模型训练数据。需要注意的是,训练数据应尽可能覆盖整个布局设计空间,以建立更加准确的全局代理模型。

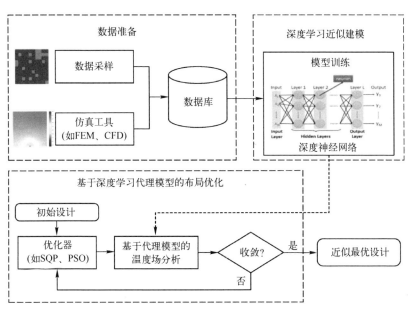

图 12.5　基于深度学习代理模型的热布局优化方法总体框架

2) 深度学习近似建模

将布局和温度场视为二维图像,其映射关系学习即可转化为图像到图像的回归任务。基于此,本节采用支持多层次语义信息提取的特征金字塔网络,即 FPN(详见第 5 章),学习训练数据的内在规律,构建布局方案到温度场性能的代理模型。

3) 基于深度学习代理模型的布局优化

基于深度学习代理模型的布局优化是在深度学习代理模型的基础上,结合传统优化策略或优化算法求解布局优化问题。在实现温度分布特性近实时评估的前提下,高效完成优化设计过程。

2. 基于特征金字塔网络的温度场预测

不失一般性,本节假设正方形布局区域的边长 $L=0.1\mathrm{m}$,布局区域和热源组件的导热系数为 $k=1\mathrm{W}/(\mathrm{m}\cdot\mathrm{K})$。布局区域内放置 20 个相同的方形热源,其边长为$l=0.01\text{m}$,其强度为$\phi_0=10000\text{W/m}^2$。散热口的宽度设为$\delta=0.001\text{m}$,其温度值恒定为$T_0=298\text{K}$。

首先是数据准备。热布局优化代理模型输入为布局设计方案,输出为对应的温度场,代理模型的训练需要利用布局设计方案和相应温度场的数据。为了生成尽可能多样化的训练数据,首先采用两种不同采样策略,以获得多样化布局方案。其次将布局区域离散为 200×200 网格,采用有限差分法计算相应的温度场,得到 200×200 温度分布矩阵。如图 12.6 所示,在网格划分时采用自适应加密策略,以保证数值仿真精度。

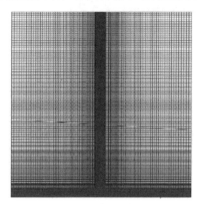

图 12.6 自适应网格剖分

为便于采样,布局区域划分为 10×10 网格,每个方形热源组件占据一个最小单元。如图 12.7 所示,包含 20 个热源组件的布局方案可以通过从 100 个网格单元中任意选择 20 个确定。

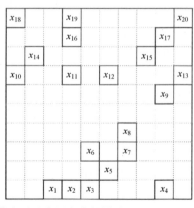

图 12.7 布局区域的离散表示及布局方案的描述

第一种采样策略是随机生成布局样本 X，然后利用有限差分法计算得到其温度矩阵 Y，构成一般训练数据集，记为 $G(X,Y)$。但是随机采样策略难以覆盖某些特殊的布局方案。因此，本节提出了演化采样策略以增加布局样本多样性，其核心思想是将特定布局样本作为种子，随机选取热源组件以随机游走的形式演化布局，从而达到针对性采样的目的。通过演化采样策略生成的特殊训练数据集用 $S(X,Y)$ 表示。

其次是构建深度学习代理模型。本节主要采用 FPN 作为代理模型。在 FPN 框架下，布局被看作大小固定（200×200）且语义可变的多尺度层次图像，其语义表示为随布局方案变化而变化的温度分布。FPN 将 200×200 的布局图像作为输入，以全卷积的方式输出多层特征图，并通过多层特征融合得到最终预测温度分布。其网络总体架构如图 12.8 所示。

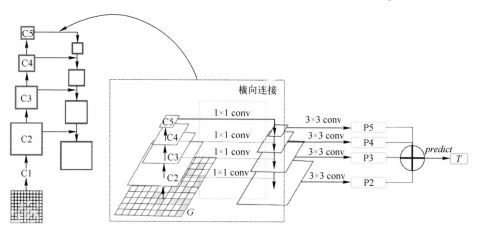

图 12.8 用于温度场预测的 FPN 网络架构图

3. 基于邻域搜索的布局优化算法

基于布局方案的离散建模，热源布局优化问题可转化为离散整数优化问题，是典型 NP-Hard 问题。本节采用基于邻域搜索的布局优化算法（Neighborhood Search-based Layout Optimization，NSLO）进行启发式求解，从而在合理时间内获得近似最优解。为了实现高效的邻域搜索算法，需要解决两个问题：一是邻域结构的选择，二是迭代过程的定义。

首先是邻域结构的选择。一组布局方案 X 的邻域布局方案定义为变换某个组件位置的可行布局方案。X 所有可能邻域布局方案构成的集合定义

为 X 的邻域，记为 $N(X)$。其次是迭代过程的定义。邻域搜索的基本思想可以描述为：基于当前布局方案，对其邻域内所有可能布局方案进行遍历搜索，找出一组最好的改进布局方案；然后基于改进布局方案，重复邻域搜索过程，直至无法找到更优的布局方案，即认为得到局部最优布局方案。在本节算例中，每组布局方案的邻域集合包含 1600 个可行邻域布局解，如果进行遍历搜索，优化效率较低。因此，本节通过定义 X 的子邻域 $N(X,i)$，并基于此构造 NSLO 算法，以提高优化效率。$N(X,i)$ 定义为 X 变换第 i 个组件位置得到的所有可行邻域布局方案集合，故该子邻域只包含 80 组邻域布局解集。据此定义可知 $N(X) = \bigcup_{i=1}^{20} N(X,i)$。子邻域生成算法流程见算法 12.1。

算法 12.1：生成布局方案 X 的第 t 个子邻域 $N(X,t) = $ Neighborhood (X,t)

输入：当前布局解 $X = \{x_j, j = 1, 2, \cdots, 20\}$

输出：子邻域布局解集 $N(X,t)$

For $i \leftarrow 1:100$

    $X_{\text{neighbor}} = X$

    If $i \notin X$ then

        将 X_{neighbor} 第 t 个位置编号替换为 i，即 $x_t \leftarrow i$

        将 X_{neighbor} 中元素按照升序排列

        将 X_{neighbor} 添加到子邻域 $N(X,t)$ 中

    End if

End for

Return $N(X,t)$

NSLO 算法流程见算法 12.2。首先，给定初始布局解 X_0，将位置编号按升序排列以消除组件编号顺序对适应度函数的影响。其次，初始化当前最优布局解 $X_g = X_0$ 以及当前最优适应度函数值 $\text{fitness}_g = \hat{f}(X_g)$。然后，选取第 i 个组件生成 80 个邻域布局解 $N(X_g,i)$，并且基于 FPN 代理模型计算适应度函数值。接着，比较所有邻域布局解，获得适应度函数最优的邻域

布局解，并更新当前最优布局解和当前最优适应度函数值。需要注意的是，一旦发现更优的布局方案，那么邻域搜索将会基于更新后的 X_g，从它的第 $(i+1)$ 个子邻域继续搜索。该机制有利于提升邻域搜索算法的收敛速度，降低计算成本。最后，重复子邻域搜索过程直至 X_g 的所有子邻域全部都被遍历且无法找到更好的布局解时，算法停止。X_g 即为近似局部最优布局解。

算法 12.2：NSLO 算法框架

输入：初始布局解 $X_0 = \{x_{i0}, i = 1, 2, \cdots, 20\}$

输出：搜索到的局部最优布局解 X_g

将 X_0 中的元素 x_{i0} 按照升序排列

利用 FPN 代理模型计算适应度函数值 $\hat{f}(X_0)$

初始化当前最优布局解 $X_g = X_0$

初始化当前最优适应度函数值 $\text{fitness}_g = \hat{f}(X_0)$

flag = 1　　\\ 用来指示是否继续邻域搜索

while flag = 1 do

 flag = 0

 for $i \leftarrow 1:20$ do

  生成子邻域候选解集：$N(X_g, i) = \text{Neighborhood}(X_g, i)$

  计算所有子邻域候选解的适应度函数值 $\hat{f}(X_j), \forall X_j \in N(X_g, i)$

  If $\min_{X \in N(X_g, i)} \hat{f}(X) < \text{fitness}_g$ then

   flag = 1

   $\text{fitness}_g \leftarrow \min_{X \in N(X_g, i)} \hat{f}(X)$

   $X_g \leftarrow \arg\min_{X \in N(X_g, i)} \hat{f}(X)$

  End if

End while

Return X_g

12.2.3 算例分析

本节首先对 FPN 代理模型在预测精度方面的性能进行评价,并讨论训练数据规模与预测精度之间的关系。然后,分别对两类热源布局优化问题进行求解,验证深度学习代理模型辅助布局优化设计方法的可行性和有效性。

1. FPN 代理模型性能评估

基于 Pytorch 实现 FPN 模型,采用 Adam 优化器对神经网络参数进行训练。训练 Epoch 为 50,学习率为 1×10^{-3},模型训练批处理大小为 32。

如表 12.1 所示,分别生成 50000 组一般训练样本和 5000 组特殊训练样本,同时另外生成 8000 组一般样本和 1000 组特殊样本作为测试样本。

表 12.1 卫星舱内温度场预测代理模型训练和测试数据集信息

数据类型	训练集		测试集	
	一般样本	特殊样本	一般样本	特殊样本
样本数量	50000	5000	8000	1000

1)代理模型预测精度

首先在一般训练集上训练 FPN 模型,记为 FPN_{50K},其次加入 5000 组特殊样本作为训练数据重新训练 FPN 模型,记为 FPN_{50K+SP}。采用平均绝对误差(Mean Absolute Error, Mean AE)和平均相对误差(Mean Relative Error, MRE)两种性能评价指标,其中 Mean AE 是所有测试样本的平均绝对误差,MRE 为 Mean AE 除以 298K。

在一般测试集和特殊测试集上分别对两种模型进行测试评价,结果如表 12.2 所示。任意选取两组布局,将 FPN 代理模型预测结果和有限差分法结果进行对比,如图 12.9 所示。FPN_{50K} 和 FPN_{50K+SP} 代理模型在测试集上 Mean AE 指标均未超过 0.25K,MRE 指标均小于 0.1%,具有较高的预测精度。FPN_{50K+SP} 模型在两个测试集上 Mean AE 分别为 0.0520K 和 0.0903K,相比 FPN_{50K} 模型(0.1045K 和 0.2496K),预测误差下降超过 50%,可见适量增加特殊训练样本能有效提高代理模型预测精度。

表 12.2　卫星舱内温度场预测代理模型测试结果

代理模型	Mean AE/K		MRE/%	
	一般样本	特殊样本	一般样本	特殊样本
FPN_{50K}	0.1045	0.2496	0.0351	0.0838
FPN_{50K+SP}	0.0520	0.0903	0.0174	0.0303

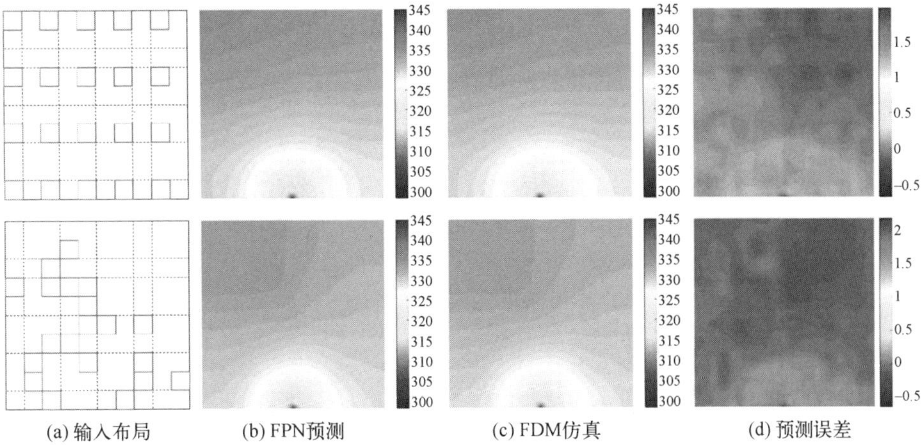

(a) 输入布局　　(b) FPN预测　　(c) FDM仿真　　(d) 预测误差

图 12.9　温度场预测 FPN 代理模型效果展示（见彩图）

2）代理模型预测性能与训练数据量的关系

采用 2000、4000、6000、8000、10000、20000、30000、40000 和 50000 组一般训练样本分别对 FPN 模型进行训练，得到不同精度的代理模型，分别记为 FPN_{2K}、FPN_{4K}、FPN_{6K}、FPN_{8K}、FPN_{10K}、FPN_{20K}、FPN_{30K}、FPN_{40K} 和 FPN_{50K}。对上述代理模型性能进行评估，得到如图 12.10 所示性能变化规律。随着一般训练数据量的增加，预测 Mean AE 总体呈现下降趋势，主要因为更多训练样本使模型学习到更精确的数据分布，提升代理模型预测性能。

此外，特殊测试集 Mean AE 明显高于一般测试集 Mean AE，且在加入特殊样本作为训练数据时，FPN_{50K+SP} 模型预测 Mean AE 大幅降低。这是因为一般训练样本无法完全覆盖整个数据分布空间，通过加入特殊训练样本使模型具有更好泛化性。

当训练数据规模达到一定阈值后，继续添加一般样本，模型性能提升幅度逐渐变小。但通过增加特殊训练样本可以继续完善训练数据的空间分布,从而有效提升模型性能,因此实际应用中根据问题特点专门设计和补充特殊样本,有助于提高温度场预测精度。

2. 基于 FPN 代理模型的布局优化

本节将讨论 FPN 代理模型辅助卫星舱内热源组件布局优化设计方法性能。FPN 代理模型替代耗时的物理仿真过程,实现布局设计方案对应温度场性能的快速高精度预测。采用 NSLO 算法进行布局方案快速寻优。

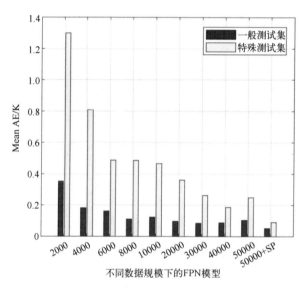

图 12.10 不同数据规模下 FPN 代理模型预测性能统计

1) 无约束热布局优化问题求解

在该布局优化问题中,采用 20 个设计变量分别表示 20 个热源组件的位置编号。只要位置编号不同,即可满足式(12.4)的几何约束。因此,无约束热布局优化问题可以表示为

$$\begin{cases} \text{find} & \boldsymbol{X} = \{x_i, i=1,2,\cdots,20\} \\ \text{min} & \hat{R}_m = \hat{f}(\boldsymbol{X}) \\ \text{s.t.} & 1 \leqslant x_i \leqslant 100 \ \& \ x_i \in N_+ \quad (\forall i=1,2,\cdots,20) \\ & x_i \neq x_j \quad (\forall i \neq j) \end{cases} \quad (12.7)$$

式中：$\hat{R}_m$ 为基于 FPN 代理模型计算出的最大温升。

为研究不同代理模型对优化结果的影响，分别将不同数据规模下训练得到的 FPN 模型与 NSLO 算法相结合，进行深度学习代理模型辅助布局优化设计。

图 12.11 展示了使用不同代理模型进行优化搜索的 NSLO 算法迭代过程。可以看出，基于不同 FPN 模型，NSLO 算法均能收敛到局部最优解，验证了 NSLO 算法的有效性。

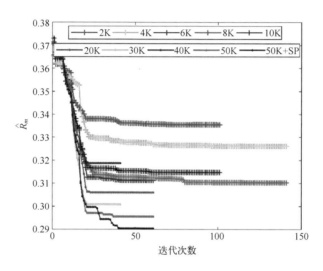

图 12.11 基于 FPN 的卫星舱内热布局优化迭代曲线

表 12.3 列出了基于不同 FPN 代理模型得到的局部最优解。从表中可以看出，随着训练数据量的增加，尽管布局最高温度的预测精度存在一定波动，但是预测误差的总体趋势是下降的，且基于精度更高的代理模型，NSLO 算法能搜索到更好的布局设计方案。基于 FPN_{50K+SP} 的最优布局解优于所有其他代理模型的设计结果，同时其最高温度预测误差是最小的，进一步说明通过演化采样策略生成的特殊训练数据能够有效提高模型精度并得到更好的优化设计结果。基于 FPN_{50K} 和 FPN_{50K+SP} 搜索得到的最佳布局方案如图 12.12 所示，均优于文献 [21-22] 的优化方案，验证了方法的有效性。

表 12.3 基于不同 FPN 代理模型的无约束热布局最优设计性能对比

代理模型	FPN 预测值		数值仿真值		预测误差		
	$\hat{R}_m$	$\hat{T}_{max}/K$	R_m	T_{max}/K	Mean AE/K	$\Delta\hat{T}_{max}/K$	$RE_{T_{max}}/\%$
FPN_{2K}	0.3356	331.56	0.3299	330.99	0.3019	0.5739	0.1734
FPN_{4K}	0.3262	330.62	0.3031	328.31	0.9641	2.3153	0.7052
FPN_{6K}	0.3114	329.14	0.3032	328.32	1.0831	0.8172	0.2489
FPN_{8K}	0.3104	329.04	0.297	327.7	1.0256	1.3441	0.4102
FPN_{10K}	0.3148	329.48	0.2958	327.58	1.3045	1.9004	0.5801
FPN_{20K}	0.3061	328.61	0.3039	328.39	0.6763	0.2181	0.0664
FPN_{30K}	0.3009	328.09	0.3015	328.15	0.5328	−0.0584	0.0178
FPN_{40K}	0.3188	329.88	0.3017	328.17	0.4935	1.7121	0.5217
FPN_{50K}	0.2956	327.56	0.2938	327.38	0.5895	0.1741	0.0532
FPN_{50K+SP}	0.2904	327.04	0.2902	327.02	0.1294	0.0276	0.0084
文献[21]	—	—	0.3069	328.69	—	—	—
文献[22]	—	—	0.3005	328.05	—	—	—

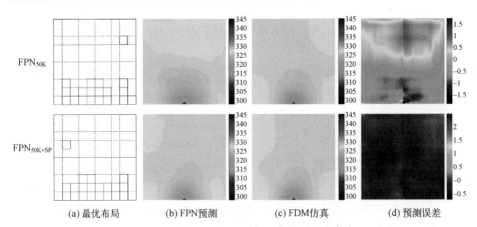

(a) 最优布局　　(b) FPN预测　　(c) FDM仿真　　(d) 预测误差

图 12.12 基于不同 FPN 代理模型的无约束热布局最优设计结果展示（见彩图）

2) 特定温度约束的热布局优化问题求解

与无约束布局优化问题相比，特定温度约束的热布局优化问题还需要满足特殊位置处最小温度约束。假设该特殊位置点位于布局域右边界中点附近，要求该点温度值不能低于335K，即 $T_{\text{point}} \geq T_{\text{pmin}} = 335\text{K}$。$T_{\text{point}}$ 基于代理模型进行预测，记为 $\hat{T}_{\text{point}}$。因此，该温度约束下的热布局优化问题可建模为

$$\begin{cases} \text{find} \quad X = \{x_i, i = 1, 2, \cdots, 20\} \\ \min \quad \hat{R}_m = \hat{f}(X) \\ \text{s.t.} \quad 1 \leq x_i \leq 100 \ \& \ x_i \in N_+ \quad (\forall i = 1, 2, \cdots, 20) \\ \quad \quad x_i \neq x_j \\ \quad \quad \hat{T}_{\text{point}} \geq T_{\text{pmin}} \end{cases} \quad (12.8)$$

采用罚函数法处理该温度约束，通过与目标函数相结合得到综合目标为 $\hat{R}_m + \lambda \cdot \max[0, T_{\text{pmin}} - \hat{T}_{\text{point}}]$ 的无约束优化问题，其中 $\lambda = 1$。

基于不同的 FPN 代理模型，采用 NSLO 算法对该布局优化问题进行求解，得到最优布局解对应的预测性能统计如表12.4所示，基于 FPN_{50K} 和 FPN_{50K+SP} 搜索得到的最佳布局方案如图12.13所示。在此问题中，特殊位置点的最低温度被约束为335K，大于无约束热布局优化问题得到的最高温度327.02K。因此，当设定相同的优化目标时，布局区域内最高温度应该在该特殊位置点附近，其值应趋近于335K，且至少为335K。上述分析与表12.4中结果数据相吻合，验证了基于深度学习代理模型的布局优化设计方法求解特定温度约束热布局优化问题的可行性和有效性。

表 12.4　基于不同 FPN 代理模型的特定温度约束热布局最优设计性能对比

代理模型	FPN 预测值		数值仿真值		预测误差		
	$\hat{R}_m$	$\hat{T}_{\max}/\text{K}$	$\hat{T}_{\text{point}}$	R_m	$T_{\max}/\text{K}$	T_{point}	Mean AE/K
FPN_{2K}	0.3704	335.04	335.00	0.3892	336.92	336.87	0.4413
FPN_{4K}	0.3701	335.01	335.00	0.3749	335.49	335.43	0.1871

续表

代理模型	FPN 预测值		数值仿真值		预测误差		
	$\hat{R}_m$	$\hat{T}_{max}/K$	$\hat{T}_{point}$	R_m	T_{max}/K	T_{point}	Mean AE/K
FPN_{6K}	0.3700	335.00	335.00	0.3683	334.83	334.82	0.1987
FPN_{8K}	0.3700	335.00	335.00	0.3719	335.19	335.18	0.1320
FPN_{10K}	0.3706	335.06	335.00	0.3722	335.22	335.22	0.1316
FPN_{20K}	0.3701	335.01	335.00	0.3695	334.95	334.91	0.1642
FPN_{30K}	0.3701	335.01	335.00	0.3731	335.31	335.30	0.1142
FPN_{40K}	0.3701	335.01	335.00	0.3690	334.90	334.89	0.0894
FPN_{50K}	0.3700	335.00	335.00	0.3716	335.16	335.15	0.0817
FPN_{50K+SP}	0.3702	335.02	335.00	0.3707	335.07	335.07	0.0384

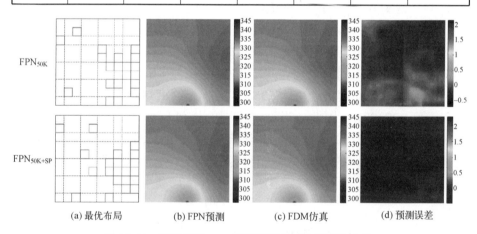

(a) 最优布局　　(b) FPN 预测　　(c) FDM 仿真　　(d) 预测误差

图 12.13　基于不同 FPN 代理模型的特定温度约束热布局最优设计结果展示（见彩图）

12.3　基于图像-位置回归映射的热布局逆向设计方法

基于深度学习的热布局优化设计方法[23]能够有效解决超高维场变量的预测难题，并克服传统代理模型"维数灾难"的挑战，通过结合优化算法实现高效的卫星热布局设计求解。但是,对于不同的热布局设计指标,都需要重新进行优化迭代才能获得对应的设计结果,无法实现直接根据温度设计指标快速推荐布局方案。因此,为了能够降低对优化算法的依赖,进一步提升设计效率,本节提出热布局逆向设计(Heat Source Layout Inverse Design,HSLID)方法,实现了直接基于给定的期望温度性能快速高效生成相应布局方案的设计过程。

12.3.1 热布局逆向设计问题建模

本节以12.2节中介绍的二维区域内体点散热问题(图12.4)为例,对热布局逆向设计方法进行介绍。

热布局逆向设计旨在根据预先给定的期望温度分布 Y 直接推断得到对应的布局方案 X,不需要经过正向设计中反复的优化迭代过程。

热布局逆向设计本质仍然是组件布局设计问题,应满足基本的几何不干涉约束(见式(12.4))。同时,热布局逆向设计得到的布局方案对应仿真温度场应满足期望温度分布要求,可表述为

$$T_p = Y \tag{12.9}$$

式中:Y 为输入的期望温度分布;T_p 为推断布局方案对应的仿真温度分布。

因此,热布局逆向设计过程的数学模型建立如下:

$$\begin{cases} \text{find} & X \\ \text{s.t.} & \Gamma_i \cap \Gamma_j = \varnothing \quad (\forall i \neq j) \\ & \Gamma_i \subset \Gamma_0 \quad (\forall i = 1, 2, \cdots, N_s) \\ & T_p = Y \end{cases} \tag{12.10}$$

式中:N_s 为热源总数。

12.3.2 基于SAR模型的热布局逆向设计方法

1. 方法总体框架

为了解决热布局逆向设计问题,本节提出基于Show,Attend and Read(SAR)深度神经网络模型的热布局逆向设计方法(SAR-HSLID)[24]。首先,采用SAR模型学习期望温度分布 Y 到布局方案 X 的映射关系。通过

输入给定的温度场，SAR 模型可推断得到初始布局方案。其次，考虑神经网络模型预测误差对推断精度的影响，根据初始布局方案是否满足温度设计要求，进行相应布局微调，以得到有效的布局方案。

如图 12.14 所示，SAR-HSLID 方法总体框架主要包括数据准备、SAR 模型训练和基于 SAR 模型的布局设计三个阶段。

(1) 数据准备。使用合适的布局采样方法生成大量布局方案，并对其进行仿真分析得到相应温度场，形成训练数据。此处直接采用 12.2 节中构建的数据集。

(2) SAR 模型训练。将温度场转化为二维图像，作为 SAR 模型的输入，将布局方案表征为热源组件的位置序列，作为 SAR 模型的输出。基于已构建训练数据集对 SAR 模型进行训练，得到温度场到布局方案的高精度推断模型。

(3) 基于 SAR 模型的布局设计。首先，输入给定的期望温度分布，利用训练好的 SAR 模型直接推断得到相应的初始布局方案。其次，判断初始布局方案是否满足温度设计要求。若满足，则直接输出最终布局设计方案；若不满足，则采用布局微调方法对布局方案进行局部调整，直至满足要求为止。

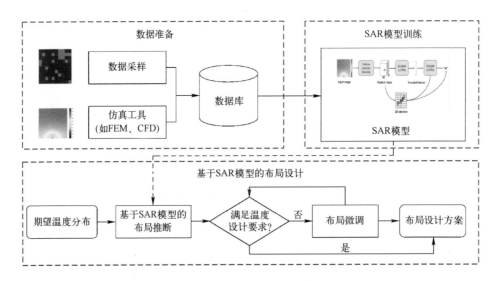

图 12.14　基于 SAR 模型的热布局逆向设计方法总体框架

2. SAR 模型训练

采用 SAR 模型直接学习温度场 Y 到布局方案 X 的映射关系，实现在给定期望温度分布条件下，快速推断出满足或接近相关温度设计要求的初始布局方案。模型的输入为温度场 Y，同 12.2 节，采用 200×200 离散网格进行描述。模型输出是布局方案 X，表示为布局组件的位置向量。为便于 SAR 模型训练，本节定义 $X=\{x_i \in \{0,1\} \mid i=1,2,\cdots,100\}$，其中 $x_i=1$ 表示第 i 个离散布局网格处存在热源，$x_i=0$ 表示该网格位置没有热源。布局方案描述可参考图 12.7。

如图 12.15 所示，SAR 模型架构[25]主要包括两个模块：特征提取模块和注意力布局预测模块。特征提取模块主要采用 ResNet 模型对输入的温度场图像进行特征提取，得到温度分布特征图；注意力布局预测模块包括编码器、解码器和二维注意力机制，首先采用长短时记忆（Long Short-Term Memory，LSTM）模型（详见文献[26]）对温度分布特征图进行编码得到中间特征，然后对中间特征进行解码，同时结合二维注意力机制实现对布局组件位置向量的预测，从而生成相应布局方案。模型具体实现细节可参考文献[25]。

在训练过程中，采用预测布局位置向量 $\hat{X}$ 和标签布局位置向量 X 的交叉熵[27]作为损失函数，可表示为

$$\mathcal{L} = H(\hat{X}, X) = -\frac{1}{100}\sum_{i=1}^{100}[x_i \cdot \log \hat{x}_i + (1-x_i) \cdot \log(1-\hat{x}_i)] \qquad (12.11)$$

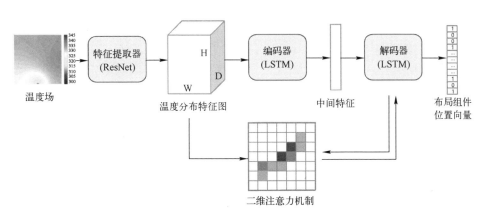

图 12.15　用于布局方案推断的 SAR 模型架构

式中：$\hat{x}_i$ 表示模型对第 i 个离散布局网格处存在热源的预测概率。

3. 基于 SAR 模型的布局设计

给定期望温度分布，采用训练得到的 SAR 模型进行布局推断，生成初始布局方案。如果初始布局方案对应的温度场 T_p 与期望温度分布 Y 存在一定偏差，需要进一步进行布局微调，以减少 T_p 与 Y 之间的差异。布局微调的目标定义为尽可能降低两个温度分布之间的最大绝对温度误差 J，表示为

$$\min \quad J = \max |T_p - Y| \qquad (12.12)$$

通过对部分热源组件位置进行局部调整，直至满足设计要求，输出微调后的布局设计方案。

为设计合适的布局微调策略，特别选取一组测试算例进行研究。图 12.16 分别给出标签布局方案和 SAR 模型推断的布局方案，并展示推断布局方案对应的仿真温度场和期望温度场之间的误差分布图。通过对比标签布局，可以发现 SAR 模型推断的布局方案仅有一个位置预测错误的热源组件，而该组件恰好位于温度误差分布的极值区域。

因此，可通过温度误差分布中最大差异特征指导初始设计方案的布局微调，得到满足设计要求的布局设计方案。布局微调方法的具体步骤如下：

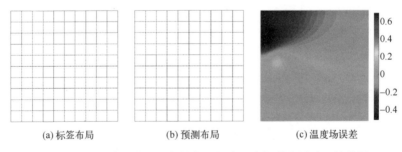

(a) 标签布局　　　(b) 预测布局　　　(c) 温度场误差

图 12.16　SAR 模型布局推断性能及相应温度场误差展示（见彩图）

步骤 1：计算布局方案对应温度场与期望温度场的误差分布，并得到最大和最小温度场误差处离散布局网格编号，记为 i 和 j。

步骤 2：将布局方案组件位置向量中第 i 和第 j 个值互换，生成新的布局方案。

步骤3：对调整后布局方案进行热仿真，计算最大绝对温度误差J，重复步骤1和步骤2，直至布局方案满足设计要求。

12.3.3 算例分析

本节首先对训练得到的SAR模型预测精度进行评估，其次通过数值实验对SAR-HSLID方法性能进行评估并展示热布局逆向设计方法性能。

1. SAR模型预测精度评估

基于Pytorch实现SAR模型，采用Adam优化器对神经网络参数进行训练。训练Epoch为50，学习率为1×10^{-3}，模型训练批处理大小为32。采用表12.1中数据集对SAR模型进行训练和测试。

为了定量评估SAR模型性能，采用平均预测精度和预测正确率两种评价指标。预测精度定义为单组样本组件位置预测正确的比例，表示为$P(\hat{X},X)=N_s^{acc}/N_s$，其中$N_s^{acc}$为单组样本位置预测正确的组件个数。平均预测精度定义为测试集所有样本预测精度的平均值。预测正确率定义为预测精度为100%的样本数量占测试集样本总数的比例。

将采用50000组一般样本训练的SAR模型记为SAR_{50K}，采用50000组一般样本和5000组特殊样本共同训练的SAR模型记为SAR_{50K+SP}。分别采用一般测试集和特殊测试集对SAR模型精度进行评估，其平均预测精度和预测正确率如表12.5所示。

表12.5 布局推断模型SAR_{50K}和SAR_{50K+SP}精度测试结果

模型	一般测试集		特殊测试集	
	平均预测精度/%	预测正确率/%	平均预测精度/%	预测正确率/%
SAR_{50K}	99.75	94.42	99.60	92.35
SAR_{50K+SP}	99.90	98.81	99.70	93.42

从表12.5可以看出，SAR_{50K}和SAR_{50K+SP}模型在一般测试集和特殊测试集上的平均预测精度均在99%以上，这说明充分训练后的SAR模型构建了一个温度场到布局方案的高精度映射关系。此外，在一般测试集上，SAR_{50K+SP}模型预测正确率相较于SAR_{50K}提高约4.5%，仅约1%的预测布局

方案存在偏差，大大提升了推断方案的有效性。最后，SAR_{50K+SP} 模型在两个测试集上平均预测精度和预测正确率均高于 SAR_{50K} 模型，说明加入适量的特殊训练样本有助于提升 SAR 模型预测性能。

2. SAR-HSLID 方法性能评估

本节对 SAR-HSLID 方法的布局设计性能进行评估。基于 SAR 模型的布局设计包括 SAR 模型推断和布局微调两个步骤，其中布局微调终止条件为最大温度误差 J 小于一定阈值 ε，取 $\varepsilon=0.001K$。采用平均热仿真次数衡量 SAR-HSLID 方法的计算成本，定义为对测试集所有样本进行布局推断与微调所需的热仿真总次数的平均值。如果某样本的 SAR 模型推断布局方案无须进行布局微调，则其对应热仿真次数为 1。

将基于 SAR_{50K} 和 SAR_{50K+SP} 模型的热布局逆向设计方法分别记为 SAR-HSLID$_{50K}$ 和 SAR-HSLID$_{50K+SP}$。它们在测试集上的平均预测精度和平均热仿真次数如表 12.6 所示。可以看出，SAR-HSLID$_{50K}$ 和 SAR-HSLID$_{50K+SP}$ 两种方法在两个测试集上的平均预测精度均为 100%，说明 SAR-HSLID 方法在 SAR 模型推断基础上进一步结合布局微调能正确推断全部布局组件位置，实现有效的布局逆向设计，验证了 SAR-HSLID 方法可行、有效。此外，它们在两个测试集上的平均热仿真次数均小于 1.1 次，表明 SAR-HSLID 方法能够以较低热仿真成本实现所有测试样本的布局逆向设计。相较 SAR-HSLID$_{50K}$ 方法，SAR-HSLID$_{50K+SP}$ 方法在两个测试集上的平均热仿真次数更低，说明加入特殊样本集训练 SAR 模型，不仅能够提升 SAR 模型预测精度，还有助于降低 SAR-HSLID 方法所需热仿真计算成本。

表 12.6 基于 SAR-HSLID$_{50K}$ 和 SAR-HSLID$_{50K+SP}$ 的布局逆向设计测试结果

模型	一般测试集		特殊测试集	
	平均预测精度/%	平均热仿真次数	平均预测精度/%	平均热仿真次数
SAR-HSLID$_{50K}$	100	1.05	100	1.08
SAR-HSLID$_{50K+SP}$	100	1.02	100	1.06

考虑无约束（算例1）和特定温度约束（算例2）的热布局设计问题，对 12.2 节基于深度神经网络的热布局优化设计方法和本节 SAR-HSLID 热布局逆向设计方法进行对比，结果如图 12.17 和图 12.18 所示。可以发现，两种方法均能得到满足期望温度分布的布局方案设计，但是布局优化设计方法求解优化问题平均耗时约为 800s，而 SAR-HSLID$_{50K+SP}$ 方法直接进行逆向设计平均耗时在 10s 以内（不考虑数据准备和模型训练成本），大大降低了布局设计时间，有效验证了 SAR-HSLID 方法的优越性，为后续创新布局设计方法提供了有益借鉴。

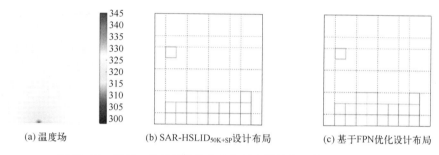

图 12.17　算例 1 热布局优化方法和逆向设计方法结果对比

图 12.18　算例 2 热布局优化方法和逆向设计方法结果对比

12.4　小　　结

本章围绕考虑热约束的卫星舱内组件布局问题，对基于深度学习代理模型的布局优化方法开展了研究。首先介绍了基于 FPN 代理模型的热布局优化设计方法，通过采用图像回归 FPN 近似建模技术有效克服了传统代理模型的"维数灾难"问题，实现对输入布局方案下超高维（200×200 网格）温度场的快速高精度预测，并通过结合 NSLO 算法，实现了完整的热布局优化设计过程。进一步针对给定温度场对布局方案进行快速预测的问题，介绍了基于 SAR 模型的热布局逆向设计方法 SAR-HSLID。该方法基于 SAR 模型构建温度场到布局方案之间的逆映射，实现了给定温度场性能要求下布局方案的快速生成，创新了热布局设计范式。上述两种方法为解决实际工程中卫星高精度热布局优化设计问题提供了可行思路和有益借鉴。

参考文献

[1] 陈献琪. 微纳卫星布局优化设计方法研究 [D]. 长沙：国防科技大学，2018.

[2] Teng H F, Sun S L, Liu D Q, et al. Layout optimization for the objects located within a rotating vessel-a three-dimensional packing problem with behavioral constraints [J]. Computers and Operations Research, 2001, 28: 521-535.

[3] Sun Z G, Teng H F. Optimal layout design of a satellite module [J]. Engineering Optimization, 2003, 35: 513-529.

[4] Teng H F, Chen Y, Zeng W, et al. A dual-system variable-grain cooperative coevolutionary algorithm: satellite-module layout design [J]. IEEE Transactions on Evolutionary Computation, 2010, 14: 438-455.

[5] Zhang B, Teng H F, Shi Y J. Layout optimization of satellite module using soft computing techniques [J]. Applied Soft Computing, 2008, 8: 507-521.

[6] Cuco A P C, De Sousa F L, Silva Neto A J. A multi-objective methodology for spacecraft equipment layouts [J]. Optimization and Engineering, 2015, 16: 165-181.

[7] Lau V, De Sousa F L, Galski R L, et al. A multidisciplinary design optimization tool for spacecraft equipment layout conception [J]. Journal of Aerospace Technology and Management, 2014, 6: 431-446.

[8] De Sousa F L, Muraoka I. On the optimal positioning of electronic equipment in space platforms [C]// Proceedings of the 19th International Congress of Mechanical Engineering (COBEM). Brasilia: ABCM, 2007: 1-10.

[9] Hengeveld D W, Braun J E, Groll E A, et al. Optimal placement of electronic components to minimize heat flux nonuniformities [J]. Journal of Spacecraft and Rockets, 2011, 48: 556-563.

[10] Goel T, Hafkta R T, Shyy W. Comparing error estimation measures for polynomial and kriging approximation of noise-free functions [J]. Structural and Multidisciplinary Optimization, 2009, 38: 429-442.

[11] Clarke S M, Griebsch J H, Simpson T W. Analysis of support vector regression for approximation of complex engineering analyses [J]. Journal of Mechanical Design, 2005, 127: 1077-1087.

[12] Yao W, Chen X Q, Zhao Y, et al. Concurrent subspace width optimization method for rbf neural network modeling [J]. IEEE Transactions on Neural Networks and Learning Systems, 2012, 23: 247-259.

[13] Clark D L, Bae H R, Gobal K, et al. Engineering design exploration using locally optimized covariance kriging [J]. AIAA Journal, 2016, 54: 3160-3175.

[14] Sun Z X, Zhang Y, Yang G W. Surrogate based optimization of aerodynamic noise for streamlined shape of high speed trains [J]. Applied Sciences, 2017, 7: 1-17.

[15] Zhang Y, Yao W, Ye S Y, et al. A regularization method for constructing trend function in Kriging model [J]. Structural and Multidisciplinary Optimization, 2019, 59: 1221-1239.

[16] Zhang Y, Yao W, Chen X Q, et al. A penalized blind likelihood Kriging method for surrogate modeling [J]. Structural and Multidisciplinary Optimization, 2020, 61: 457-474.

[17] Voulodimos A, Doulamis N, Doulamis A, et al. Deep learning for computer vision: a brief review [J]. Computational Intelligence and Neuroscience, 2018, 2018: 1-13.

[18] Young T, Hazarika D, Poria S, et al. Recent trends in deep learning based natural language processing [J]. IEEE Computational Intelligence Magazine, 2018, 13: 55-75.

[19] Lecun Y, Bengio Y, Hinton G. Deep learning [J]. Nature, 2015, 521: 436-444.

[20] Hornik K, Stinchcombe M, White H. Multilayer feedforward networks are universal approximators [J]. Neural Networks, 1989, 2: 359-366.

[21] Chen K, Wang S F, Song M X. Optimization of heat source distribution for two-dimensional heat conduction using bionic method [J]. International Journal of Heat and Mass Transfer, 2016, 93: 108-117.

[22] Aslan Y, Puskely J, Yarovoy A. Heat source layout optimization for two-dimensional heat conduction using iterative reweighted L1-norm convex minimization [J]. International Journal of Heat and Mass Transfer, 2018, 122: 432-441.

[23] Chen X Q, Chen X Q, Zhou W E, et al. The heat source layout optimization using deep learning surrogate modeling [J]. Structural and Multidisciplinary Optimization, 2020, 62 (6): 3127-3148.

[24] Sun J L, Zhang J, Zhang X Y, et al. A deep learning-based method for heat source layout inverse design [J]. IEEE Access, 2020, 8: 140038-140053.

[25] Li H, Wang P, Shen C H, et al. Show, attend and read: a simple and strong baseline for irregular text recognition [C]//Proceedings of the AAAI Conference on Artificial Intelligence. Honolulu: AAAI Press, 2019: 8610-8617.

[26] Yu Y, Si X S, Hu C H, et al. A review of recurrent neural networks: LSTM cells and network architectures [J]. Neural Computation, 2019, 31 (7): 1235-1270.

[27] Li H Y, Niu J Y, Chen J C, et al. Entropy descriptor for image classification [C]//Proceedings of the 33rd International ACM SIGIR Conference on Research and Development in Information Retrieval. Geneva. Switzerland: ACM, 2010: 753-754.

第13章

卫星总体设计优化

卫星总体设计过程[1]既是一个多学科交叉的系统工程,又是一个多学科权衡和优化的过程,必须从系统角度综合考虑各学科影响,才能获得最佳设计[2]。卫星总体设计优化实现的前提是建立各学科的参数化模型,包括设计模型、分析模型和优化模型。这些模型从不同学科、不同粒度水平对卫星特征及性能进行描述,构成了卫星产品的数字化样机体系。在卫星总体设计中应用 MDO 方法,其基本思想是利用合适的优化策略组织优化设计过程,通过分解和协调等手段,将复杂系统分解为与现有工程设计组织形式相一致的若干子系统,或者根据学科间耦合紧密程度,分解为若干个易于求解和优化的子问题,通过协调与集成,对卫星总体进行多学科的综合设计,实现卫星整体设计质量提升。此外,卫星研制和应用过程中面临各类不确定性影响,如何在设计阶段将其纳入考虑,对于提高方案可靠性至关重要[3-6]。本章结合某遥感小卫星总体设计具体实例,说明 MDO 方法应用流程及考虑不确定性的优化效果。

13.1 卫星总体设计过程分析

卫星系统总体设计是一个多学科耦合问题,涉及轨道、有效载荷、卫星平台等部分,卫星平台又包括结构、电源、姿轨控、热控等分系统,典型的学科间耦合关系如图 13.1 所示。与之对应,卫星研制技术流程中的设计专业也进行了细化分工,不同专业(分系统)由不同设计人员负责,

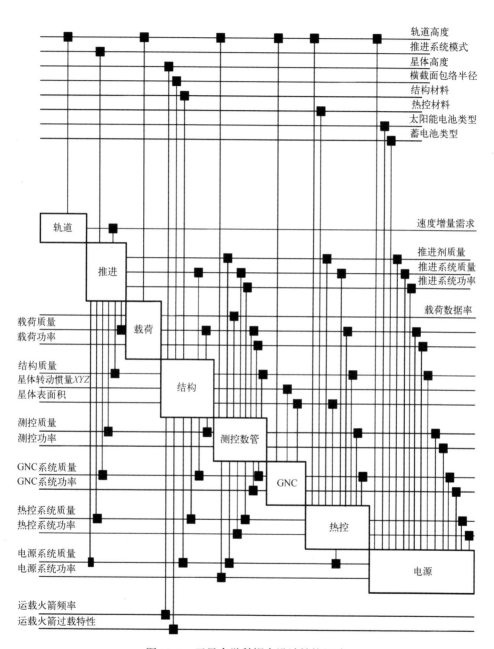

图 13.1 卫星多学科耦合设计结构矩阵

一般来说可分为三类人员：总设计师——既是项目的顶层管理者又是专业技术的顶层负责人，主任设计师——分系统的技术主管，一般设计师——分系统内部具体功能的工程设计人员。三者角色不同，权限不同，任务不同。所有分系统设计必须与专业技术人员挂钩，实现设计任务逐层逐级分解。不同权限等级的设计人员应该采用不同精度的设计模型，以体现任务粒度水平的层次性。因此，需要采用MDO中变复杂度建模的思想，对卫星各分系统建立不同复杂度模型，例如，总设计师采用一级复杂度模型，主任设计师采用二级复杂度模型，一般设计师采用精度更高的模型。设计过程中，卫星各分系统的设计遵照研制技术流程可以串行或并行展开，其先后逻辑关系取决于分系统设计模型之间的数据流耦合关系，典型数据流与控制流如图13.2所示。卫星在完成各分系统设计后，形成总体流程方案。

在总体设计过程中，如何充分利用各学科的协同作用，获得卫星整体最优设计，有效降低研制费用，缩短设计周期，一直是设计部门关心的重要问题。传统设计方法将卫星平台和有效载荷、卫星的各分系统、卫星系统与地面系统的设计割裂开，设计迭代效率低下。随着产品数字化设计技术的快速发展，以数据为驱动力，实现总体和各分系统的信息共享与协同，提高系统集成综合设计水平，是目前卫星总体设计亟须解决的难题，也正是MDO方法的优势所在。

但对于卫星总体设计，引入MDO方法面临的主要困难包括[2-3,7-8]：

（1）设计模型的复杂性。

卫星总体优化设计包含多个学科，一个基本的总体参数优化问题涉及运载、轨道、空间环境、有效载荷以及公用平台和地面系统6个方面的工程计算内容。实现总体全局优化需在上述工程计算模型精确化的基础上，进一步考虑卫星系统的结构、电源、控制、测控、可靠性模型等工程计算内容。可以看出，卫星总体优化设计需要建立各分系统以及轨道、环境等分析计算模型，如何基于理论分析和工程实际数据，构建、校验和确认模型，是研究难点。

（2）优化问题的复杂性。

不同类型卫星有不同设计准则，即便是对同一类同一颗卫星也存在着多个优化准则，如果再考虑可靠性、进度、研制成本和运营成本等因素，则优化准则更为广泛。因此，总体优化是多目标优化问题，如何结合工程

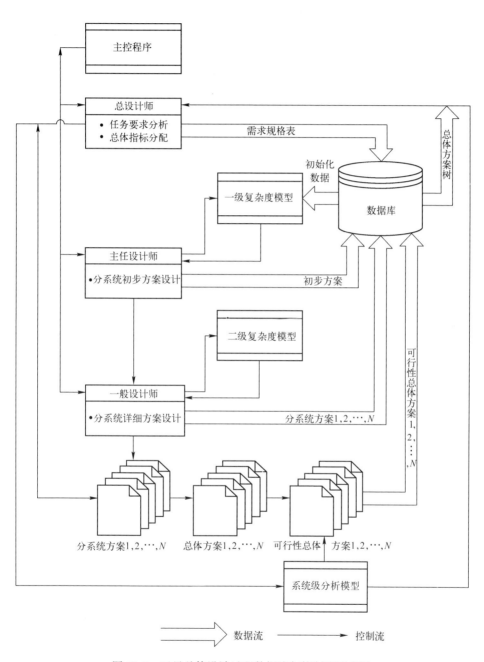

图 13.2 卫星总体设计过程数据流与控制流示意图

实际合理建立优化目标引导优化决策,是值得探讨的难题。同时,在概念研究阶段,卫星总体方案所涉及的参数类型复杂,既有连续变量,又有大量的离散变量,属于混合变量组合优化问题,这对优化算法的选择和复杂系统分解-协调优化策略也提出了挑战。

(3) 设计变量的相关性。

卫星总体优化设计必须考虑众多设计因素的相互关联和耦合,因为总体性能是通过各分系统的相互作用、配合和协调获得的,设计因素之间存在着补偿、替代和制约机制,只有在数学模型中体现出这种相关性,才能实现总体优化。设计结构矩阵(DSM)分析提供了可行的技术途径,但实现起来有很大的难度。

(4) 设计问题的不确定性。

卫星研制和应用过程中面临大量不确定性,例如在设计阶段,由于对设计对象及其运行环境的认知局限性,建立的模型可能与实际情况存在偏差;制造阶段,采用的材料随着批次不同,材料属性存在波动,加工、装配过程中也存在各类误差;应用阶段,空间环境等存在不确定变化,实际环境条件与理论模型存在偏差。如果仅在理论或者理想情况下考虑设计优化,忽略不确定性因素的影响,则在实际应用中极有可能发生性能降级、失效甚至故障。因此,在设计阶段就需要对各类潜在不确定性进行梳理,对其影响进行分析和评估,在方案设计优化中对其传播影响进行充分考虑,提升方案的可靠性。

(5) 工具集成的困难性。

卫星总体及各分系统设计有多种专用分析工具软件,既包括商业成熟 CAD/CAE 软件,如结构分析 NASTRAN、轨道分析 STK 等,也包括多种自研计算工具,如质量特性估算工具等。在设计过程中,多种工具软件如何集成,如何实现设计数据流转,如何实现设计流程自动化执行和迭代,是实现 MDO 的关键。

卫星系统的复杂性和研制进程中各个因素的多变性,决定了卫星总体设计是一个需要经过多个阶段逐渐细化、反复迭代的过程。进一步考虑到设计目标的多重性、决策的主观性,以及全寿命周期存在的各类不确定性,一般不存在绝对的设计"最优解",因此优化是一个阶段性和相对性的概念。

13.2 基于MDO的小卫星总体设计优化实例

本章结合文献[3]中的地球遥感卫星学科模型及文献[9]中的小卫星模型，对某遥感小卫星总体设计学科模型进行建模，在此基础上构建多学科耦合的设计分析工具，对总体设计方案进行优化。

13.2.1 小卫星总体设计学科模型

1. 卫星轨道

卫星轨道为太阳同步回归圆轨道，偏心率为0，降交点地方时为上午8点，轨道高度h为设计变量，轨道倾角根据太阳同步回归轨道设计方法进行计算，以此为基础对星蚀因子、速度增量等进行估算。具体计算公式如下：

（1）轨道倾角[10]

$$i = \arccos\left(-\frac{(R_e+h)^2}{1.5 J_2 R_e^2 n} \times \frac{0.9856\pi}{180 \times 86400}\right) \tag{13.1}$$

式中：R_e为地球赤道半径；n为轨道平均角速度；J_2为地球动力学形状因子。

（2）星蚀因子[11]

$$k_e = \frac{1}{2} - \frac{1}{\pi} \arcsin\left(\frac{\sin\alpha}{\sin\eta}\right) \tag{13.2}$$

式中：$\sin\alpha = \frac{\sqrt{2R_e h + h^2}}{R_e + h}$；$\eta$为卫星轨道动量矩与地日连线间的夹角。

（3）速度增量ΔV

参考文献[12]中式（6-26），工作寿命L_T内卫星轨道保持所需的速度增量为

$$\Delta V = \pi k_D \rho_h a V \frac{L_T}{T} \tag{13.3}$$

式中：$k_D = C_D A_f / m$，C_D为阻力系数，A_f为卫星的迎风面积，A_f/m为卫星的面质比；ρ_h为轨道高度为h处的大气密度；V为卫星速度；T为轨道周期。本章实例中设计工作寿命取为1年。

2. 有效载荷

小卫星的有效载荷为 CCD 相机，工作波长范围 $0.4\sim0.9\mu m$，焦距 f_c 为设计变量，根据焦距和轨道高度，对地面分辨率 D_s、相机孔径 A 以及 CCD 相机覆盖带宽度 S_w 估算如下：

$$\begin{cases} D_s = \dfrac{hD_x}{f_c}, A = \dfrac{1.22\lambda(R_e+h)\sin\gamma}{D_s\cos\varepsilon_{\min}} \\ S_w = 2R_e\{\arcsin[(h+R_e)\sin\omega_x/R_e]-\omega_x\}/\sin i \end{cases} \quad (13.4)$$

式中：λ 为中心波长，$\lambda = 0.65\mu m$；D_x 为像元尺寸，$D_x = 14\mu m$；$\varepsilon_{\min}$ 为测控站最低仰角，取 $5°$；γ 为最长测控弧段；ω_x 为垂直轨道面方向的半视场角，计算如下：

$$\begin{cases} \gamma = \dfrac{\pi}{2}-\varepsilon_{\min}-\arcsin\left(\dfrac{R_e}{R_e+h}\cos\varepsilon_{\min}\right) \\ \omega_x = \arctan(N_cD_x/2f_c) \end{cases} \quad (13.5)$$

式中：N_c 为像元数，其值取为 2048。

采用比例缩放法对有效载荷质量 M_{pl} 和功率 P_{pl} 进行近似估计。比例缩放法参考相机参数为：质量 28kg，功率 32W，孔径 0.26m，具体计算公式参见文献 [12] 中式 (9-20) 及式 (9-21)。

3. 电源分系统

电源分系统包括太阳能电池阵、蓄电池、功率调节与控制、功率分配等部分，本章采用 GaAs 太阳能电池和 NiH_2 蓄电池。蓄电池的质量计算公式如下：

$$M_{ba} = \dfrac{\rho_{ba}(P_{bus}+P_{dh}\mu_{dh}+P_{pl}\mu_{ms})T}{\eta_{ba}\cdot DOD\%} \quad (13.6)$$

式中：ρ_{ba} 为蓄电池比能量质量密度；P_{bus} 为去除数传功率后的平台功率；P_{dh} 为数传功率；η_{ba} 为蓄电池能量转换效率；$DOD\%$ 为平均放电深度，镍氢电池取 40%；μ_{ms} 为任务周期比，$\mu_{ms}=1-k_e$；μ_{dh} 为数传周期比，$\mu_{dh}=\gamma/\pi$。

按一个轨道周期进行能量平衡，则太阳阵输出功率 P_{sp}、所需太阳能电池阵质量 M_{sp} 以及面积 A_{sp} 如下[12]：

$$P_{sp} = \dfrac{P_{bus}+P_{dh}\mu_{tr}+P_{pl}\mu_{ms}}{\eta_{ba}\eta_{sp}(1-k_e)}, M_{sp}=\rho_{sp}P_{sp}, A_{sp}=k_{sp}\dfrac{P_{sp}}{P_{EOL}} \quad (13.7)$$

式中：η_{sp} 为太阳能电池阵效率，砷化镓电池取 23%；ρ_{sp} 为太阳能电池阵比能量质量密度；$P_{EOL}=P_{BOL}(1-d_y)^{L_T}$，$P_{BOL}=\eta_{sp}F_S I_d \cdot \cos\theta$，$d_y$ 为太阳能电池阵输出功率年下降率（砷化镓电池取 2.75%），I_d 为太阳能电池固有损耗（取典型值 0.77），θ 为太阳入射角，F_S 为太阳常数。

电源分系统总质量 $M_{eng}=M_{ba}+M_{sp}$，所耗功率 P_{eng} 约占 P_{sp} 的 0.7%。

4. 结构分系统

小卫星为板式箱体构型，垂直于发射方向的横截面为正方形，边长为 b（垂直于发射方向的横截面边长），高度为 l（沿发射方向边长），侧壁壁厚为 t（假设顶板、底板和侧壁壁厚相同），内部有三块隔板，两块平行于发射方向放置，一块垂直于发射方向放置。结构材料采用铝合金 5A06[13]，材料密度 $\rho=2.64\text{g/cm}^3$，结构质量 M_{str}、卫星容积 V_{sat} 以及星体转动惯量由式（13.8）估算：

$$\begin{cases} M_{str}=\rho\{[b^2-(b-2t)^2]l+2b^2t+3(b-2t)tl-2t^2l\}, \quad V_{sat}=l(b-2t)^2 \\ I_{x,str}=I_{y,str}=(M_{sat}-M_{sp})(b^2+l^2)/12, \quad I_{z,str}=(M_{sat}-M_{sp})b^2/6 \end{cases} \quad (13.8)$$

式中：M_{sat} 为卫星总质量。太阳能帆板为正方形，帆板距离星体侧面的距离为 b，太阳能帆板的转动惯量为

$$\begin{cases} l_s=1.5b+\sqrt{A_{sp}}/2 \\ I_{x,sp}=(l_s^2+A_{sp})M_{sp}/24, I_{y,sp}=A_{sp}M_{sp}/24, I_{z,sp}=(l_s^2+A_{sp}/12)M_{sp} \end{cases} \quad (13.9)$$

卫星的转动惯量及迎风面积为

$$\begin{cases} I_x=I_{x,str}+I_{x,sp}, I_y=I_{y,str}+I_{y,sp}, I_z=I_{z,str}+I_{z,sp} \\ A_f=b^2+A_{sp} \end{cases} \quad (13.10)$$

结构分系统的设计还需根据运载火箭的频率与过载特性等考虑强度、刚度和稳定性要求，具体计算公式参见文献 [14]。

5. 推进分系统

推进分系统主要根据速度增量需求估算推进剂质量 M_{fuel} 和推进分系统质量 M_p。推进剂质量 M_{fuel} 可按式（13.11）估算。

$$M_{fuel}=k_{PR}M_{dry}[e^{\Delta V/(I_{sp}g)}-1] \quad (13.11)$$

式中：k_{PR} 为安全系数，取为 $k_{PR}=1.1$[15]；g 为地球重力加速度；I_{sp} 为比冲，取为 220s；M_{dry} 为卫星干重。由此可估算 M_{ps} 为

$$M_{\text{ps}} = \left(\frac{1}{k_{\text{mf}}} - 1\right) M_{\text{fuel}} \qquad (13.12)$$

式中：k_{mf} 为推进剂质量占推进系统总质量的比例，一般为 85%~93%，这里取为 90%。

6. 其他分系统

数管分系统主要根据轨道高度、数据率 D_R（以载荷数据率作为下行数据率）等参数估算数传功率 P_{dh}，数管分系统的质量 M_{dh} 占小卫星干质量的比例为 $c_{\text{dh\_m}}$，取为 4.5%。

姿轨测量与控制分系统设计主要根据轨道高度、卫星星体迎风面积 A_f、整星转动惯量和太阳阵质量，估算分系统质量 M_{adc} 和功率 P_{adc}。假设姿控采取零动量稳定方式，采用反作用飞轮进行三轴稳定控制，选择推力器进行飞轮卸载与控制。

测控分系统的质量 M_{ttc} 占小卫星干质量的比例为 $c_{\text{ttc\_m}}$，取为 4.5%；功率 P_{ttc} 典型值为平均功率的 5%。

热控分系统的质量 M_{tm} 占小卫星干质量的比例为 $c_{\text{tm\_m}}$，取为 4%；功率 P_{tm} 典型值为平均功率的 5%。

上述分系统的具体学科模型详见文献 [8，11]。

13.2.2 小卫星总体设计优化模型与多学科层次分解

根据 13.2.1 节建立的总体设计学科模型，小卫星总体设计模型中的设计变量包括轨道高度 h、CCD 相机焦距 f_c、星体边长 b、星体高度 l 和星体壁厚 t。参考对地观测小卫星总体设计的一般约束条件设置[8,12]，综合考虑发射运载能力等大系统接口限制，小卫星总体设计优化模型数学表述如下：

$$\begin{cases}
\text{find} \quad X = [h \ f_c \ b \ l \ t] \\
\min \quad M_{\text{sat}} \\
\text{s.t.} \quad g_1: V_{\text{sat}} \geq 0.5\text{m}^3, g_2: F_{\text{str}} > 1 \\
\qquad g_3: k_e \leq 0.35, g_4: D_s \leq 30\text{m} \\
\qquad g_5: S_w \geq 50\text{km} \\
\qquad 500\text{km} \leq h \leq 800\text{km}, 200\text{mm} \leq f_c \leq 300\text{mm} \\
\qquad 500\text{mm} \leq b \leq 1000\text{mm}, 500\text{mm} \leq l \leq 1000\text{mm}, 5\text{mm} \leq t \leq 8\text{mm}
\end{cases}$$

$$(13.13)$$

对小卫星总体设计学科关系进行整理，如图 13.3 所示。图中 M_{sat} 和 M_{bus} 分别表示卫星总质量和卫星平台质量，P_{bus} 为平台功率，带有下划线的符号表示对应学科的设计变量以及约束变量。由图可知，各学科相互耦合，给定一组设计变量值，M_{sat}、M_{bus} 以及 P_{bus} 需经过多个学科模型迭代计算才能求得，采用传统方法直接进行多学科迭代分析和优化，计算量巨大。

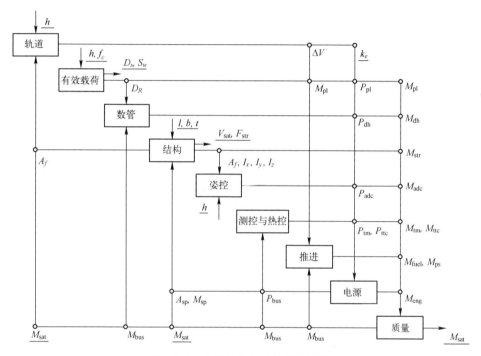

图 13.3 小卫星总体设计结构矩阵

为了提高上述复杂问题求解和优化效率，本节对式（13.13）进行层次分解，将卫星总体质量计算和优化作为顶层系统优化问题，其他学科根据耦合紧密程度划分为两个子系统问题，引入中间变量 M_{sub1}、M_{sub2} 分别表示两个子系统的总质量，顶层系统引入约束 $M_{sat} = M_{sub1} + M_{sub2}$ 以保证解的相容性，子系统 1 中迭代求解 P_{bus}，子系统 2 中迭代求解 M_{bus}。层次划分结构如图 13.4 所示。

各层系统的具体设置及优化问题表述如下。

顶层系统 O_0：包括总体质量优化模型，$X_0 = \begin{bmatrix} M_{sub1} & M_{sub2} \end{bmatrix}^T$，$R_0 = M_{sat}$。

O_0: Given $M_{sub1}^L, M_{sub2}^L, M_{sat,0-1}^L, M_{sat,0-2}^L, h_{0-1}^L, h_{0-2}^L$

find $M_{sub1}, M_{sub2}, M_{sat}$

min $M_{sat} + \varepsilon^R + \varepsilon^Y$

s.t. $\|M_{sub1} - M_{sub1}^L\| + \|M_{sub2} - M_{sub2}^L\| \leq \varepsilon^R$

$\|M_{sat} - M_{sat,0-1}^L\| + \|M_{sat} - M_{sat,0-2}^L\| + \|h - h_{0-1}^L\| + \|h - h_{0-2}^L\| \leq \varepsilon^Y$

where $M_{sat} = M_{sub1} + M_{sub2}$

(13.14)

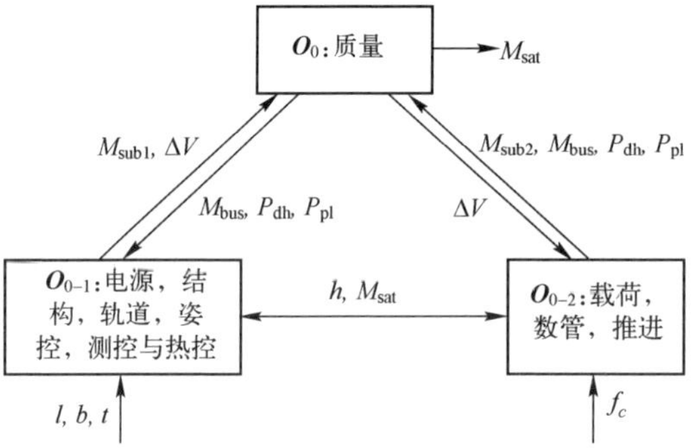

图 13.4 小卫星总体设计优化层次分解

子系统 O_{0-1}：包括电源、结构、轨道、姿控、测控与热控学科，$X_{0-1} = [l \ b \ t]^T$，$Y_{0-1} = [h \ M_{sat} \ M_{bus} \ P_{dh} \ P_{pl}]$，$R_{0-1} = [M_{sub1} \ \Delta V]^T$，$G_{0-1} = [g_1 \ g_2 \ g_3]^T$。

O_{0-1}: Given $M_{sub1}^U, M_{sat}^U, h^U, M_{bus}^U, P_{dh}^U, P_{pl}^U, \Delta V^U$

find $b, l, t, h, M_{bus}, M_{sat}, P_{dh}, P_{pl}$

min $\|M_{sub1} - M_{sub1}^U\| + \|\Delta V - \Delta V^U\| + \|M_{sat} - M_{sat}^U\|$

$+ \|M_{bus} - M_{bus}^U\| + \|h - h^U\| + \|P_{dh} - P_{dh}^U\| + \|P_{pl} - P_{pl}^U\|$ (13.15)

s.t. $g_1: V_{sat} \geq 0.5 m^3, g_2: F_{str} > 1, g_3: k_e \leq 0.35$

$500 km \leq h \leq 800 km, 500 mm \leq b \leq 1000 mm,$

$500 mm \leq l \leq 1000 mm, 5 mm \leq t \leq 8 mm$

子系统 O_{0-2}：包括载荷、数管及推进学科，$X_{0-2} = f_c$，$Y_{0-2} = [h \ M_{sat} \ \Delta V]^T$，$R_{0-2} = [M_{sub2} \ M_{bus} \ P_{dh} \ P_{pl}]^T$，$G_{0-2} = [g_4 \ g_5]^T$。

$$O_{0-2}: \text{Given} \quad M_{\text{sub2}}^U, M_{\text{sat}}^U, h^U, \Delta V^U$$
$$\text{find} \quad f_c, h, M_{\text{sat}}, \Delta V$$
$$\min \quad \|M_{\text{sub2}} - M_{\text{sub2}}^U\| + \|M_{\text{sat}} - M_{\text{sat}}^U\| + \|h - h^U\| + \|\Delta V - \Delta V^U\|$$
$$\text{s. t.} \quad g_4: D_s \leq 30\text{m}, g_5: S_w \geq 50\text{km}$$
$$200\text{mm} \leq f_c \leq 300\text{mm}, 500\text{km} \leq h \leq 800\text{km}$$

(13.16)

13.2.3 优化实现与结果分析

采用 ATC 分解协调策略,对 13.2.2 节中小卫星总体设计优化问题进行集成求解,并与 AIO 方法进行对比,ATC 各子系统优化问题以及 AIO 优化问题均采用 SQP 方法求解,基线方案取为中间值,优化结果如表 13.1 所示。由表可知,AIO 方法和 ATC 方法均能优化出比基线更好的方案,且 ATC 方法得到的结果更优。此外,由约束值可判断约束 g_1 和 g_4 为紧约束,其他均为松约束。ATC 方法的收敛迭代过程如图 13.5 所示,ATC 方法经过 38 次迭代收敛,优化初期由于解不相容使得目标函数值很大,随着迭代的进行,逐步得到满足约束要求的相容解。

表 13.1 基于 ATC 的小卫星总体设计优化结果

项 目	变量	基线方案	AIO	ATC
优化变量	h/km	650	631.38	616.04
	f_c/mm	250	294.65	287.49
	b/mm	750	810.95	947.56
	l/mm	750	779.41	568.82
	t/mm	7.5	5	5
约束	g_1	0.0948	0	0
	g_2	−2.4302	−1.3240	−1.3481
	g_3	−0.1243	−0.1196	−0.1157
	g_4	6.4000	0	−0.0005
	g_5	−25.2902	−12.0379	−12.0280
优化目标	M_{sat}/kg	196.59	176.16	173.45

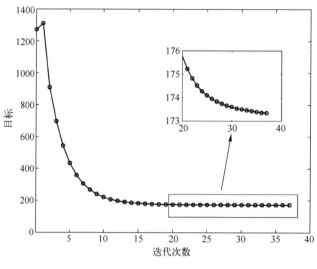

图 13.5 ATC 迭代收敛过程

13.3 小卫星总体不确定性优化设计

13.3.1 不确定性建模

本节对 13.2 节中对地观测小卫星总体设计学科模型中涉及的不确定性进行建模[16]。

1. 设计变量的不确定性

设计变量中包括小卫星结构设计尺寸：边长 b、高度 l 和壁厚 t，在实际加工中，各个尺寸存在加工误差。假设加工误差为正态随机分布，标准公差等级为 3，根据各个尺寸变量的取值范围确定其标准公差。同时，由于加工精度影响，CCD 相机焦距也存在微小随机偏差。设计变量不确定性分布特征如表 13.2 所示。

表 13.2 设计变量不确定性分布

变量说明	符号	分布类型	标准差/偏差
CCD 相机焦距/mm	f_c	正态	0.1
结构边长/mm	b	正态	0.5

续表

变量说明	符号	分布类型	标准差/偏差
结构高度/mm	l	正态	0.5
结构壁厚/mm	t	正态	0.001

2. 模型参数的不确定性

1) 材料属性的不确定性

小卫星材料属性因材料品质和加工差异等原因存在不确定性,材料属性参数具有大量的统计信息,其概率分布特性较为可信。假设材料密度、材料杨氏模量、纵向极限抗拉强度、纵向拉伸屈服强度具有随机不确定性,服从正态分布。

2) 发射时力学环境的不确定性

假设小卫星发射运载器为CZ4B[17],发射时的力学环境参数,包括运载火箭轴向基频、横向基频、轴向过载系数、横向过载系数等,也存在不确定性。假设上述不确定性参数均为正态分布。

上述参数的不确定性分布如表13.3所示。

表13.3 模型参数不确定性分布

名称	符号	分布类型	期望值/中间值	标准差/偏差
结构材料杨氏模量/(N/m²)	E	正态	7.2×10^{10}	7.2×10^{7}
结构材料密度/(kg/m³)	ρ	正态	2.64×10^{3}	26.4
运载火箭轴向基频/Hz	f_{axial}	正态	30.0	0.3
运载火箭横向基频/Hz	f_{lateral}	正态	15.0	0.15
轴向过载系数	g_{axial}	正态	6.0	0.06
横向过载系数	g_{lateral}	正态	3.0	0.03
纵向极限抗拉强度/(N/m²)	σ_{yield}	正态	4.2×10^{8}	4.2×10^{5}
纵向拉伸屈服强度/(N/m²)	σ_{ultimate}	正态	3.2×10^{8}	3.2×10^{5}

13.3.2 不确定性优化实现与结果分析

本节对卫星质量的概率分布进行优化,在满足可靠性约束条件下,实现卫星质量99.86%分位数(3σ)最小。综上所述,随机不确定性条件下小卫星总体设计优化问题更新如下:

$$\begin{cases} \text{find} \quad \mu_X = \begin{bmatrix} h & \mu_{f_c} & \mu_b & \mu_l & \mu_t \end{bmatrix} \\ \min \quad f = \widetilde{M}_{\text{sat}} \\ \text{s.t.} \quad \Pr\{M_{\text{sat}} \leq \widetilde{M}_{\text{sat}}\} = 0.9986, g_1 : \Pr\{V_{\text{sat}} \geq 0.5\text{m}^3\} \geq 0.9986 \\ \quad g_2 : \Pr\{F_{\text{str}} > 1\} \geq 0.9986, g_3 : k_e \leq 0.35 \\ \quad g_4 : \Pr\{D_s \leq 30\text{m}\} \geq 0.9986, g_5 : \Pr\{S_w \geq 50\text{km}\} \geq 0.9986 \\ \quad 500\text{km} \leq h \leq 800\text{km}, 200\text{mm} \leq \mu_{f_c} \leq 300\text{mm} \\ \quad 500\text{mm} \leq \mu_b \leq 1000\text{mm}, 500\text{mm} \leq \mu_l \leq 1000\text{mm}, 5\text{mm} \leq \mu_t \leq 8\text{mm} \end{cases}$$

(13.17)

以 ATC 最优解作为初始方案，收敛精度设置为 10^{-2}，获得考虑不确定性的优化结果如表 13.4 所示。可以看出，随机 ATC 最优方案处可靠性约束得到满足。

表 13.4 小卫星总体设计随机不确定性优化结果

项 目	变量	ATC	SPATC
优化变量	h/km	616.04	615.16
	μ_{f_c}/mm	287.49	287.37
	μ_b/mm	947.56	963.88
	μ_l/mm	568.82	551.80
	μ_t/mm	5	5
紧约束	$g_1 : \Pr\{V_{\text{sat}} \geq 0.5\text{m}^3\}$	0.5021	0.9988
	$g_4 : \Pr\{D_s \leq 30\text{m}\}$	0.5195	0.9989
优化目标	$\widetilde{M}_{\text{sat}}$/kg	175.98	176.24

图 13.6 对比了确定性 ATC 以及随机 ATC 最优方案下紧约束 g_1、g_4 响应值的 MCS 散点分布，其中，图 13.6（a）和（c）对应 ATC 优化方案，图 13.6（b）和（d）对应随机 ATC 优化方案。对于 g_1，以 b 和 l 为自变量，其他变量取为优化结果期望值；对于 g_4，以 h 和 f_c 为自变量，其他变量取为优化结果期望值。图中等值线表示卫星质量。可以看出，在 ATC 最优方案处，几乎一半的抽样点散布在不可行区域，使得可靠性约束无法满足；通过随机 ATC 进行优化，优化方案向可行域内移动，虽然目标性能略有牺牲，但是大部分抽样点落入可行域内，实现不确定性条件下满足可靠性要求。

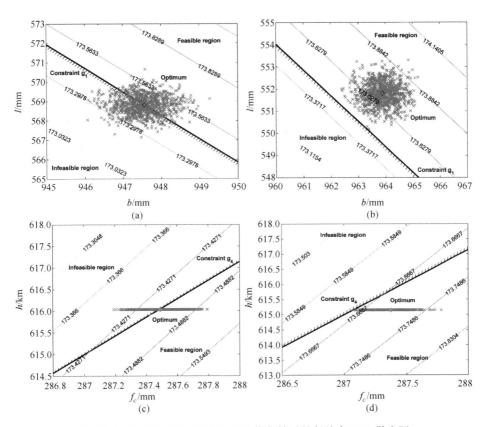

图 13.6 确定性 ATC 及随机 ATC 优化结果的紧约束 MCS 散点图

13.4 小 结

将 MDO 应用到卫星工程实际中，有很多问题亟需解决，理论上的问题主要是在构造多学科优化设计框架过程中，需充分考虑模型复杂性、信息交换复杂性、组织复杂性和计算复杂性等问题。此外，MDO 的实现需要与卫星工程数字化手段相结合，以设计、仿真工具为基础，不能独立于设计工具链之外，成为各学科设计工具的集成平台，便于灵活实现多学科设计的组织、自动迭代和优化。本章以某对地观测小卫星为研究对象，建立了概念设计阶段小卫星总体设计学科模型，根据任务需求确定了优化设计变量以及约束条件，针对设计模型具有计算复杂度高的特点，基于 ATC

优化过程进行了层次分解和组织求解，获得了较好的优化效果，验证了ATC方法对本应用实例的有效性。此外，分析了学科模型中涉及的不确定性，采用随机ATC方法进行求解，获得了满足可靠性约束的优化方案。通过对比确定性和随机ATC优化结果的紧约束分布可以看出，通过考虑不确定性因素影响，能够有效引导优化搜索过程向可行域移动，确保不确定性影响下的系统响应仍在可行域内，满足可靠性要求。但是，本章的实例研究对总体设计问题进行了极大简化，未考虑多学科选型、组合及逐步细化的复杂设计流程，还未集成轨道动力学、结构、热场、电磁等高精度分析模型进行方案细化设计和仿真评估，有待结合工程实际不断推进卫星总体MDO应用研究。

参考文献

[1] Yao W, Chen X Q, Luo W C, et al. Review of uncertainty-based multidisciplinary design optimization methods for aerospace vehicles [J]. Progress in Aerospace Sciences, 2011, 47 (6): 450-479.

[2] 郭忠全. 多学科设计优化方法在卫星总体设计中的应用研究 [D]. 长沙: 国防科学技术大学, 2005.

[3] 陈琪峰. 飞行器分布式协同进化多学科设计优化方法研究 [D]. 长沙: 国防科学技术大学, 2003.

[4] Zheng X H, Yao W, Xu Y C, et al. Improved compression inference algorithm for reliability analysis of complex multistate satellite system based on multilevel Bayesian network [J]. Reliability Engineering & System Safety, 2019, 189: 123-142.

[5] Zheng X H, Yao W, Xu Y C, et al. Algorithms for Bayesian network modeling and reliability inference of complex multistate systems: part I-independent systems [J]. Reliability Engineering & System Safety, 2020, 202: 107011.

[6] Xu Y C, Yao W, Zheng X H, et al. An iterative information integration method for multi-level system reliability analysis based on Bayesian melding method [J]. Reliability Engineering & System Safety, 2020, 204: 107201.

[7] 胡凌云. 多学科设计优化技术在卫星总体设计中的应用 [J]. 中国制造业信息化, 2004, 1 (1): 17-21.

[8] 张帆. 光学遥感小卫星星座总体优化设计与系统分析 [D]. 哈尔滨: 哈尔滨工业大学, 2001.

[9] 姚雯. 飞行器总体不确定性多学科设计优化研究 [D]. 长沙: 国防科学技术大学, 2011.

[10] 徐福祥, 林华宝, 侯深渊. 卫星工程概论 [M]. 北京: 中国宇航出版社, 2004.

[11] 赵勇. 卫星总体多学科设计优化理论与应用研究 [D]. 长沙: 国防科学技术大学, 2006.

[12] Wertz J R, Larson W J. Space mission analysis and design [M]. Torrance: Microcosm Press and Kluwer Academic Publisher, 1992.

[13] 袁家军. 卫星结构设计与分析 [M]. 北京: 中国宇航出版社, 2004.

[14] Du X P. Unified uncertainty analysis by the first order reliability method [J]. Journal of Mechanical Design, 2008, 130 (9): 91401.
[15] Sun Z W, Xu G D, Lin X H, et al. The integrated system for design, analysis, system simulation and evaluation of the small satellite [J]. Advances in Engineering Software, 2000, 31 (7): 437-443.
[16] 欧阳琪. 飞行器不确定性多学科设计优化关键技术研究与应用 [D]. 长沙：国防科学技术大学, 2013.
[17] Chato D J, Martin T A. Vented tank resupply experiment: flight test results [J]. Journal of Spacecraft And Rockets, 2006, 43 (5): 1124-1130.

第14章

卫星在轨加注任务综合优化

为了增强卫星性能、延长卫星使用寿命、降低航天任务费用和风险，当今航天领域对在轨加注（On-orbit Refueling）、在轨维修（On-orbit Maintenance）、功能更换/升级（Function Exchange/Updating）、在轨组装（On-orbit Assembly）等在轨服务（On-orbit Servicing）技术的需求越来越迫切[1-4]。特别是卫星在轨加注技术的发展，使得"太空加油"成为可能，正如汽车加油带来的陆地交通运营模式变革一样，将引发卫星运营与维护模式的革新。但是，在轨服务带来潜在效益的同时，也需要考虑服务卫星研制与运营等产生的在轨服务费用。以在轨加注为例，如果单次加注只能服务单颗卫星，那么频繁加注将导致服务卫星高昂的轨道机动成本，则加注服务的效益与发射新卫星相比不一定存在优势。如何通过在轨加注任务综合优化，在满足服务卫星自身能力、发射约束、在轨燃料仓储部署等条件下，实现服务成本的降低和加注服务价值的提升，是在轨加注任务优化设计的重要内容。

在轨加注任务综合优化需要考虑服务卫星、推进剂在轨仓库、多颗目标卫星的轨道分布、目标卫星的加注频次和加注的推进剂数量、服务卫星的加注能力等，是典型的多学科设计优化问题。本章基于MDO方法，构建在轨加注任务成本分析模型（Task Cost Analysis Model，TCAM）和综合设计优化模型（Comprehensive Optimization Design Model，CODM），对任务规划问题进行分解，核心包括服务卫星轨道选址问题、加注服务最优路径规划问题和目标卫星加注策略设计问题，采用目标级联分析法对优化问题进行组织求解，获得"一对一"和"一对多"不同场景下的任务优化方案。

14.1 卫星在轨加注体系组成与任务场景

卫星在轨加注任务体系包括以下几个部分[4]：

(1) 目标卫星（Target Satellite）：即在轨加注对象。为了支持在轨加注，特别是无人自主在轨加注，目标卫星需要具备可接受在轨加注的能力，如具备支持在轨加注的推进剂贮箱、管路等。

(2) 服务卫星（Service Satellite）：用于对目标卫星执行在轨加注操作的卫星。服务卫星能够接近目标卫星进行在轨近距离检测，并能捕获目标卫星进行物理连接以执行在轨加注操作。

(3) 在轨仓库（Depot）：用于存储在轨加注任务物资和硬件设备，如推进剂等。如果服务卫星可重复使用以支持多次服务任务，可以使服务卫星首先运行至在轨仓库进行推进剂补给，获取在轨服务任务所需物资，然后前往目标卫星执行服务任务。

本章所研究的卫星在轨加注任务为"一对多"加注场景：发射 N 颗地球同步轨道（Geosynchronous Orbit）卫星，在其寿命末期通过服务卫星的在轨加注实现定期延寿服务（Prolong Life Service）；服务卫星从在轨仓库获取推进剂，依次对目标卫星群中的某些卫星进行在轨服务，直到对所有的卫星完成延寿服务；规划求解服务卫星的轨道参数、服务路径、目标卫星的设计寿命以及每次延寿的时间，使得在轨服务任务体系整体成本最低。由于服务卫星重量受运载器的发射能力限制，且发射较大的服务卫星将导致成本剧增，因此服务卫星的规模需要控制。在单次加注能力约束下，服务卫星需要往返于在轨仓库与目标卫星群之间多次，才能完成对所有目标卫星的加注任务。该"一对多"加注任务场景如图 14.1 所示。

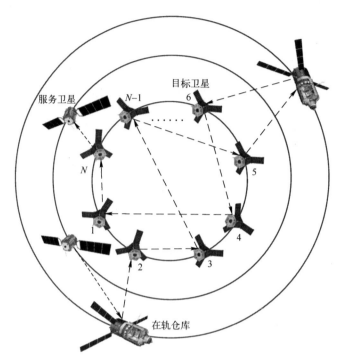

图 14.1　任务场景示意图

14.2　卫星在轨加注任务成本建模

卫星在轨加注任务成本需要综合考虑目标卫星、服务卫星、单次服务任务的成本，本节分别建立其估算模型。

14.2.1　目标卫星成本

目标卫星成本包括目标卫星初始运营能力（Initial Operating Capability，IOC）成本以及运营成本，即

$$C_{\text{Tsat}} = C_{\text{Tsat}}^{\text{IOC}} + C_{\text{Tsat}}^{\text{oper}} \tag{14.1}$$

IOC 成本和运营成本的计算方法具体如下[5]：

1. IOC 成本

$$C_{\text{Tsat}}^{\text{IOC}} = (1+\mathfrak{R}_{\text{Ins}})(1+\mathfrak{R}_S)C_{\text{Tsat}}^{\text{buy}} + C_{\text{Launch}} \tag{14.2}$$

式中：$C_{\text{Tsat}}^{\text{buy}}$ 为传统卫星的采购成本（Procurement Cost）；C_{Launch} 为发射成本（Launch Cost）；$\mathfrak{R}_{\text{Ins}}$ 为保险费与卫星成本的比例系数；$\mathfrak{R}_S$ 为目标卫星支持接受在轨服务所需的额外成本比例系数。

目标卫星采购成本 $C_{\text{Tsat}}^{\text{buy}}$ 与设计寿命有关，一般设计寿命越长，采购成本越高，将其建模为卫星设计寿命的函数，即

$$C_{\text{Tsat}}^{\text{buy}} = [1+\kappa(T_{\text{DL}}-3)]C_3 \tag{14.3}$$

式中：C_3 为设计 3 年寿命的卫星成本；系数 κ 为 2.75%/年；T_{DL} 为目标卫星的设计寿命。

发射成本是卫星总质量（假定为发射质量）的函数，参考 CZ23B[6] 的成本模型，可表述如下：

$$C_{\text{Launch}} = 75 + 5.5 \times 10^{-3} M_{\text{Tsat}} \tag{14.4}$$

2. 运营成本

运营成本涵盖卫星在轨运营阶段所需的人员、硬件设备，以及其他设施的成本。在概念设计阶段难以对上述各项进行估计，在此假设单位时间内运营成本为固定值，则在时间 $[t_1:t_2]$ 内运营成本为

$$C_{\text{Tsat}}^{\text{oper}}([t_1:t_2]) = \int_{t_1}^{t_2} U_{\text{Tsat}}^{\text{oper}}(t)\,\mathrm{d}t \tag{14.5}$$

式中：$U_{\text{Tsat}}^{\text{oper}}(t)$ 为卫星在时刻 t 的运营成本，是固定运营成本 $U_{\text{Tsat}}^{\text{oper}}$ 在时刻 t 的贴现折算。

$U_{\text{Tsat}}^{\text{oper}}(t)$ 的计算公式为

$$U_{\text{Tsat}}^{\text{oper}}(t) = \mathrm{e}^{-\gamma(t-T_0)} U_{\text{Tsat}}^{\text{oper}} \tag{14.6}$$

式中：γ 为无风险贴现率；T_0 为目标卫星任务寿命开始时间。不失一般性，根据式（14.6）可以对任意 t 时刻产生的成本进行贴现折算。

14.2.2 服务卫星成本

与目标卫星类似，服务卫星的成本也包括 IOC 成本和运营成本两部分，$C_{\text{Sersat}} = C_{\text{Sersat}}^{\text{IOC}} + C_{\text{Sersat}}^{\text{oper}}$。服务卫星的设计主要根据轨道机动能力（Orbit Maneuvering Capability）要求对所需的推进剂进行估算，进而对服务卫星整星干重（Satellite Dry Mass）及相应整星成本进行估计。服务卫星的采购成本为整星干重的函数，估算如下：

$$C_{\text{Sersat}}^{\text{buy}} = M_{\text{Sersat}}^{\text{dry}} \times U_{\text{Sersat}}^{\text{dry}} \tag{14.7}$$

式中：$U_{\text{Sersat}}^{\text{dry}}$ 为单位干重的成本。

将服务卫星总重 M_{Sersat} 代入式（14.4），成本 $C_{\text{Sersat}}^{\text{buy}}$ 代入式（14.2），可以计算得到服务卫星在 T_0 时刻的 IOC 成本 $\overline{C}_{\text{Sersat}}^{\text{IOC}}$。服务卫星成本在目标卫星运行商确定研制服务卫星的时刻产生，需要进行贴现折算。在此取为目标卫星寿命末期，因此服务卫星的 IOC 成本为

$$C_{\text{Sersat}}^{\text{IOC}} = \text{e}^{-\gamma T_{\text{DL}}} \overline{C}_{\text{Sersat}}^{\text{IOC}} \tag{14.8}$$

将服务卫星固定运营成本 $U_{\text{Sersat}}^{\text{oper}}$ 代入式（14.5）可以计算得到服务卫星的运营成本。

14.2.3 在轨加注任务成本

服务卫星在轨加注成本包括服务卫星轨道机动消耗的推进剂以及给目标卫星加注的推进剂总成本。推进剂的成本主要包括采购成本和发射成本两部分，在此假设为推进剂质量的函数，估算公式如下：

$$C_{\text{fuel}} = M_{\text{fuel}} \times U_{\text{fuel}} \tag{14.9}$$

式中：U_{fuel} 为单位在轨推进剂的成本；M_{fuel} 为每次延寿服务消耗的推进剂总量。

推进剂的成本需要根据服务时刻进行贴现折算。

$$\begin{cases} C_{\text{Service}} = \sum_{k=1}^{m} M_{\text{fuel}} \times U_{\text{fuel}} \times \text{e}^{-\gamma(T_{\text{DL}}+kT_{\text{Extend}})} \\ m = \text{Ceil}\left(\dfrac{T - T_{\text{DL}}}{T_{\text{Extend}}}\right) \end{cases} \tag{14.10}$$

式中：Ceil($\cdot$) 表示向上取整。此处，若最后一次服务所需的延寿时间不足 T_{Extend}，也按照延寿 T_{Extend} 所需推进剂计算。

M_{fuel} 的计算需要考虑服务卫星总重、干重以及在轨加注所消耗的推进剂总量，与服务卫星的轨道参数、服务路径以及目标卫星的延寿时间相关。根据图 14.1，假设服务卫星的初始质量为 M_0，首先轨道机动至在轨仓库获取推进剂，其次从在轨仓库出发，对一系列目标卫星进行服务，完成服务后返回在轨仓库重新获取推进剂，重复多次直到完成对所有目标卫星的服务。假设服务卫星每次返回在轨仓库时的质量为 $M_{\text{Sersat}}^{\text{dry}}$，即在服务过程中消耗所有携带的推进剂。记 N 颗目标卫星的轨道序号依次为 $1,2,\cdots,N$，服务卫星停泊轨道（Parking Orbit）记为序号 0，在轨仓库的轨道序号记为 $N+1$；服务卫星至在轨仓库取推进剂 K 次，第 i 次服务获取

的推进剂量为 M_f^i，需要服务的目标卫星总数为 R_i；第 i 次服务的第 j 个目标卫星的轨道序号为 π_i^j，则服务卫星各次服务的变轨路径以及始末点处的质量如下：

$$\begin{cases} \text{path}_0 = \{0, N+1\} \\ \text{path}_i = \{N+1, \pi_i^1, \cdots, \pi_i^{R_i}, N+1\} & (1 \leq i \leq K-1) \\ \text{path}_K = \{N+1, \pi_K^1, \cdots, \pi_K^{R_K}, 0\} \end{cases} \quad (14.11)$$

$$\begin{cases} M_0^{\text{initial}} = M_0, M_0^{\text{final}} = M_{\text{Sersat}}^{\text{dry}} \\ M_i^{\text{initial}} = M_{\text{Sersat}}^{\text{dry}} + M_f^i, M_i^{\text{final}} = M_{\text{Sersat}}^{\text{dry}} & (1 \leq i \leq K-1) \\ M_K^{\text{initial}} = M_{\text{Sersat}}^{\text{dry}} + M_f^K, M_K^{\text{final}} = M_0 \end{cases} \quad (14.12)$$

记服务卫星从轨道 $\text{path}_i(k)$ 机动至 $\text{path}_i(k+1)$ 所需的速度增量为 Δv_i^k，在轨道 π_i^j 上给目标卫星加注的推进剂量为 $mf_{\pi_i^j}$，服务卫星的发动机比冲记为 $I_{\text{sp}}^{\text{Sersat}}$，重力加速度为 g。令 $R_0 = 0$，则各次服务的起始质量和终端质量满足以下关系式：

$$M_i^{\text{final}} = M_i^{\text{initial}} \exp\left(-\frac{\sum_{k=1}^{R_i+1} \Delta v_i^k}{g I_{\text{sp}}^{\text{Sersat}}}\right) - \sum_{k=2}^{R_i+1} mf_{\pi_i^{k-1}} \exp\left(-\frac{\sum_{p=k}^{R_i+1} \Delta v_i^p}{g I_{\text{sp}}^{\text{Sersat}}}\right) \quad (14.13)$$

本章假定在轨仓库和服务卫星的停泊轨道为圆轨道，轨道机动的策略为在较高的轨道上改变轨道倾角，采用霍曼转移（Hohmann Transfer）改变其他轨道根数。若服务卫星从轨道 $\text{path}_i(k)$（轨道半径为 r_i^k，倾角为 I_i^k，升交点赤经为 Ω_i^k）机动至另一轨道 $\text{path}_i(k+1)$（轨道半径为 r_i^{k+1}，倾角为 I_i^{k+1}，升交点赤经为 Ω_i^{k+1}），共面霍曼转移消耗的速度增量为

$$\Delta v_{i,\text{inplane}}^k = \left|\sqrt{\frac{2GM_e}{r_i^k} - \frac{2GM_e}{r_i^k + r_i^{k+1}}} - \sqrt{\frac{GM_e}{r_i^k}}\right| + \left|\sqrt{\frac{2GM_e}{r_i^{k+1}} - \frac{2GM_e}{r_i^k + r_i^{k+1}}} - \sqrt{\frac{GM_e}{r_i^{k+1}}}\right|$$

$$(14.14)$$

式中：GM_e 为地球引力常数（Geocentric Gravitational Constant，GM）。

对于异面转移（Out-of-plane Transfer），如图 14.2 所示，由球面三角形公式[7]可知：

$$\begin{aligned} \cos\varphi_i^k &= \cos I_i^k \cos I_i^{k+1} + \sin I_i^k \sin I_i^{k+1} \cos\Delta\Omega_i^k \\ \Delta\Omega_i^k &= \Omega_i^{k+1} - \Omega_i^k \end{aligned} \quad (14.15)$$

则异面转移所消耗的速度增量为

$$\Delta v_{i,\text{outplane}}^k = 2\sqrt{\frac{GM_e}{\max(r_i^k, r_i^{k+1})}} \sin\left(\frac{\varphi_i^k}{2}\right) \quad (14.16)$$

总推进剂消耗量 $\Delta v_i^k = \Delta v_{i,\text{inplane}}^k + \Delta v_{i,\text{outplane}}^k$。

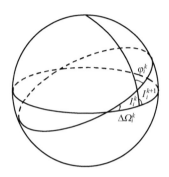

图 14.2 球面三角形

对于目标卫星 π_i^j，所需加注推进剂量 $mf_{\pi_i^j}$ 与用于延长寿命所需轨道保持的速度增量 Δv_{Extend} 有关，计算公式如下：

$$mf_{\pi_i^j} = M_{\pi_i^j}^{\text{dry}} \exp\left(\frac{\Delta v_{\text{Extend}}}{gI_{\text{sp}}^{\text{Tsat}}}\right) \quad (14.17)$$

地球同步轨道卫星用于克服南北漂移的速度增量为

$$\Delta v_{\text{Extend}} = \Delta v_{\text{moon}} + \Delta v_{\text{sun}} \approx (36.93 + 14.45) T_{\text{Extend}} \quad (14.18)$$

式中：T_{Extend} 为目标卫星的寿命延长期限。

将式（14.12）代入式（14.13）可以得到 $M_{\text{Sersat}}^{\text{dry}}$ 的计算公式如下：

$$\begin{cases} M_0 = A_0 M_{\text{Sersat}}^{\text{dry}} \\ M_f^i = (A_i - 1)M_{\text{Sersat}}^{\text{dry}} + B_i \quad (1 \leq i \leq K-1) \\ M_f^K = A_L M_0 - M_{\text{Sersat}}^{\text{dry}} + B_K \end{cases} \quad (14.19)$$

式中：

$$\begin{cases} A_i = \exp\left(\dfrac{\sum\limits_{k=1}^{R_i+1} \Delta v_i^k}{gI_{\text{sp}}^{\text{Sersat}}}\right) \\ B_i = \sum\limits_{k=2}^{R_i+1} mf_{\pi_i^{k-1}} \exp\left(\dfrac{\sum\limits_{p=2}^{k-1} \Delta v_i^p}{gI_{\text{sp}}^{\text{Sersat}}}\right) \end{cases} \quad (i = 1, 2, \cdots, K) \quad (14.20)$$

此外，服务卫星的干重可根据其可携带的推进剂质量估算[8]，其关系式如下：

$$M_{\text{Sersat}}^{\text{dry}} = \underline{M}_{\text{Sersat}}^{\text{dry}} + f_p M_{\text{Sersat}}^{\text{fuel}} + f_{\text{st}}(1+f_p) M_{\text{Sersat}}^{\text{fuel}} \quad (14.21)$$

式中：$\underline{M}_{\text{Sersat}}^{\text{dry}}$ 为服务卫星的最小干重，包括星上计算机（On-board Computer）、姿态测量与控制（Attitude Measurement and Control）、热控（Thermal Control）等卫星平台分系统（Satellite Platform Subsystem）质量；$M_{\text{Sersat}}^{\text{fuel}}$ 为服务卫星可携带的推进剂质量；等式右边第二项为根据推进剂质量估算的推进系统干重，f_p 为推进系统干重质量系数；等式右边第三项为根据推进系统干重及其携带推进剂质量估算的支撑推进系统结构质量，f_{st} 为推进系统结构质量系数。

对于第 i 次服务，假设 $M_{\text{Sersat}}^{\text{fuel}} = M_f^i$，联立式（14.19）和式（14.21）可得

$$\begin{cases} M_f^i = \dfrac{(A_i - 1)\underline{M}_{\text{Sersat}}^{\text{dry}} + B_i}{1 - (f_p + f_{\text{st}} + f_{\text{st}} f_p)(A_i - 1)} & (1 \leq i \leq L-1) \\ M_f^K = \dfrac{(A_K A_0 - 1)\underline{M}_{\text{Sersat}}^{\text{dry}} + B_K}{1 - (f_p + f_{\text{st}} + f_{\text{st}} f_p)(A_K A_0 - 1)} \end{cases} \quad (14.22)$$

由于服务卫星可携带的推进剂质量为固定值，服务卫星从在轨仓库获取推进剂时可根据该次服务的需求获取，而不必装满，因此服务卫星携带的推进剂质量为

$$M_{\text{Sersat}}^{\text{fuel}} = \max\{M_f^1, M_f^2, \cdots, M_f^K\} \quad (14.23)$$

综上所述，服务卫星的干重可通过式（14.21）求得，而服务卫星的总重则为其干重和携带推进剂质量之和。在轨加注所消耗的推进剂总量 M_{fuel} 估算如下：

$$M_{\text{fuel}} = \sum_{i=1}^{K} M_f^i \quad (14.24)$$

14.3 卫星在轨加注任务综合优化问题建模

本章选择了20颗我国运行在地球同步轨道上的卫星作为未来在轨加注对象，表14.1中列出了卫星具体参数[9]。假设目标卫星的干重占其总重的60%，平台干重和有效载荷各占卫星干重的30%和20%，设计寿命均为10年。采用USCM（Unmanned Space Vehicle Cost Model）模型[6]估算各目标卫星的成本，代入式（14.3）便可计算得到设计寿命为3年的目标卫

星成本。14.2节中成本模型涉及的参数设置参见表14.2。为简化模型,本章忽略整个在轨加注任务过程中姿态控制的推进剂消耗量,所有卫星以及在轨仓库的轨道均为圆轨道,忽略摄动力影响[10]。

表14.1 目标卫星参数表

序号	卫星名称	编号	倾角/(°)	升交点赤经/(°)	质量/kg
1	风云2D	29640	1.583	72.112	1380
2	风云2E	33463	1.250	48.114	1390
3	风云2F	38049	1.295	278.27	1369
4	北斗G1	36287	1.643	5.299	4600
5	北斗G3	36590	1.8	24.466	2200
6	北斗G4	37210	0.603	20.22	6000
7	北斗G5	38091	1.155	318.737	2200
8	北斗G6	38953	1.373	276.533	3800
9	天链1-01	32779	0.119	270.712	3750
10	天链1-02	37737	0.118	260.411	2250
11	天链1-03	38730	1.402	271.766	2200
12	鑫诺4	33051	0.006	335.648	5000
13	鑫诺5	37677	0.018	251.984	5000
14	鑫诺6	37150	0.04	232.068	5000
15	中星11	39157	0.6	2614.2	5000
16	中星1A	37804	0.05	88.379	5200
17	中星2A	38352	0.052	90.213	5200
18	中星20A	37234	0.045	254.817	2300
19	中星22A	29398	3.024	68.696	2300
20	中星12	39017	0.07	264.5	5054

表14.2 在轨加注任务仿真参数设置

参数符号	描述	仿真取值
T_0	仿真起始时间	2015年
T_H	仿真结束时间	2035年
Cap	目标卫星通信能力参考值	1.6Gb/s
$\mathscr{R}_{Ins}$	保险费比例	15%

续表

参数符号	描 述	仿真取值
$\mathscr{R}_S$	目标卫星支持接受在轨服务额外成本比例系数	15%
U_O	目标卫星的运营成本	10%×目标卫星成本/年
I_{sp}^{Tsat}	目标卫星推进器比冲	200s
γ	无风险贴现率	5%/年
$\underline{M}_{Sersat}^{dry}$	服务卫星最小干重	1000kg
$\overline{M}_{Sersat}^{dry}$	服务卫星最大干重	2500kg
f_p	服务卫星推进系统干重质量系数	0.15
f_{st}	服务卫星推进系统结构质量系数	0.15
I_{sp}^{Sersat}	服务卫星推进器比冲	320s
U_{dry}^{Setsat}	服务卫星单位干重成本	0.11M$/kg
U_{Sersat}^{oper}	服务卫星的运营成本	5%×服务卫星成本/年
U_{fuel}	单位在轨推进剂的成本	0.05M$/kg
r_p	在轨仓库的轨道半径	26378.13km
I_p	在轨仓库的轨道倾角	0°
Ω_p	在轨仓库的轨道升交点赤经	0°
r_T	目标卫星轨道半径	42241.52km

14.3.1 在轨加注任务问题分解

根据14.2节构建的成本模型,地球同步轨道卫星群在轨加注任务规划问题可归结为以下优化问题:

$$\begin{cases} \text{find} & \textbf{Path} = \{\text{path}_1, \text{path}_2, \cdots, \text{path}_K\}, K, r_d, I_d, \Omega_d, T_{DL}, T_{Extend} \\ \text{min} & C = C_{Tsat} + C_{Sersat} + C_{Service} \\ \text{s.t.} & g_1: r_p \leqslant r_d \leqslant r_T, g_2: 0 \leqslant I_d \leqslant \pi/4 \\ & g_3: 0 \leqslant \Omega_d \leqslant 2\pi, g_4: 5 \leqslant T_{DL} \leqslant 12 \\ & g_5: 1 \leqslant T_{Extend} \leqslant T, g_6: T_{DL} + T_{Extend} > 0 \\ & g_7: \underline{M}_{Sersat}^{dry} \leqslant \overline{M}_{Sersat}^{dry} \end{cases}$$

(14.25)

式中: r_d、I_d 和 Ω_d 分别为服务卫星的轨道半径、轨道倾角和升交点赤经;

T 为目标卫星的总在轨时间。服务卫星的轨道半径设置为在轨仓库轨道半径与目标卫星轨道半径之间。为了降低服务卫星的入轨难度，服务卫星的轨道倾角设置为小于 45°。

可以看出，该优化问题中包含组合变量、整数变量以及连续变量，难以直接求解，因此需要对其进行分解。该规划问题可以分解为以下几个子问题：

（1）求解服务卫星从在轨仓库获取推进剂的次数 K。K 为整数变量，在本章的规划问题中难以应用现有的优化算法对其求解。K 最小值为 1，最大值为目标卫星的数量，因此 K 的变化范围不大。当 $K=1$ 时，服务卫星一次性服务所有目标卫星，此时服务卫星较大，很可能超过运载器的运载能力限制；当 K 等于目标卫星的数量时，服务卫星每次服务都要首先到在轨仓库获取推进剂，轨道转移所消耗的推进剂较多，另外，由于目标卫星各不相同，服务卫星的设计需要按照所有目标卫星中服务所需推进剂的最大量进行设计，造成较大冗余。本章首先根据服务卫星的最大干重估算最少的服务次数，然后依次递增服务次数，直到服务卫星干重小于最大干重，且总成本开始呈现上升趋势。

（2）最优选址问题（Optimal Location Problem），即如何确定服务卫星的轨道参数 r_d、I_d 和 Ω_d。服务卫星的轨道参数直接决定了服务卫星的服务路径，因此需要和服务路径嵌套优化（Nesting Optimization，NO）求解。由于嵌套优化计算量较大，本章首先分析 r_d、I_d 和 Ω_d 对优化目标影响的灵敏度，以加速对最优停泊轨道参数的求解过程。灵敏度分析过程将在 14.3.2 节中讨论。

（3）最优路径规划（Optimal Path Planning），即如何求解最优 **Path**。该问题分为两部分，一是如何确定同一次服务中被服务的目标卫星，即 $\text{path}_i(i=1,2,\cdots,K)$ 中具体包含哪些卫星；二是当分组确定后，如何确定具体的服务顺序，即 path_i 中各元素的排序问题。目标卫星的分组不仅和目标卫星的推进剂需求及其轨道参数有关，还与服务卫星的轨道参数及其携带的推进剂量相关，因此很难提出定量化的划分标准。path_i 中元素最优排序问题实际上就是旅行商问题（Traveling Salesman Problem，TSP），是经典的 NP 难度组合优化问题，其计算量随问题规模的增长呈指数增长趋势。本章采用遗传算法求解最优服务路径（Optimal Service Path），具体算法设计将在 14.3.3 节中讨论。

(4) 目标卫星最优设计问题，即如何确定 T_{DL} 与 T_{extend}。优化问题式（14.25）的参数关系如图 14.3 所示，可以看出，优化问题中的大部分设计变量属于在轨加注计算的本地设计变量，而成本和收益计算只涉及目标卫星寿命和延寿时间两个设计变量，可以对该问题进行层次分解，采用 ATC 方法进行优化。ATC 组织求解过程将在 14.4 节中讨论。

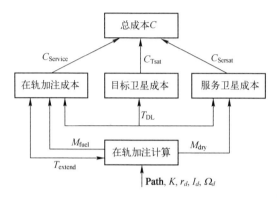

图 14.3　在轨加注系统参数关系图

14.3.2　最优选址问题

根据式（14.11）可知，在给定某服务路径条件下，服务卫星的停泊轨道参数只对首次和最后一次服务的轨道转移速度增量产生影响，即 r_0、I_0 及 Ω_0 只对 M_f^K 产生影响，而根据式（14.21）、式（14.23）和式（14.24）可知，随着 M_f^K 的减小，M_{fuel} 减小，M_{dry} 保持不变或减少。又根据式（14.7）和式（14.9）可知，M_{dry} 和 M_{fuel} 越小，目标函数值越小。因此在给定某服务路径时，只要分析 M_f^K 对 r_0、I_0 及 Ω_0 的灵敏度，求得使 M_f^K 最小的最优点，该点便是当前服务路径下的最优停泊轨道。

根据式（14.20），将 M_f^K 计算所需要的参数写成如下形式：

$$\begin{cases} A_K = A_K^0 \exp\left(\dfrac{\Delta v_{\text{fd}}}{gI_{\text{sp}}^{\text{Sersat}}}\right), A_0 = \exp\left(\dfrac{\Delta v_{\text{pd}}}{gI_{\text{sp}}^{\text{Sersat}}}\right) \\ B_K = B_K^0 + B_K^1 \exp\left(\dfrac{\Delta v_{\text{fd}}}{gI_{\text{sp}}^{\text{Sersat}}}\right) \\ f = f_p + f_{\text{st}} + f_{\text{st}} f_p \end{cases} \quad (14.26)$$

式中：Δv_{fd} 为服务卫星在最终服务的目标卫星轨道与停泊轨道之间轨道转移所需的速度增量；Δv_{pd} 为服务卫星在停泊轨道与在轨仓库之间轨道转移所需的速度增量；A_K^0，B_K^0 以及 B_K^1 只与服务路径相关，而与服务卫星停泊轨道参数不相关。

通过求导法则得到 M_f^K 对 Ω_d 的偏导数如下：

$$\frac{\partial M_f^K}{\partial \Omega_d}=C_1\frac{\partial \Delta v_{\mathrm{fd}}}{\partial \Omega_d}+C_2\frac{\partial \Delta v_{\mathrm{pd}}}{\partial \Omega_d} \quad (14.27)$$

式中：

$$C_1=\frac{A_K A_0(\overline{M}_{\mathrm{Sersat}}^{\mathrm{dry}}+fB_K)}{(1+f-fA_K A_0)^2 g I_{\mathrm{sp}}^{\mathrm{Sersat}}}+\frac{B_K-B_K^0}{(1+f-fA_K A_0)g I_{\mathrm{sp}}^{\mathrm{Sersat}}}$$

$$C_2=\frac{A_K A_0(\overline{M}_{\mathrm{Sersat}}^{\mathrm{dry}}+fB_K)}{(1+f-fA_K A_0)^2 g I_{\mathrm{sp}}^{\mathrm{Sersat}}} \quad (14.28)$$

易知，$C_1>0$，$C_2>0$，且 $C_1>C_2$。

由于 $I_p=0$，则 $\frac{\partial \Delta v_{\mathrm{pd}}}{\partial \Omega_d}\equiv 0$，故

$$\frac{\partial M_f^K}{\partial \Omega_d}=C_1\frac{\partial \Delta v_{\mathrm{fd}}}{\partial \Omega_d}=-C_1\sqrt{\frac{GM_e}{r_T}}\frac{\sin I_f \sin I_d \sin(\Omega_f-\Omega_d)}{\sin(\varphi_{\mathrm{fd}}/2)} \quad (14.29)$$

式中：I_f 与 Ω_f 为最后服务的目标卫星轨道参数，均大于零。由于 $0\leqslant\Omega_d\leqslant\pi$，故上式在 $\Omega_d<\Omega_f$ 时小于零，而在 $\Omega_d>\Omega_f$ 时大于零，从而可以得到下述结论。

结论 1：$\Omega_d=\Omega_f$ 时 M_f^K 取得最小值。

基于此结论，进一步计算 M_f^K 对其他参数的偏导数，M_f^K 对 r_d 的偏导数如下：

$$\begin{aligned}\frac{\partial M_f^K}{\partial r_d}&=C_1\frac{\partial \Delta v_{\mathrm{fd}}}{\partial r_d}+C_2\frac{\partial \Delta v_{\mathrm{pd}}}{\partial r_d}\\&=C_1\left[-\sqrt{\frac{GM_e r_T}{2(r_d+r_T)^3 r_0}}-\sqrt{\frac{GM_e r_T(2r_d+r_T)^2}{2r_d^3(r_d+r_T)^3}}+\frac{1}{2}\sqrt{\frac{GM_e}{r_d^3}}\right]\\&+C_2\left[\sqrt{\frac{GM_e r_p}{2(r_d+r_p)^3 r_d}}+\sqrt{\frac{GM_e r_p(2r_d+r_p)^2}{2r_d^3(r_d+r_p)^3}}-\frac{1}{2}\sqrt{\frac{GM_e}{r_d^3}}\left(1+2\sin\frac{I_d}{2}\right)\right]\end{aligned}$$

$$(14.30)$$

令 $t_1 = C_1/C_2$，则

$$\frac{\partial t_1}{\partial r_d} = D_1 \frac{\partial \Delta v_{\mathrm{fd}}}{\partial r_d} + D_2 \frac{\partial \Delta v_{\mathrm{pd}}}{\partial r_d} \quad (14.31)$$

$$D_2 = \frac{(\overline{M}_{\mathrm{Sersat}}^{\mathrm{dry}} + fB_K^0)(1 + f - fA_K A_0)(B_K - B_K^0)}{A_K A_0 (\overline{M}_{\mathrm{Sersat}}^{\mathrm{dry}} + fB_K)^2 g I_{\mathrm{sp}}^{\mathrm{Sersat}}}$$

$$\frac{D_1}{D_2} = 1 - \frac{(f+1)(\overline{M}_{\mathrm{Sersat}}^{\mathrm{dry}} + fB_K)}{(1 + f - fA_K A_0)(\overline{M}_{\mathrm{Sersat}}^{\mathrm{dry}} + fB_K^0)} \quad (14.32)$$

由于 $D_2 > 0$ 且 $\dfrac{D_1}{D_2} < 0$，故 $D_1 < 0$。图 14.4（a）给出了 $\dfrac{\partial \Delta v_{\mathrm{fd}}}{\partial r_d}$ 和 $\dfrac{\partial \Delta v_{\mathrm{pd}}}{\partial r_d}$ 关于 r_d 的变化图，由图可知，$\dfrac{\partial \Delta v_{\mathrm{fd}}}{\partial r_d} < 0$，$\dfrac{\partial \Delta v_{\mathrm{pd}}}{\partial r_d} > 0$，所以 $\dfrac{\partial t_1}{\partial r_d} > 0$。基于上述推导可知 t_1 在 $[r_p, r_T]$ 上单调递增。

令 $t_2 = -\dfrac{\partial \Delta v_{\mathrm{pd}}}{\partial r_d} \Big/ \dfrac{\partial \Delta v_{\mathrm{fd}}}{\partial r_d}$，图 14.4（b）给出了 t_2 相对于 r_d 的变化图，由该图可知 t_2 在 $[r_p, r_T]$ 上单调递减。由于 $\dfrac{\partial \Delta v_{\mathrm{fd}}}{\partial r_d} < 0$，故 $t_1 < t_2$ 时，$\dfrac{\partial M_f^K}{\partial r_d} > 0$；$t_1 > t_2$ 时，$\dfrac{\partial M_f^K}{\partial r_d} < 0$。由上述分析可知，$M_f^K$ 在 $[r_p, r_T]$ 上单调递增、单调递减或先递增后递减，从而可得结论 2。

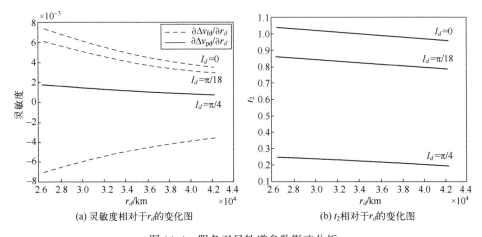

(a) 灵敏度相对于 r_d 的变化图　　(b) t_2 相对于 r_d 的变化图

图 14.4　服务卫星轨道参数影响分析

结论2：$r_d=r_p$ 或 $r_d=r_T$ 时 M_f^K 取得最小值。

进一步，求 M_f^K 对 I_d 的偏导数如下：

$$\frac{\partial M_f^K}{\partial I_d} = C_1 \frac{\partial \Delta v_{\text{fd}}}{\partial I_d} + C_2 \frac{\partial \Delta v_{\text{pd}}}{\partial I_d}$$

$$= \text{sign}(I_d - I_f) C_1 \sqrt{\frac{GM_e}{r_T}} \cos\frac{I_d - I_f}{2} + C_2 \sqrt{\frac{GM_e}{r_d}} \cos\frac{I_d}{2} \quad (14.33)$$

$I_d > I_f$ 时，$\frac{\partial M_f^K}{\partial I_d} > 0$，即 M_f^K 递增，因此只需讨论 $[0, I_f]$ 之间是否存在点使得 M_f^K 小于 $M_f^K(I_f)$ 即可。$I_d \in [0, I_f]$ 时，$\text{sign}(I_d - I_f) = -1$，令

$$t_3 = -\frac{\partial \Delta v_{\text{pd}}}{\partial I_d} \bigg/ \frac{\partial \Delta v_{\text{fd}}}{\partial I_d} = \sqrt{\frac{r_d}{r_T}} \left(\cos\frac{I_f}{2} + \tan\frac{I_d}{2}\sin\frac{I_f}{2}\right)^{-1} \quad (14.34)$$

由上式可知 t_3 随着 I_d 的增大而减小。由于 $\frac{\partial \Delta v_{\text{fd}}}{\partial I_d} < 0$，故 $t_1 < t_3$ 时，$\frac{\partial M_f^K}{\partial I_d} > 0$；$t_1 > t_3$ 时，$\frac{\partial M_f^K}{\partial r_d} < 0$。与关于 r_d 的影响分析类似，可以得到以下结论。

结论3：$I_d = 0$ 或 $I_d = I_f$ 时 M_f^K 取得最小值。

根据结论1~结论3可知，在给定某服务路径时，只需选取 $[r_p, 0, \Omega_f]$、$[r_T, 0, \Omega_f]$、$[r_p, I_f, \Omega_f]$ 和 $[r_T, I_f, \Omega_f]$ 中使得 M_f^K 较小的点作为最优停泊轨道参数即可。

14.3.3 最优路径规划

14.3.2节讨论了如何求解服务卫星的最优停泊轨道，本节将对最优服务路径的求解进行讨论。路径规划问题的解空间为离散变量，无法计算模型梯度信息，本节采用遗传算法进行求解[11]。

1. 优化变量表述

记 P 为 $1, 2, \cdots, N$ 的一个全排列，$Q = [Q_1 \quad Q_2 \cdots Q_K]$ 为 K 维划分向量，所有分量之和等于 N。根据 P 和 Q 可以得到服务路径 **Path**，满足以下关系：

$$\text{path}_i^j = P_k, k = j + \sum_{l=1}^{i-1} Q_l \quad (14.35)$$

例如 $P = [1 \quad 2 \quad 3 \quad 4 \quad 5 \quad 6 \quad 7 \quad 8]$，$Q = [1 \quad 3 \quad 2 \quad 2]$ 表示服务卫

星第一次顺序服务 1 号目标卫星，第二次顺序服务 2、3、4 号目标卫星，第三次顺序服务 5、6 号目标卫星，第四次顺序服务 7、8 号目标卫星。根据 14.2.3 节可知，除了首尾两次服务之外，中间的服务顺序无差异，即上例与 $\boldsymbol{P}=[1\ 5\ 6\ 2\ 3\ 4\ 7\ 8]$，$\boldsymbol{Q}=[1\ 2\ 3\ 2]$ 表示的是同一组解，因此本章通过限制 $\boldsymbol{P}$ 内元素的排列方式来满足唯一性要求，具体为：根据 $\boldsymbol{P}$ 和 $\boldsymbol{Q}$ 得到的服务路径 **Path** 中，使得

$$\text{path}_{i+1}^1 > \text{path}_i^1 \quad (i=1,2,\cdots,K-1) \tag{14.36}$$

上例中，第一组优化变量表示方式满足该排列要求，而第二组则不满足。

2. 遗传算子设计

遗传算法中各个遗传算子及编码方式设计如下。

1）编码

采用实数编码的方式，染色体基因分为两段，对应变量 $\boldsymbol{P}$ 和 $\boldsymbol{Q}$。

2）选择

采用赌轮盘（Roulette）模型进行选择，由于本章为最小化目标，因此适应度函数取为目标函数的倒数。

3）杂交

$\boldsymbol{P}$ 对应染色基因的杂交方式为随机选取两个杂交位，保留杂交位间的基因，杂交位外的基因首先搜索是否与另一个体杂交位内的基因重复，如果重复则保留，如果不重复则和另一个体相应基因位的基因交换，最后用没有出现的基因替换重复出现的基因。

步骤 1：随机选择两个不相同的交配位，即

FatherA = 1 2 |3 4 5 6| 7 8 9　　　　FatherB = 9 8 |7 6 1 4| 3 2 5

步骤 2：在交叉区域，后代继承双亲的基因，杂交位外搜索并替换，即

SonA = 1 8 |3 4 5 6| 7 2 5　　　　SonB = 1 2 |7 6 1 4| 3 8 5

步骤 3：将未出现的基因替换杂交位外重复出现的基因，SonA 中未出现 9，重复出现 5；SonB 中未出现 9，重复出现 1。

SonA = 1 8 3 4 5 6 7 2 9　　　　SonB = 9 2 7 6 1 4 3 8 5

$\boldsymbol{Q}$ 对应染色基因的杂交方式为随机选取一个杂交位，尽量多地将杂交位之前的基因互换，使得杂交后的前 $P-1$ 个基因相加小于目标卫星总数

目。杂交后，P 位置上的基因数目为目标卫星总数减去前 $P-1$ 个基因之和。例如：

FatherA = 3 7 | 9 11　　　　　　　FatherB = 2 5 | 11 12
步骤 1：SonA = 2 5 | 9 14　　　　SonB = 3 7 | 11 9
步骤 2：SonA = 2 5 9 14　　　　　SonB = 3 7 9 11

4）变异

P 对应染色基因的变异操作是：先随机产生两个不相同的变异位，在两变异位间的基因区域进行倒序排列得到变异子个体。例如：

Father = 1 2 | 3 4 5 7 | 6 8 9
Son = 1 2 7 5 4 3 6 8 9

Q 对应染色基因的变异方式为随机产生一个变异位，将该位置基因与最后一位的基因相加，和为 sum，随机产生小于 sum 的整数作为该变异位新的基因，最后一位基因为 sum 减去该位置新的基因。最后重新排序。例如，总目标卫星个数为 15，随机产生的变异位置为 2，产生的随机数为 8。例如：

Father = 3 6 7 9
步骤 1：Son = 3 8 7 7　　　　　　步骤 2：Son = 3 7 7 8

需要说明的是，上述杂交和变异操作之后，都要根据排序原则式（14.36）对新生成的个体重新排序。遗传算法的求解流程如图 14.5 所示。

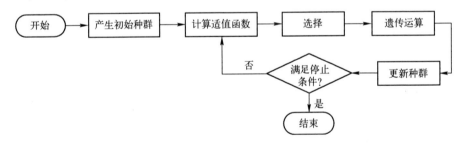

图 14.5　遗传算法求解流程

14.4　基于 ATC 的优化求解与结果讨论

14.4.1　ATC 层次划分与求解流程

根据设计关系图 14.3，优化问题中的大部分设计变量属于在轨加注计算的本地设计变量，而成本和收益计算只涉及目标卫星寿命和延寿时间两个变量。因此，将与净收益计算相关的部分划分为顶层系统优化问题，与在轨加注计算相关的部分划分为底层系统优化问题，该双层系统的参数关系如图 14.6 所示。由于服务次数采用逐次递增的方式求解，不再讨论此变量的优化。此外，约束 g_7 在增加服务次数的过程中将逐步满足，此处略去该约束。双层系统中顶层系统和底层系统有共同的设计变量 T_{Extend}，不能直接应用 ATC 方法求解。易知，该优化问题为嵌套优化问题，故将 T_{Extend} 单独提出作为外层优化的设计变量，而其他变量作为内层优化的设计变量，内层优化用 ATC 方法求解。

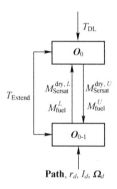

图 14.6　在轨加注系统层次结构划分图

各层系统优化问题的表述具体如下：
外层优化：

$$\begin{cases} \text{find} & T_{\text{Extend}} \\ \min & C_{\min}^{\text{internal}} \\ \text{s. t.} & g_5: 1 \leq T_{\text{Extend}} \leq T, g_7: M_{\text{Sersat}}^{\text{dry,internal}} \leq \overline{M}_{\text{Sersat}}^{\text{dry}} \end{cases} \quad (14.37)$$

式中：$C_{\min}^{\text{internal}}$ 为内层优化得到的最优目标值；$M_{\text{Sersat}}^{\text{dry,internal}}$ 为内层优化最优解对应的服务卫星干重。

内层优化采用 ATC 求解，ATC 各系统的设置如下：

O_0：$X_0 = T_{\text{DL}}$，$R_0 = C$，$G_0 = \begin{bmatrix} g_4 & g_6 \end{bmatrix}^{\text{T}}$

$O_{0\text{-}1}$：$X_{0\text{-}1} = \begin{bmatrix} \text{Path}, r_d, I_d, \Omega_d \end{bmatrix}^{\text{T}}$，$Y_{0\text{-}1} = [\ ]$，$R_{0\text{-}1} = \begin{bmatrix} M_{\text{Sersat}}^{\text{dry}} & M_{\text{fuel}} \end{bmatrix}^{\text{T}}$

　　　$G_{0\text{-}1} = \begin{bmatrix} g_1 & g_2 & g_3 \end{bmatrix}^{\text{T}}$

ATC 系统级优化问题表述如下：

$$\begin{cases} \boldsymbol{O}_0: \text{Given} & M_{\text{Sersat}}^{\text{dry},L}, M_{\text{fuel}}^{L}, T_{\text{Extend}} \\ \quad \text{find} & T_{\text{DL}}, M_{\text{Sersat}}^{\text{dry}}, M_{\text{Sersat}}^{\text{fuel}} \\ \quad \min & C+\varepsilon^{R} \\ \quad \text{s. t.} & \|M_{\text{Sersat}}^{\text{dry}}-M_{\text{Sersat}}^{\text{dry},L}\|+\|M_{\text{Sersat}}^{\text{fuel}}-M_{\text{Sersat}}^{\text{fuel},L}\| \leqslant \varepsilon^{R} \\ & g_4: 5 \leqslant T_{\text{DL}} \leqslant 12, g_6: T_{\text{DL}}+T_{\text{Extend}}>0 \end{cases} \quad (14.38)$$

ATC 子系统优化问题表述如下:

$$\begin{cases} \boldsymbol{O}_{0-1}: \text{Given} & M_{\text{Sersat}}^{\text{dry},U}, M_{\text{Sersat}}^{\text{fuel},U}, T_{\text{Extend}} \\ \quad \text{find} & \textbf{Path}, r_d, I_d, \Omega_d \\ \quad \min & \|M_{\text{Sersat}}^{\text{dry}}-M_{\text{Sersat}}^{\text{dry},U}\|+\|M_{\text{Sersat}}^{\text{fuel}}-M_{\text{Sersat}}^{\text{fuel},U}\| \\ \quad \text{s. t.} & g_1: r_p \leqslant r_d \leqslant r_T, g_2: 0 \leqslant I_d \leqslant \pi/4, g_3: 0 \leqslant \Omega_d \leqslant 2\pi \end{cases} \quad (14.39)$$

通过本节的分析,"一对多"在轨加注任务规划的求解流程如图 14.7 所示。

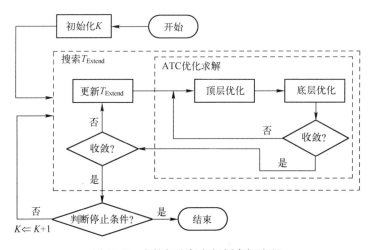

图 14.7 在轨加注任务规划求解流程

当 $(T-T_{\text{DL}})/T_{\text{Extend}}$ 为整数时,比其非整时的成本低,因此本章首先采用二分法搜索 T_{Extend},然后比较其附近可被 $T-T_{\text{DL}}$ 整除的解以获得最优解。任务规划的具体求解步骤分为以下 10 步。

步骤 1:根据服务卫星最大干重,估算最小服务次数 K_0,初始化服务次数 $K=K_0$。K_0 的计算公式如下:

$$K_0 = \text{Ceil}\Big(\sum_{i=1}^{N} mf_i^1 / \overline{M}_{\text{Sersat}}^{\text{fuel}}\Big)$$

$$\overline{M}_{\text{Sersat}}^{\text{fuel}} = \frac{\overline{M}_{\text{Sersat}}^{\text{dry}} - \underline{M}_{\text{Sersat}}^{\text{dry}}}{f_p + f_{\text{st}}(1 + f_p)} \tag{14.40}$$

式中：mf_i^1 为延寿时间 1 年时各目标卫星所需推进剂质量。

步骤 2：初始化 T_{Extend} 的搜索区间，区间下限 $LB=1$，上限 UB 满足 $\sum_{i=1}^{N} mf_i^{UB} \leqslant K\overline{M}_{\text{Sersat}}^{\text{fuel}}$，通过式（14.17）、式（14.18）反算得到 UB 的值，区间长度 $\delta = UB - LB$。

步骤 3：执行步骤 6、步骤 7，判断 M_{dry}^L 与 M_{dry}^U 是否满足小于 $\overline{M}_{\text{Sersat}}^{\text{dry}}$ 的约束条件，若全不满足，$K \Leftarrow K+1$ 并转至步骤 2，若只有 M_{dry}^L 满足，$UB \Leftarrow UB-1$，执行步骤 7 直到 M_{dry}^U 满足约束。

步骤 4：计算区间长度 $\delta = UB - LB$，如果区间长度的变化值小于某给定值 $\overline{\delta}$，输出最优目标 $C_{\text{opt}}(K) = \min(C_L, C_U)$ 以及对应的最优延寿时间 T_{Extend}^*，转至步骤 9；否则，令 $T_{\text{Extend}} = (LB+UB)/2$，转至步骤 8 进行优化求解，输出 $C_M = C_{\min}^{\text{internal}}(LB/2+UB/2)$，$M_{\text{dry}}^M = M_{\text{Sersat}}^{\text{dry,internal}}(LB/2+UB/2)$。

步骤 5：比较 C_L、C_U 以及 C_M 的大小。如果 $C_M < C_L < C_U$ 或 $C_U < C_M < C_L$，$LB \Leftarrow (LB+UB)/2$，执行步骤 6，返回步骤 4；如果 $C_L < C_M < C_U$ 或 $C_M < C_U < C_L$，$UB \Leftarrow (LB+UB)/2$，执行步骤 7，返回步骤 4。

步骤 6：令 $T_{\text{Extend}} = LB$，转至步骤 8 进行优化求解。输出 $C_L = C_{\min}^{\text{internal}}(LB)$，$M_{\text{dry}}^L = M_{\text{Sersat}}^{\text{dry,internal}}(LB)$，返回原步骤。

步骤 7：令 $T_{\text{Extend}} = UB$，转至步骤 8 进行优化求解，输出 $C_U = C_{\min}^{\text{internal}}(UB)$，$M_{\text{dry}}^U = M_{\text{Sersat}}^{\text{dry,internal}}(UB)$，返回原步骤。

步骤 8：ATC 优化求解。依次求解式（14.38）和式（14.39），直至 ε^R 满足给定的收敛精度要求。其中式（14.39）采用 14.3.2 节的结论以及 14.3.3 节的方法进行优化，式（14.38）采用模式搜索法进行优化。优化结束后返回原步骤。

步骤 9：判断停止条件。如果 $K = K_0$，则 $K \Leftarrow K+1$ 并转至步骤 2。如果 $C_{\text{opt}}(K) \geqslant C_{\text{opt}}(K-1)$，循环终止，转至步骤 10；否则，$K \Leftarrow K+1$ 并转至步骤 2。

步骤 10：若 $(T-T_{\text{DL}})/T_{\text{Extend}}^*$ 为整数，取 T_{Extend}^* 为最优解 $T_{\text{Extend}}^{\text{opt}}$；否则，

比较 T_{Extend}^* 最优解附近两个可以被 $T-T_{\text{DL}}$ 整除的值对应的总成本值，取较小的作为 $T_{\text{Extend}}^{\text{opt}}$。

14.4.2 "一对一"在轨加注任务规划

本小节对"一对一"的在轨加注方式最优任务规划进行讨论，"一对一"在轨加注即单独为加注一颗目标卫星发射服务卫星，并定期对其服务。表 14.3 给出了"一对一"在轨加注方式下的最优设计方案；另外，表中还给出了目标卫星设计寿命为 10 年，在寿命末期重新发射一颗相同卫星进行更换的总成本。可以看出，在最优设计方案下，在轨加注方式优于替换一颗整星的方案；当目标卫星质量较大时，在轨加注方案的优势较为显著，如 6 号目标卫星。在"一对一"加注方式下，在轨加注成本与服务卫星成本相比较小，因此若目标卫星所需加注的推进剂量较少（此处即质量较小），单独为其发射一颗服务卫星对其加注的成本可能大于整星替换成本。

表 14.3 "一对一"在轨加注任务规划结果

序号	质量/kg	更换方案成本/M$	在轨加注总成本 C/M$	C_{Tsat}/M$	C_{Sersat}/M$	C_{Service}/M$	T_{DL}/年	T_{Extend}/年
1	1380	949.85	884.93	615.10	206.77	63.06	12	4
2	1390	955.55	888.63	618.81	219.90	49.92	12	4
3	1369	943.58	880.55	611.01	219.81	49.72	12	4
4	4600	2740.91	21513.27	1781.48	270.51	105.27	5	5
5	2200	1413.02	12113.27	916.73	235.01	65.54	10	5
6	6000	3504.92	2685.91	2279.03	283.73	123.15	5	5
7	2200	1413.02	1211.23	916.73	231.47	63.03	10	5
8	3800	2301.43	1842.48	1495.28	256.62	90.57	5	5
9	3750	2273.87	1809.87	14713.33	248.22	84.32	5	5
10	2250	1441.04	1221.93	934.97	226.88	60.09	10	5
11	2200	1413.02	1213.50	916.73	232.80	63.98	10	5
12	5000	2959.79	2293.28	1924.02	265.27	103.99	5	5
13	5000	2959.79	2293.42	1924.02	265.34	104.05	5	5

续表

序号	质量/kg	更换方案成本/M$	在轨加注总成本 C/M$	C_{Tsat}/M$	C_{Sersat}/M$	C_{Service}/M$	T_{DL}/年	T_{Extend}/年
14	5000	2959.79	2293.66	1924.02	265.49	104.15	5	5
15	5000	2959.79	2300.00	1924.02	269.20	106.78	5	5
16	5200	3069.04	2370.98	1995.17	268.39	1013.42	5	5
17	5200	3069.04	2371.00	1995.17	268.40	1013.43	5	5
18	2300	1469.04	1241.07	953.21	2213.23	60.64	10	5
19	2300	1469.04	1269.52	953.21	243.88	72.43	10	5
20	5054	2989.30	2314.16	1943.25	266.04	104.87	5	5

目标卫星的设计寿命与其质量相关，当质量较小时，设计寿命优化结果达到约束上限，如1号~3号目标卫星，这是因为此时在轨加注方案优势较小，提高目标卫星的设计寿命可以摊薄服务卫星的加注成本；当目标卫星质量较大时，设计寿命达到约束下限，如12号~17号目标卫星，此时在轨加注方案优势较大，优化结果表明尽量采用在轨加注的方式延寿可以节省成本；当目标卫星的质量适中时，目标卫星的设计寿命的最优值在上下限之间。

对于延寿时间，延寿期限越长，服务卫星所需携带的推进剂越多，质量越大，使得服务卫星成本增加；延寿时间越短，服务次数越多，服务卫星轨道机动消耗的推进剂也增多，使得在轨加注成本增加。因此，最优延寿时间是服务卫星成本与在轨加注成本两个指标的综合体现。

14.4.3 "一对多"在轨加注任务规划

本小节对"一对多"在轨加注方式进行讨论。根据式（14.40）计算得 $K_0=1$。设置遗传算法的种群规模为300，代数为200，交叉概率取为0.8，变异概率取为0.3。"一对多"在轨加注任务规划结果如表14.4所示，最优设计方案为 $K=2$ 时的优化结果。从表14.3中的结果可得，采用"一对一"在轨加注方式的总成本为34760.66M$，而采用"一对多"在轨加注方式的成本最优值为25505.5M$，可见"一对多"在轨加注方式可以大幅节约成本。

表 14.4 "一对多"在轨加注确定性任务规划结果

	$K=1$	$K=2$	$K=3$
T_{DL}/年	5	5	5
T_{Extend}/年	1.667	3.75	5
Path	path = [17 16 20 12 13 14 10 9 15 11 8 3 7 4 5 19 1 2 6 18]	path$_1$ = [13 12 20 18 9 10 15 11 8 3 7] path$_2$ = [14 16 17 6 4 5 19 1 2]	path$_1$ = [6 4 5 19 1 2] path$_2$ = [14 20 12 17 16 18] path$_3$ = [9 10 13 15 11 8 3 7]
[r_d/km, I_d/(°), Ω_d/(°)]	[42241.52, 0.045, 254.817]	[42241.52, 1.250, 48.114]	[42241.52, 1.155, 318.737]
M_{Sersat}^{dry}/kg	2411.9	2391.4	2284.3
M_{fuel}/kg	43714.9	8594.2	11483.4
C_{Tsat}/M\$	23990.6	23990.6	23990.6
C_{Sersat}/M\$	485.7	482.1	463.1
$C_{Service}$/M\$	1124.9	1032.8	1066.6
C/M\$	25601.2	25505.5	25520.3

如表14.4所示，在"一对多"在轨加注方式下，目标卫星的设计寿命最优值达到约束下限。从14.4.2节分析可知，"一对一"在轨加注方式中，服务卫星成本占总成本较大比重，因此若目标卫星延寿所需推进剂较少时，专门为其发射一颗服务卫星会导致成本增加；而在"一对多"在轨加注方式中，由于一颗服务卫星能够服务多颗目标卫星，从单颗目标卫星的延寿服务来看，对其延寿所发射的服务卫星成本大幅下降，采用在轨加注的方式延寿，比提高目标卫星的设计寿命更具优势，从而使得目标卫星设计寿命达到约束下限值。

当增加服务卫星从在轨仓库获取推进剂的次数时，总成本的最优解先减小后增大，$K=2$时总成本最小。当$K=1$时，服务卫星一次要对所有的目标卫星服务，因此只有在延寿时间较短时，才能够满足小于服务卫星最大干重的约束，而延寿时间越短，延寿服务次数越多，从而增加了在轨加注的成本。当增加访问在轨仓库的次数后，一方面由于每次需要服务的目标卫星减少，延寿时间可以适当增加以降低在轨加注次数，从而降低在轨加注成本；另一方面，增加访问次数会使得服务卫星变轨至在轨仓库消耗的推进剂相应增加,从而增加在轨加注成本。上述原因使得总成本随着访问次数的增加呈现先减小后增大的趋势。

当目标卫星的轨道倾角较小时,在小角度近似下可以证明,服务卫星在两目标卫星之间改变轨道面所需的速度增量,与这两颗目标卫星角动量在天赤道面(Celestial Equator Plane,CEP)上的投影距离成正比[9]。而在轨加注成本与变轨所消耗的总速度增量成正比,因此在不考虑服务卫星服务过程中质量减轻的情况下,单次服务的最优服务顺序即为天赤道面上服务卫星依次通过所有目标卫星的最短路径。将 20 颗目标卫星以及服务卫星的角动量在赤道坐标系(Equatorial Coordinate System,ECS)中投影到天赤道面,并将优化结果中两次服务的顺序标注其上,如图 14.8 所示,其中 h_x 和 h_y 表示角动量投影的分量,序号 0 表示在轨仓库,服务卫星停泊轨道的角动量投影与 2 号卫星重合,另外,第一次服务序列中略去了服务卫星从停泊轨道变轨至在轨仓库。

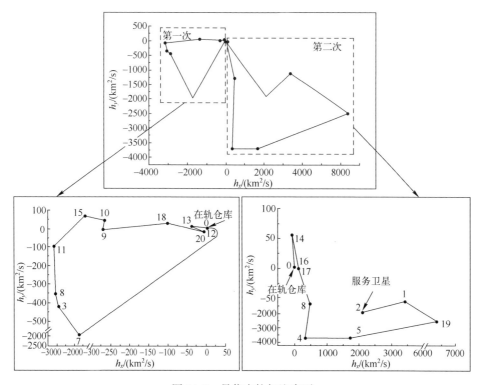

图 14.8 最优在轨加注序列

可以看出，服务卫星每次服务路径基本符合最短路径的趋势，如11-8-3-7，若变换这几颗目标卫星的服务顺序，都将使得服务路径变长。相距较近的目标卫星不一定同一批加注，例如12号和14号目标卫星，这是因为目标卫星所需的推进剂量不同，哪些目标卫星同一批加注，受到服务卫星所携带推进剂总量的限制。另外，由于服务卫星在每次服务后都会减轻本身的质量，推进剂需求较大的目标卫星可能先被服务，如9号和10号目标卫星，9号目标卫星推进剂需求大，因此先被服务。

14.5 小 结

本章以地球同步轨道卫星群为对象，基于MDO方法对卫星在轨加注任务综合优化问题开展了研究。首先构建了卫星在轨加注成本模型和任务综合优化模型，该模型包括服务卫星轨道最优选址、加注任务最优路径规划、目标卫星加注策略等多个交叉耦合的设计问题，优化变量维度高，整数与连续变量混合，优化求解困难。通过对服务卫星停泊轨道参数进行灵敏度分析，得到了服务卫星的最优选址条件，简化了最优选址问题的求解过程，有效降低了计算难度。在此基础上对任务规划问题进行层次分解，采用ATC方法进行分层优化，提高了优化求解的可计算性。以我国运行在地球同步轨道上的20颗卫星作为加注对象，开展了"一对一"以及"一对多"在轨加注场景实例分析，结果表明，与"一对一"在轨加注方式相比，"一对多"在轨加注可以大幅节约成本，且与目标卫星寿命、单次加注推进剂数量等相关。本章研究能够为在轨加注系统任务设计和最优加注延寿策略的制定提供参考。

参考文献

[1] 陈小前,张翔,黄奕勇,等. 卫星在轨加注技术 [M]. 北京：科学出版社, 2022.

[2] Li W J, Cheng D Y, Liu X G, et al. On-orbit service of spacecraft: a review of engineering developments [J]. Progress in Aerospace Sciences, 2019, 108: 32-120.

[3] Davis J P, Mayberry J P, Penn J P. On-orbit servicing: inspection repair refuel upgrade and assembly of satellites in space [R]. The Aerospace Corporation, 2019.

[4] 陈小前,袁建平,姚雯,等. 航天器在轨服务技术 [M]. 北京：中国宇航出版社, 2009.

[5] 姚雯. 飞行器总体不确定性多学科设计优化研究 [D]. 长沙：国防科学技术大学, 2011.

[6] Wertz J R, Larson W J, Kirkpatrick D, et al. Space mission analysis and design [M]. Berlin:

Springer,1999.

[7] 郗晓宁,王威. 近地航天器轨道基础[M]. 长沙:国防科技大学出版社,2003.

[8] Lamassoure E S. A framework to account for flexibility in modeling the value of on-orbit servicing for space systems[D]. Cambridge:Massachusetts Institute of Technology,2001.

[9] 欧阳琦,姚雯,陈小前. 地球同步轨道卫星群在轨加注任务规划[J]. 宇航学报,2010,31(12):2629-2634.

[10] 欧阳琦. 飞行器不确定性多学科设计优化关键技术研究与应用[D]. 长沙:国防科学技术大学,2013.

[11] Katoch S,Chauhan S S,Kumar V. A review on genetic algorithm:past,present,and future[J]. Multimedia Tools and Applications,2021,80(5):8091-8126.

第15章

导弹总体/发动机一体化优化

对于采用固体冲压发动机的导弹而言，固体冲压发动机的性能指标（推力系数、比冲）和导弹的飞行高度、速度、攻角以及实际进入发动机的空气量紧密耦合、相互影响。为提高导弹总体性能和发动机性能，充分发挥冲压发动机优势，达到导弹总体性能最优，必须将导弹总体和冲压发动机一起考虑，进行导弹总体/发动机一体化优化设计[1-7]。本章针对燃气流量不变的壅塞式和具有一定自适应调节能力的非壅塞式两类固体冲压发动机，分别对导弹总体/发动机一体化优化设计进行讨论。壅塞式和非壅塞式燃气流量规律不一样，质量模型、发动机模型和弹道模型也存在差别，本章对两类问题分别建立了多学科分析模型和设计优化模型，并采用MDO方法完成导弹总体/发动机一体化优化。

15.1 壅塞式导弹/发动机一体化优化

本节研究对象是假定的采用燃气流量不可调的整体式壅塞式固体冲压发动机为动力的超声速低空掠海飞行导弹（简称壅塞式导弹），进气道为X形配置的四个旁侧二元进气道。导弹发射后，整体式固体冲压发动机的助推燃烧室工作，将导弹加速到冲压发动机接力马赫数，然后经过极短时间的转级段，冲压发动机开始工作，把导弹进一步加速到额定的巡航速度。导弹的典型纵向弹道可分为爬升段、巡航段及俯冲攻击段[5,8-10]。本节研究采用以下假设：

（1）将导弹看作可控质点，研究导弹的一体化设计问题；

（2）为简化问题，仅研究导弹在垂直平面内的运动；

（3）略去飞行中随机干扰对导弹的影响，导弹满足瞬时平衡；

（4）将最后的俯冲攻击段折算为平飞段处理；

（5）发动机燃烧室为圆筒形，发动机几何尺寸不可调；

（6）从进气道进入的气流为一维定常流，各截面气流参数均为该截面的平均值；

（7）超声速进气道和喷管中的流动是绝热的，总温为常数；

（8）暂不考虑有攻角时前弹体对进气道参数的影响，认为进气道前端的气流参数与弹体来流参数相同。

15.1.1 多学科分析模型

1. 质量模型

雍塞式导弹的质量模型采用经验公式进行建模，以展开型模型计算导弹起飞质量[5,8-11]。

导弹起飞质量 M_{01} 包括：助推推进剂质量 $M_{boosterfuel}$、整体式冲压发动机结构质量 M_{ramjet}、冲压推进剂质量 $M_{ramjetfuel}$、进气道质量 M_{inlet}、整流罩质量 $M_{fairing}$、尾翼质量 M_{wing}、弹体质量 M_{body}、助推喷管释放机构质量 $M_{release}$、控制系统质量 $M_{control}$、导引头与电气系统质量 $M_{navigator}$、有效载荷质量 $M_{payload}$。即

$$M_{01} = M_{boosterfuel} + M_{ramjet} + M_{ramjetfuel} + M_{inlet} + M_{fairing} + M_{wing} + \\ M_{body} + M_{release} + M_{control} + M_{navigator} + M_{payload} \tag{15.1}$$

整体式冲压发动机助推燃烧室和冲压补燃室是共用的。整体式冲压发动机结构质量包括燃气发生器结构质量、冲压补燃室结构质量、助推喷管质量、助推点火器质量和冲压喷管质量。由于助推喷管采用可抛喷管方式，助推喷管的部分收敛段直接采用冲压喷管的收敛段，二者的收敛角是相同的。

燃气发生器由燃烧室和喷管以及点火器组成，喷管设计为声速喷管，无扩张段，声速出口由收敛段和声速喉部组成。

冲压发动机的进气道采用二元进气道。以巡航马赫数作为设计马赫数，在设计马赫数下，取一定的超临界裕度。进气道采用外压式设计，以

三道斜激波和一道正激波实现来流超声速气流压缩为亚声速气流,采用三道斜板来实现三道斜激波,斜板的偏转角都取为6°。采用高宽比为K_{HB}的矩形进气口。

导弹采用整流罩将进气道的末端圆滑过渡到导弹弹体尾部,外形上继承进气道的外形,基本外形参数与进气道相同。

导弹头部和弹身圆柱段壳体用于装载控制系统、导引头和电气系统以及有效载荷和冲压发动机。

由于导弹的飞行速度较大,进气道可以提供导弹所需的升力,不必另行设置弹翼。为调节和控制导弹的飞行参数,采用全动舵的尾翼进行控制。其翼型取为菱形,尾翼平面形状是梯形。根梢比η确定为2,前缘后掠角x_0为30°,相对厚度$\bar{c}$取为0.05。

导弹的控制系统的质量和尺寸、导引头和电气系统的质量和尺寸主要参考已有系统资料[8-10]。有效载荷质量$M_{payload}$由战术技术指标确定。

2. 气动模型

采用常规气动外形,气动模型采用部件组合法估算。首先将导弹分为进气道与整流罩、尾翼和弹体三部分(将进气道和整流罩看作一个整体进行气动力计算),分别计算其气动力,然后计算三者相互之间的干扰引起的进气道与整流罩、尾翼和弹体组合体的气动力。

1) 进气道和整流罩气动力计算

从风洞试验可知,"X"形布置的二元进气道和整流罩(在提供升力及力矩方面)相当于相同外形的悬臂翼[12-13]。故在计算气动力时,将进气道和整流罩简化为相同外形的矩形厚弹翼。以下采用弹翼来描述进气道和整流罩。下标 yi 表示折算的弹翼的气动力参数。采用弹翼面积 S 作为参考面积。

对于绕弹翼流动的附着流动,弹翼的升力系数随攻角的变化一般可认为是线性的。即

$$C_{yyi} = C_{yyi}^{\alpha} \cdot \alpha \tag{15.2}$$

式中:C_{yyi}为弹翼的升力系数;C_{yyi}^{α}为弹翼的升力线斜率;α为攻角。

$$C_{yyi}^{\alpha} = f(\lambda, \lambda\beta, \lambda\tan x_{1/2}, \xi, \lambda\sqrt[3]{\bar{C}}) \tag{15.3}$$

式中:λ为弹翼展弦比;$\beta = \sqrt{|M_{\infty}^2 - 1|}$,$M_{\infty}$为来流的无穷远处马赫数;

$x_{1/2}$ 为弹翼 1/2 弦线后掠角；ξ 为弹翼梢根比；$\overline{C}$ 为弹翼的相对厚度。

弹翼阻力 C_{xyi} 的计算公式如下：

$$C_{xyi} = C_{xmin} + C_{xi} \tag{15.4}$$

式中：C_{xmin} 为弹翼的最小阻力，包括弹翼的剖面黏性阻力 C_{xp}、厚度波阻 C_{xB} 和弯扭阻力 C_{xw}；C_{xi} 为诱导阻力。

弹翼的最小阻力计算公式如下：

$$C_{xmin} = C_{xp} + C_{xB} + C_{xw} \tag{15.5}$$

在亚声速、超声速情况下，对普通平面形状弹翼的焦点位置可以由下述相仿律确定：

$$\overline{x}_F = f(\lambda\beta, \lambda\tan x_{1/2}, \xi) \tag{15.6}$$

式中：$\overline{x}_F$ 为弹翼焦点位置距弹翼平均气动弦前缘的距离 x_F 与弹翼平均气动弦长 b_A 之比。

2) 尾翼气动力参数计算

尾翼气动力计算与弹翼气动力计算采用相同的公式，只是其中必须加入速度阻滞系数 k_q，尾翼的速度对应的马赫数为 $M_{wy} = M_\infty \sqrt{k_q}$。以下标 wy 表示尾翼的气动力参数。

由于尾翼采用全动舵方式，此时舵面的相对效率为 $n = k_f$。认为舵面的旋转轴与弹身轴线垂直。则

$$C_{ywy}^\delta = nC_{ywy}^\alpha \tag{15.7}$$

式中：δ 为尾翼偏转角；C_{ywy}^δ 为相对于尾翼偏转角的升力线斜率；C_{ywy}^α 为尾翼相对于攻角的升力线斜率。

3) 弹体气动力参数计算

导弹弹体气动力参数采用细长旋成体理论计算。以下标 sh 表示弹体的气动力参数，以弹体最大截面积 S_{sh} 为参考面积。

由于是超声速巡航飞行导弹，其飞行攻角较小（$\alpha \leq 8° \sim 10°$），可以忽略黏性横流的附加法向力影响。弹体的升力系数 C_{ysh} 近似为弹体的法向力系数 C_{yt}，C_{yt} 由头部法向力系数 C_{yttb} 和尾部法向力系数 C_{ytwb} 组成。即有

$$C_{ysh} \approx C_{yt} = C_{yttb} + C_{ytwb} \tag{15.8}$$

头部法向力斜率系数 $(C_{yt}^\alpha)_{tb}$ 为

$$(C_{yt}^\alpha)_{tb} = f\left(\frac{\sqrt{|1-M_\infty^2|}}{\lambda_{tb}}, \frac{\lambda_{zh}}{\lambda_{tb}}\right) \tag{15.9}$$

式中：λ_{zh} 为弹体圆柱段长细比；λ_{tb} 为弹体头部长细比。

尾部法向力斜率系数$(C_{yt}^{\alpha})_{wb}$为

$$(C_{yt}^{\alpha})_{wb} = -0.035\xi(1-\eta_{wb}^2) \quad (15.10)$$

式中：系数ξ为$0.15\sim0.20$；η_{wb}为尾部收缩比。

亚声速时，弹体的阻力系数C_{xsh}由零升阻力系数C_{x0}和诱导阻力系数C_{xi}组成。

$$C_{xsh} = C_{x0} + C_{xi} \quad (15.11)$$

超声速时，弹体的阻力系数如下：

$$C_{xsh} = C_{xb} + C_{xi} + C_{xmc} + C_{xdb} \quad (15.12)$$

式中：C_{xb}为当量旋成体零升波阻系数；C_{xi}为诱导阻力系数；C_{xmc}为摩擦阻力系数；C_{xdb}为底阻系数。

弹体头部法向力系数C_{yttb}和尾部法向力系数C_{ytwb}的作用点用x_{ptb}和x_{pwb}表示它们相对于机身头部顶点的坐标。根据弹体细长体理论，$x_{ptb} = L_{tb} - W_{tb}/S_{tb}$，其中，$W_{tb}$是机身头部体积，对于圆锥型头部，$x_{ptb} = 2L_{tb}/3$。近似认为尾部压力中心在其长度的中点，即$x_{pwb} = L_{sh} - 0.5L_{wb}$。则弹身总压力中心坐标$x_{psh}$为

$$x_{psh} = \frac{C_{yttb}x_{ptb} + C_{ytwb}x_{pwb}}{C_{yttb} + C_{ytwb}} \quad (15.13)$$

4）组合体气动力计算

超声速飞行导弹实际上是一个翼身尾组合体，其气动力的计算必须考虑弹体与折算的弹翼的相互干扰、弹体与尾翼的相互干扰、折算的弹翼与尾翼之间的干扰。其中，进气道和整流罩对尾翼的干扰折算为弹体对尾翼的干扰，将进气道和整流罩的面积折算于弹体面积中。

翼身尾组合体升力系数：

$$(C_y)_{yishwy} = C_{ydush}\frac{S_{sh}}{S} + K_{\alpha\alpha}\alpha \cdot C_{yduyi}^{\alpha}\frac{S_{wl}}{S} + (K_{\alpha\alpha})_{wy}(1-\varepsilon)\alpha \cdot k_q C_{yduwy}^{\alpha}\frac{S_{pw}}{S}$$

$$(15.14)$$

式中：$(C_y)_{yishwy}$为翼身尾组合体升力系数（参考面积S为毛机翼面积）；k_q为速度阻滞系数；$(K_{\alpha\alpha})_{wy}$为尾翼与弹体的干扰因子；C_{ydush}为单独弹体升力系数（参考面积S_{sh}）；$K_{\alpha\alpha}$为折算的弹翼呈"X"形布置时翼身升力干扰因子；$K_{\alpha\alpha} = K_{sh(yi)} + K_{yi(sh)}$；$K_{sh(yi)}$为折算的弹翼呈"X"形布置时折算弹翼对弹体的升力干扰因子；$K_{yi(sh)}$为折算的弹翼呈"X"形布置时有弹体时作用在外露弹翼上的升力与单独外露翼升力之比；C_{yduyi}^{α}为单独外露翼的升力线

斜率（参考面积为弹翼的外露翼面积）。

$$(C_{x0})_{\text{yishwy}} = k_1 C_{x0\text{wl}} \frac{S_{\text{wl}}}{S} + k_2 C_{x0\text{sh}} \frac{S_{\text{sh}}}{S} + k_4 C_{x0\text{wy}} k_q \frac{S_{\text{wy}}}{S} \quad (15.15)$$

式中：$(C_{x0})_{\text{yishwy}}$ 为翼身尾组合体零升阻力系数；$C_{x0\text{wl}}$ 为单独外露翼的零升阻力系数；$C_{x0\text{sh}}$ 为单独弹体的零升阻力系数；$C_{x0\text{wy}}$ 为单独平尾外露段的零升阻力系数（计入翼身组合体的阻滞作用，即 $M = M_\infty \sqrt{k_q}$）；k_1、k_2、k_4 为考虑部件之间的干扰引入的修正系数。

翼身尾组合体诱导阻力系数 $(C_{xi})_{\text{yishwy}}$：

$$(C_{xi})_{\text{yishwy}} = C_{xiyi(\text{sh})} + C_{xiwy(\text{sh})} \frac{S_{\text{wy}}}{S} + C_{xish(yi)} + C_{xidush} \frac{S_{\text{sh}}}{S} + C_{xish(wy)} \frac{S_{\text{wy}}}{S} \quad (15.16)$$

式中：$C_{xiyi(\text{sh})}$ 为有弹体干扰时外露翼的诱导阻力系数；$C_{xiwy(\text{sh})}$ 为有弹体干扰时计入弹翼下洗后尾翼外路段的诱导阻力系数；S_{wy} 为该阻力系数的参考面积；$C_{xish(yi)}$ 为由于弹翼干扰在机身上产生升力而引起的诱导阻力系数；C_{xidush} 为单独弹体的诱导阻力系数；S_{sh} 为该阻力系数的参考面积；$C_{xish(wy)}$ 为由于尾翼的干扰在弹体产生的升力所引起的诱导阻力系数。

由于导弹采用轴对称方式的构型，尾翼的 $\delta_Z = 0$，不考虑导弹在纵向的运动，可以认为导弹压力中心与焦点是重合的。则有

$$x_F = \frac{1}{C_y} \left(C_{\text{ysh}} x_{\text{psh}} \frac{S_{\text{sh}}}{S} + C_{\text{ywl}} \frac{S_{\text{wl}}}{S} (K_{\text{yi(sh)}} x_{\text{yi(sh)}} + K_{\text{sh(yi)}} x_{\text{psh(yi)}}) \right. \\ \left. + C_{\text{ywy}} k_q (1-\varepsilon) \frac{S_{\text{wy}}}{S} (K_{\text{wy(sh)}} x_{\text{wy(sh)}} + K_{\text{sh(wy)}} x_{\text{psh(wy)}}) \right) \quad (15.17)$$

3. 发动机模型

壅塞式固体冲压发动机的基本方案和特征截面的符号标记如图 15.1 所示[14]，基本假设如下：

（1）燃气发生器喷管具有临界截面，内部工作不受冲压补燃室反压影响。

（2）超声速旁侧进气道，出口有拐弯段。气流在进气道和喷管中的流动是绝热的，总温为常值。

（3）进气道、燃气发生器喷管和冲压喷管均为几何不可调节，燃气发生器满足预定的燃气流量规律。

（4）在大多数计算截面上，认为流动是一维的（或准一维的），可用

截面平均值表征流动系数。

（5）燃气发生器热力参数，由推进剂平衡热力计算提供。补燃室燃气热力参数，由空气-推进剂系统平衡热力计算提供。

（6）认为在喷管流动中燃气组分不变，总温、比热比和气体常数均为定值。

（7）导弹弹体前部和姿态角（攻角等）对发动机进气参数的影响，用它对进气道总压恢复系数和流量系数的影响综合考虑。

（8）在小攻角范围内，假设进气道前"0"截面与弹前方自由流"∞"截面气流参数相同，即忽略弹体前部的影响。

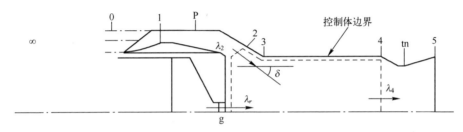

图 15.1 壅塞式固体火箭冲压发动机

取如图 15.1 所示的控制体，参考文献 [14] 中模型，进行冲压补燃室的动量方程与质量方程的计算。忽略壁面摩擦力影响的动量方程如下：

$$q_g V_g + P_g A_g + P_2 (A_4 - A_g - A_2 \cos\delta) + (q_2 V_2 + P_2 A_2)\cos\delta = q_4 V_4 + P_4 A_4 \tag{15.18}$$

又

$$PA + qV = \frac{\gamma+1}{2\gamma} q a_{cr} Z(\lambda) \tag{15.19}$$

记 $A_r = A_4 - A_g - A_2\cos\delta$，则有

$$\frac{\gamma_g+1}{2\gamma_g}\sqrt{\frac{2\gamma_g}{\gamma_g+1}R_g}\sqrt{T_{0g}}q_g Z(\lambda_g) + P_2 A_r + \frac{\gamma_2+1}{2\gamma_2}\sqrt{\frac{2\gamma_2}{\gamma_2+1}R_a}\sqrt{T_{02}}q_2 Z(\lambda_2)$$

$$= \frac{\gamma_4+1}{2\gamma_4}\sqrt{\frac{2\gamma_4}{\gamma_4+1}R_4}\sqrt{T_{04}} a_{cr4} Z(\lambda_4) \tag{15.20}$$

记 $B = \sqrt{\dfrac{\gamma+1}{2\gamma}R}$，则式（15.20）可写为

$$B_g Z(\lambda_g) + \dfrac{P_a A_r}{\sqrt{T_{0g}} q_g} + B_2 \sqrt{\dfrac{T_{02}}{T_{0g}}} \dfrac{q_2}{q_g} Z(\lambda_2) \cos\delta = B_4 \sqrt{\dfrac{T_{04}}{T_{0g}}} \dfrac{q_4}{q_g} Z(\lambda_4) \quad (15.21)$$

记温度比 $\theta_2 = \dfrac{T_{02}}{T_{0g}}$，$\theta_4 = \dfrac{T_{04}}{T_{0g}}$，则整理得

$$B_g Z(\lambda_g) + B_2 \sqrt{\theta_2} \dfrac{q_2}{q_g} Z(\lambda_2) \cos\delta + B_2 \sqrt{\theta_2} \dfrac{q_2}{q_g} Z(\lambda_2) \dfrac{A_r}{A_2} r(\lambda_2) = B_4 \sqrt{\theta_4} \dfrac{q_4}{q_g} Z(\lambda_4)$$

$$(15.22)$$

记 $\psi_2 = \cos\delta + \dfrac{A_r}{A_2} r(\lambda_2)$，得

$$Z(\lambda_4) = \dfrac{B_g Z(\lambda_g) + \psi_2 B_2 \dfrac{q_2}{q_g} \sqrt{\theta_2} Z(\lambda_2)}{B_4 \sqrt{\theta_2 \theta_4} \left(1 + \dfrac{q_2}{q_g}\right)} \quad (15.23)$$

式中：空燃比为 $k_{\mathrm{af}} = \dfrac{q_2}{q_f} \approx \dfrac{q_2}{q_g}$，$q_f$ 为贫氧推进剂流量；忽略在冲压补燃室壁面的绝热及包覆材料的燃气流量，那么 q_f 就近似等于燃气流量 q_g。则有

$$Z(\lambda_4) = \dfrac{B_g Z(\lambda_g) + \psi_2 B_2 k_{\mathrm{af}} \sqrt{\theta_2} Z(\lambda_2)}{B_4 \sqrt{\theta_2 \theta_4} (1 + k_{\mathrm{af}})} \quad (15.24)$$

则发动机的推力如下：

$$F = q_5 V_5 + P_5 A_5 - P_0 A_5 - (q_0 V_0 + P_0 A_0) - X_{\mathrm{ad}} \quad (15.25)$$

整理得

$$F = \dfrac{\gamma_5 + 1}{2} P_5 Ma_5^2 A_5 Z(\lambda_5) \dfrac{1}{\lambda_5} - \dfrac{\gamma_0 + 1}{2} P_0 Ma_0^2 A_0 Z(\lambda_0) \dfrac{1}{\lambda_0} - P_0 A_5 - X_{\mathrm{ad}}$$

$$(15.26)$$

记 $P_q = 0.7 P_0 Ma_0^2$，$\gamma_0 = 1.4$，则有

$$F = 2P_q A_0 \left(A_R \frac{Z(\lambda_5)}{\lambda_0} - 1 \right) - P_0 A_5 - X_{ad} \quad (15.27)$$

式中：X_{ad} 为进气道附加阻力；$A_R = \chi\beta\sqrt{\theta}$，$\theta = T_{t4}/T_{t2}$，$\beta = q_5/q_0 = 1 + 1/k_{af}$。

4. 弹道模型

把超声速飞行导弹运动看作可控质点的运动，考虑导弹在垂直平面内的运动，则导弹运动方程组如下[5,8-11,15-16]：

$$\begin{cases} m\dfrac{dv}{dt} = F\cos\alpha - X - mg\sin\theta \\ mv\dfrac{d\theta}{dt} = F\sin\alpha + Y - mg\cos\theta \\ \dfrac{dy}{dt} = v\sin\theta \\ \dfrac{dx}{dt} = v\cos\theta \\ \dfrac{dm}{dt} = -m_f \\ \theta = \theta(t) \end{cases} \quad (15.28)$$

式中：F 为整体式固体冲压发动机提供的推力；X 为导弹的气动阻力；Y 为导弹的气动升力；m 为导弹的质量；g 为重力加速度；α 为攻角；θ 为导弹的倾角；v 为导弹飞行速度；m_f 为单位时间内燃料的消耗量；由于采用的是固定燃气流量的壅塞式固体冲压发动机，因而 m_f 是不变的；t 为导弹飞行时间；x 和 y 分别为导弹在铅垂平面内的水平方向和垂直方向的位移。

助推段时，取导弹的离轨速度为 20m/s。在助推段和巡航段，采用控制导弹俯仰角 ϑ 的方式来实现对导弹的弹道倾角 θ 和攻角 α 的控制。助推结束时，导弹的飞行高度不一定达到了巡航高度，一般需要再经过一定时间的爬升段或下降段来稳定到巡航高度。巡航时导弹的弹道倾角一般接近或等于 0。具体的导弹俯仰角控制规律如下：

$$\vartheta = \vartheta_0 \cdot \frac{y_{\text{cruise}} - y}{y_{\text{cruise}}} \quad (15.29)$$

式中：ϑ_0 为导弹初始俯仰角；y_{cruise} 为巡航高度。

15.1.2 一体化优化设计模型

1. 优化目标

目标函数是总体优化设计的重要指标。目标函数是否合适，影响到优化结果在工程设计中的实用价值。本章选择在满足总体设计条件下的导弹起飞质量作为评价导弹总体性能优劣的目标函数，主要原因是：本章的研究对象为超声速飞行导弹，在满足战术技术指标的情况下，起飞质量是最主要的总体性能指标，而且起飞质量与武器系统的成本基本上呈递增关系，对于武器系统的性能、使用、维护有很大影响。因此，满足各类约束条件下，导弹起飞质量越小越好，设置为优化目标。

2. 优化变量

根据一体化设计思想，选取对导弹总体和冲压发动机起重要作用的变量作为设计变量，以充分考虑导弹总体和冲压发动机的一体化关系。根据这一原则，选取以下参数作为设计变量：

1) 导弹弹身最大直径 D_{max}

导弹弹身最大直径是总体设计的一个重要参数，一般根据导弹的系列化和继承性要求来确定，需要综合各方面因素来确定。减小导弹弹身直径，有利于减小飞行阻力，但对于导弹的控制和稳定性带来影响，弹上载荷的设置也受到影响。

2) 初始发射角 θ_0

初始发射角 θ_0 是导弹总体设计优化指标。增大 θ_0 一方面将使导弹快速爬升到预定巡航高度，减少阻力消耗，增大巡航段射程；另一方面加大初始发射角也增加了助推段重力消耗，同时减少了助推段水平飞行距离。优化初始发射角可以提高导弹总体性能。

3) 固体冲压发动机助推燃烧室设计压强 $P_{cndesign}$

增加固体冲压发动机助推燃烧室设计压强一定程度上可以改进助推性能，但相应对导弹和发动机的结构质量产生影响。

4) 助推工作时间 T_1

助推工作时间 T_1 是整体式固体冲压发动机助推燃烧室和导弹总体的

主要设计参数。在助推装药质量确定的前提下，助推时间的大小实际上反映了助推段推重比，其值大小受设备允许过载和结构重量限制，高的推重比可以提高导弹的总体性能。缩短助推工作时间将使导弹轴向过载增加，相应地，导弹结构质量增加。必须通过优化助推工作时间以提高导弹总体性能。

5) 接力马赫数 Ma_{tr}

接力马赫数是导弹转级时的飞行马赫数，是导弹总体设计指标，它同时影响固体冲压发动机性能。Ma_{tr}降低，则可降低对助推发动机的要求，此时冲压发动机将耗费较多的时间在亚巡航马赫数下工作；Ma_{tr}增加，将缩短冲压发动机在亚巡航马赫数下的工作时间，充分发挥冲压发动机的优势，但同时增加了助推发动机要求。较高的接力马赫数对冲压发动机的接力和巡航工作有利，减少了冲压发动机装药，但需要较多的助推器装药；较低的接力马赫数减少了整体式固体冲压发动机的助推燃烧室装药，增加了冲压发动机装药，给冲压发动机的接力和巡航带来较大困难。优化接力马赫数可以使冲压发动机和导弹总体性能得到优化。

6) 固体冲压发动机设计空燃比 k_{af}

固体冲压发动机设计空燃比 k_{af} 是固体冲压发动机设计指标。空燃比的影响主要体现在对冲压发动机性能和导弹气动阻力的影响。一般情况下，空燃比增加，将使冲压发动机比冲提高；空燃比降低，将减少冲压发动机比冲，因而冲压发动机需要较大的空燃比。但对于导弹总体，增大设计空燃比，意味着固体冲压发动机进气道的进口面积增加，增大了气动阻力，因而导弹总体要求较小的空燃比。优化固体冲压发动机设计空燃比将使冲压发动机和导弹总体性能得到一体化优化。

7) 进气道入口高宽比 K_{HB}

由于冲压发动机进气道采用二元进气道，进气道入口高宽比 K_{HB} 将改变进气道入口型面和进气道内部设置，进而影响气流沿流动方向的流通面积随流动方向位移变化的规律，从而对进入冲压补燃室的空气流动状态造成影响，影响冲压发动机性能。

8) 进气道出口入射角 δ

进气道出口入射角 δ 的变化首先会影响进气道的结构质量，其次将影响进气道出口气流的流动参数，从而可能影响冲压发动机性能。

9) 燃气发生器燃烧室设计压强 $P_{cgdesign}$

由于贫氧推进剂在燃气发生器中流出后在冲压补燃室进行再次燃烧，燃气发生器出口为声速喉部，改变燃气发生器燃烧室设计压强 $P_{cgdesign}$ 将影响贫氧推进剂在燃气发生器中首次燃烧后进入冲压补燃室的性能，对冲压发动机的总体性能产生影响，对燃气发生器的结构质量也产生影响。

3. 约束条件

设置约束条件如下：
（1）设计变量本身具有的取值范围；
（2）导弹过载约束；
（3）发动机内弹道本身的约束；
（4）导弹长细比约束。

4. 优化模型

综合以上优化目标、变量和约束条件，建立壅塞式导弹的一体化优化模型如下：

$$\begin{cases} \text{find}: X = \{D_{max}, \theta_0, P_{cndesign}, T_1, Ma_{tr}, k_{af}, K_{HB}, \delta, P_{cgdesign}\} \\ \min: J = m_{01} \\ \text{s.t.} \begin{cases} D_{maxmin} \leqslant D_{max} \leqslant D_{maxmax} \\ \theta_{0min} \leqslant \theta_0 \leqslant \theta_{0max} \\ P_{cndesignmin} \leqslant P_{cndesign} \leqslant P_{cndesignmax} \\ T_{1min} \leqslant T_1 \leqslant T_{1max} \\ Ma_{trmin} \leqslant Ma_{tr} \leqslant Ma_{trmax} \\ k_{afmin} \leqslant k_{af} \leqslant k_{afmax} \\ K_{HBmin} \leqslant K_{HB} \leqslant K_{HBmax} \\ \delta_{min} \leqslant \delta \leqslant \delta_{max} \\ P_{cgdesignmin} \leqslant P_{cgdesign} \leqslant P_{cgdesignmax} \\ n \leqslant n_{max} \\ L/D \leqslant L/D_{max} \end{cases} \end{cases} \quad (15.30)$$

15.1.3 优化实例分析

本节针对假定的总体设计战术技术指标,对 15.1.2 节中优化模型进行实例化设置,并直接将其作为单级系统优化问题进行整体求解(即 AIO 单级优化)。

1. 战术技术指标

导弹的战术技术指标设置为以下参数:巡航飞行马赫数 2.2,巡航飞行高度 100m,射程 40km。冲压发动机的推进剂采用铝镁贫氧推进剂,助推装药为 HTPB。

优化变量的取值范围如下:

$$\begin{cases} D_{\max} \in [0.20, 0.35] \\ \theta_0 \in [7, 30] \\ P_{\text{cndesign}} \in [4000000, 8000000] \\ T_1 \in [4.5, 5.5] \\ Ma_{\text{tr}} \in [1.95, 2.20] \\ k_{\text{af}} \in [5, 15] \\ K_{\text{HB}} \in [0.5, 2.0] \\ \delta \in [30, 60] \\ P_{\text{cgdesign}} \in [2000000, 5000000] \end{cases}$$

2. 优化结果及分析

分别采用遗传算法、Powell 法、模式搜索法和前述三种方法的协同优化法 MCOA 进行优化求解。其中遗传算法的群体数目为 40,中间值数目为 42,采用最优值继承策略,淘汰中间值中最差的 2 个个体,终止准则是在迭代过程中连续 10 次出现相同的最优值或者计算次数达到最大计算代数(取为 1000),变异概率为 0.05,杂交概率为 0.80。模式搜索法和 Powell 法的允许误差取为 0.0001。Powell 法中用到的一维搜索方法采用改进的 0.618 法[17-18]。各个优化方法得到的优化变量的最优解如表 15.1 所示,其中分别以 GA、PSM 和 PM 代表遗传算法、模式搜索法和 Powell 法。

表 15.1 各个优化方法最优解

设计变量	GA	PM	PSM	MCOA
导弹最大直径/m	0.2329	0.2315	0.2266	0.2270
导弹初始发射角/(°)	18.2930	15.0000	15.4739	15.0000
助推发动机设计压强/Pa	4878157.2	4769790.7	4593167.9	4693623.3
助推工作时间/s	4.829	4.500	4.724	4.50
接力马赫数	2.0049	1.9500	1.9500	1.9500
设计空燃比	12.8046	15.0000	15.0000	15.0000
进气道入口高宽比	1.6707	0.5000	0.6228	0.5000
进气道出口入射角（与水平方向夹角）/(°)	36.5862	60.0000	60.0000	60.0000
燃气发生器设计压强/Pa	2658617.9	2729478.5	2513549.6	2755974.8
目标函数值/kg	267.882	256.528	255.898	254.625
目标函数相对值	104.68%	100.25%	1	99.50%

如表 15.1 所示，多方法协作优化算法 MCOA 取得了优于单独优化方法的优化结果。参与协作的三个优化方法中，模式搜索法得到的优化结果最好，MCOA 结果相对于模式搜索法优化结果，进一步降低目标函数 0.50%，减少起飞质量 1.273kg，MCOA 最优解对应优化方案的弹道曲线、速度曲线和巡航段的推力系数曲线如图 15.2~图 15.4 所示。

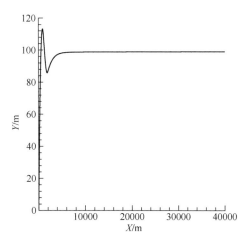

图 15.2 最优方案的弹道曲线

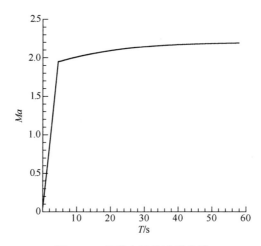

图 15.3 最优方案的速度曲线

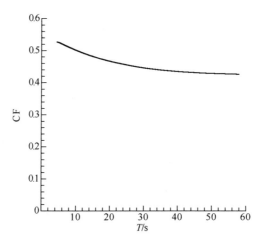

图 15.4 最优方案的巡航段推力系数曲线

3. 参数敏感性分析

对 MCOA 最优方案对应参数进行敏感性分析结果如图 15.5~图 15.13 所示。

由图 15.5 可知,导弹起飞质量随着导弹直径的变大而增加。这是因为在本章模型中,增加导弹直径,将增加导弹飞行阻力,相应增加导弹装药,增加导弹起飞质量。而导弹直径减小到一定程度时,导弹将不满足约束条件,此时一般是因为导弹直径的减小,使得导弹长细比增加,不满足约束要求。从图 15.6 可知，导弹起飞质量随着导弹初始发射角的增加而增加，但影响不明显。

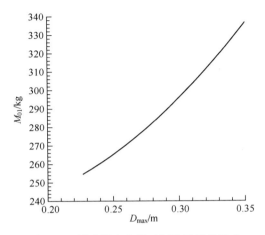

图 15.5 导弹最大直径对起飞质量的影响

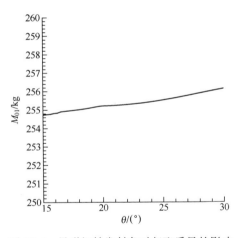

图 15.6 导弹初始发射角对起飞质量的影响

助推燃烧室设计压强对起飞质量的影响如图 15.7 所示。增加助推燃烧室设计压强，一方面将增加比冲，另一方面将增加导弹的助推燃烧室室壁质量。助推燃烧室设计压强存在一个最优值。助推工作时间对起飞质量的影响如图 15.8 所示，随着助推时间的增加，起飞质量相应增加，但助推时间对起飞质量的影响不显著。

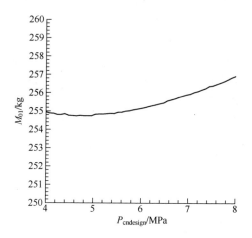

图 15.7　助推燃烧室设计压强对起飞质量的影响

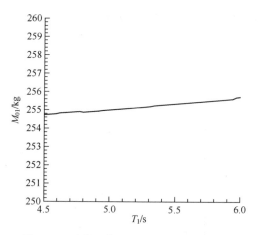

图 15.8　助推工作时间对起飞质量的影响

接力马赫数对起飞质量的影响如图 15.9 所示，接力马赫数增加，起飞质量相应增加，但增加到一定程度，不满足约束条件。这是因为在确定的助推时间情况下，增加接力马赫数相应增加了助推过程中的过载。冲压发动机空燃比对起飞质量的影响如图 15.10 所示，空燃比增加，起飞质量减小，这是因为在本节模型中，空燃比增加，冲压发动机比冲相应增加，冲压发动机的燃料相应减少。空燃比较小时，将出现不满足约束的情况。

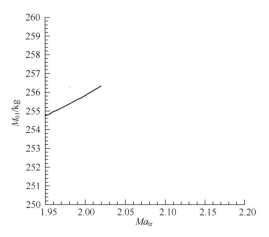

图 15.9　接力马赫数对起飞质量的影响

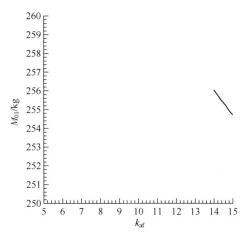

图 15.10　冲压发动机空燃比对起飞质量的影响

进气道高宽比对起飞质量的影响如图 15.11 所示，增加高宽比，将相应增加起飞质量，且增加到一定程度将出现不满足约束的情况。进气道出口入射角对起飞质量的影响如图 15.12 所示，增加入射角，将减小起飞质量，但其影响不显著。

燃气发生器设计压强对起飞质量的影响如图 15.13 所示，此时基本上不影响导弹的起飞质量，这是由于冲压发动机的比冲主要由空燃比和冲压燃烧室的参数决定，燃气发生器出口燃气在冲压燃烧室中进行补燃，燃气发生器中的设计压强对其冲压比冲基本上没有影响，其对起飞质量的影响体现在燃气发生器的结构质量方面。

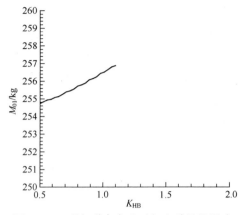

图 15.11　进气道高宽比对起飞质量的影响

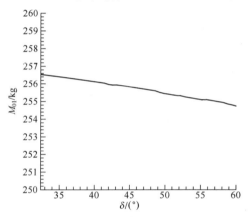

图 15.12　进气道出口入射角对起飞质量的影响

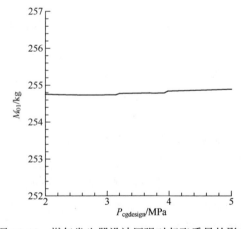

图 15.13　燃气发生器设计压强对起飞质量的影响

15.2 非壅塞式导弹/发动机一体化优化

本节研究对象是假定的采用非壅塞式整体式固体冲压发动机为动力的超声速飞行导弹（简称非壅塞式导弹）。由于非壅塞固体冲压发动机的燃气发生器中参数是由贫氧推进剂参数、燃气发生器结构参数和进气道中气流进入冲压补燃室时的参数决定的，因而此时的燃气发生器燃烧室压强不能再作为设计参数，而贫氧推进剂的燃速压强指数此时是一个重要的设计参数，影响到冲压发动机的性能，必须进行优化。因而本节相对于15.1节存在较大的区别，须分别建立一体化优化设计模型进行优化设计。

非壅塞式固体冲压发动机的燃气发生器与冲压燃烧室之间是相通的，中间的喉道是非壅塞式喉道，冲压燃烧室的参数变化影响到燃气发生器中参数的变化，因而非壅塞式固体冲压发动机的参数与进气参数密切相关，相对于壅塞式固体冲压发动机，与导弹总体耦合得更加紧密，因而必须进行导弹和冲压发动机的一体化设计，以充分考虑到导弹总体和发动机之间的耦合关系[19]。

本节研究的非壅塞式导弹采用陆基发射，进气道为 X 形配置，即四个旁侧二元进气道。导弹发射后，整体式冲压发动机的助推发动机部分将导弹加速到冲压发动机接力马赫数，然后经过极短时间的转级段，整体式冲压发动机的冲压发动机部分开始工作，把导弹进一步加速到额定的巡航速度，进行超声速巡航飞行，最后阶段进行俯冲攻击目标。导弹的典型纵向弹道可分为爬升段、巡航段及俯冲攻击段。

为研究方便，采用以下假设：

（1）将导弹看作可控质点，研究导弹的一体化设计问题；
（2）为简化问题，仅研究导弹在垂直平面内的运动；
（3）略去飞行中随机干扰对导弹的影响，导弹满足瞬时平衡；
（4）将最后的俯冲攻击段折算为平飞段处理；
（5）发动机燃烧室为圆筒形，发动机几何尺寸不可调；
（6）从进气道进入的气流为一维定常流，各截面气流参数均为该截面的平均值；
（7）超声速进气道和喷管中的流动是绝热的，总温为常数；

(8) 暂不考虑有攻角时前弹体对进气道参数的影响,认为进气道前端的气流参数与弹体来流参数相同。

15.2.1 多学科分析模型

1. 质量模型

采用经验公式展开型模型计算导弹起飞质量[8-10]。导弹起飞质量 M_{01} 包括：助推推进剂质量 $M_{boosterfuek}$、整体式冲压发动机结构质量 M_{ramjet}、冲压推进剂质量 $M_{ramjetfuel}$、进气道质量 M_{inlet}、整流罩质量 $M_{fairing}$、尾翼质量 M_{wing}、弹体质量 M_{body}、助推喷管释放机构质量 $M_{release}$、控制系统质量 $M_{control}$、导引头与电气系统质量 $M_{navigator}$、有效载荷质量 $M_{payload}$。即

$$M_{01} = M_{boosterfuel} + M_{ramjet} + M_{ramjetfuel} + M_{inlet} + M_{fairing} + M_{wing} + \\ M_{body} + M_{release} + M_{control} + M_{navigator} + M_{payload} \tag{15.31}$$

与 15.1.1 节中质量模型不同的是,在非壅塞式固体冲压发动机中燃气发生器的喷管设计为非声速喷管,无扩张段,由收敛段和非声速喉部组成。燃气发生器喷管通道面积根据燃气发生器的最低压强计算。燃气发生器的最低压强由贫氧推进剂正常工作下的低压极限来确定。燃气发生器的喷管通道面积 A_g 为

$$A_g = \frac{C^* q_f}{P_{gmin}} \tag{15.32}$$

式中：P_{gmin} 为贫氧推进剂正常工作低压极限；q_f 为燃气发生器中燃气流量；C^* 为燃气发生器喷管通道的速度系数[20]。

2. 气动模型

气动模型同 15.1.1 节中气动模型。

3. 发动机模型

非壅塞式固体冲压发动机的基本方案和特征截面的符号标记如图 15.14 所示。基本假设为：

(1) 燃气发生器喷管为非临界截面,内部工作受到冲压补燃室反压影响。

(2) 超声速旁侧进气道,出口有拐弯段。气流在进气道和喷管中的流

动是绝热的，总温为常值。

（3）进气道、燃气发生器喷管和冲压喷管均为几何不可调节，燃气发生器的燃气流量规律受反压影响。

（4）在大多数计算截面上，认为流动是一维的（或准一维的），可用截面平均值表征流动系数。

（5）燃气发生器热力参数，由推进剂平衡热力计算提供。补燃室燃气热力参数，由空气-推进剂系统平衡热力计算提供。

（6）认为在喷管流动中燃气组分不变，总温、比热比和气体常数均为定值。

（7）弹道弹体前部和姿态角（攻角等）对发动机进气参数的影响，用它对进气道总压恢复系数和流量系数的影响综合考虑。

（8）在小攻角范围内，假设进气道前"0"截面与弹前方自由流"∞"截面气流参数相同，即忽略弹体前部的影响。

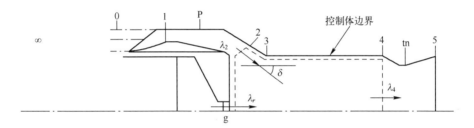

图 15.14　非壅塞式固体火箭冲压发动机

取如图 15.14 所示的控制体，参考文献 [14，20] 中模型，进行冲压补燃室的动量方程与质量方程的计算。忽略壁面摩擦力影响的动量方程如下：

$$q_g V_g + P_g A_g + P_a(A_4 - A_g - A_2\cos\delta) + (q_2 V_2 + P_2 A_2)\cos\delta = q_4 V_4 + P_4 A_4 \tag{15.33}$$

又

$$PA + qV = \frac{\gamma+1}{2\gamma} q a_{cr} Z(\lambda) \tag{15.34}$$

记 $A_r = A_4 - A_g - A_2\cos\delta$，则有

$$\frac{\gamma_g+1}{2\gamma_g} q_g a_{crg} Z(\lambda_g) + P_2 A_r + \frac{\gamma_2+1}{2\gamma_2} q_2 a_{cr2} Z(\lambda_2) = \frac{\gamma_4+1}{2\gamma_4} q_4 a_{cr4} Z(\lambda_4) \tag{15.35}$$

则有

$$\frac{\gamma_g+1}{2\gamma_g}\sqrt{\frac{2\gamma_g}{\gamma_g+1}R_g}\sqrt{T_{0g}}q_g Z(\lambda_g)+P_2 A_r+\frac{\gamma_2+1}{2\gamma_2}\sqrt{\frac{2\gamma_2}{\gamma_2+1}R_2}\sqrt{T_{02}}q_2 Z(\lambda_2)$$

$$=\frac{\gamma_4+1}{2\gamma_4}\sqrt{\frac{2\gamma_4}{\gamma_4+1}R_4}\sqrt{T_{04}}a_{cr4}Z(\lambda_4)$$

(15.36)

记 $B=\sqrt{\dfrac{\gamma+1}{2\gamma}R}$，则式（15.36）可写为

$$B_g Z(\lambda_g)+\frac{P_a A_r}{\sqrt{T_{0g}}q_g}+B_2\sqrt{\frac{T_{02}}{T_{0g}}}\frac{q_2}{q_g}Z(\lambda_2)\cos\delta = B_4\sqrt{\frac{T_{04}}{T_{0g}}}\frac{q_4}{q_g}Z(\lambda_4) \quad (15.37)$$

记温度比 $\theta_2=\dfrac{T_{02}}{T_{0g}}$，$\theta_4=\dfrac{T_{04}}{T_{0g}}$，则整理得

$$B_g Z(\lambda_g)+B_2\sqrt{\theta_2}\frac{q_2}{q_g}Z(\lambda_2)\cos\delta+B_2\sqrt{\theta_2}\frac{q_2}{q_g}Z(\lambda_2)\frac{A_r}{A_2}r(\lambda_2)=B_4\sqrt{\theta_4}\frac{q_4}{q_g}Z(\lambda_4)$$

(15.38)

记 $\psi_2=\cos\delta+\dfrac{A_r}{A_2}r(\lambda_2)$，得

$$Z(\lambda_4)=\frac{B_g Z(\lambda_g)+\psi_2 B_2\dfrac{q_2}{q_g}\sqrt{\theta_2}Z(\lambda_2)}{B_4\sqrt{\theta_a\theta_4}\left(1+\dfrac{q_a}{q_g}\right)} \quad (15.39)$$

式中：空燃比为 $k_{af}=\dfrac{q_2}{q_f}\approx\dfrac{q_2}{q_g}$，$q_f$ 为贫氧推进剂流量；忽略在冲压补燃室壁面的绝热及包覆材料的燃气流量，则近似等于燃气流量 q_g。

$$q_f=bP_{cg}^{np}\rho_p A_{cg} \quad (15.40)$$

式中：b 和 np 为贫氧推进剂的燃速系数和压强指数；P_{cg} 为燃气发生器的燃烧室压强；ρ_p 为推进剂密度；A_{cg} 为贫氧推进剂装药的燃烧面积。在确定的贫氧推进剂装药情况下，q_f 随着燃气发生器压强的变化而变化。与壅塞式冲压发动机不同，此处的 q_f 随着外界飞行环境的变化而发生变化。则有

$$Z(\lambda_4) = \frac{B_g Z(\lambda_g) + \psi_2 B_2 k_{af}\sqrt{\theta_2} Z(\lambda_2)}{B_4 \sqrt{\theta_a \theta_4}(1+k_{af})} \quad (15.41)$$

则发动机的推力如下：

$$F = q_5 V_5 + P_5 A_5 - P_0 A_5 - (q_0 V_0 + P_0 A_0) - X_{ad} \quad (15.42)$$

整理得

$$F = \frac{\gamma_5+1}{2} P_5 Ma_5^2 A_5 Z(\lambda_5)\frac{1}{\lambda_5} - \frac{\gamma_0+1}{2} P_0 Ma_0^2 A_0 Z(\lambda_0)\frac{1}{\lambda_0} - P_0 A_5 - X_{ad} \quad (15.43)$$

记 $P_q = 0.7 P_0 Ma_0^2$，$\gamma_0 = 1.4$，则有

$$F = 2P_q A_0 \left(A_R \frac{Z(\lambda_5)}{\lambda_0} - 1 \right) - P_0 A_5 - X_{ad} \quad (15.44)$$

式中：X_{ad} 为进气道附加阻力；$A_R = \chi\beta\sqrt{\theta}$，$\theta = T_{t4}/T_{t2}$，$\beta = q_5/q_0 = 1 + 1/k_{af}$。

4. 弹道模型

将导弹运动简化为可控质点运动，考虑导弹在垂直平面内的运动，导弹运动方程组如下[8-10,15-16]：

$$\begin{cases} m\dfrac{\mathrm{d}v}{\mathrm{d}t} = F\cos\alpha - X - mg\sin\theta \\[4pt] mv\dfrac{\mathrm{d}\theta}{\mathrm{d}t} = F\sin\alpha + Y - mg\cos\theta \\[4pt] \dfrac{\mathrm{d}y}{\mathrm{d}t} = v\sin\theta \\[4pt] \dfrac{\mathrm{d}x}{\mathrm{d}t} = v\cos\theta \\[4pt] \dfrac{\mathrm{d}m}{\mathrm{d}t} = -m_f \\[4pt] \theta = \theta(t) \end{cases} \quad (15.45)$$

式中：F 为整体式固体冲压发动机提供的推力；X 为导弹的气动阻力；Y 为导弹的气动升力；m 为导弹的质量；g 为重力加速度；α 为攻角；θ 为导弹的倾角；v 为导弹飞行速度；t 为导弹飞行时间；x 和 y 分别为导弹在铅垂平面内水平方向和垂直方向的位移；冲压发动机工作时，m_f 是随着飞行参数的变化而变化的。m_f 为单位时间内燃料的消耗量，它与式（15.40）

中的 q_f 是一致的。由式（15.40）可知，m_f 随着飞行环境的变化而变化，与贫氧推进剂的燃速压强指数 np 密切相关，而在 15.1 节中 m_f 是固定不变的。

助推段时，取导弹的离轨速度为 20m/s。在助推段和巡航段，采用控制导弹俯仰角 ϑ 的方式来实现对导弹的弹道倾角 θ 和攻角 α 的控制。助推结束时，导弹的飞行高度不一定达到了巡航高度，一般需要再经过一定时间的爬升段或下降段来稳定到巡航高度。巡航时导弹的弹道倾角一般接近或等于 0。具体的导弹俯仰角控制规律如下：

$$\vartheta = \vartheta_0 \cdot \frac{y_{\text{cruise}} - y}{y_{\text{cruise}}} \tag{15.46}$$

式中：ϑ_0 为导弹初始俯仰角；y_{cruise} 为巡航高度。

15.2.2 一体化优化设计模型

设置导弹起飞质量作为优化目标，其中起飞质量越小越好。设计变量主要包括：导弹弹身最大直径 $D_{\max}$、初始发射角 θ_0、固体冲压发动机助推燃烧室设计压强 P_{cndesign}、助推工作时间 T_1、接力马赫数 Ma_{tr}、固体冲压发动机设计空燃比 k_{af}、进气道入口高宽比 K_{HB}、进气道出口入射角 δ 和贫氧推进剂燃速压强指数 np。其中贫氧推进剂燃速压强指数 np 关系到贫氧推进剂流量与燃气发生器燃烧室压强的关联程度。增加 np，将使推进剂燃速随燃烧室压强的变化而变化的速率加大，使推进剂随着空气流量的变化而进行自适应变化的能力增强，从而可以提高冲压发动机的自适应能力，影响冲压发动机和导弹总体性能。

设置约束条件如下：

（1）设计变量本身具有的取值范围；

（2）导弹过载约束；

（3）发动机内弹道本身的约束。

非壅塞固体冲压发动机燃气发生器中的压强需满足贫氧推进剂的低压燃烧极限要求，即必须高于贫氧推进剂的低压燃烧极限压强。

综上所述，建立非壅塞式导弹的一体化优化模型如下：

$$\begin{cases} \text{find}: X = \{D_{\max}, \theta_0, P_{\text{cndesign}}, T_1, Ma_{\text{tr}}, k_{\text{af}}, K_{\text{HB}}, \delta, np\} \\ \min: J = m_{01} \\ s.t. \begin{cases} D_{\max\min} \leqslant D_{\max} \leqslant D_{\max\max} \\ \theta_{0\min} \leqslant \theta_0 \leqslant \theta_{0\max} \\ P_{\text{cndesignmin}} \leqslant P_{\text{cndesign}} \leqslant P_{\text{cndesignmax}} \\ T_{1\min} \leqslant T_1 \leqslant T_{1\max} \\ Ma_{\text{trmin}} \leqslant Ma_{\text{tr}} \leqslant Ma_{\text{trmax}} \\ k_{\text{afmin}} \leqslant k_{\text{af}} \leqslant k_{\text{afmax}} \\ K_{\text{HBmin}} \leqslant K_{\text{HB}} \leqslant K_{\text{HBmax}} \\ \delta_{\min} \leqslant \delta \leqslant \delta_{\max} \\ np_{\min} \leqslant np \leqslant np_{\max} \\ n \leqslant n_{\max} \\ L/D \leqslant L/D_{\max} \end{cases} \end{cases} \quad (15.47)$$

15.2.3 优化实例分析

本节针对假定的总体设计战术技术指标，对 15.2.2 节中优化模型进行实例化设置，并直接将其作为单级系统优化问题进行整体求解（即 AIO 单级优化）。

1. 战术技术指标

导弹的战术技术指标设置为以下参数：巡航飞行马赫数 2.2，巡航飞行高度 100m，射程 40km。冲压发动机的推进剂采用铝镁贫氧推进剂，助推装药为 HTPB。

优化变量的取值范围如下：

$$\begin{cases} D_{\max} \in [0.20, 0.35] \\ \theta_0 \in [7, 30] \\ P_{\text{cndesign}} \in [4000000, 8000000] \\ T_1 \in [4.5, 5.5] \\ Ma_{\text{tr}} \in [1.95, 2.20] \\ k_{\text{af}} \in [5, 15] \\ K_{\text{HB}} \in [0.5, 2.0] \\ \delta \in [30, 60] \\ np \in [0.4, 0.8] \end{cases}$$

2. 优化结果及分析

优化方法同 15.1.3 节中所述，优化结果如表 15.2 所示。

表 15.2 设计变量最优解

设计变量	GA	PM	PSM	MCOA
导弹最大直径/m	0.2555	0.3330	0.2536	0.2509
导弹初始发射角/(°)	29.01	15.10	19.45	15.01
助推发动机设计压强/Pa	6878087.7	5226628.2	6731929.4	4876578.5
助推工作时间/s	5.792	5.556	4.786	4.513
接力马赫数	2.0173	1.9519	2.1020	1.9500
设计空燃比	11.6033	14.0736	14.1073	14.4121
进气道入口高宽比	0.6710	0.5017	0.8194	0.5000
进气道出口入射角（与水平方向夹角）/(°)	42.9888	60.0000	47.72070	60.0000
燃速压强指数	0.4902	0.40000	0.40953	0.4004
目标函数值/kg	244.358	299.872	241.221	231.788
目标函数相对值	101.30%	124.31%	1	96.09%

如表 15.2 所示，多方法协作 MCOA 优化结果优于三种优化算法单独优化的最优值，相对于模式搜索法，目标函数值降低 3.97%，起飞质量减少 9.433kg，对应优化方案的弹道曲线、速度曲线、比冲曲线和巡航段推力系数曲线如图 15.15～图 15.18 所示。

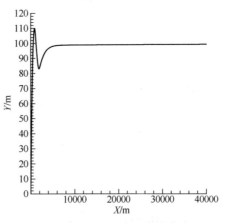

图 15.15 最优方案的弹道曲线

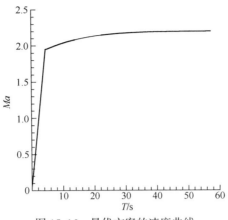

图 15.16　最优方案的速度曲线

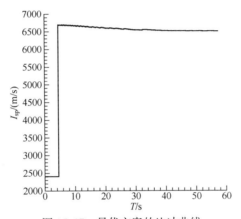

图 15.17　最优方案的比冲曲线

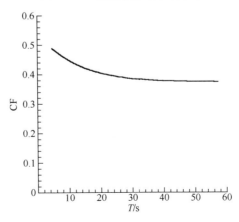

图 15.18　最优方案巡航段的推力系数弹道曲线

3. 参数敏感性分析

对 MCOA 最优解进行参数敏感性分析，结果如图 15.19~图 15.27 所示。

如图 15.19 所示，导弹起飞质量随着导弹直径的变大而增加。这是因为本节的模型中，增加导弹直径，将增加导弹的飞行阻力，相应增加导弹的装药，增加导弹的起飞质量。而导弹直径减小到一定程度时，导弹将不满足约束条件，这是因为导弹直径的减小，使得导弹长细比增加，不满足约束要求。

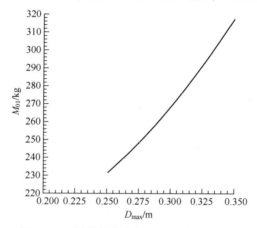

图 15.19 导弹最大直径对起飞质量的影响

如图 15.20 所示，导弹起飞质量随着导弹初始发射角的增加而增加，增加到一定程度时出现不满足约束条件的情况，导弹初始发射角对导弹起飞质量的影响不明显。

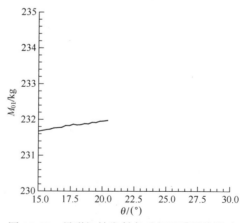

图 15.20 导弹初始发射角对起飞质量的影响

助推燃烧室设计压强对起飞质量的影响如图 15.21 所示。增加助推燃烧室设计压强，一方面增加比冲，另一方面将增加导弹的助推燃烧室室壁的质量。助推燃烧室设计压强存在一个最优值。

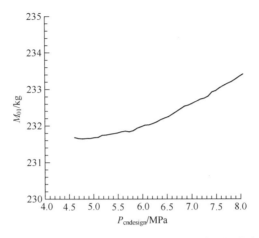

图 15.21　助推燃烧室设计压强对起飞质量的影响

助推工作时间对起飞质量的影响如图 15.22 所示。由图可知，随着助推时间的增加，起飞质量相应缓慢增加，助推时间对导弹起飞质量的影响不明显。

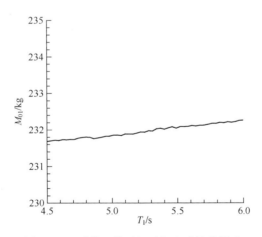

图 15.22　助推工作时间对起飞质量的影响

接力马赫数对起飞质量的影响如图 15.23 所示，接力马赫数增加，起飞质量相应增加，但增加到一定程度时不满足约束条件。这是因为在确定的助推时间情况下,增加接力马赫数将增加助推过程中的过载,出现不满足过载的情况。

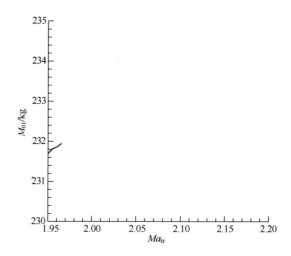

图 15.23 接力马赫数对起飞质量的影响

冲压发动机空燃比对起飞质量的影响如图 15.24 所示,较小的空燃比将出现不满足约束的情况。这是因为在本节中,空燃比增加,冲压发动机比冲相应增加,冲压发动机的燃料相应减少,但到一定程度,冲压发动机比冲将维持不变或逐渐减少。

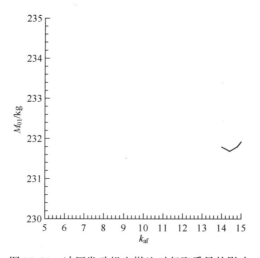

图 15.24 冲压发动机空燃比对起飞质量的影响

进气道高宽比对起飞质量的影响如图 15.25 所示，增加高宽比，将相应增加起飞质量，而且增加到一定程度将出现不满足约束的情况。

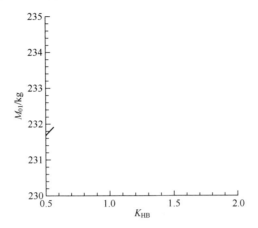

图 15.25 进气道高宽比对起飞质量的影响

进气道出口入射角对起飞质量的影响如图 15.26 所示，增加入射角，将减小起飞质量，但其影响不明显，同时，较小的入射角将出现不满足约束的情况。

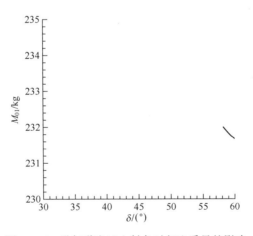

图 15.26 进气道出口入射角对起飞质量的影响

贫氧推进剂燃速压强指数对起飞质量的影响如图 15.27 所示，其影响很小，而且随着燃速压强指数的增加，将出现不满足约束的情况。这主要是因为冲压发动机的工作状态在巡航工作时变化不大，而燃气发生器的设计点取的是冲压发动机巡航工作设计状态，因而大部分巡航工作时间燃气发生器处于设计点附近工作，冲压发动机比冲性能随燃速压强指数变化的范围不大。

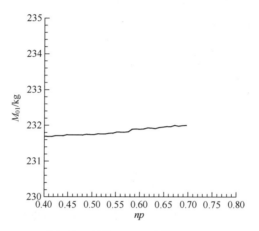

图 15.27　贫氧推进剂燃速压强指数对起飞质量的影响

15.3　小　结

本章以超声速固体冲压发动机导弹为对象，分别针对采用壅塞式和非壅塞式两类固体冲压发动机的导弹的总体/发动机一体化优化问题开展了研究。建立了导弹质量、气动、发动机、弹道模型，构建了一体化优化设计模型，采用多种优化算法进行求解，取得了较好的优化效果，尤其是多方法协作优化与传统单个优化算法相比，能够进一步显著提升优化效果，为解决复杂优化问题提供了新的思路。后续研究需要构建更精确的总体设计多学科模型，同时在优化目标、约束条件设置方面进一步贴近工程实际，不断提升优化方案的工程实用性，从而更好地指导飞行器总体设计。

参考文献

[1] 齐鑫，惠钰，王珂，等. 固冲动力导弹纵向通道控制弹机一体化设计 [J]. 计算机测量与控制，2020，28（5）：137-141.

[2] 刘远，程养民，李晓晖，等. 固体火箭冲压发动机导弹气动外形设计与试验研究 [J]. 空气动力

学学报，2016，34（6）：790-796.
- [3] 牛楠，董新刚，霍东兴，等．固冲发动机与飞航导弹一体化流场数值模拟［J］．固体火箭技术，2013，36（2）：185-189.
- [4] 王荣，张红军，王贵东，等．吸气式空空导弹外形多学科一体化优化设计［J］．航空学报，2016，37（1）：207-215.
- [5] 罗文彩，陈小前，罗世彬，等．固体火箭冲压发动机导弹一体化遗传算法优化设计［J］．固体火箭技术，2002，25（3）：1-4.
- [6] 罗文彩，罗世彬，王振国．基于多方法协作优化方法的非壅塞式固体火箭冲压发动机导弹一体化优化设计［J］．国防科技大学学报，2003，25（2）：14-18.
- [7] 罗文彩．飞行器总体多方法协作优化设计理论与应用研究［D］．长沙：国防科学技术大学，2003.
- [8] 路史光．飞航导弹总体设计［M］．北京：中国宇航出版社，1991.
- [9] 于本水．防空导弹总体设计［M］．北京：中国宇航出版社，1995.
- [10] 甘楚雄，刘冀湘．弹道导弹与运载火箭总体设计［M］．北京：国防工业出版社，1996.
- [11] 韩品尧．战术导弹总体设计原理［M］．哈尔滨：哈尔滨工业大学出版社，2000.
- [12] 严恒远．飞行器气动特性分析与工程估算［M］．西安：西北工业大学出版社，1995.
- [13] 《航空气动力手册》编委会．航空气动力手册：第1册［M］．北京：国防工业出版社，1990.
- [14] 刘兴洲．飞航导弹动力装置（下）［M］．北京：中国宇航出版社，1992.
- [15] 钱杏芳，林瑞雄，赵亚男．导弹飞行力学［M］．北京：北京理工大学出版社，2013.
- [16] 张有济．战术导弹飞行力学设计［M］．北京：中国宇航出版社，1998.
- [17] 袁亚湘，孙文瑜．最优化理论与方法［M］．北京：科学出版社，1997.
- [18] 现代应用数学手册编委会．现代应用数学手册：运筹学与最优化理论卷［M］．北京：清华大学出版社，1998.
- [19] 徐铎．我国航空制造技术的现状及发展趋势［J］．山东工业技术，2017（19）：50.
- [20] 夏智勋，胡建新，王志吉，等．非壅塞固体火箭冲压发动机二次燃烧试验研究［J］．航空动力学报，2004，19（5）：713-717.

第16章

飞机总体及机翼多学科设计优化

飞机设计是典型的复杂系统工程,涵盖气动、结构、推进、控制等多个学科,包括大量设计变量、性能状态变量和约束方程,不同学科或者子系统相互交叉影响,导致极高的系统设计优化不确定性、复杂性[1-4]。AIAA 对传统飞机设计方法缺陷总结为"概念设计阶段短缺、学科分配不合理、不能充分利用概念阶段的设计自由度改进设计质量、难以集成多个学科实现综合优化和平衡设计"。前已述及,MDO 方法是解决上述问题的有效手段,特别是,MDO 方法可以适用于飞机设计的多个层次。本章将给出 MDO 在飞机总体和部组件(机翼)这两个层次的应用案例,包括综合考虑飞机总体设计中的不确定性因素的飞机总体 UMDO 案例和面向气动弹性裁剪的复合材料机翼设计优化案例[5]。

16.1 飞机总体不确定性多目标多学科设计优化

总体设计是飞机设计的关键,总体设计的好坏直接影响到飞机综合性能的高低,而优化飞机总体设计参数是飞机总体设计的任务之一。飞机总体方案的优化是一个多目标优化问题,多个目标间是相互矛盾、相互竞争的,必须采用多目标优化的方法,得到一组或多组非劣解,从中寻找出较为满意的设计方案。同时,在设计过程中还需要综合考虑模型、环境、加工制造等多方面的不确定性因素,以提高设计方案在不确定因素影响下的稳健性和可靠性。本节以某型飞机为对象,对不确定性多目标 MDO 在飞行总体概念设计中的应用进行介绍。

16.1.1 飞机总体设计模型

本节介绍飞机总体设计中涉及的主要学科模型，主要包括动力模型、气动模型、性能模型以及质量模型。

1. 动力模型

该模型用于计算发动机质量、性能、几何尺寸以及风扇进口面积等参数。

1) 发动机性能模型

确定加力涡扇发动机性能的自变量包括发动机循环参数、设计点的部件性能参数、调节规律、飞机高度 H 和马赫数 Ma、发动机工作状态以及相对冷却气量等。发动机性能计算采用快速估算模型，飞行条件和发动机工作状态由飞机性能要求确定。设计点的部件性能参数和调节规律在优化过程中保持不变，加力温度为常数，风扇压比则按给定的总增压比、涡轮前温度以及涵道比对应的最佳风扇压比确定。

选择飞行高度 $H=0$、马赫数 $Ma=0$ 时发动机最大工作状态（即全加力）为设计点，根据选定的循环参数、设计点部件性能参数，计算沿流程的气流参数、单位推力和单位耗油率。当发动机在非设计状态工作时，根据部件特性，各部件进、出口气流参数之间的气动热力学关系以及各部件共同工作关系，可确定发动机的共同工作点。利用共同工作点上的相似参数，可求得给定飞行条件和发动机工作状态下的推力和耗油率。

2) 发动机质量模型

在飞机概念阶段，结构设计尚未进行，发动机质量计算采用统计模型：

$$W_{\text{eng}} = C_y f G_{\text{sl}} W_s \tag{16.1}$$

式中：W_{eng} 为发动机质量；W_s 为单位流量的发动机质量；G_{sl} 为海平面最大状态的内涵空气流量；C_y 为技术水平系数，取为 0.865；f 为先进发动机的涡轮前温度修正系数。

由设计点的参数确定风扇进口直径 D_{FAN} 以及发动机长度 L_{eng}。

$$D_{\text{FAN}} = 1.04 C_D \sqrt{4 A_{\text{FAN}} / \pi / (1 - d_{\text{BX}}^2)} \tag{16.2}$$

式中：C_D 为直径修正系数；A_{FAN} 为风扇进口面积；d_{BX} 为风扇叶片根尖比。

$$L_{eng} = C_L D_{FAN}(L/D) \quad (16.3)$$

式中：C_L 为长度修正系数；L/D 为发动机长度和风扇直径之比，是风扇流量的函数，由统计规律确定。

2. 气动模型

该模型用于计算飞机的几何参数以及飞机在各高度、马赫数下的零升阻力、诱导阻力因子、极曲线以及飞机起飞、着陆升阻特性。

在飞机总体方案设计时，需要根据设计要求进行飞机气动布局的选择，主要是选择翼型、机翼和尾翼的布局形式和几何参数。在飞机外形参数确定的情况下，便可以进行相应的气动性能分析。在概念设计阶段，飞机的局部设计参数还没有确定，因此，获得设计方案的气动特性主要依靠工程估算的方法，具体估算模型可以参考文献 [2]。

3. 性能模型

在飞机总体设计的初期阶段，性能分析的主要任务是参与飞机总体设计参数的选择以及飞机性能指标的拟定工作，并利用性能分析手段检查所选方案是否能够达到已经确定的设计指标。

飞机/发动机一体化设计中性能模型根据飞机战术要求选择重要的性能指标，即超声速巡航、亚声速盘旋、超声速盘旋、超声速突防、水平加速特性、最大马赫数飞行状态、起飞和着陆滑跑距离，进行飞机/发动机系统的约束分析。由飞机阻力特性及动力系统性能建立翼载、推重比与飞机性能的关系式，确定满足战术要求的可行域，从中选出满足性能指标的推重比和翼载。

4. 质量模型

飞机质量特性是飞机的固有特性，直接服务于飞机参数选择、总体布局以及飞机的性能、载荷、气动弹性特性和成本费用估算等。

飞机的质量由大量的各类零件、外购件、标准件和各种工作液体的质量组成。质量模型根据飞机战术指标要求中规定的作战剖面，利用飞机/发动机系统分析获得的飞机起飞翼载和推重比，进行任务分析。计算各航段用油系数，最终得到飞完任务剖面的总燃油质量系数，并要考虑留有必

要的备份油量,在满足飞机战术要求中规定的飞机设备和武器条件下,估算飞机正常起飞质量 W_{TO},估算模型如下:

$$W_{TO} = \frac{W_1 + W_2 + W_3 + W_4 + W_5}{1 - K_k - K_{TOn}} \quad (16.4)$$

式中:W_1 为通用设备质量;W_2 为专用设备质量;W_3 为动力装置质量;W_4 为有效载荷质量;W_5 为在正常起飞情况下所携带的导弹、干扰弹、炸弹等;K_{TOn} 为飞机机内燃油质量系数,$K_{TOn}=K_F-K_E$,K_F 为飞机完成飞行任务所需燃油质量系数,K_E 为飞机内部超载油和副油箱燃油质量系数;K_k 为结构质量系数(包含复合材料的影响),即

$$K_k = \left[\frac{0.119 \cos^{0.6} \chi_0 (S \times AR)^{0.25}}{(100\bar{C})^{0.5}} + \frac{0.06}{(W_{TO}/S)^{0.25}} \right] (1 + 0.055\lambda_f) \quad (16.5)$$

式中:χ_0 为机翼前缘后掠角;S 为机翼面积;AR 为机翼展弦比;$\bar{C}$ 为机翼相对厚度;λ_f 为机身的长细比。

上述更详细的数学模型可以参考文献[3]。

5. 学科关系分析

飞机总体设计中涉及的参数符号及意义如表 16.1 所示。

表 16.1 飞机总体设计参数优化结果

符 号	说 明	符 号	说 明
T_3	发动机涡轮前燃气温度/K	η	机翼尖削比
BPR	发动机涵道比	χ_0	机翼前缘后掠角/(°)
π_c	发动机压气机总增压比	AR	机翼展弦比
W_{eng}	发动机质量	$\bar{C}$	机翼相对厚度
T	发动机台架推力/N	K_k	结构质量系数
A_e	发动机喷口面积/m²	S_{ref}	参考机翼面积/m²
h	超声速巡航高度/m	W_{TO}/S	正常起飞翼载/(kg/m²)
L/D	超声速巡航升阻比	T_{SL}/W_{TO}	正常起飞推重比/(N/kg)
SFC	发动机耗油率/(kg/(N·h))	W_{TO}	正常起飞总重/kg

根据建立的飞机总体设计模型,对学科输入输出关系进行整理分析,如图 16.1 所示。

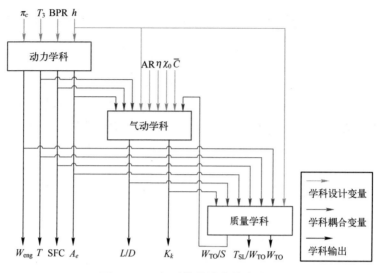

图 16.1 飞机总体设计学科关系图

飞机总体设计学科关系图清晰描述了飞机总体设计的学科组成及其耦合关系。由图 16.1 可以初步确定飞机总体设计模型的设计变量为机翼展弦比、前缘后掠角、尖削比、相对厚度、发动机涵道比、压气机总增压比、涡轮前燃气温度以及超声速巡航高度。

16.1.2 不确定性多目标设计优化问题描述

1. 优化目标

在飞机总体设计的概念设计阶段，优化目标是根据典型的作战剖面，在满足战术指标要求的前提下，使飞机正常起飞总重 W_{TO} 最小。同时考虑飞行的巡航性能，希望巡航状态最大升阻比 K_{max} 最大和发动机全加力状态耗油率 SFC 最小。综合上述分析，飞机总体设计优化的目标表述如下：

$$\begin{cases} \min \quad f_1 = \mu_{W_{TO}} \\ \min \quad f_2 = \dfrac{k_2}{w_{\mu_{(D/L)}}}\mu_{(D/L)} + \dfrac{(1-k_2)}{w_{\sigma_{(D/L)}}}\sigma_{(D/L)} \\ \min \quad f_3 = \dfrac{k_3}{w_{\mu_{SFC}}}\mu_{SFC} + \dfrac{(1-k_3)}{w_{\sigma_{SFC}}}\sigma_{SFC} \end{cases} \quad (16.6)$$

为便于表述，目标巡航状态升阻比最大记为巡航状态升阻比倒数 D/L 最小。

2. 设计变量

在概念设计阶段，需要进行优化的设计参数应该是对飞机飞行性能和任务性能影响最显著的基本设计参数，其他的飞机/发动机设计参数则作为定值直接输入。飞机总体概念设计的设计变量说明如表 16.2 所示。

表 16.2 飞机总体概念设计的设计变量说明

符　　号	说　　明	主要所属学科
AR	机翼展弦比	气动
χ_0	机翼前缘后掠角/(°)	气动
η	机翼尖削比	气动
$\bar{c}$	机翼相对厚度	气动
T_3	发动机涡轮前燃气温度/K	动力
π_c	发动机压气机总增压比	动力
BPR	发动机涵道比	动力
h	超声速巡航高度/m	性能

3. 主要约束条件

确定性设计优化问题中，结合任务要求，设置总体设计约束条件如下。
（1）飞机推重比约束：$1.04 \leqslant T_{SL}/W_{TO} \leqslant 1.21$。
（2）飞机起飞翼载约束：$310 \leqslant W_{TO}/S \leqslant 370$。

由于客观存在的不确定性，约束条件对应的状态变量也会具有不确定性，设置各个约束在不确定性影响下满足约束的可靠度为 95%，则约束条件表述如下。
（1）飞机推重比约束：$\Pr\{1.04 \leqslant T_{SL}/W_{TO} \leqslant 1.21\} \geqslant 0.95$。
（2）飞机起飞翼载约束：$\Pr\{310 \leqslant W_{TO}/S \leqslant 370\} \geqslant 0.95$。

4. 不确定性多目标设计优化问题数学表述

综合优化目标、设计变量和约束条件，确定飞机总体不确定性多目标设计优化问题的数学表述如下：

$$\begin{cases} \text{find} \quad \boldsymbol{X} = \{\text{AR}, \chi_0, \eta, \bar{c}, T_3, \pi_c, \text{BPR}, h\} \\ \text{min} \quad f_1(\boldsymbol{X}, \boldsymbol{p}) = \mu_{W_{\text{TO}}} \\ \qquad f_2(\boldsymbol{X}, \boldsymbol{p}) = \dfrac{k_2}{w_{\mu_{(D/L)}}} \mu_{(D/L)} + \dfrac{(1-k_2)}{w_{\sigma_{(D/L)}}} \sigma_{(D/L)} \\ \qquad f_3(\boldsymbol{X}, \boldsymbol{p}) = \dfrac{k_3}{w_{\mu_{\text{SFC}}}} \mu_{\text{SFC}} + \dfrac{(1-k_3)}{w_{\sigma_{\text{SFC}}}} \sigma_{\text{SFC}} \\ \text{s.t.} \quad g_1: \Pr\{1.04 \leqslant T_{\text{SL}}/W_{\text{TO}} \leqslant 1.21\} \geqslant 0.95 \\ \qquad g_2: \Pr\{310 \leqslant W_{\text{TO}}/S \leqslant 370\} \geqslant 0.95 \\ \qquad \boldsymbol{X}^L \leqslant \boldsymbol{X} \leqslant \boldsymbol{X}^U \end{cases} \quad (16.7)$$

式中：p 为总体设计优化过程中的系统设置参数，包括战术指标确定的参数，以及作为系统参数输入的设计参数。

16.1.3 不确定性因素建模

主要针对影响飞机总体设计优化目标和约束条件的不确定性因素进行分析与建模，并通过灵敏度分析方法对其进行显著性分析和参数筛选。

1. 动力模型不确定性

在概念设计阶段，受到费用和时间限制，发动机结构参数通过工程估算得到，由于存在计算误差，需要考虑模型不确定性，将发动机结构参数作为不确定性参数处理。

动力模型发动机结构参数包括发动机质量 W_{eng}、直径 D_{eng}、长度 L_{eng} 和喷管出口面积 A_9。假设各个参数估算误差服从正态随机分布，同时考虑其加工误差为正态随机分布，且标准公差等级为 3，则根据各个参数的估算模型确定其标准公差如表 16.3 所示。

表 16.3 飞机总体设计动力模型不确定性因素说明

符号	说明	分布类型	标准差
W_{eng}	发动机质量	正态	0.05
D_{eng}	发动机直径	正态	0.01
L_{eng}	发动机长度	正态	0.01
A_9	喷管出口面积	正态	0.05

2. 气动模型不确定性

飞机外形尺寸存在加工误差，包括机翼展弦比、机翼前缘后掠角、机翼尖削比、机翼相对厚度、机翼弯度、平尾厚度以及垂尾厚度。假设各个尺寸的加工误差为正态随机分布，且标准公差等级为3，则根据各个尺寸设计变量的取值范围确定其标准公差如表16.4所示。

表16.4 飞机总体设计气动模型不确定性因素说明

符 号	说 明	分布类型	标 准 差
AR	机翼展弦比	正态	0.01
χ_0	机翼前缘后掠角	正态	0.01
η	机翼尖削比	正态	0.01
$\bar{c}$	机翼相对厚度	正态	0.01
C_{wing}	机翼弯度	正态	0.05
T_{ht}	平尾厚度	正态	0.05
T_{fin}	垂尾厚度	正态	0.05

3. 质量模型不确定性

质量模型在估算飞机正常起飞质量 W_{TO} 时，通用设备质量、专用设备质量、APU 质量、有效载荷质量以及所携带的武器质量均是以理想值作为输入，而实际情况肯定存在偏差，需要考虑其不确定性影响，保证设计的可靠性。根据各个质量模型的取值范围确定其标准公差如表16.5所示。

表16.5 飞机总体设计质量模型不确定性因素说明

符 号	说 明	分布类型	标 准 差
W_1	通用设备质量	正态	0.05
W_2	专用设备质量	正态	0.10
W_3	APU 质量	正态	0.01
W_4	有效载荷质量	正态	0.25
W_5	武器质量	正态	0.25

4. 不确定性设计变量和系统参数的显著性分析

基于前述分析，飞机总体设计的数学模型包括不确定性设计变量4

个，不确定性参数 12 个。为了确定这些变量和参数对飞机总体方案的显著性影响，滤除影响微小的因素以降低计算复杂度，采用基于蒙特卡洛试验仿真的二阶多项式响应面灵敏度方法进行显著性分析。

由于气动模型的 4 个设计变量对飞机的各项性能和约束指标都直接产生很大的影响，因此直接确定为不确定性变量参加设计优化。下面在不考虑设计变量影响的条件下，针对 12 个不确定性系统参数进行显著性分析。

飞机总体设计不确定性系统参数对飞机起飞总重、巡航状态最大升阻比、起飞推重比以及起飞翼载的显著性影响分析结果如图 16.2 所示，图中列出了影响最大的 10 个因素。由图分析可知，对飞机起飞总重以及起飞推重比的影响因素主要是通用设备质量、专用设备质量、有效载荷质量以及所携带的武器质量，其影响的百分比总和超过 70%，通用设备质量、专用设备质量以及机翼弯度对飞机起飞翼载影响的百分比总和超过 80%，其中通用设备质量和专用设备质量影响较大，因此进行不确定性设计优化时，质量模型需对上述两个不确定性因素进行重点考虑。发动机直径、长度以及喷管出口面积对飞机巡航状态最大升阻比的影响最大，这 3 个因素影响的百分比总和超过 90%。基于上述分析，滤除对飞机总体方案影响微弱的参数，最后确定 6 个不确定性系统参数，如表 16.6 所示。

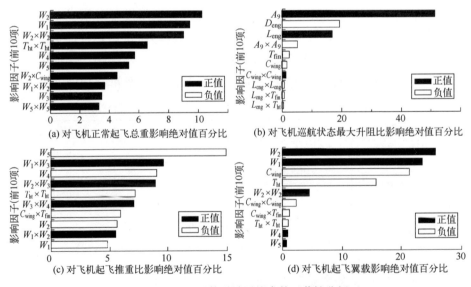

图 16.2 飞机总体设计系统参数显著性分析

表 16.6 飞机总体设计不确定性因素说明

符 号	说 明	分布类型	标 准 差
W_1	通用设备质量	正态	0.05
W_2	专用设备质量	正态	0.10
D_{eng}	发动机直径	正态	0.01
L_{eng}	发动机长度	正态	0.01
A_9	喷管出口面积	正态	0.05
C_{wing}	机翼弯度	正态	0.05

16.1.4 基于 Pareto 的不确定性多目标 MDO 优化过程

在飞机概念设计阶段，通常希望通过多目标优化给出 Pareto 最优集[6]，使设计者对可能的设计方案有全面的认识，以便更好地进行权衡、折中和决策，提高设计效率。基于 BLISS（详见第 9 章），考虑不确定性因素，将不确定性设计优化方法集成到多目标 BLISS 优化过程中，形成基于 Pareto 的不确定性多目标 BLISS（Uncertainty Multi-objective BLISS，UMOPBLISS）[6]。

1. 基本思想

UMOPBLISS 方法通过以下两个环节充分考虑复杂系统的不确定性因素，使设计优化结果满足系统可靠性和稳健性要求：

1) 子系统设计优化

将多个子目标从物理意义上分配到相应的子系统，在满足约束的条件下，各子系统独立地执行不确定性设计优化，在追求目标性能最优的同时，考虑性能的稳健性以及满足约束的可靠性。

2) 系统级优化协调

系统级在协调各学科设计不一致基础上进行多目标优化，并对优化结果进行可靠性和稳健性分析，确保优化获取的 Pareto 解满足系统不确定性设计要求。整个系统级优化过程是一个伴随着响应面更新以及设计空间缩小的动态过程。

2. 优化过程组织

由飞机总体设计学科关系图可知，超声速巡航高度 h 直接影响三个学科的设计结果,将其作为系统级设计变量,其余 7 个设计变量分配到相应的气动和动力两个学科作为子系统设计变量,选取中间变量 $Y=\{T,W_{eng},D_{eng},L_{eng},A_e,K_k,\text{WBS}\}$ 作为系统耦合变量,设置 $k_2/w_{\mu_{(D/L)}}=(1-k_2)/w_{\sigma_{(D/L)}}=k_3/w_{\mu_{SFC}}=(1-k_3)/w_{\sigma_{SFC}}=1$,飞机总体多目标设计优化问题组织结构如图 16.3 所示。

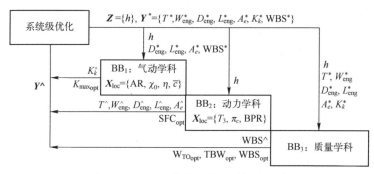

图 16.3　飞机总体优化多学科耦合关系

根据上述组织结构图,采用 UMOPBLISS 对整个优化过程进行集成实现,流程框图如图 16.4 所示。

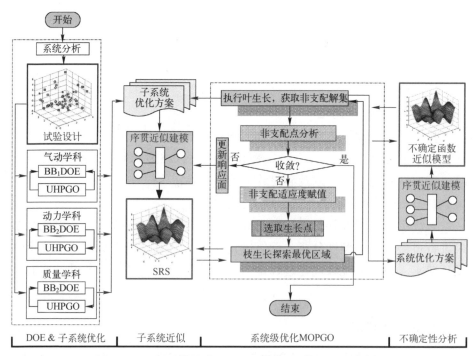

图 16.4　飞机总体设计 UMOPBLISS 组织流程(见彩图)

UMOPBLISS 通过初始系统分析确定响应面初始边界，选取可行起始基线方案，通过试验设计和序贯近似建模技术以较小的计算代价构造满足精度要求的子系统优化近似模型，以合理的计算代价获取接近问题 Pareto 最优集的非支配解集。

3. 优化结果与分析

优化结果如图 16.5 所示，由图可以看出，三个优化目标间存在矛盾关系，正常起飞总重的减少是以巡航段最大升阻比减小、发动机全加力状态耗油率增加为代价。优化结果为设计者提供了飞机总体性能较为全面的信息。

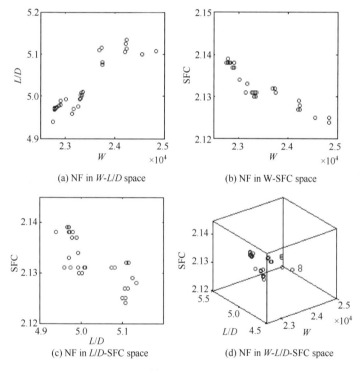

图 16.5　飞机总体设计 UMOPBLISS 优化结果

从优化获取的非支配解集中选取 3 个典型解进行不确定性分析，结果如表 16.7 所示。其中，基线方案（初值）为 UMOPBLISS 通过初始系统分析获得的可行但不满足可靠性要求的设计。由表可以看出，通过 UMOPBLISS 进行组织优化，获得了满足系统不确定性要求的设计方案，设计者可以根据实际工程需要进行决策。

表 16.7　飞机总体设计 UMOPBLISS 优化结果对比表

变量		初值	优化结果		
			非支配解 1	非支配解 2	非支配解 3
设计变量	机翼展弦比	1.0	1.0649	1.0518	1.0002
	机翼相对厚度	1.0	1.0000	1.1896	1.0603
	机翼尖削比	1.0	1.0000	1.0554	1.0554
	前缘后掠角	1.0	1.4286	1.2207	1.4086
	发动机涵道比	1.0	1.0853	1.1060	1.0265
	压气机增压比	1.0	1.0821	1.4263	1.1467
	发动机涡轮前温度	1.0	1.0556	1.0078	1.0088
	超声速巡航高度	1.0	1.0000	1.1023	1.0535
目标	正常起飞总重/kg	1.0	0.8010	0.8782	0.8072
	最大升阻比	1.0	0.8861	0.8813	0.8590
	全加力状态耗油率	1.0	0.9921	0.9865	0.9879
约束	$\Pr\{TBW \geq 1.04\}$	0.4838	0.9573	0.9720	0.9697
	$\Pr\{TBW \leq 1.21\}$	1.0000	1.0000	1.0000	1.0000
	$\Pr\{WBS \geq 310\}$	0.5067	1.0000	1.0000	1.0000
	$\Pr\{WBS \leq 370\}$	1.0000	0.9991	0.9883	0.9966

16.2　复合材料机翼多学科设计优化

复合材料具有质量轻、强度高、刚度高等特点，在机翼设计中得到了广泛应用。通过气动弹性裁剪技术对复合材料进行设计，可以进一步提高机翼的性能。在气动弹性裁剪问题中，复合材料设计往往涉及大量的设计变量，例如各层的铺层厚度以及铺层方向角，且气动弹性分析需要迭代求解，计算量较大。若采用传统的优化方法对气动弹性裁剪问题进行求解，计算量巨大，且容易陷入局部最优。本节对基于 MDO 方法的复合材料机翼设计优化进行介绍。

16.2.1 复合材料机翼气动弹性分析模型

参考文献 [7-8] 中复合材料机翼模型，对气动弹性模型进行建模。

1. 结构模型

复合升力面简化为不可压流下的矩形层压板，机翼长为 l，宽为 c，长细比为 8，如图 16.6 所示。复合板包含六层，方向角为 $(\theta_1,\theta_2,\theta_3)_s$。平面应力状态下，层压板的弹性应变能为

$$U = \frac{1}{2}\iiint_\Omega (\sigma_x\varepsilon_x + \sigma_y\varepsilon_y + \tau_{xy}\gamma_{xy})\mathrm{d}x\mathrm{d}y\mathrm{d}z \qquad (16.8)$$

式中：σ_x、σ_y、τ_{xy} 为应力分量；ε_x、ε_y、γ_{xy} 为应变分量。

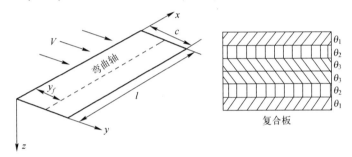

图 16.6 六层复合材料矩形板机翼

第 k 层复合板的应力-应变关系如下：

$$\begin{bmatrix}\sigma_x\\ \sigma_y\\ \tau_{xy}\end{bmatrix}_k = \begin{bmatrix}\overline{Q}_{11} & \overline{Q}_{12} & \overline{Q}_{16}\\ \overline{Q}_{12} & \overline{Q}_{22} & \overline{Q}_{26}\\ \overline{Q}_{16} & \overline{Q}_{26} & \overline{Q}_{66}\end{bmatrix}_k \begin{bmatrix}\varepsilon_x\\ \varepsilon_y\\ \gamma_{xy}\end{bmatrix} = \boldsymbol{Q}_k \begin{bmatrix}\varepsilon_x\\ \varepsilon_y\\ \gamma_{xy}\end{bmatrix} \qquad (16.9)$$

式中：

$$\boldsymbol{Q}_k = \boldsymbol{T}(\theta_k)^{-1}\boldsymbol{Q}_0\boldsymbol{T}(\theta_k) \qquad (16.10)$$

$$\boldsymbol{Q}_0 = \begin{bmatrix}\dfrac{E_1^2}{E_1-E_2\nu_{12}^2} & \dfrac{\nu_{12}E_1E_2}{E_1-E_2\nu_{12}^2} & 0\\ \dfrac{\nu_{12}E_1E_2}{E_1-E_2\nu_{12}^2} & \dfrac{E_1E_2}{E_1-E_2\nu_{12}^2} & 0\\ 0 & 0 & G_{12}\end{bmatrix}, \quad \boldsymbol{T}^{-1} = \begin{bmatrix}c_\theta^2 & s_\theta^2 & -2c_\theta s_\theta\\ s_\theta^2 & c_\theta^2 & 2c_\theta s_\theta\\ c_\theta s_\theta & -c_\theta s_\theta & c_\theta^2-s_\theta^2\end{bmatrix}$$

$$(16.11)$$

式中：$c_\theta = \cos\theta_j$；$s_\theta = \sin\theta_j$。

对称角铺设层压板的弯曲刚度阵[9]为

$$\boldsymbol{D} = \sum_{k=1}^{N} \frac{z_k^3 - z_{k-1}^3}{3} \boldsymbol{Q}_k \tag{16.12}$$

式中：z_k 为第 k 层的位置，如图 16.7 所示。

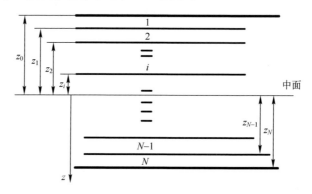

图 16.7　复合材料层压板铺层位置

式（16.8）可以写为如下形式：

$$U = \frac{1}{2}\iint_\Omega \left\{ \begin{array}{l} D_{11}\left(\dfrac{\partial^2 w}{\partial x^2}\right)^2 + 2D_{12}\left(\dfrac{\partial^2 w}{\partial x^2}\right)\left(\dfrac{\partial^2 w}{\partial y^2}\right) + D_{22}\left(\dfrac{\partial^2 w}{\partial y^2}\right)^2 + \cdots \\ 4D_{16}\left(\dfrac{\partial^2 w}{\partial x^2}\right)\left(\dfrac{\partial^2 w}{\partial x \partial y}\right) + 4D_{26}\left(\dfrac{\partial^2 w}{\partial y^2}\right)\left(\dfrac{\partial^2 w}{\partial x \partial y}\right) + 4D_{66}\left(\dfrac{\partial^2 w}{\partial y^2}\right)^2 \end{array} \right\} \mathrm{d}x\mathrm{d}y \tag{16.13}$$

式中：w 为挠度函数。

层压板的动能为

$$T = \frac{1}{2}\rho_m h \omega^2 \iint_\Omega w^2(x,y)\,\mathrm{d}x\mathrm{d}y \tag{16.14}$$

式中：ρ_m 为层压板的密度；h 为板厚。根据瑞利-里茨（Rayleigh-Ritz）法，将挠度函数假设成如下级数形式：

$$w = \sum_{i=1}^{n} r_i(x,y) q_i(t) \tag{16.15}$$

式中：$r_i(x,y)$ 为振型函数；$q_i(t)$ 为第 i 阶的广义位移坐标。本节采用如下 6 阶假设模态 x^2、x^3、x^4、$x^2(y-y_f)$、$x^3(y-y_f)$、$x^4(y-y_f)$，其中 x、y 坐标的定义如图 16.6 所示，y_f 为弹性轴坐标。由最小势能原理可得

$$\frac{\partial(U-T)}{\partial q_i}=0 \tag{16.16}$$

故结构刚度矩阵 E 为 $n \times n$ 矩阵，第 i 行第 j 列个元素为

$$E_{ij}=\iint_\Omega \left\{ \begin{array}{l} D_{11}\dfrac{\partial^2 r_i}{\partial x^2}\dfrac{\partial^2 r_j}{\partial x^2}+D_{12}\dfrac{\partial^2 r_i}{\partial y^2}\dfrac{\partial^2 r_j}{\partial x^2}+2D_{16}\dfrac{\partial^2 r_i}{\partial x \partial y}\dfrac{\partial^2 r_j}{\partial x^2}+\\ D_{12}\dfrac{\partial^2 r_i}{\partial x^2}\dfrac{\partial^2 r_j}{\partial y^2}+D_{22}\dfrac{\partial^2 r_i}{\partial y^2}\dfrac{\partial^2 r_j}{\partial y^2}+2D_{26}\dfrac{\partial^2 r_i}{\partial x \partial y}\dfrac{\partial^2 r_j}{\partial y^2}+\\ 2D_{16}\dfrac{\partial^2 r_i}{\partial x^2}\dfrac{\partial^2 r_j}{\partial x \partial y}+2D_{26}\dfrac{\partial^2 r_i}{\partial y^2}\dfrac{\partial^2 r_j}{\partial x \partial y}+4D_{66}\dfrac{\partial^2 r_i}{\partial x \partial y}\dfrac{\partial^2 r_j}{\partial x \partial y} \end{array} \right\} dxdy$$

(16.17)

结构惯性矩阵 A 也为 $n \times n$ 矩阵，第 i 行第 j 列各元素为

$$A_{ij}=\rho_m h \iint_\Omega r_i r_j dxdy \tag{16.18}$$

2. 气动模型

采用非定常气动力简化模型[10]，根据片条理论可得到每个片条元上的升力和绕弹性轴俯仰力矩分别为

$$dL=\frac{1}{2}\rho V^2 c a_w\left(\phi+\frac{\dot Z}{V}\right)dx \tag{16.19}$$

$$dM=\frac{1}{2}\rho V^2 c^2\left[ea_w\left(\phi+\frac{\dot Z}{V}\right)+M_{\dot\phi}\frac{\dot\phi c}{4V}\right]dx \tag{16.20}$$

式中：ρ 为大气密度；V 为来流速度；a_w 为升力线斜率；$M_{\dot\phi}$ 为无量纲俯仰阻尼系数；$e=\dfrac{y_f}{c}-\dfrac{1}{4}$；$\phi$ 为扭转角；z 为弯曲变形。根据式（16.15）可知：

$$\begin{cases}\phi=x^2 q_4+x^3 q_5+x^4 q_6\\ z=x^2 q_1+x^3 q_2+x^4 q_3\end{cases} \tag{16.21}$$

翼面上气动力/力矩在机翼增量位移 $\delta\phi$、δz 上所做的增量功为

$$\delta W=\int_0^l -dL\delta z+dM\delta\phi \tag{16.22}$$

故广义力可求得为

$$f_i=\frac{\partial(\delta W)}{\partial(\delta q_i)}\Rightarrow F=-(\rho V^2 Cq+\rho VB\dot q) \tag{16.23}$$

式中：B 和 C 分别为气动阻尼矩阵与气动刚度矩阵，形式如下：

$$B = \frac{1}{2}ca_w \begin{bmatrix} B_1 & 0 \\ -ecB_1 & -c^2 M_{\dot{\phi}} B_1/4a_w \end{bmatrix}, \quad C = \frac{1}{2}ca_w \begin{bmatrix} 0 & C_1 \\ 0 & -ecC_1 \end{bmatrix}$$

$$B_1 = \begin{bmatrix} l^5/5 & l^6/6 & l^7/7 \\ l^6/6 & l^7/7 & l^8/8 \\ l^7/7 & l^8/8 & l^9/9 \end{bmatrix}, \quad C_1 = \begin{bmatrix} l^4/4 & l^5/5 & l^6/6 \\ l^5/5 & l^6/6 & l^7/7 \\ l^6/6 & l^7/7 & l^8/8 \end{bmatrix} \quad (16.24)$$

3. 气弹方程

不考虑结构阻尼，由运动学方程 $A\ddot{q}+Eq=F$ 可得到气弹运动方程：

$$A\ddot{q}+\rho VB\dot{q}+(\rho V^2 C+E)q=0 \quad (16.25)$$

将气弹运动方程改为一阶形式，如下：

$$\begin{bmatrix} \dot{q} \\ \ddot{q} \end{bmatrix} - \begin{bmatrix} 0 & I \\ -A^{-1}(\rho V^2 C+E) & -A^{-1}\rho V^2 B \end{bmatrix} \begin{bmatrix} q \\ \dot{q} \end{bmatrix} = \dot{x}-Hx=0 \quad (16.26)$$

矩阵 H 特征值以共轭复数对的形式出现，即

$$\lambda_j = -\zeta_j \omega_j \pm i\omega_j \sqrt{1-\zeta_j^2} \quad (j=1,2,\cdots,n) \quad (16.27)$$

式中：ω_j 为频率；ζ_j 为阻尼比。若复特征值的实部为正，则系统不稳定。通过改变来流速度直到某个阻尼比的值小于零，此时的来流速度则是颤振速度。在某些情况下，发散可能先于颤振发生，此时特征值为正实数。

颤振模型参数如表 16.8 所示，将方向角设置为 $(-45°,45°,0°)_s$，图 16.8 给出了前四阶频率与阻尼比随来流速度的变化图，也称为 V-g 图及 V-ω 图。可以看出，随着空速增加频率开始逐渐收拢，但在颤振条件下并不聚合。开始时阻尼比随着来流速度增加有所上升，但是其中一个随后下降，并在来流速度为 24.8m/s 时降为负数。颤振发生于第三阶频率，颤振速度为 24.8m/s。

表 16.8 颤振模型参数

材料属性	数值	基准参数	数值
纵向杨氏模量 E_1	98.0GPa	半展长 l	304.8mm
横向杨氏模量 E_2	7.9GPa	弦长 c	76.2mm
泊松比 γ_{12}	0.28	弹性轴 y_f	$0.5c$
剪切模量 $G_{12}/G_{23}/G_{13}$	5.6GPa	升力线斜率 a_w	2π

续表

材料属性	数值	基准参数	数值
层厚 t	0.134mm	无量纲俯仰阻尼系数 $M_{\dot{\phi}}$	-1.2
材料密度 ρ_m	1520kg/m³	大气密度 ρ	1.225kg/m³

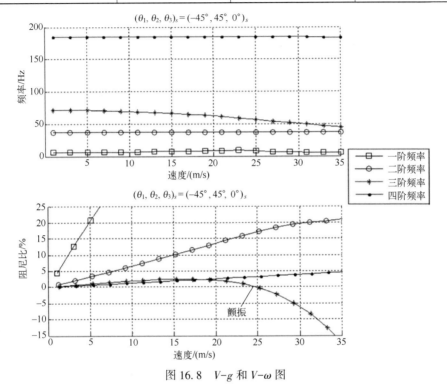

图 16.8　V-g 和 V-ω 图

4. 模型有效性验证

采用 Rayleigh-Ritz 法构建颤振模型，该方法具有较高的计算效率。为验证模型精度，本节将其与有限元方法的计算结果进行比对，固有频率对比如表 16.9 所示，前三阶模态对比如图 16.9 所示。可以看出，有限元方法与 Rayleigh-Ritz 法的计算结果接近，验证了 Rayleigh-Ritz 模型的有效性。

表 16.9　Rayleigh-Ritz 模型与有限元模型对比

模型	一阶频率/Hz	二阶频率/Hz	三阶频率/Hz
Rayleigh-Ritz 模型	6.1	37.1	71.7
有限元模型	5.7	35.5	67.8

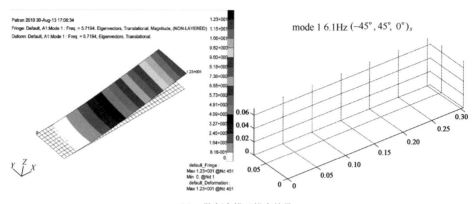

(a) 一阶频率模型模态结果

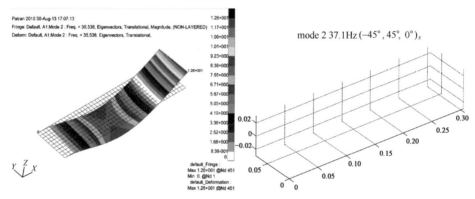

(b) 二阶频率模型模态结果

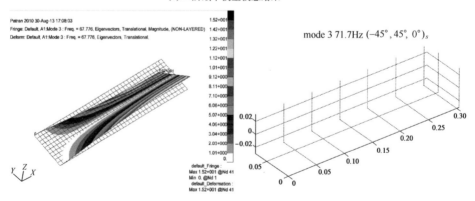

(c) 三阶频率模型模态结果

图 16.9　Rayleigh-Ritz 模型与有限元模型模态对比图

16.2.2 复合材料机翼设计优化

1. 气动弹性裁剪模型

本节中气动裁剪模型为优化层压板的铺层方向角,使得颤振/发散速度最大。优化问题定义如下:

$$\begin{cases} \text{find } \boldsymbol{X} = (\theta_1, \theta_2, \theta_3)_s \\ \max V_f \\ \text{s.t. } \theta_i \in (-90°, 90°] \quad (i=1,2,3) \end{cases} \quad (16.28)$$

式中:V_f 为颤振速度,当发散先于颤振发生时,V_f 为发散速度。

图 16.10 给出了 $\theta_3 = 0°$ 时颤振/发散速度与方向角的变化关系。可以看出,有大片区域的速度值很小,此时系统不稳定,V_f 为发散速度。由于气动弹性系统的强耦合性,且系统模型中包含大量的正余弦函数,使得该优化问题具有多峰的特点,在优化求解过程中很容易陷入局部最优,另外,大片低速的平坦区域也不利于优化搜索,因此尽管该优化问题只有 3 个设计变量,采用传统优化方法难以求得全局最优解。此外,V_f 需要优化搜索求解,计算量较大,直接对上述嵌套优化问题求解的计算效率较低。

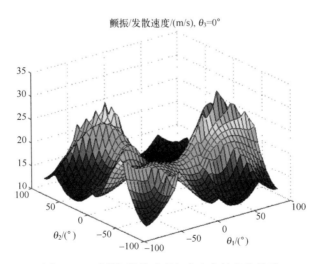

图 16.10 颤振/发散速度与方向角的变化关系

2. 基于 ATC 过程的优化问题分解

为降低气动裁剪问题的求解难度，本节对式（16.28）进行层次分解。式（16.10）可以展开为如下形式[11]：

$$Q_k = Q^{00} + Q^{01}\cos 2\theta_j + Q^{02}\cos 4\theta_j + Q^{10}\sin 2\theta_j + Q^{12}\sin 4\theta_j \quad (16.29)$$

式中：

$$Q^{00} = \begin{bmatrix} U_1 & U_4 & 0 \\ U_4 & U_1 & 0 \\ 0 & 0 & U_5 \end{bmatrix}; \quad Q^{01} = \begin{bmatrix} U_2 & 0 & 0 \\ 0 & -U_2 & 0 \\ 0 & 0 & 0 \end{bmatrix}; \quad Q^{02} = \begin{bmatrix} U_3 & -U_3 & 0 \\ -U_3 & U_3 & 0 \\ 0 & 0 & -U_3 \end{bmatrix};$$

$$Q^{10} = \begin{bmatrix} 0 & 0 & U_2/2 \\ 0 & 0 & U_2/2 \\ U_2/2 & U_2/2 & 0 \end{bmatrix}; \quad Q^{12} = \begin{bmatrix} 0 & 0 & U_3 \\ 0 & 0 & -U_3 \\ U_3 & -U_3 & 0 \end{bmatrix} \quad (16.30)$$

$$\begin{cases} U_1 = (3Q_{11} + 3Q_{22} + 2Q_{12} + 4Q_{66})/8 \\ U_2 = (Q_{11} - Q_{22})/2 \\ U_3 = (Q_{11} + Q_{22} - 2Q_{12} - 4Q_{66})/8 \\ U_4 = (Q_{11} + Q_{22} + 6Q_{12} - 4Q_{66})/8 \\ U_5 = (Q_{11} + Q_{22} - 2Q_{12} + 4Q_{66})/8 \end{cases} \quad (16.31)$$

结合式（16.12）可得

$$D = D^{00} + Q^{01}\xi_1 + Q^{02}\xi_2 + Q^{10}\xi_3 + Q^{12}\xi_4 \quad (16.32)$$

$$D^{00} = \sum_{k=1}^{N} \frac{z_k^3 - z_{k-1}^3}{3} Q^{00} = \xi_0 Q^{00} \quad (16.33)$$

$$\begin{cases} \xi_1 = \sum_{k=1}^{N} \dfrac{z_k^3 - z_{k-1}^3}{3}\cos 2\theta_j,\ \xi_2 = \sum_{k=1}^{N} \dfrac{z_k^3 - z_{k-1}^3}{3}\cos 4\theta_j \\ \xi_3 = \sum_{k=1}^{N} \dfrac{z_k^3 - z_{k-1}^3}{3}\sin 2\theta_j,\ \xi_4 = \sum_{k=1}^{N} \dfrac{z_k^3 - z_{k-1}^3}{3}\sin 4\theta_j \end{cases} \quad (16.34)$$

由式（16.32）可知，可以将 D 矩阵中与层压板铺层方向角相关联的部分分离出来。另外，根据 $\xi_i(i=1,2,\cdots,4)$ 之间的内在联系，易知：

$$-\xi_0 \leqslant \xi_i \leqslant \xi_0 \quad (i=1,2,\cdots,4) \quad (16.35)$$

$$\xi_1 + \xi_3 = \sqrt{2}\sum_{k=1}^{N} \frac{z_k^3 - z_{k-1}^3}{3}\cos\left(2\theta_j - \frac{\pi}{4}\right) \Rightarrow |\xi_1 + \xi_3| \leqslant \sqrt{2}\xi_0 \quad (16.36)$$

同理可得，$|\xi_1-\xi_3|\leq\sqrt{2}\xi_0$，$|\xi_2+\xi_4|\leq\sqrt{2}\xi_0$，$|\xi_2-\xi_4|\leq\sqrt{2}\xi_0$

$$\xi_2 + 4\xi_1 + 3\xi_0 = 2\sum_{k=1}^{N}\frac{z_k^3 - z_{k-1}^3}{3}(\cos 2\theta_j + 1)^2 \Rightarrow \xi_2 + 3\xi_0 \geq -4\xi_1 \tag{16.37}$$

同理可得，$\xi_2+3\xi_0\geq 4\xi_1$，$\xi_2-3\xi_0\leq -4\xi_3$，$\xi_2-3\xi_0\leq 4\xi_3$，即 $\xi_2+3\xi_0\geq 4|\xi_1|$，$\xi_2-3\xi_0\leq -4|\xi_3|$。

采用 ATC 方法可以将气动裁剪模型分解为如下双层优化问题：

ATC 系统级优化问题表述如下：

$$\boldsymbol{O}_0: \begin{cases} \text{Given } \xi_0, \xi_1^L, \xi_2^L, \xi_3^L, \xi_4^L \\ \text{find } \xi_1, \xi_2, \xi_3, \xi_4 \\ \max \ V_f + \varepsilon \\ \text{s.t.} \ \sum_{i=1}^{4}(\xi_i - \xi_i^L)^2 \leq \varepsilon \\ |\xi_i| \leq \xi_0 \ (i=1,2,\cdots,4) \\ |\xi_1 \pm \xi_3| \leq \sqrt{2}\xi_0, |\xi_2 \pm \xi_4| \leq \sqrt{2}\xi_0 \\ \xi_2 + 3\xi_0 \geq 4|\xi_1|, \xi_2 - 3\xi_0 \leq -4|\xi_3| \end{cases} \tag{16.38}$$

ATC 子系统级优化问题表述如下：

$$\boldsymbol{O}_{0-1}: \begin{cases} \text{Given } \xi_1^U, \xi_2^U, \xi_3^U, \xi_4^U \\ \text{find } \xi_1, \xi_2, \xi_3, \xi_4 \\ \max \sum_{i=1}^{4}(\xi_i - \xi_i^U)^2 \\ \text{s.t.} \ \theta_i \in (-90°, 90°] \ (i=1,2,3) \end{cases} \tag{16.39}$$

由于 $\boldsymbol{D}$ 矩阵各元素为 ξ_i ($i=1,2,\cdots,4$) 的线性组合，顶层优化的求解难度将大大降低。当 $(\theta_1,\theta_2,\theta_3)_s=(-45°,45°,0°)_s$ 时，$\{\xi_0,\xi_1,\xi_2,\xi_3,\xi_4\}$ 的取值对应为 $\{0.4331,0.0160,-0.4010,-0.1925,0\}\times 10^{-10}\text{m}^3$。图 16.11 给出了固定 ξ_1 和 ξ_2，V_f 关于 ξ_3 和 ξ_4 的变化关系，其中根据顶层优化约束求得 ξ_3 和 ξ_4 的变化范围为 $[-0.4252,0.4252]\times 10^{-10}$ 以及 $[-0.2115,0.2115]\times 10^{-10}$。可以看出，$V_f$ 随 ξ_i ($i=1,2,3,4$) 的变化关系较为简单，非线性程度较低，很容易搜索到最优解。虽然在顶层优化中，优化变量的数目比原优化问题有所增加，但是其求解难度大大降低，可以大大减少调用气动弹性分析以计算 V_f 的次数，从而降低气动裁剪问题的计算量。

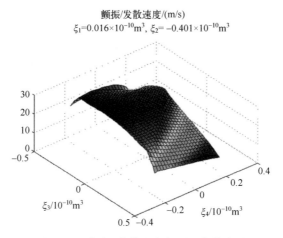

图 16.11　颤振/发散速度与顶层优化变量

3. 优化结果分析

顶层优化采用 SQP 方法求解，底层优化采用遗传算法求解，遗传算法种群数目取为 20，最大迭代次数设为 200。ATC 的收敛精度设为 1×10^{-4}，初值设为 $(0°,0°,0°)_s$，ATC 经过 3 次迭代很快收敛到最优解，最优方向角为 $(-32.68°,40.82°,41.16°)_s$，此时的颤振速度为 32.84m/s。图 16.12 给出了最优设计处的 V-g 图及 V-ω 图。与方向角为 $(-45°,45°,0°)_s$ 时不同的是，此时颤振发生于第二阶频率而不是第三阶频率。尽管如此，三阶频率对应的阻尼比非常接近于零，在三阶频率处于临界稳定状态，当有微小的扰动时，颤振极易发生在第三阶频率。

为验证 ATC 方法的有效性，考虑铺层数目为 6~12 层的情况，直接采用遗传算法对原始优化问题进行优化求解，并与 ATC 方法的结果进行对比。遗传算法的最大迭代次数设置为 200，对于铺层数目为 6~12 层，种群数目依次取为 20，40，60，80，交叉率设为 0.5，变异率设为 0.2；ATC 方法底层优化的种群数目根据铺层数目的增加依次增加，取值与遗传算法一致。ATC 方法与遗传算法的优化结果分别如表 16.10 和表 16.11 所示，其中遗传算法的结果为 10 次优化得到的最优值及平均值。

对比表 16.10 和表 16.11 可知，ATC 方法的优化结果略差于 10 次遗传算法中的最优结果，与其平均结果相当，但是其计算效率远远高于遗传算法，只需少量的颤振分析便可以得到最优解。随着铺层数目的增加，原始优化问题的设计变量数目增加，遗传算法中的颤振分析次数显著增加，而 ATC 方法的顶层优化设计变量保持不变，只是底层优化的搜索难度增加，导致迭代次数有所增加，因此随着铺层数目增加，优化问题复杂性不断提升，基于 MDO 分解协调思想的 ATC 方法优势更为明显。

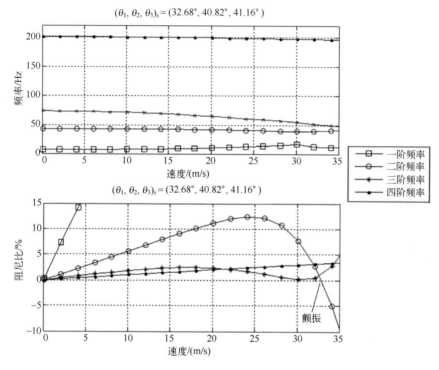

图 16.12 最优设计处的 V-g 和 V-ω 图

表 16.10 ATC 优化结果

铺层数目	ATC			
	最优方向角	颤振/发散速度	颤振分析次数	迭代次数
6层	$(-32.68°,40.82°,41.16°)_s$	32.84m/s	281	3
8层	$(-31.80°,47.30°,48.53°,57.85°)_s$	50.42m/s	290	2
10层	$(-36.44°,44.03°,-15.62°,43.96°,43.92°)_s$	68.90m/s	586	5
12层	$(-35.81°,44.41°,-23.39°,33.98°,-32.10°,-14.23°)_s$	89.98m/s	772	6

表 16.11　遗传算法优化结果

	铺层数目	最优方向角	颤振/发散速度	颤振分析次数	迭代次数
10次遗传算法平均	6层	$(-15.42°,32.22°,1.05°)_s$	32.03m/s	1080	53
	8层	$(-31.51°,44.48°,28.38°,11.17°)_s$	50.45m/s	2224	54.6
	10层	$(-0.17°,12.88°,-0.59°,9.56°,19.33°)_s$	69.62m/s	3168	51.8
	12层	$(-15.89°,20.71°,8.40°,5.16°,-0.65°,5.59°)_s$	90.31m/s	4472	54.9
10次遗传算法最优	6层	$(-33.25°,46.44°,43.66°)_s$	33.12m/s	1040	51
	8层	$(-30.89°,44.93°,40.33°,40.52°)_s$	50.85m/s	2080	51
	10层	$(44.50°,-31.50°,-27.52°,-28.75°,-28.90°)_s$	69.89m/s	3120	51
	12层	$(-28.52°,42.65°,43.37°,-34.11°,-43.76°,39.22°)_s$	90.99m/s	4160	51

16.3　小　结

飞机设计是典型的多学科设计问题，气动、推进、结构、质量等学科相互耦合，为系统优化带来极大复杂性。本章基于 MDO 方法，分别对飞机总体和机翼部组件设计优化进行了介绍。首先，针对飞机总体设计问题，建立了飞机不确定性多目标设计优化问题的数学模型，分析了飞机总体多学科耦合关系和需要考虑的不确定性因素，基于不确定性多目标二级系统一体化合成优化方法 UMOPBLISS 进行组织求解，获得了满足可靠性设计要求的具有代表性的非支配解集，验证了算法的可行性和有效性。其次，本章将 MDO 方法引入机翼设计中，特别针对优化问题求解的复杂性，采用目标级联优化过程 ATC 进行组织求解，取得了显著的优化效果，且求解效率较传统优化方法得到有效提升，为飞机系统设计优化问题研究提供了一种高效的解决思路。

参考文献

[1] 李为吉. 现代飞机总体综合设计 [M]. 西安：西北工业大学出版社，2001.
[2] 顾诵芬，解思适. 飞机总体设计 [M]. 北京：北京航空航天大学出版社，2002.
[3] 李为吉. 飞机总体设计 [M]. 西安：西北工业大学出版社，2005.
[4] 郑虎. 飞机总体设计 [M]. 北京：北京航空航天大学出版社，2019.
[5] 欧阳琦. 飞行器不确定性多学科设计优化关键技术研究与应用 [D]. 长沙：国防科学技术大

学，2013.

[6] 蔡伟. 不确定性多目标 MDO 理论及其在飞行器总体设计中的应用研究 [D]. 长沙：国防科学技术大学，2008.

[7] Manan A, Vio G A, Harmin M Y, et al. Optimization of aeroelastic composite structures using evolutionary algorithms [J]. Engineering Optimization, 2010, 42 (2): 171-184.

[8] Manan A, Cooper J E. Design of composite wings including uncertainties: a probabilistic approach [J]. Journal of Aircraft, 2009, 46 (2): 601-607.

[9] Al-Obeid A, Cooper J E. A Rayleigh-Ritz approach for the estimation of the dynamic properties of symmetric composite plates with general boundary conditions [J]. Composites Science and Technology, 1995, 53 (3): 289-299.

[10] Wright J R, Cooper J E. Introduction to aircraft aeroelasticity and load [M]. Chichester: John Wiley, 2007.

[11] Gasbarri P, Chiwiacowsky L, de Campos Velho H. A hybrid multilevel approach for aeroelastic optimization of composite wing-Box [J]. Structural and Multidisciplinary Optimization, 2009, 39 (6): 607-624.

第17章

总结与展望

　　MDO 方法充分考虑飞行器系统的多学科间耦合效应，通过协同挖潜改善设计效果、降低研制费用，并通过多个学科设计工具的高度集成和自动化提高设计效率，是飞行器系统工程和总体设计的重要发展方向。飞行器 MDO 方法从 20 世纪 80 年代初提出概念，发展至今 40 余年，形成了系统的理论方法、工具软件和应用验证成果，并从航空航天推广应用到车辆、船舶等多个领域，产生了巨大的经济和社会效益。

　　本书系统阐述了飞行器 MDO 理论和工程应用。MDO 理论主要包括 MDO 建模分析和优化求解两部分内容。其中，MDO 建模分析方面，主要介绍了面向精度的多学科建模及验证方法，以及面向效率的传统近似建模方法、基于深度学习的近似建模方法和序贯近似建模方法；MDO 优化求解方面，主要介绍了灵敏度分析、优化搜索策略、多学科优化过程、不确定性多学科优化方法。MDO 的应用涵盖飞行器分系统和系统级设计优化 6 个典型实例，具体包括飞行器结构拓扑优化、卫星舱内组件布局优化、卫星总体设计优化、卫星在轨加注任务综合优化、导弹总体/发动机一体化优化和飞机总体及机翼多学科设计优化。

　　本章首先对全书主要内容进行简要总结，其次对 MDO 亟待解决的难题进行梳理，在此基础上对 MDO 未来发展方向进行展望。

17.1 MDO 总结

17.1.1 MDO 建模分析

第1章和第2章对 MDO 基本概念、发展历程、研究模式进行了介绍。第3章至第6章为 MDO 建模分析板块，主要内容总结如下：

第3章针对 MDO 的多学科建模问题，详细阐述了面向 MDO 建模的特征、原则、步骤和常用方法。结合实际应用案例，依次介绍了参数化建模、可变复杂度建模两种主要建模方法。最后重点介绍了模型验证与确认方法，用于评估和提升模型精度与置信水平，为设计人员和决策者提供具有可信度的 MDO 模型。

第4章针对飞行器 MDO 多学科模型分析的计算复杂性难题，对传统近似方法进行了介绍，主要包括模型近似、函数近似和组合近似三类。其中，围绕最常用的函数近似方法，特别是全局近似问题，重点对多项式回归、支持向量机、Kriging 近似模型、高斯过程回归和径向基函数插值模型五种方法进行了详细阐述，并通过数值算例对方法的使用及效果进行了说明和验证。

第5章为有效解决传统近似方法面临的高维非线性拟合难题，引入以深度学习为代表的先进机器学习方法构建多学科近似计算的代理模型。在数据驱动的深度学习近似建模方面，将物理场预测建模为图像到图像的回归任务，通过深度回归网络实现了结构布局等设计方案到温度、应力等物理场的高维映射。针对小样本数据情况，引入内嵌物理知识的深度学习近似方法，通过数据和物理知识混合驱动，减少对数据量的依赖，实现更好的模型预测。针对深度学习近似模型的预测不确定性问题，提出了 MC-Dropout 和 Deep Ensemble 两种不确定性量化方法，能够有效辅助分析近似模型的误差分布趋势，进而为设计优化过程中的近似模型合理可信应用提供支撑。

第6章针对近似模型训练样本如何合理确定、实现样本获取（采样）成本与模型精度的平衡问题，对序贯近似建模方法进行了介绍。重点针对全局近似、全局优化和隐函数近似三个应用场景，提出了多种序贯采样加点准则，能够根据应用需求对大误差区域、潜在优化区域、临界边界区域进行重点采样,从而有针对性地逐步提高模型精度,实现满足近似精度要求下,尽可能减少训练样本数量,进而降低计算成本。

17.1.2 MDO 优化求解

第 7 章至第 10 章为 MDO 优化求解板块,主要内容总结如下:

第 7 章对 MDO 优化求解的关键步骤,即灵敏度分析方法,包括学科灵敏度分析和系统灵敏度分析,进行了系统介绍。其中,学科灵敏度分析主要介绍了数值类方法、解析法、符号微分法和自动微分法四类方法,系统灵敏度分析主要介绍了最优灵敏度分析和全局灵敏度方程求解两类方法,并对各类方法的实现方式和优缺点进行了总结对比。

第 8 章对 MDO 设计空间的搜索策略进行了介绍,包括常用的经典优化算法、现代优化算法和混合优化算法等。特别针对 MDO 优化求解效率问题,对近似模型辅助的优化算法进行了介绍。进一步针对 MDO 优化问题的多模态性质,对能够同时获得多个全局或局部最优解的多模态优化算法进行了介绍,并结合 MDO 优化问题的复杂性,对多方法协作优化策略进行了介绍。

第 9 章针对 MDO 协同优化的多学科组织问题,分别对单级优化和多级优化两类实现方法进行了介绍。其中,单级优化过程只在系统级进行优化,各学科只进行分析或者计算,主要包括多学科可行 MDF、单学科可行 IDF 和同时优化 AAO 三类方法。多级优化过程将系统优化问题分解为多个子系统的优化协调问题,各个学科子系统分别进行优化,并在系统级进行各学科优化之间的协调和全局设计变量的优化,主要包括并行子空间优化 CSSO、协同优化 CO、二级系统一体化合成优化 BLISS、目标级联分析优化 ATC 等方法。在实际运用中,结合设计对象特点和具体任务要求,可以灵活组合应用上述方法,进行串行、并行、耦合一体设计的综合运用,提高多学科设计和协调效率。

第 10 章针对实际工程中存在各种不确定性因素影响的现实问题,对不确定性分析和不确定性优化两部分内容进行了介绍。不确定性分析主要用于量化不确定性的传播影响,对模型输入及模型自身不确定性条件下的模型输出不确定性分布进行计算,主要介绍了常用的蒙特卡洛法、泰勒展开法、深度随机混沌多项式展开法等方法。不确定性优化主要用于求解考虑不确定性影响的优化问题,重点介绍了传统双层嵌套方法、单层序贯优化法和单层融合优化法三类多学科可靠性优化方法，通过对不确定约束条件的处理，有效提高优化方案的可靠性及求解效率。

17.1.3　MDO 应用研究

第 11 章至第 16 章为 MDO 应用研究，主要内容总结如下：

第 11 章围绕飞行器结构轻量化设计中的拓扑优化问题开展研究。综合结构和传热耦合设计需求，针对传统方法的计算复杂性挑战，构建了深度神经网络近似模型辅助的拓扑优化方法。重点对深度网络训练样本生成、网络模型、损失函数与评价指标等进行了详细介绍，在此基础上对多组件系统结构传热拓扑优化进行了详细说明，并通过数值算例验证了方法的有效性，为提升飞行器结构拓扑优化效率提供了新的途径。

第 12 章围绕卫星舱内热布局设计问题开展研究。提出了基于图像回归近似模型的热布局优化设计方法，通过深度神经网络构建热组件布局与温度场分布的映射关系近似模型，有效克服了传统近似建模"维数灾难"的挑战，能够对给定布局方案进行近实时热性能评估，从而实现卫星热布局方案的高效迭代优化。在此基础上，提出了基于温度场图像-热组件位置回归映射的热布局逆向设计方法，能够根据给定期望温度分布，直接快速高效预测热布局方案，为性能驱动的方案快速生成提供了新途径。

第 13 章围绕卫星概念设计阶段总体优化开展研究。以某对地观测小卫星为对象，建立了小卫星总体设计的轨道、载荷、结构、控制、推进、电源等多学科模型，并根据任务需求确定了优化设计变量以及约束条件。根据学科耦合特点，采用目标级联分析优化 ATC 对总体优化问题进行了层次分解和协调组织，实现了小卫星总体设计优化问题的高效求解。在此基础上，进一步对设计过程中涉及的不确定性因素进行了梳理和建模，基于随机 ATC 方法对不确定性优化问题进行了组织求解，获得了满足可靠性约束的优化方案。

第 14 章围绕卫星在轨加注任务综合优化开展研究。以地球同步轨道卫星群为对象，构建了在轨加注成本模型和任务综合优化模型，包括服务卫星轨道最优选址、加注任务最优路径规划、目标卫星加注策略等多个交叉耦合设计问题。其中任务规划问题采用 ATC 方法进行分层优化，提高了优化求解的可计算性。以我国运行在地球同步轨道上的卫星作为加注对象，开展了"一对一"和"一对多"在轨加注场景实例分析，为在轨加注系统任务设计和最优加注延寿策略的制定提供了有益参考。

第 15 章围绕导弹总体/发动机一体化优化开展研究。分别针对燃气流量不变的壅塞式和具有一定自适应调节能力的非壅塞式两类固体冲压发动机,建立了导弹质量、气动、发动机和弹道模型,构建了多学科优化设计模型,采用多种优化算法进行求解,取得了较好的优化效果。

第 16 章围绕飞机总体及机翼部件设计开展研究。建立了飞机总体设计的动力、气动、性能和质量模型,分析了多学科耦合关系和需要考虑的不确定性因素,建立了不确定性多目标设计优化模型,采用不确定性多目标二级系统一体化合成优化方法 UMOPBLISS 进行组织求解,获得了满足可靠性设计要求的多目标优化非支配解集。进一步针对机翼设计问题,面向气动弹性裁剪,基于 ATC 方法对复合材料机翼进行设计优化,取得了显著的优化效果,且求解效率较传统优化方法得到有效提升。

17.2 MDO 亟待解决的难题

虽然目前 MDO 已经构建了基本的理论与应用体系,但是面向解决工程实际复杂问题还有较大差距,特别是随着飞行器性能及其应用要求不断提升,设计问题复杂性也不断增大,给 MDO 研究带来了诸多挑战,需要解决的难题主要包括以下几个方面:

(1) MDO 近似建模和高效分析。MDO 的计算复杂性是阻碍 MDO 应用的重要因素,通过构建高精度学科仿真模型的高效近似分析模型,提高优化迭代效率,是破解该难题的有效途径。传统近似建模方法在低维简单问题中表现良好,但是难以适用于超高维、强非线性问题。以深度学习为代表的近似方法体现出强大的近似逼近能力,但是对训练样本的需求量大,虽然通过物理机理的嵌入能够一定程度降低对数据的依赖,但是样本数据对于近似模型的构建和校验验证仍然十分关键。在工程实际中,数据具有小样本、仿真精度不一致、试验数据带噪声等特点,如何对多源数据进行融合,构建高精度、强鲁棒的多学科高效分析模型,如何对模型不确定性进行量化,对模型进行校验和验证,提高近似模型可信度和近似模型辅助优化的置信度,还有待进一步研究。

(2) MDO 优化搜索。设计空间优化搜索是 MDO 问题求解的关键,目前常用的搜索方法包括基于梯度的搜索、启发式搜索、混合寻优法等。但是对于飞行器实际设计问题,往往具有大规模变量、连续/离散混合、非连通或非凸设计空间、多局部极值、不确定性、多目标等特点,优化搜索方法仍然需要进一步深化研究。尤其在解决具体问题过程中,如何对优化搜索方法进行合理选择,对算法超参数进行合理设置,对于 MDO 应用人员也提出了很高要求,有待进一步发展自适应优化算法,提高优化方法的工程适用性。

(3) MDO 优化过程。如何有效组织协同多个耦合的学科设计,实现系统整体协调优化,是 MDO 研究的精髓。目前主要包括单级、多级等系统-学科优化组织协同策略,用于解决具有不同耦合特性的优化问题。随着数字化工具快速发展,系统整体联合仿真和多学科集成仿真成为可能,大规模系统设计变量一体化优化的复杂性随着算法和算力的发展而得到缓解,单级优化过程也逐步具有可实现性。多级优化的优势也随着并行计算、分布式协同等技术的发展而更加明显。但是,目前多学科协调优化的组织实施,主要用于飞行器概念设计阶段,考虑的学科模型及耦合关系复杂度有限,无法适用于精细化的飞行器总体方案设计。面向不断精细化的数字化设计需求,如何有效处理和高效传递学科间的高维复杂耦合影响,如何通过模型管理保持多学科一致性设计,如何兼顾各学科的高精度自治设计和学科间的耦合协调,实现系统优化效率提升,是多学科协同组织优化过程需要解决的难题。

17.3 MDO 展望

经过 40 余年的发展,MDO 理论与应用研究取得长足进步,但是如 17.2 节所述,在建模与高效计算、复杂优化问题求解、多学科协调组织等方面仍存在大量难题,工程实用仍面临巨大挑战。MDO 未来的发展,一方面要加强基础理论研究,通过理论原始创新,推动飞行器系统优化设计能力的进步;另一方面,要重视研究模式的创新,面向重大现实需求,通过产学研深度融合,促进提升解决工程实际复杂问题的水平。此外,随着数字化、智能化技术的快速发展,为解决传统 MDO 难题带来了新思路和新途径,需要积极拥抱新机遇,拓展 MDO 内涵和研究范式,系统化推动 MDO 理论与飞行器设计优化应用的整体发展。具体来说,MDO 的未来发展,需要把握以下三个方面特点:

（1）数字化转型将带来 MDO 的新机遇。

随着信息技术飞速发展，数字化转型已成为我国经济社会创新发展的主要特征。数字化技术与工业产业的融合程度不断加深，在飞行器设计、制造、测试、应用、维护保障全生命周期各个阶段都深入渗透应用。一方面，在数字化战略推动下，飞行器设计相关国产工业软件快速突破，高校、科研院所长期研究的力、热、电磁等多学科仿真分析理论成果持续向软件产品转换，工业部门面向型号研制形成的计算程序、工程估算模型等不断积累，逐步封装形成标准工具，为实现飞行器 MDO 提供了丰富的数字化仿真计算工具。另一方面，灵敏度分析、优化搜索、机器学习和近似建模、不确定性量化等 MDO 共性基础研究成果不断涌现，大量成果代码开源共享，极大降低算法的学习和应用门槛，为加速 MDO 最新理论成果的转化应用创造了良好条件。此外，飞行器研制与应用过程数字化，使飞行器设计、仿真、试验、飞行海量数据的持续积累成为可能，在此基础上通过数据挖掘可支持飞行器设计规律发现和利用，辅助设计优化决策，形成"数据密集型研究"新模式。因此，需要在 MDO 研究中充分考虑数字化带来的大数据资源，通过数据的挖掘和利用，释放数据的价值，辅助提升飞行器 MDO 效果。综上所述，数字化发展不仅为飞行器设计向数字空间平移、在数字空间实施 MDO 构筑了坚实的软件工具基础，同时通过提供丰富的数据资源，为 MDO 提质增效带来了新机遇。

（2）智能化发展将拓展 MDO 的新方向。

智能化，不仅是飞行器发展的必然趋势，也是飞行器研制手段发展的必然趋势。一方面，设计对象的智能化，使得交付的产品不再是定型的软硬件及固化的功能，而是应具备根据应用场景进行自主学习和演进的能力，以此适应更广泛的环境和任务，由此对飞行器研制提出了全新的要求。除了需要给飞行器赋予智能的"大脑"，能够进行自主管理、学习、决策与控制外，还需要使飞行器物理平台具有可重构、可升级、可调控、可演进的"灵活性"，以配合智能的"大脑"，实现对环境与任务的自主适应性。对于更加复杂的飞行器系统，其灵活适应性需要在设计阶段就充分进行考虑，由此需要对更多样的环境和任务进行仿真分析，特别是考虑应用场景的不确定性，对飞行器及其可能重构或演进的物理性能进行全面和准确预示，通过 MDO 对飞行器进行柔性设计和系统优化，提升整体性能及鲁棒性。另一方面，大数据、人工智能等科学技术蓬勃发展，为飞行器研制提供了先进的智能化赋能手段。基于人工智能算法，不仅能够更加充分地挖掘和利用数字化发展积累的大数据资源，还能实现经验、知识的沉淀表征和推理计算，为飞行器系统设计和优化提供更好的知识服务和计算支撑。本书中对基于深度学习的多学科近似建模方法进行了初步探索，体现了先进机器学习方法在高维非线性拟合问题中的优势。如何通过数据和知识混合驱动，进一步发挥智能算法在近似建模、优化求解、跨学科协调、辅助决策等方面的优势作用，将成为突破传统算法瓶颈的重要发展新方向。

（3）产学研深度融合将成为 MDO 的新模式。

传统 MDO 研究模式中，学术界和工业界相对割裂，在我国这一问题尤其突出。学术研究以新机理、新方法为主，大量验证案例都是标准测试问题或者经过大量简化的应用问题，难以直接向工程实际转换应用。工业界的 MDO 研究是以问题为导向，其中存在的基础问题也会引入高校等力量进行联合研究，但是由于经费、进度等压力，一般聚焦某个具体问题进行攻关解决，难以围绕某个目标开展长期、系统的科研，研究成果也很难直接推广应用。此外，上述研究模式中，缺乏对研究成果进行规范化积累和系统化集成，通过专业团队将其转化为通用软件工具，因此虽然国内开展了大量的 MDO 理论和应用研究，但是成果零散，难以形成有影响力、有标志性应用的 MDO 软件，无法为更广泛的 MDO 学术研究不断积累工具基础，无法为工程实际应用提供服务支撑。因此，亟需创新发展产学研深度融合机制，面向飞行器重大工程研制需求，牵引高校和科研院所的 MDO 理论研究，并通过专业团队将理论成果及时转化为软件工具，服务型号研制，在应用过程中反馈问题，促进理论方法与软件工具迭代更新，形成研用结合新模式，加速推动 MDO 理论与应用的创新发展，以及持续提升解决飞行器工程研制实际问题的能力。

综上所述，在数字化、智能化技术驱动下，MDO 迎来了重要的发展机遇期，我们深信在学术界和工业界的深度融合和共同努力下，MDO 将取得更大发展，为我国飞行器系统高质量研发提供坚实的理论和工具支撑。

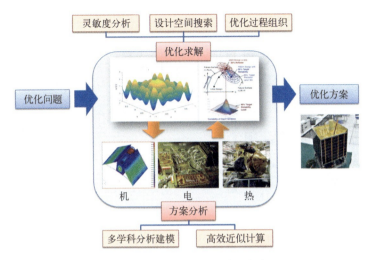

图 1.7 MDO 问题优化求解框架

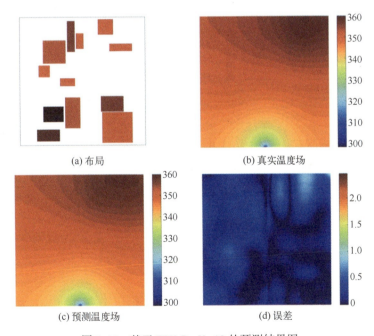

(a) 布局　　(b) 真实温度场

(c) 预测温度场　　(d) 误差

图 5.10 基于 FPN-ResNet18 的预测结果图

彩1

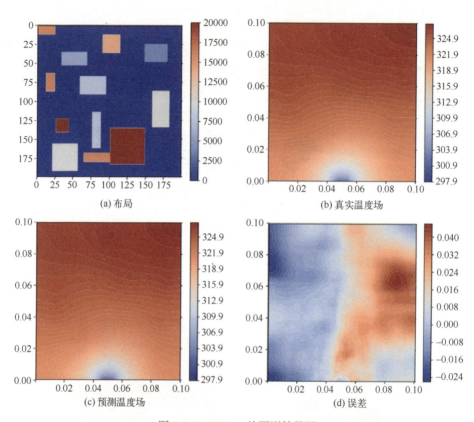

图 5.16 PI-Unet 的预测结果图

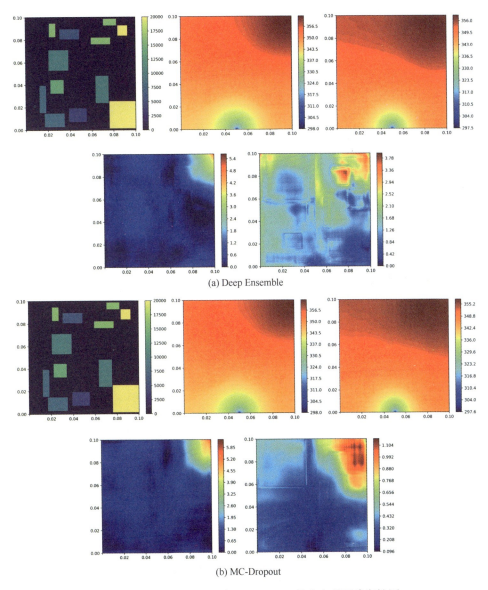

(a) Deep Ensemble

(b) MC-Dropout

图 5.20　Deep Ensemble 和 MC-Dropout 量化出的不确定性图

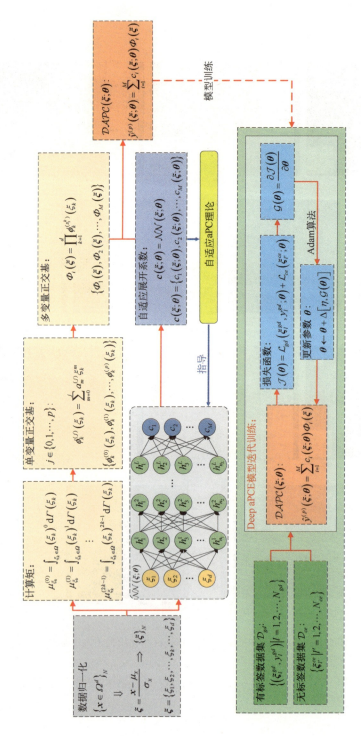

图 10.10 Deep aPCE 方法框架

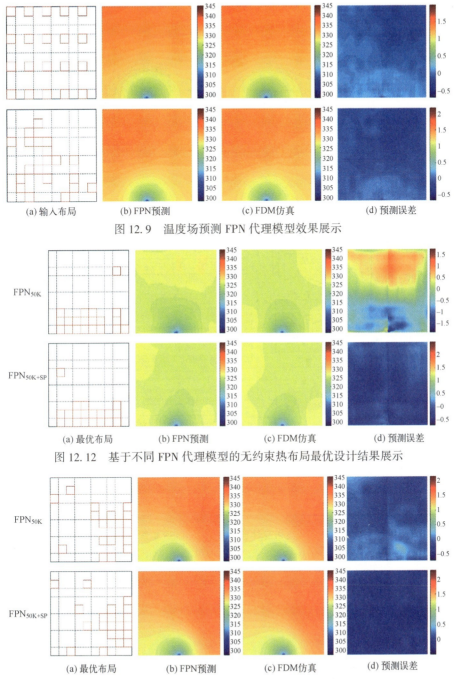

图 12.9 温度场预测 FPN 代理模型效果展示

图 12.12 基于不同 FPN 代理模型的无约束热布局最优设计结果展示

图 12.13 基于不同 FPN 代理模型的特定温度约束热布局最优设计结果展示

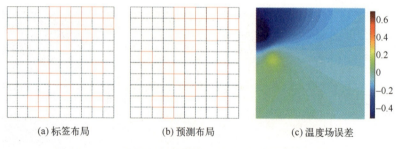

(a) 标签布局　　　　(b) 预测布局　　　　(c) 温度场误差

图 12.16　SAR 模型布局推断性能及相应温度场误差展示

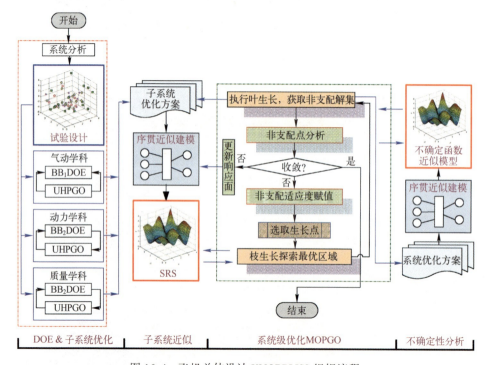

图 16.4　飞机总体设计 UMOPBLISS 组织流程

彩6